W0463435

UNSERE ERDE

Copyright © Parragon Books Ltd

© Original Edition EDITORIAL SOL90 S.L.
Entwurf: Design Principals

Alle Rechte vorbehalten. Die vollständige oder auszugsweise Speicherung, Vervielfältigung oder Übertragung dieses Werkes, ob elektronisch, mechanisch, durch Fotokopie oder Aufzeichnung, ist ohne vorherige Genehmigung des Rechteinhabers urheberrechtlich untersagt.

Copyright © für die deutsche Ausgabe
Parragon Books Ltd
Chartist House
15–17 Trim Street
Bath, BA1 1HA UK

Realisation der deutschen Ausgabe: trans texas publishing, Köln
Übersetzung: Heinrich Degen, München;
Franz Leipold, Violau
Lektorat: Nicole Bilstein, Malmö
Fachlektorat: Axel Steinhardt, Köln

ISBN 978-1-4723-3474-9
Printed in China

UNSERE ERDE

ENZYKLOPÄDIE FÜR DIE GANZE FAMILIE

Parragon
Bath • New York • Singapore • Hong Kong • Cologne • Delhi
Melbourne • Amsterdam • Johannesburg • Shenzhen

INHALT

EINLEITUNG SEITE 6

1 UNSER SONNENSYSTEM SEITE 12

2 GEOLOGIE UND ENTSTEHUNG SEITE 56

3 DIE ERDE IN BEWEGUNG SEITE 100

4 DIE WELT DER PFLANZEN SEITE 146

5 WETTER UND KLIMA SEITE 196

GLOSSAR: SEITE 246 | REGISTER: SEITE 252

WUNDERBARE WELT

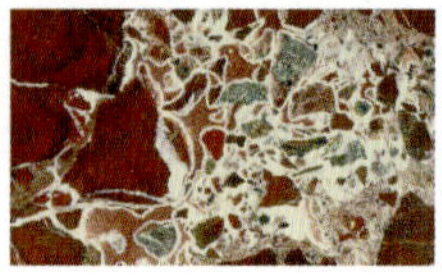

Unsere Erde und das Universum warten auf Sie! In diesem mit faszinierenden Bildern und erstaunlichen Fakten angefüllten Buch können Sie in aller Muße unseren unglaublichen Planeten entdecken: seine uralten Gesteine, gewaltige Naturereignisse wie Erdbeben und Vulkanausbrüche, sein vielfältiges Wetter und Klima und seine großartige, atemberaubende Pflanzenwelt. Die Reise führt Sie zudem über die Erde hinaus zu den Sternen und Planeten des unendlichen Kosmos.

In fünf informativen Kapiteln behandelt dieses Buch das Sonnensystem, Geologie, Entstehung sowie Bewegungen der Erde, die Welt der Pflanzen und nicht zuletzt das Wetter und Klima. Vollgepackt mit Fakten und großzügig illustriert, finden Sie hier die Geschichte unserer Erde und ihres Platzes im Universum – angefangen bei den entlegensten Sternen bis hin zu den innersten Geheimnissen von Bäumen und Blumen.

Unser Sonnensystem

Vor langer Zeit glaubten die Menschen, die Sterne wären Freudenfeuer am Himmel und das Universum sei eine auf dem Rücken einer Riesenschildkröte ruhende Scheibe. Die meisten der frühen Wissenschaftler wie der Astronom Ptolemäus aus dem antiken Griechenland waren überzeugt, dass die Erde das Zentrum des Universums bildet. Mit zunehmendem Wissen machte man sich auch Gedanken über den Raum jenseits der Erde und erforschte den Himmel zunächst mit Teleskopen, dann mit Raumfahrzeugen. Hier finden Sie brillante Bilder des Kosmos sowie spektakuläre Aufnahmen von Sternen und Planeten, die Ihnen verdeutlichen, wie sich unser Planet Erde in dieses große Ganze einfügt.

Allein in der Milchstraßen-Galaxie gibt es nach Schätzungen von Wissenschaftlern über 100 Mrd. Sterne. Solche erstaunlichen Größenordnungen provozieren natürlich die Frage: Ist unser Sonnensystem wirklich das einzige mit einem belebten Planeten? In diesem Kapitel erfahren Sie mehr über die Planetenfamilie der Sonne. Mithilfe von Raumsonden und Teleskopen sammeln Forscher immer mehr Wissen über die Planeten und deren Monde, liefern uns Bilder von gewaltigen Vulkanen und

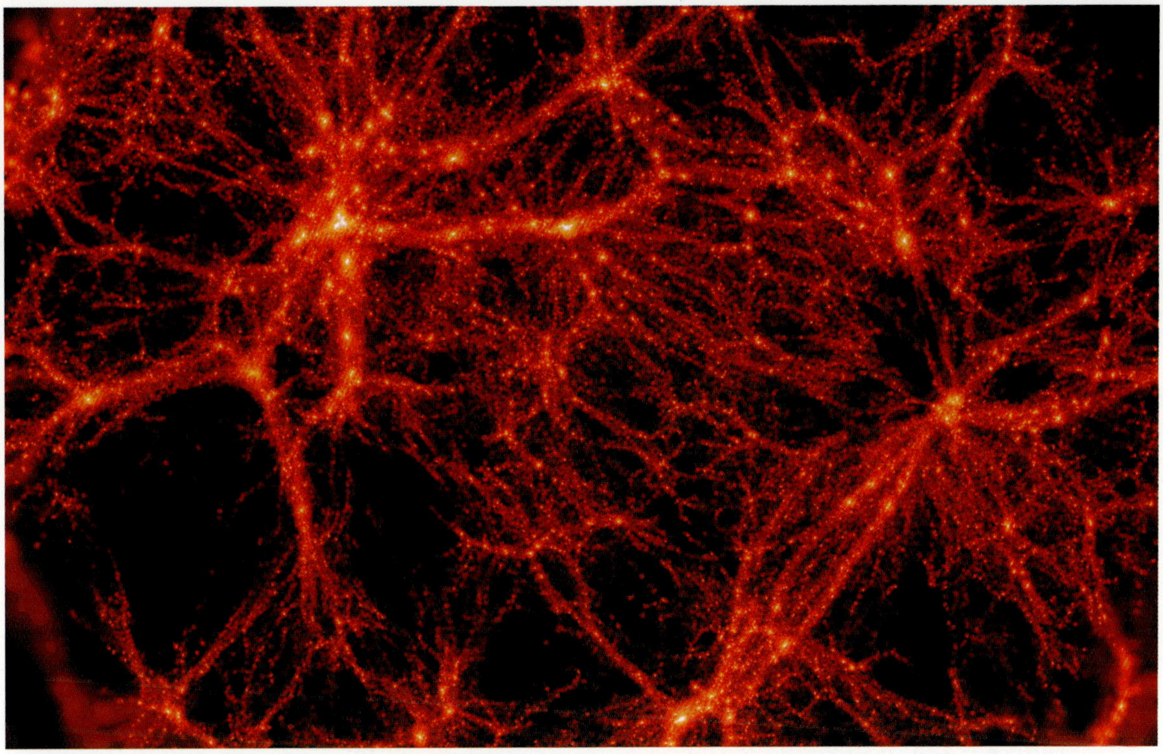

DUNKLE MATERIE
Die sichtbaren Objekte stellen nur einen Bruchteil der gesamten im Universum vorhandenen Materie dar. Der größte Teil bleibt den Teleskopen verborgen. Die Bewegungen der Galaxien und ihrer Sterne beruhen auf der Gravitationswechselwirkung mit der Dunklen Materie.

Kratern und entdecken viele individuelle Besonderheiten. Erkunden Sie die Geheimnisse der Asteroiden und Kometen, des weit entfernten Pluto und des erst vor Kurzem entdeckten Kuipergürtels. Daneben finden Sie Karten der bekannten Sternkonstellationen, die seit alters her große Bedeutung bei der Navigation, als Kalender und in mythischen Erzählungen hatten. Jede Seite enthüllt Neues über das Universum und seine Geheimnisse.

Geologie und Entstehung

Die Gesteine sind gewissermaßen das Geschichtsbuch der Erde und liefern Informationen über ihre Vergangenheit. Die Geologie erforscht als Wissenschaft die lange Geschichte des Planeten Erde. Gesteinsmaterial aus den Staub- und Gaswolken, die vor 4 Mrd. Jahren um die Sonne kreisten, und alte Gesteinsformationen sind stumme Zeugen der Kataklysmen, die unser Planet im Lauf der Zeit durchlebte. Gesteinsfunde belegen, wie sich die Oberfläche der Erde in über 4 Mrd. Jahren verändert hat. Unscheinbare Felsbrocken bergen Hinweise auf Lebensformen, die vor Millionen von Jahren existierten. Für frühere Kulturen waren Steine Symbole der Unvergänglichkeit, des Ewigen, aber auch Gesteine unterliegen einem Kreislauf, der durch geodynamische Kräfte bewirkt wird. In 50 Mio. Jahren werden die uns bekannten Landschaften ganz anders aussehen – ganz gleich, ob Anden, Himalaja, das Eis der Antarktis oder die Wüste Sahara. Verwitterung und Erosion arbeiten langsam, aber unaufhörlich. Auch dann wird es Gesteine geben, deren chemische Zusammensetzung, Form und Struktur die geologischen Veränderungen dokumentieren. In diesem Abschnitt von finden Sie erstaunliche Bilder von Gesteinen und Gebirgen, die scheinbar gleich bleiben, sich aber langsam verändern.

Entdecken Sie die faszinierende Welt der Minerale und deren erstaunliche physikalische und chemische Eigenschaften. In Erdkruste und Meeren verbergen sich Minerale und Rohstoffe, ohne die unser Leben ganz anders aussähe. Kohle, Erdöl und Erdgas werden in vielfältiger Weise genutzt. Man findet dort Metalle wie Aluminium, Kupfer und Titan, ohne die unsere moderne Technik nicht denkbar wären.

Die Erde in Bewegung

In diesem Kapitel des Buchs werden die Kräfte der Natur beschrieben, die, freigesetzt durch Bewegungen des Gesteins im Untergrund, unseren Planeten formen. Eindrucksvolle Bilder zeigen von Erdbeben zerstörte Städte und Vulkane, deren Glutströme Ansiedlungen auslöschen und Landschaften komplett verändern. Erdbeben am Meeresboden können Tsunamis auslösen, tödliche Wellen, die mit der Geschwindigkeit eines Flugzeugs über den Ozean rasen. Die zerstörerische Kraft dieses Naturphänomens wurde am 26. Dezember 2004 deutlich, als ein Seebeben im Indischen Ozean einen Tsunami auslöste, dessen Flutwellen Küstengebiete in acht asiatischen Ländern überschwemmten und etwa 230 000 Tote forderten.

In vielen alten Kulturen hielt man Vulkane für den Wohnsitz von Göttern, weil man sich so deren angsteinflößendes Wüten erklärte. Vulkane stoßen Lavaströme aus, die blühende Landschaften in eine öde Wildnis verwandeln können. Die glühende Lava vernichtet alles auf ihrem Weg. Die durch Eruptionen in die Luft geschleuderten Aschen und Gase können Menschen, Tiere und Pflanzen ersticken. Doch schon bald zeigt sich neues Leben, denn Lava und Asche liefern einen äußerst fruchtbaren Boden. Aus diesem Grund leben auch

TORRES DEL PAINE
Der Naturpark Torres del Paine erstreckt sich zwischen dem Gebirgszug der Anden und den Steppen Patagoniens.

KÎLAUEA
Dieser Vulkan auf Hawaii ist einer der aktivsten Schildvulkane der Erde.

viele Bauern trotz der Gefahr in der Nähe der „rauchenden Berge". Niemand kann die Naturgewalten kontrollieren. Was dem Menschen bleibt, ist, alles immer wieder neu aufzubauen und weiterzuleben.

Unwetter und Vulkanausbrüche sind in gewissem Maß vorhersehbar, Erdbeben aber bringen ohne jede Vorwarnung Zerstörung und Tod. Die Erde wurde in ihrer Geschichte unzählige Male von Erdbeben erschüttert. Einige richteten enorme Schäden an, wie das Beben von San Francisco 1906, das eine Stärke von 8,3 auf der Richterskala erreichte und bis Oregon spürbar war. Das Erdbebenrisiko in Kalifornien und anderswo besteht weiterhin.

Die Welt der Pflanzen

Weltweit gibt es etwa 300 000 Pflanzenarten, die in ganz unterschiedlichen Gebieten wachsen, von der gefrorenen arktischen Tundra bis hin zu den üppigen tropischen Regenwäldern.

Ohne Pflanzen gäbe es kein tierisches Leben. Pflanzen sorgen für eine zum Atmen geeignete Atmosphäre und sind eine lebenswichtige Quelle für Nahrung, Medizin und Rohmaterial. Die großen Wälder sind wertvolle natürliche Ressourcen und gleichzeitig die „Lungen" des Planeten. Die Fotosynthese, mit der Pflanzen Sonnenlicht in Kohlehydrate wie Zucker und Stärke verwandeln, ist ähnlich faszinierend wie ihre Fähigkeit, sich durch Ausbildung tiefer Wurzeln, wasserspeichernder Stängel und Dornenblätter an das Überleben in der Wüste anzupassen. Warum Pflanzen so viel Energie in die Produktion von Blüten investieren, ist eine weitere spannende Geschichte in diesem Abschnitt des Buchs. Wussten Sie, dass Wind und Insekten bei der Bestäubung helfen und manche Blumen nur von einer einzigen

AMANITA MUSCARIA
Der Fliegenpilz ist ein klassischer Vertreter der Pilze. Allerdings hat er unangenehme psychoaktive Wirkungen, die, je nach Dosis, von Schwindel, Muskelkrämpfen und Erbrechen bis zu Amnesie reichen können.

Insektenart bestäubt werden? Hier finden Sie eine Fülle faszinierender Informationen mit spektakulären Bildern und Illustrationen, die Sie mitten ins Herz eines Baumes führen, um die Funktionen der Pflanzenstrukturen bis in die Adern der Blätter zu erschließen.

Die ersten Pflanzen auf unserem Planeten halfen, nacktes Gestein in Boden zu verwandeln. Was dann geschah und wie sich Pflanzen im Karbon weltweit ausbreiteten, ist ein faszinierendes Kapitel in der Vorgeschichte der Erde. Außerdem wird erklärt, wie sich Pflanzen, Algen und Pilze voneinander unterscheiden.

Pflanzen waren schon immer ein wesentlicher Bestandteil der menschlichen Ernährung, erst recht, als Bauern mit dem Anbau von Feldfrüchten begannen. Die Pflanzenzucht ist uralt, doch heute wird sie immer intensiver betrieben. Wichtige Feldfrüchte wie Reis, Mais, Weizen, Roggen, Hafer, Gerste, Sojabohnen, Linsen und Kichererbsen werden weltweit angebaut. Pflanzen produzieren auch viele andere Produkte (wie Arzneistoffe) und versorgen Milliarden von Menschen mit dem Lebensnotwendigen.

Wetter und Klima

„Kann der Flügelschlag eines Schmetterlings in Brasilien einen Tornado in Texas auslösen?" Diese Frage stellte der Mathematiker und Meteorologe Edward

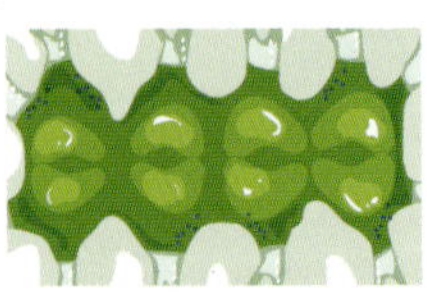

Lorenz 1972. Er versuchte, eine Möglichkeit zur Vorhersage jener meteorologischen Ereignisse zu finden, die Menschen gefährden. Die Atmosphäre der Erde ist allerdings ein so komplexes System, dass viele Wissenschaftler es als chaotisch bezeichnen.

Wettervorhersagen ändern sich schnell und ständig. Das Wetter betrifft das Leben der Menschen in vielfältiger Weise, nicht nur dann, wenn man sich, anstatt an den Strand gehen zu können, vor einem anrückenden Hurrikan in den Keller flüchten muss. Unwetter und ernste Klimastörungen können katastrophal sein. Die Menschen in den von Tornados, Hurrikanen und Tropenstürmen heimgesuchten Regionen leben in Angst vor Tod und Zerstörung. Naturphänomene wie Tornados, Hurrikane und Zyklone werden zur Katastrophe, wenn sie bewohnte Gebiete oder Ackerland verwüsten. Die Erfahrung lehrt, dass wir mit diesen Ereignissen leben und uns auf ihr Eintreten einrichten müssen.

In diesem Abschnitt finden Sie nützliche Informationen über die Faktoren, die Wetter und Klima bestimmen, und über die Methoden der Wettervorhersage. Die Meteorologie hilft den Menschen, sich auf widrige Wetterumstände einzustellen. Außerdem erfahren Sie, warum eine langfristige Vorhersage so schwierig ist. Diese und viele andere Themen werden hier behandelt, zu Ihrer Information und um Ihre Neugier auf all die Aspekte zu wecken, die das Leben auf der Erde beeinflussen.

GRELLER BLITZ
Gewitterstürme bilden sich in großen Wolken vom Kumulustyp und bringen neben Blitz und Donner auch heftigen Regen mit sich. Die Entladung von der Wolke zum Boden findet statt, sobald sich ein Blitzkanal aus ionisierter Luft aufgebaut hat.

1 UNSER SONNENSYSTEM

Unser Sonnensystem 14
Unsere direkten Nachbarn 26
Erde und Mond 46

26

46

Unser Sonnensystem

Unter den Abermillionen Sternen, die zusammen die Milchstraße bilden, ist die Sonne ein mittelgroßer Stern in einem der Arme dieser Galaxie. Für Völker im Altertum war die Sonne eine Gottheit, für uns ist sie die zentrale Energiequelle, deren Wärme das Leben möglich macht. Dieser

Olympus Mons auf dem Mars
Der Olympus Mons ist der größte Vulkan des Sonnensystems. Er ist rund zweieinhalbmal höher als der Mount Everest.

16 Augenblick der Schöpfung
20 Anatomie von Galaxien
22 Stellare Metropolis
24 Ein warmes Herz

Stern bildet zusammen mit den Planeten und anderen Himmelskörpern, die ihn umkreisen, das Sonnensystem, das vor etwa 4,6 Mrd. Jahren entstand. Die um die Sonne kreisenden Planeten produzieren kein eigenes Licht, sondern reflektieren das Sonnenlicht. Nach der Erde ist der Mars der am besten erforschte Planet.

Augenblick der Schöpfung

Wann genau das Universum aus dem Nichts heraus zu existieren begann, kann man nicht ermitteln. Nach der Urknalltheorie, der in Wissenschaftskreisen am häufigsten akzeptierten Theorie, entstanden Materie, Raum und Zeit aus einer Anfangssingularität, ein Punkt, aus dem das Universum geboren wurde und mit unvorstellbar hoher Geschwindigkeit expandierte. Das passierte vor 13,8 Mrd. Jahren. Die große, unbeantwortete Frage ist: Was hat diesen Punkt aus dem Nichts hervorgeholt? In kürzester Zeit begann das junge Universum sich auszudehnen und abzukühlen. Erst mehrere Milliarden Jahre später nahm es seine heutige Form an.

Energetische Strahlung

Der Punkt, aus dem das Universum entstand, hatte eine unendlich dichte Energiestrahlung. Subatomare Teilchen und Antiteilchen vernichteten sich gegenseitig. Durch die hohe Dichte bildete sich spontan Materie und zerstörte sie wieder. Wäre dieses Stadium weitergegangen, hätte das Universum nie das Wachstum erlebt, das nach Ansicht der Wissenschaftler auf die kosmologische Inflation folgte.

WIE ES WUCHS

Die kosmologische Inflation war eine Ausdehnung des gesamten Universums. Die galaktische Umgebung der Erde erscheint recht einheitlich. Die Typen von Galaxien und die Hintergrundtemperaturen sind im Wesentlichen gleich.

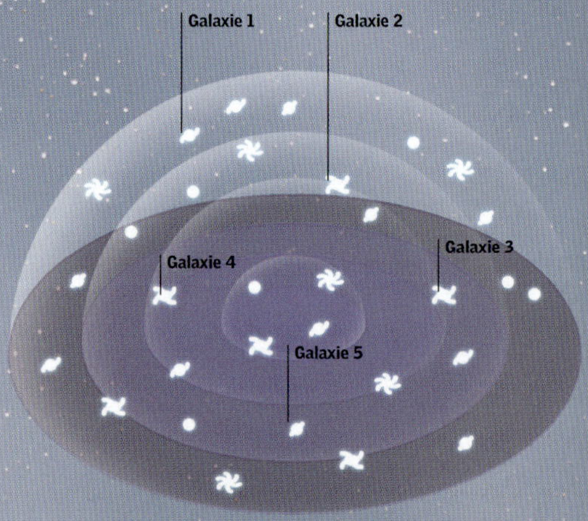

ZEIT	**0**	**10^{-43} s**	**10^{-38} s**
TEMPERATUR		**10^{32} °C**	**10^{29} °C**

1 Wissenschaftler vermuten, dass aus dem Nichts ein Punkt mit einer unendlichen Energiedichte auftauchte. Alles, was heute existiert, war in diesem Punkt zusammengepresst.

2 So dicht kamen Physiker bis jetzt der „Stunde null". Die Temperatur ist extrem hoch. Vor der Inflation des Universums beherrschte eine Super- oder Urkraft alles.

3 Das Universum ist instabil. Nur 10^{-38} Sekunden nach dem Urknall wächst das Universum um das etliche Billionenfache. Die Expansion des Universums und die Trennung der physikalischen Kräfte beginnen.

ELEMENTARTEILCHEN

Am Anfang war das Universum eine Suppe aus Teilchen, die aufgrund der hohen Strahlung miteinander reagierten. Später, als das Universum weiter expandierte, bildeten Quarks die Kerne der Elemente und zusammen mit Elektronen die Atome.

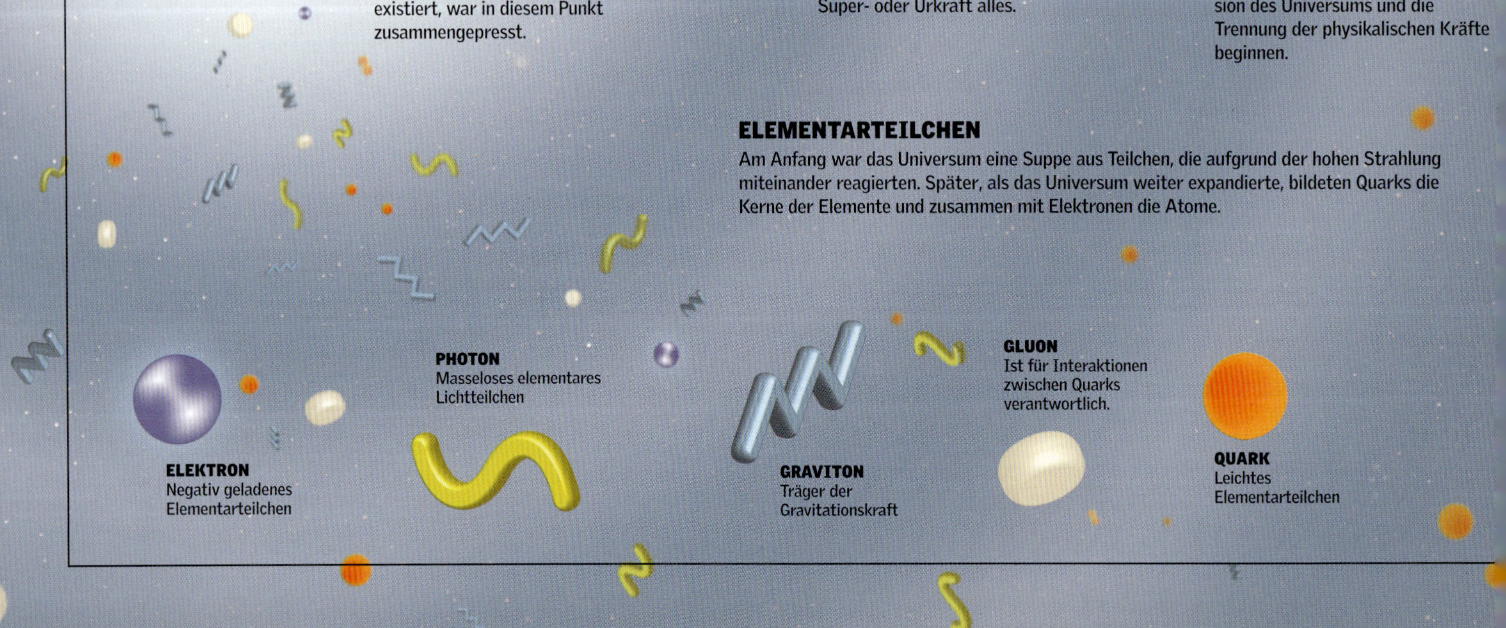

ELEKTRON Negativ geladenes Elementarteilchen

PHOTON Masseloses elementares Lichtteilchen

GRAVITON Träger der Gravitationskraft

GLUON Ist für Interaktionen zwischen Quarks verantwortlich.

QUARK Leichtes Elementarteilchen

Theorie: Kosmologische Inflation

Obwohl die Urknalltheoretiker den Ursprung des Universums aus einer Anfangssingularität verstanden, konnten sie sich sein rasantes Wachstum nicht erklären. 1981 stellte der Physiker Alan Guth mit seiner Inflationstheorie eine Lösung des Problems vor: In einer extrem kurzen Zeitperiode (weniger als ein Tausendstel einer Sekunde) wuchs das Universum um mehr als das Billionen-Billionen-Billionen-Fache. Durch diese Expansionsphase sinkt die Temperatur stark ab.

WIE ES NICHT WUCHS

Hätte das Universum keine Inflation durchlebt, wäre es eine Ansammlung unterschiedlicher Regionen mit jeweils speziellen Galaxietypen, die eindeutig voneinander unterscheidbar wären.

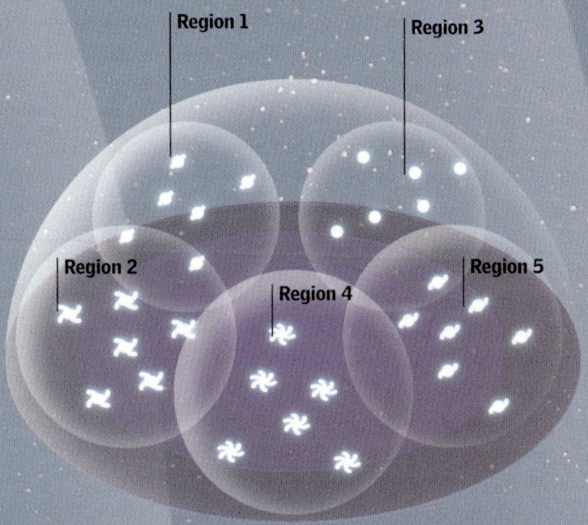

WMAP (WILKINSON MICROWAVE ANISOTROPY PROBE)

Das WMAP-Projekt der NASA erfasst die Hintergrundstrahlung des Universums. Auf der Abbildung sind heißere (rot-gelb) und kältere Regionen (blau-grün) zu erkennen. Mit WMAP kann der Anteil an Dunkler Materie bestimmt werden.

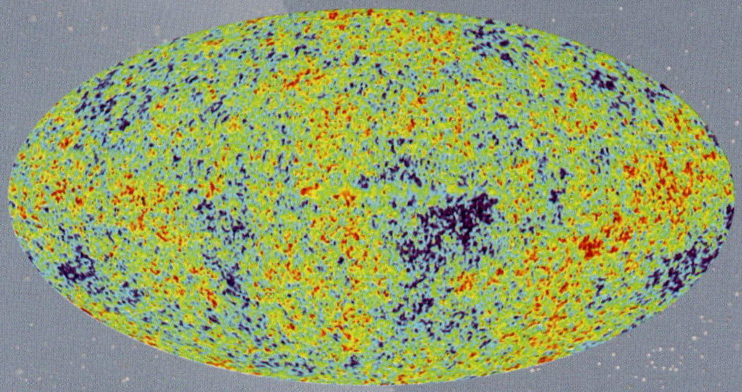

DIE TRENNUNG DER KRÄFTE

Bevor das Universum expandierte, in einer Phase der Strahlung, beherrschte eine einzige gemeinsame Kraft alle physikalischen Interaktionen. Die erste davon unterscheidbare Kraft war die Gravitation, dann folgten elektromagnetische und Kernkraft. Nach der Teilung der Kräfte des Universums wurde die Materie geschaffen.

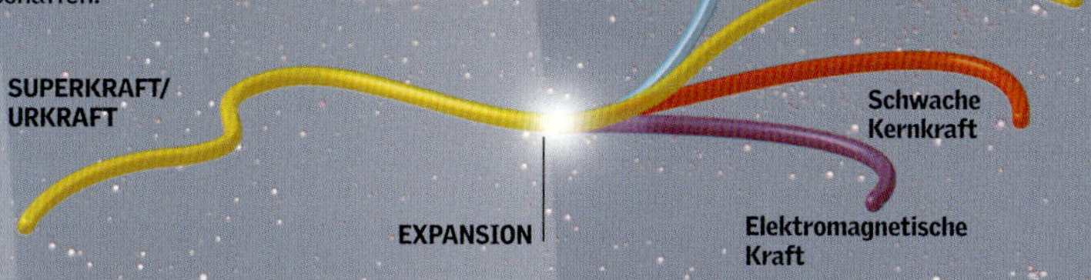

10^{-12} s

10^{15} °C

4 Das Universum erfährt eine gewaltige Abkühlung. Die Gravitation hat sich bereits herausgebildet, dann treten elektromagnetische Kraft und die starke und schwache Kernkraft in Interaktion.

10^{-4} s

10^{12} °C

5 Protonen und Neutronen, jeweils von drei Quarks gebildet, tauchen auf. Das Universum ist noch dunkel, weil alles Licht im Netz der Teilchen gefangen ist.

1 s

Die Neutrinos trennen sich beim Zerfall von Neutronen von der ursprünglichen Teilchensuppe ab. Obwohl Neutrinos nur eine extrem kleine Masse haben, machen sie den Hauptteil der Dunklen Materie des Universums aus.

5 s

5×10^{9} °C

6 Die Elektronen und ihr Gegenpart, die Positronen, vernichten sich gegenseitig, bis die Positronen verschwinden. Die verbliebenen Elektronen bilden Atome.

3 min

1×10^{9} °C

7 Die Kerne der leichtesten Elemente, Wasserstoff und Helium, formieren sich. Protonen und Neutronen vereinen sich zu Atomkernen.

VON DEN TEILCHEN ZUR MATERIE

Quarks, die zu den ältesten Teilchen zählen, interagieren miteinander durch von Gluonen übertragene Kräfte. Später verbinden sich Protonen und Neutronen zu Kernen.

1 Ein Gluon interagiert mit einem Quark.

2 Quarks verbinden sich mithilfe von Gluonen zu Protonen und Neutronen.

3 Protonen und Neutronen vereinigen sich zu Atomkernen.

Das transparente Universum

Mit der Bildung von Atomen und der allgemeinen Abkühlung wurde das zuvor dichte und undurchsichtige Universum transparent. Elektronen wurden von den Protonen in den Atomkernen von Wasserstoff und Helium angezogen und bildeten Atome. Photonen, masselose Lichtteilchen, konnten sich nun frei durch das Universum bewegen. Mit der Abkühlung blieb zwar die starke Strahlung erhalten, war aber nicht mehr der einzig bestimmende Faktor im Universum. Die Materie konnte nun durch die Gravitationskraft ihre Wirkung entfalten. Die an diesem Prozess beteiligten gasförmigen Klumpen wurden größer und größer. Nach 100 Mio. Jahren bildeten sie immer größere Objekte. Die Umrisse dieser Protogalaxien waren noch nicht abgegrenzt. Rund 500 Mio. Jahre nach dem Urknall nahmen die ersten Galaxien unter der Gravitation ihre Form an und in den dichtesten Regionen dieser Galaxien erstrahlten die ersten Sterne. Ein bis jetzt ungeklärtes Rätsel ist, warum Galaxien in der bekannten Weise verteilt und geformt wurden. Durch indirekte Hinweise gelang es den Astronomen, auf die Existenz der sogenannten „Dunklen Materie" zu schließen, die bei der Ausformung des Universums eine Rolle gespielt haben könnte.

1 GASFÖRMIGE WOLKE
Die aus dem Urknall stammenden ersten Gase und Staub bilden eine Wolke.

2 ERSTE FILAMENTE
Unter dem Gravitationseinfluss der Dunklen Materie nehmen die Gase die Form von Filamenten an.

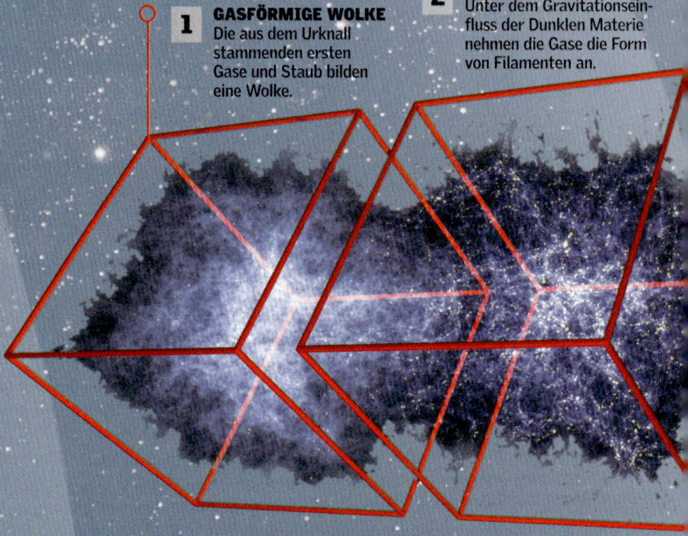

DUNKLE MATERIE
Die sichtbaren Objekte im Kosmos stellen nur einen Bruchteil der gesamten Masse des Universums dar. Der größte Teil ist selbst mit den stärksten Teleskopen unsichtbar. Galaxien und ihre Sterne bewegen sich in der bekannten Weise, weil sie unter dem Einfluss dieses Masseanteils stehen, den die Astronomen Dunkle Materie nennen.

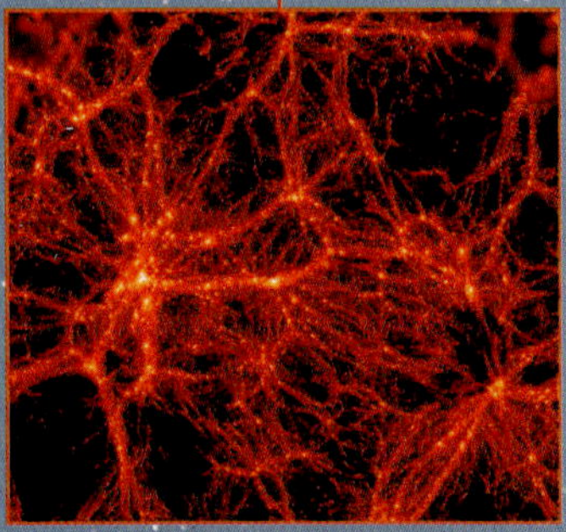

DIE ENTSTEHUNG DER MATERIE
Was heute im Universum beobachtet werden kann, ist eine große, in Galaxien angeordnete Masse an Materie. Dies war nicht der ursprüngliche Zustand des Universums. Der Urknall produzierte zunächst eine Wolke aus gleichmäßig verteiltem Gas. Nur 3 Mio. Jahre später begann das Gas sich von selbst zu Filamenten (Fäden) zu formieren. Heute kann man das Universum als ein Netzwerk galaktischer Filamente mit großen Lücken sehen.

ZEIT (IN JAHREN)	380 000	500 Mio.
TEMPERATUR	2700 °C	-243 °C

8 380 000 Jahre nach dem Urknall bilden sich Atome. Elektronen kreisen, von den Protonen angezogen, um den Atomkern. Das Universum wird durchsichtig. Photonen reisen durch das All.

9 Die Galaxien nehmen ihre endgültige Form an: Inseln mit Abermillionen Sternen und Massen an Gasen und Staub. Sterne explodieren als Supernovas und verstreuen schwerere Elemente wie Kohlenstoff.

ERSTE ATOME
Wasserstoff und Helium waren die ersten Elemente, die sich als Atome bildeten. Sie sind die Hauptbestandteile von Sternen und Planeten und die bei weitem häufigsten Elemente im Universum.

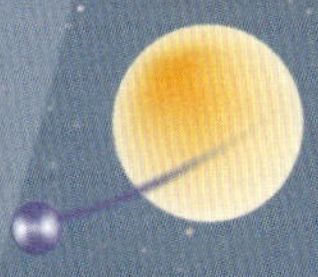

1 WASSERSTOFF
Ein Elektron wird von dem Atomkern aus je einem Proton und Neutron angezogen und umkreist ihn.

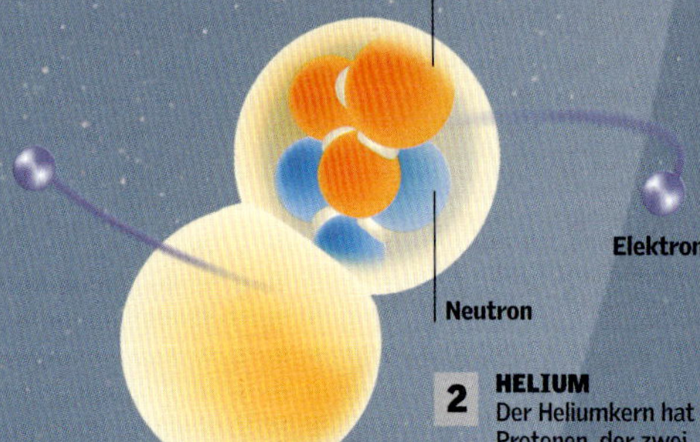

2 HELIUM
Der Heliumkern hat zwei Protonen, der zwei Elektronen anzieht

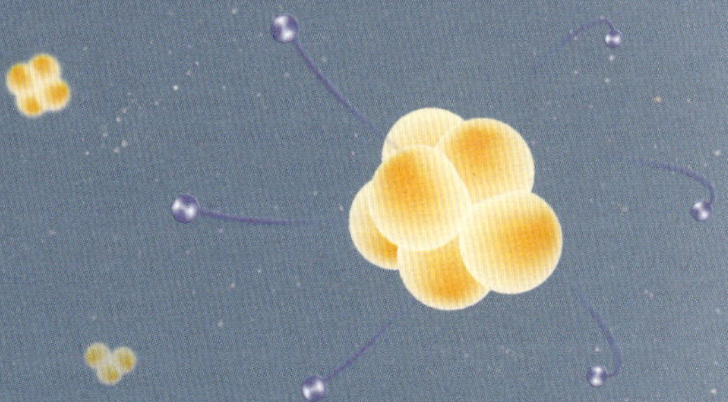

3 KOHLENSTOFF
Mit der Zeit bilden sich schwerere, komplexere Elemente. Kohlenstoff, der Schlüssel zum menschlichen Leben, hat einen Kern mit sechs Protonen, den sechs Elektronen umkreisen.

3 **NETZWERK AUS FILAMENTEN**
Im Universum gibt es große Filamente, die Abermillionen Galaxien enthalten.

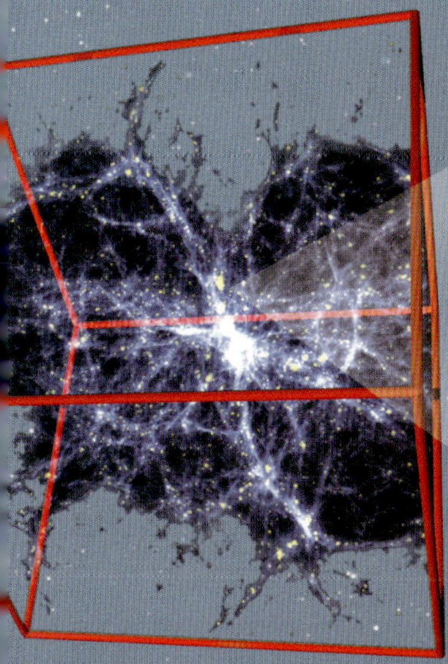

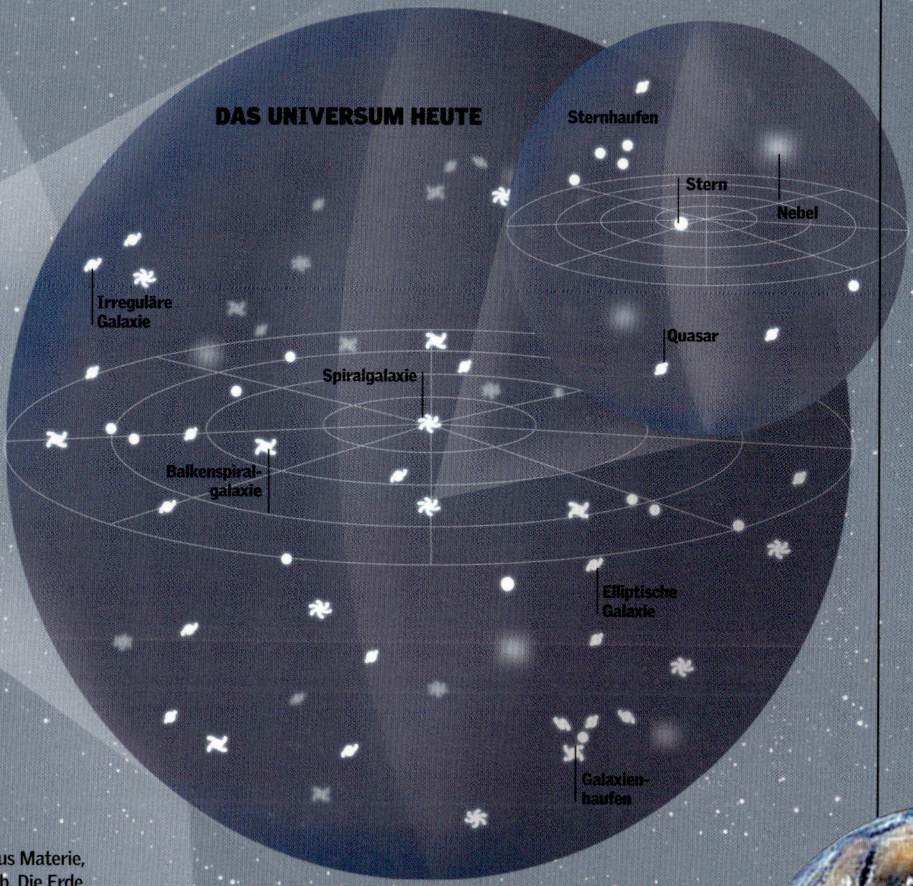

9,1 Mrd.

DIE ERDE WIRD GESCHAFFEN

Wie die übrigen Planeten entsteht die Erde aus Materie, die nach der Entstehung der Sonne übrig blieb. Die Erde ist der einzige bekannte Planet, der Leben beheimatet.

9 Mrd.

-258 °C

10 9 Mrd. Jahre nach dem Urknall entsteht das Sonnensystem. Gas- und Staubmassen ballen sich zusammen, bis die Sonne entsteht. Aus der verbliebenen Materie bildet sich später deren Planetensystem.

13,7 Mrd.

-270 °C

11 Das Universum expandiert weiter. Zahllose Galaxien werden von Dunkler Materie umgeben, die 26 % der gesamten Masse und Energie des Universums ausmacht. Die normale Materie, aus der Sterne und Planeten bestehen, stellt nur 4 % dar. Die vorherrschende, unbekannte Energieform, Dunkle Energie genannt, macht 68 % der gesamten Masse und Energie aus.

ZEITSKALA

Die riesige Zeitspanne der Geschichte des Universums lässt sich besser begreifen, wenn man sie auf ein einziges Jahr überträgt: Dieses Jahr umfasst den Beginn des Universums, das Auftauchen der Menschen und die Reise von Kolumbus nach Amerika. Bei Anbruch des 1. Januar findet der Urknall statt. Der *Homo sapiens* erscheint am 31. Dezember um 23:56 Uhr. Und in der letzten Sekunde des letzten Tags des Jahres segelt Kolumbus nach Amerika. Eine Sekunde auf dieser Zeitskala entspricht 500 Jahren in der Realität.

URKNALL
Er findet in der ersten Sekunde des Jahres statt.

DAS SONNENSYSTEM
entsteht nach dieser Zeitskala am 24. August.

KOLUMBUS LANDET
in der letzten Sekunde des 31. Dezember in Amerika.

JANUAR

DEZEMBER

Anatomie von Galaxien

Galaxien sind rotierende Ansammlungen von Sternen, Gas und Staub. Vor über 200 Jahren stellte der Philosoph Immanuel Kant die Theorie auf, dass das Planetensystem aus einem Urnebel entstanden sei. Obwohl Astronomen heute wissen, dass die Galaxien durch Gravitationskräfte zusammengehalten werden, konnten sie noch nicht klären, wie die vielfältigen Galaxieformen zustande kamen. Das Spektrum reicht von ovalen Galaxien mit alten Sternen bis hin zu Spiralen mit Armen von jungen Sternen und strahlenden Gasen in den Armen. Im Zentrum einer Galaxie findet sich die größte Sternenansammlung. Die Milchstraßen-Galaxie ist so groß, dass Lichtstrahlen, die sich mit 300 000 km/s fortpflanzen, 100 000 Jahre von einem zum anderen Ende brauchen.

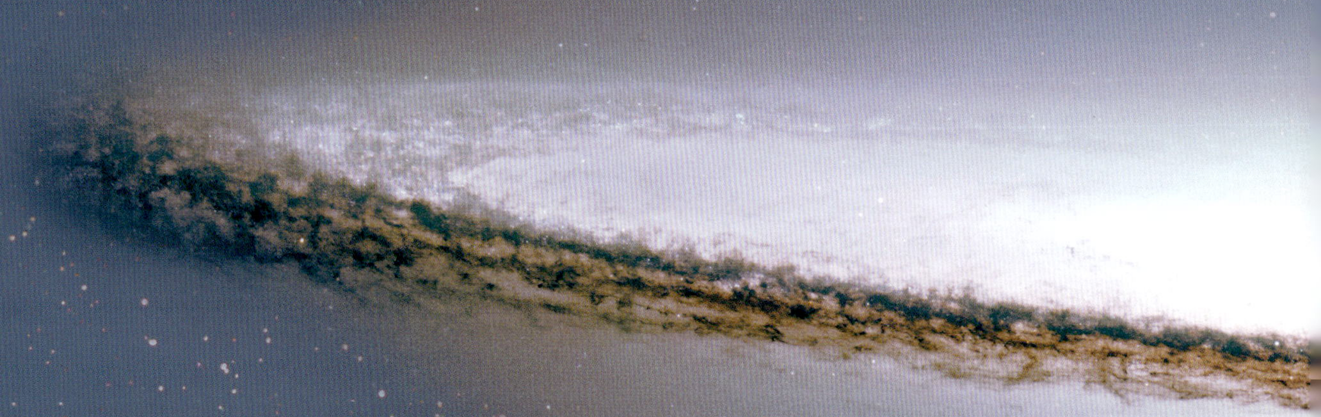

Sternenstädte

Die ersten Galaxien formierten sich 100 Mio. Jahre nach dem Urknall. Im All gibt es Milliarden dieser riesigen Zusammenballungen von Sternen. Die beiden wichtigsten Entdeckungen, Galaxien betreffend, werden dem Astronomen Edwin Hubble zugeschrieben. 1926 zeigte er, dass die am Nachthimmel sichtbaren Lichtpunkte und -flecken tatsächlich entfernte Galaxien sind. Hubbles Entdeckung setzte der damals gängigen Vorstellung ein Ende, die Milchstraße wäre das Universum. 1929 ermittelte er bei verschiedenen Beobachtungen des von den Sternen der Galaxien ausgestrahlten Lichtspektrums eine Rotverschiebung (Dopplereffekt). Dieser Effekt wies darauf hin, dass sich die Galaxien von der Milchstraßen-Galaxie wegbewegten. Hubble schloss daraus auf eine Ausdehnung des Universums. Die Expansion des Universums bedeutet aber nicht, dass die Zahl der Galaxien zunimmt. Im Gegenteil, Galaxien kollidieren und verschmelzen. Wenn

KOLLISION
300 Mio. Lichtjahre von der Erde entfernt bilden diese beiden kollidierenden Galaxien ein Paar (NGC 4676). Sie werden wegen der beiden Sternenschweife auch „Die Maus" genannt. Mit der Zeit werden sie zu einer einzigen, größeren Galaxie verschmelzen. In ferner Zukunft wird das Universum vermutlich aus wenigen Galaxien bestehen.

1

VOR 1,2 MRD. JAHREN waren die Antennen-Galaxien (NGC 4038 und NGC 4039) zwei getrennte Spiralgalaxien.

2

300 MIO. JAHRE später kollidierten beide mit großer Geschwindigkeit.

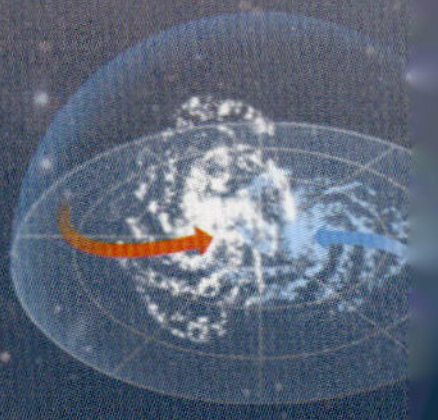

MILCHSTRASSE

Von der Seite sieht die Milchstraße wie eine abgeflachte Scheibe mit einem verdickten Zentrum aus. Um die Scheibe erstreckt sich das kugelförmige Halo, ein Bereich mit Dunkler Materie und Kugelsternhaufen. Von Juni bis September ist die Milchstraße besonders hell, was sie von oben besser erkennbar macht als von der Seite.

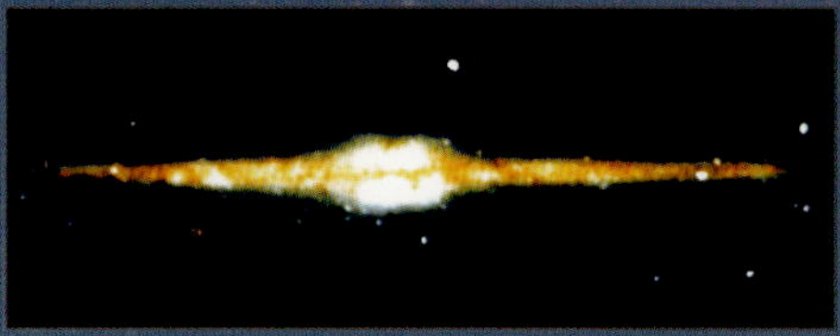

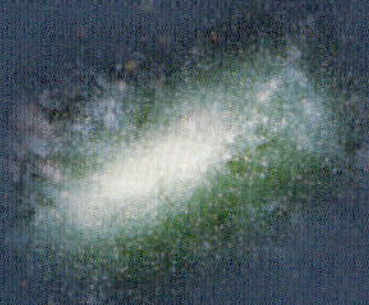

KLASSIFIKATION NACH HUBBLE

ELLIPTISCH

Die elliptisch geformten Galaxien enthalten wenig Staub und Gas. Ihre Masse ist sehr unterschiedlich.

SPIRALFÖRMIG

Eine Spiralgalaxie hat einen Kern aus alten Sternen, umgeben von einer flachen Scheibe aus Sternen und zwei oder mehr Spiralarmen.

IRREGULÄR

Irreguläre Galaxien haben keine definierte Form. Sie enthalten viele Gase und Staubwolken.

UNTERGRUPPEN

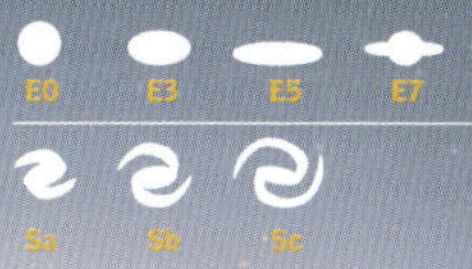

HAUPT- UND UNTERGRUPPEN

Galaxien werden entsprechend ihrer Tendenz zu runden Formen (elliptische Galaxien) oder nach dem Vorhandensein einer Achse und der Länge der Arme (z.B. Spiral- und Balkenspiralgalaxien) eingeteilt und dann weiter untergliedert. Eine E0-Galaxie ist fast kreisförmig elliptisch, E7 ein abgeflachtes Oval. Eine Sa-Galaxie besitzt eine breite Zentralachse und gewundene Arme. Eine Sc-Galaxie ist eine Spiralgalaxie mit ausgeprägtem Kern und gewundenen Armen.

Galaxienhaufen

Galaxien tendieren dazu, sich in Haufen oder Clustern zu gruppieren. Je nach Gravitationskraft können sie Haufen bilden, die aus zwei bis hin zu Tausenden Galaxien bestehen. Die Galaxienhaufen haben unterschiedliche Formen und dehnen sich beim Zusammenschluss vermutlich aus. Abell 2151 (Hercules Cluster), hier abgebildet, ist etwa 500 Mio. Lichtjahre von der Erde entfernt. Jeder Punkt repräsentiert eine Galaxie mit Milliarden von Sternen.

zwei Galaxien zusammenstoßen, können sie sich gegenseitig ganz unterschiedlich verformen. Mit der Zeit gibt es immer weniger Galaxien. Einige haben ganz spezielle Formen. Der oben groß abgebildete Sombreronebel (Sombrero Galaxy) ist eine Galaxie mit hell strahlendem Kernbereich, umgeben von dünnen Spiralarmen.

3

300 MIO. JAHRE vergingen, bis die Kollision die Form der Galaxien veränderte.

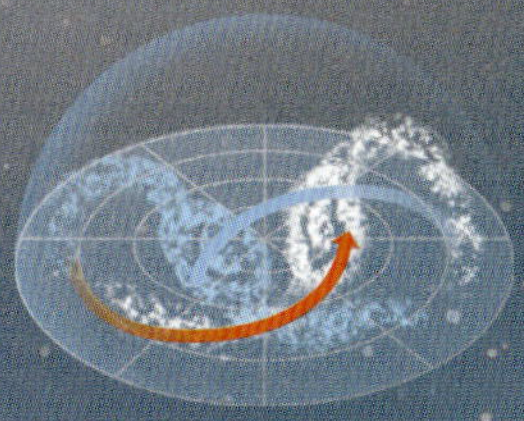

4

300 MIO. JAHRE später werden die Sterne in den Spiralarmen von beiden Galaxien ausgestoßen.

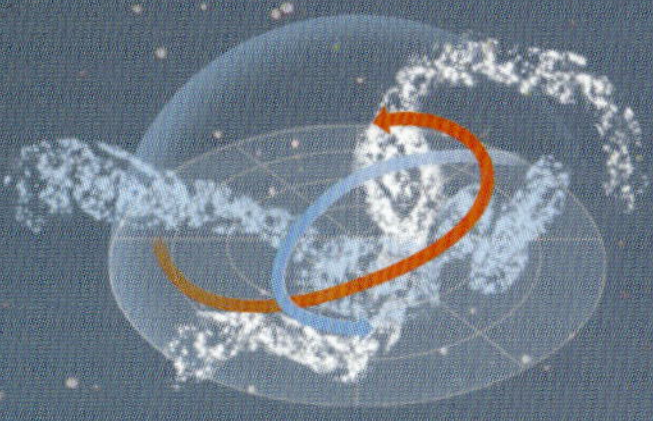

5

HEUTE Zwei antennenartige Arme abgestoßener Sterne weisen von den ursprünglichen Galaxien weg.

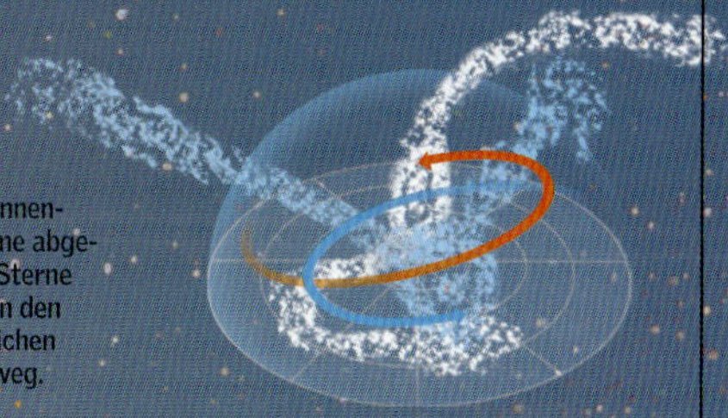

Stellare Metropolis

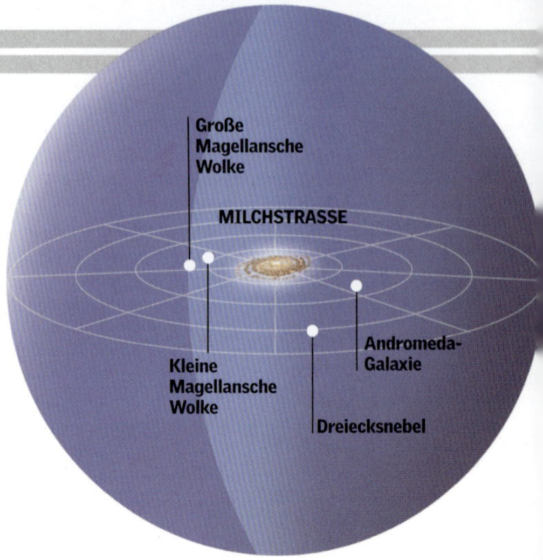

Lange war unsere Galaxie, wegen ihrer Ähnlichkeit mit einer Milchspur am Nachthimmel Milchstraße genannt, ein großes Rätsel. Als Erster richtete Galileo Galilei 1610 ein Teleskop auf die Milchstraße und sah, dass dieser leicht weißliche Streifen aus Abertausenden Sternen bestand, die sich fast zu berühren schienen. Nach und nach erkannten die Astronomen, dass all diese Sterne Teil eines riesigen Ganzen sind, der Galaxie, die unsere stellare Metropolis ist.

Struktur der Milchstraße

Die Milchstraße mit über 100 Mrd. Sternen besitzt zwei Spiralarme, die um ihr Zentrum rotieren. Der Sagittarius-Arm, zwischen dem Orion-Arm und dem Zentrum der Milchstraße gelegen, besitzt mit Eta Carinae einen der hellsten Sterne der Galaxie. Im Perseus-Arm, dem wichtigsten äußeren Arm der Milchstraße, findet man junge Sterne und Nebel. Der sich zwischen Perseus- und Sagittarius-Arm erstreckende Orion-Arm beheimatet an seinem inneren Rand das Sonnensystem. Er ist eine richtige „Sternenfabrik", in der aus interstellarer gasförmiger Materie Milliarden neuer Sterne entstehen können; man findet hier aber auch die Überreste ehemaliger Sterne.

Rotation

Die Rotationsgeschwindigkeit der verschiedenen Teile der Milchstraße variiert entsprechend ihres jeweiligen Abstands vom Kern der Galaxie. Die größte Anzahl von Sternen konzentriert sich im Bereich zwischen dem Kern der Milchstraße und dessen Rand. Hier ist die Rotationsgeschwindigkeit von Objekten viel höher, bedingt durch die Anziehungskraft, die die Milliarden von Sternen dort auf sie ausüben.

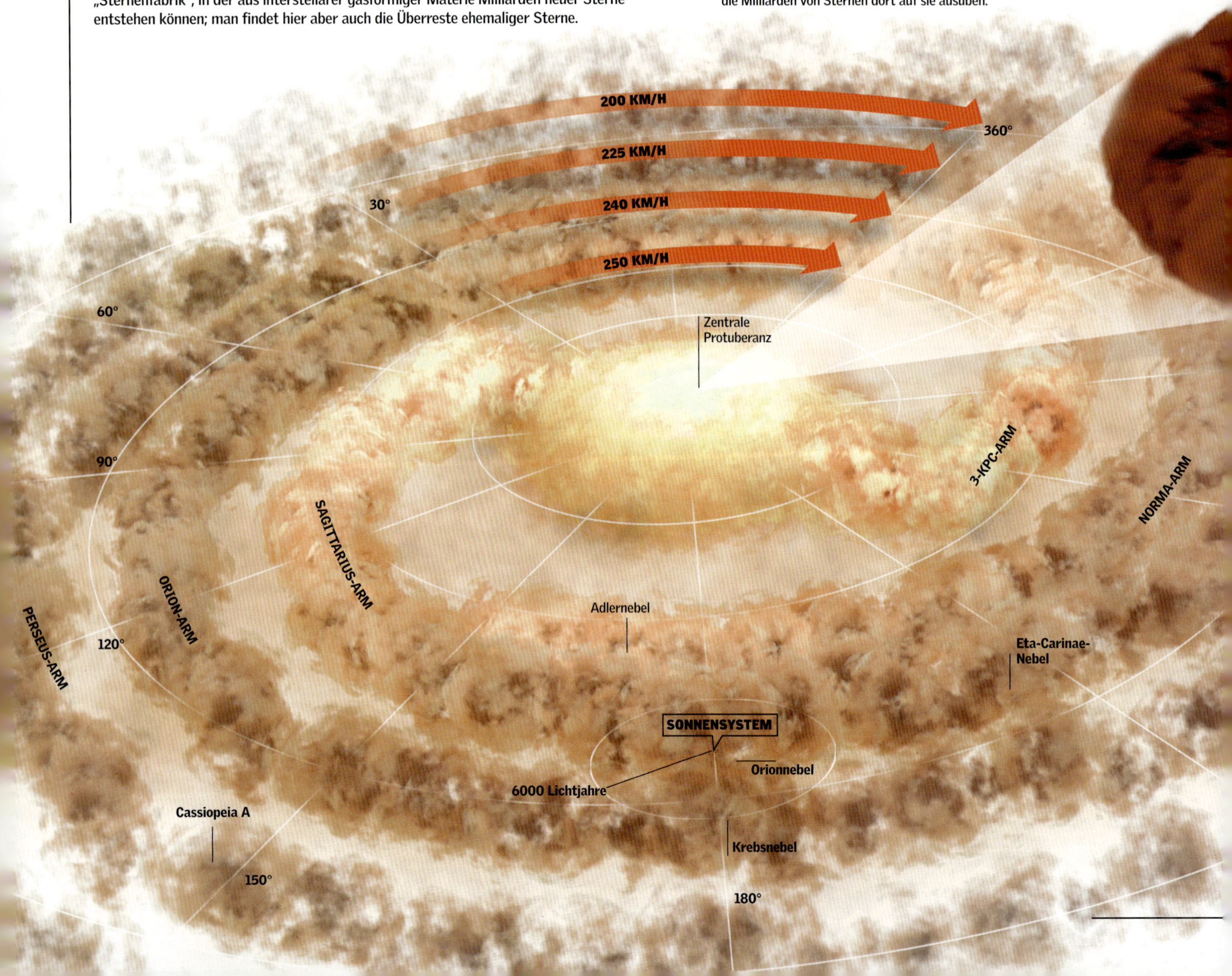

Zentralregion

Weil die Milchstraße voller Wolken aus Staub und Gesteinspartikeln ist, kann man ihr Zentrum von außerhalb der Galaxie nicht sehen. Das Zentrum der Milchstraße lässt sich nur mit speziellen Teleskopen erkennen. Diese müssen in der Lage sein, Infrarotlicht, Radiowellen oder Röntgenstrahlung zu erfassen, mit denen man Materialien durchdringen kann, die das sichtbare Licht abschirmen. Die Zentralachse der Milchstraße umfasst Sterne, die zum Teil 13 Mrd. Jahre alt sind, und sie zeigt eine starke Aktivität in ihrem Inneren. Dort wurden die beiden heißen Gaswolken Sagittarius A und B entdeckt. Eine gigantische dunkle Wolke im Zentrum, die aber außerhalb des Kerns liegt, enthält 70 verschiedene Molekülarten. Diese Gaswolken verbindet man mit der heftigen Aktivität im Zentrum unserer Galaxie. Tief in ihrem Inneren liegt das Herz der Milchstraße. Die Sterne dieses Bereichs sind kühl und zeigen eine Rot- bis Orangefärbung.

SCHWARZES LOCH
Viele Astronomen glauben, dass ein Schwarzes Loch das Zentrum der Milchstraße bildet, dessen enorme Gravitation Gase aus seiner Umgebung anzieht.

HEISSE GASE
Die aus der Oberfläche der Zentralregion stammenden Gase könnten bei heftigen Explosionen in der Akkretionsscheibe entstanden sein.

HELLE STERNE
Helle Sterne entstehen aus Gas, das nicht von dem Schwarzen Loch absorbiert wird. Die meisten von ihnen sind sehr jung.

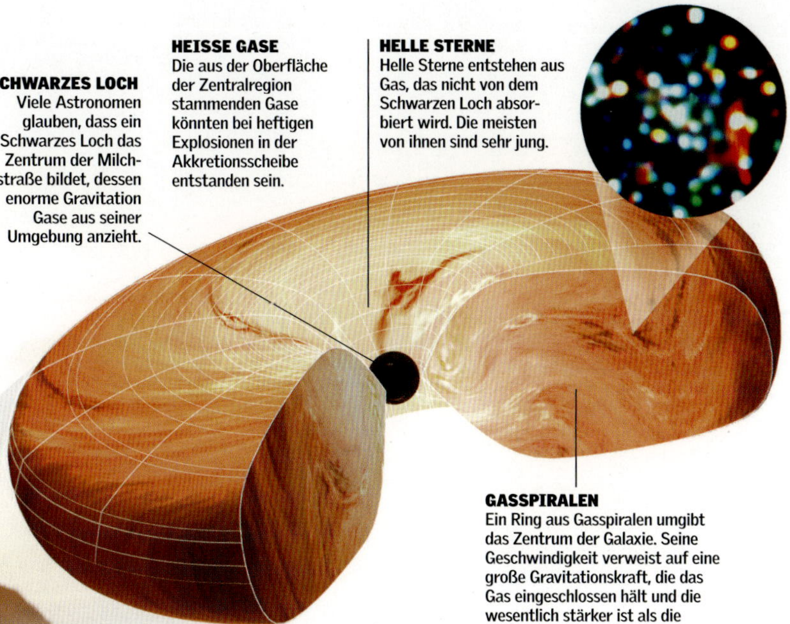

GASSPIRALEN
Ein Ring aus Gasspiralen umgibt das Zentrum der Galaxie. Seine Geschwindigkeit verweist auf eine große Gravitationskraft, die das Gas eingeschlossen hält und die wesentlich stärker ist als die Gravitation der Sterne im Kern.

SAGITTARIUS B2
Diese größte dunkle Gaswolke im Zentralbereich der Milchstraße enthält so viel Alkohol, dass man damit die gesamte Erde bedecken könnte.

MAGNETISMUS
Das Zentrum der Milchstraße wird von starken, vielleicht aus der Rotation eines Schwarzen Lochs herrührenden Magnetfeldern umgeben.

ÄUSSERER RING
Dieser Ring aus dunklen Staub- und Molekülwolken dehnt sich als Folge einer gewaltigen Explosion aus. Man vermutet, dass ein kleines Objekt in der Kernregion der Milchstraße die Quelle sein könnte.

Das genaue Zentrum

Der Kern der Milchstraßen-Galaxie zeichnet sich durch eine sehr intensive Radiowellenaktivität aus, die von einer Akkretionsscheibe aus glühendem Gas stammen könnte, die ein riesiges Schwarzes Loch umgibt. Die 1994 entdeckte Region Sagittarius A ist ein sehr schnell rotierender Gasring, wenige Lichtjahre vom Zentrum der Galaxie entfernt. Die Rotationsgeschwindigkeit ist ein Indiz für die mächtige Gravitation, die das Zentrum der Milchstraße ausübt. Sie ist stärker als die Anziehungskraft der Sterne in dieser Region. Die im Zentrum der Milchstraße strahlenden heißen, blauen Sterne könnten aus Gas entstanden sein, das noch nicht vom Schwarzen Loch verschluckt wurde.

Eine vielfältige Galaxie

Auf konventionellen, mit sichtbarem Licht gemachten Aufnahmen ist das Sternbild Schütze, das in Richtung des Zentrums der Milchstraße zu liegen scheint, der hellste Bereich der Milchstraße. Das helle Band am Nachthimmel besteht aus einer fast unzählbaren Menge an Sternen. In einigen Fällen werden Sterne durch dichte Staubwolken verhüllt, sodass manche Bereiche der Milchstraße recht dunkel erscheinen. Man findet in der Milchstraße ganz unterschiedliche Objekte. Einige, wie die „Halo-Population", sind alt und verteilen sich in einer Kugelschicht um die Galaxie. Andere Objekte bilden eine abgeflachte Struktur, die sogenannte Galaktische Scheibe. In den Spiralarmen, in denen Gas und interstellarer Staub im Überfluss vorhanden sind, findet man die jüngsten Objekte der Milchstraße.

100 000

LICHTJAHRE
Der Durchmesser der Milchstraße ist im Vergleich zu anderen Galaxien groß, aber nicht gigantisch.

DIE MILCHSTRASSE IM SICHTBAREN LICHT

DAS STERNBILD SCHÜTZE
Nahe dem Zentrum der Milchstraße erstrahlt hell der Schütze.

DUNKLE REGIONEN
Dunkle Regionen entstehen durch dichte Wolken, die das Licht der Sterne abschirmen.

SEKTOREN
Die Milchstraße besteht aus verschiedenen Sektoren.

STERNE
Die Milchstraße besteht aus so vielen Sternen, dass wir sie gar nicht alle unterscheiden können.

Ein warmes Herz

Die Sonne im Zentrum des Sonnensystems ist eine Licht- und Wärmequelle. Diese Energie entsteht bei der Fusion von atomaren Wasserstoffkernen zu Heliumkernen. Die von der Sonne abgestrahlte Energie wandert durch das All und trifft dann auf die Himmelskörper innerhalb des Sonnensystems. Die Sonne strahlt dank dieser thermonuklearen Fusion, und sie wird so lange strahlen, bis ihr Wasserstoffvorrat in etwa 6 oder 7 Mrd. Jahren erschöpft ist.

Gasförmig

Die Sonne ist eine riesige, aus Gas bestehende Kugel mit extrem hoher Dichte und Temperatur. Ihre Hauptbestandteile sind Wasserstoff (90 %) und Helium (9 %). Den Rest machen unter anderem Spurenelemente wie Kohlenstoff, Stickstoff und Sauerstoff aus. Bedingt durch die extreme Temperatur und den Druck auf der Sonne befinden sich diese Elemente im Plasmazustand.

EIGENSCHAFTEN

ASTRONOMISCHES SYMBOL ☉

WICHTIGSTE DATEN

Mittlere Entfernung von der Erde	150 Mio. km
Äquatordurchmesser	1 400 000 km
Masse*	332 900
Gravitation*	28
Dichte	1,41 g/cm³
Durchschnittstemperatur	5500 °C
Atmosphäre	dicht
Monde	keine

*jeweils Erde = 1

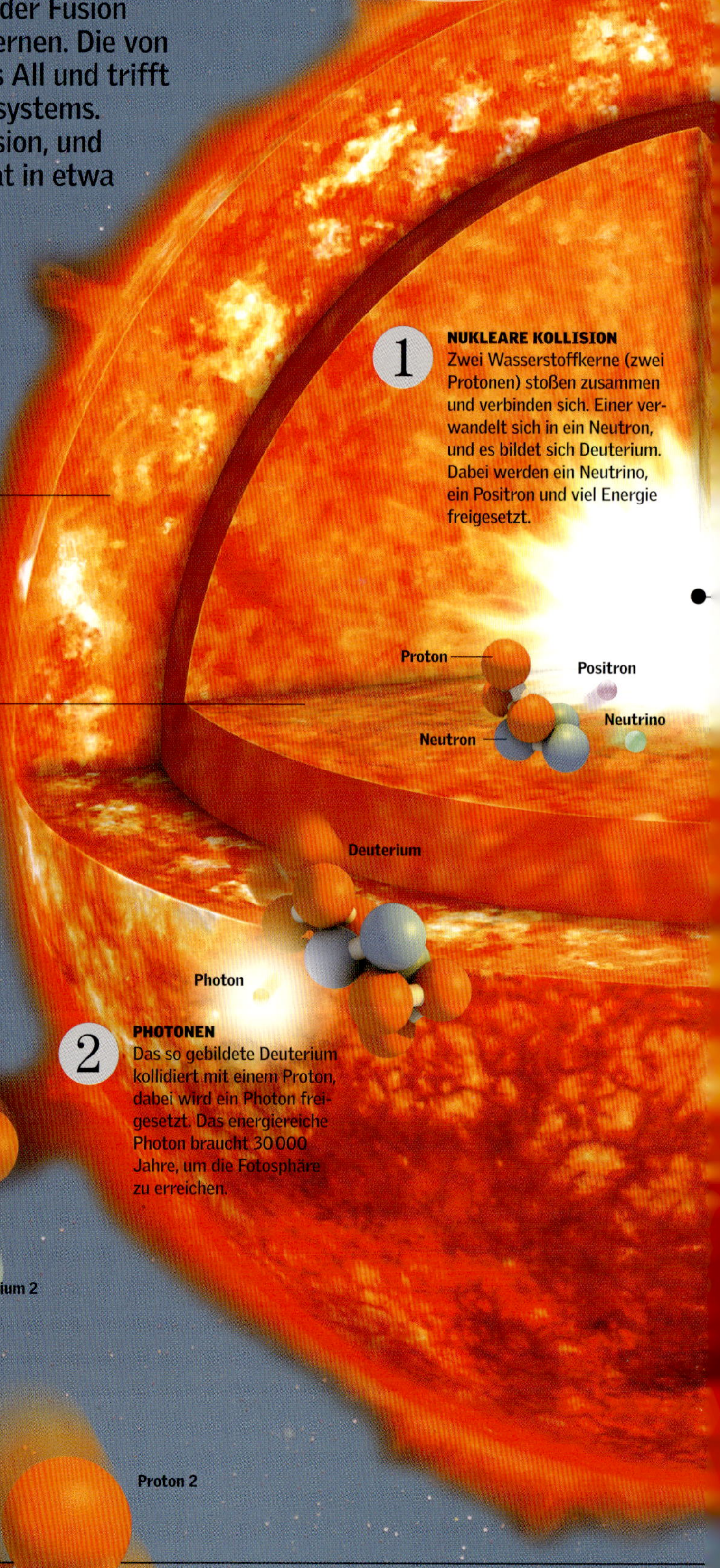

Kernfusion von Wasserstoff

Die extreme Temperatur im Kern der Sonne unterstützt die Vereinigung von Wasserstoffkernen. Unter weniger energiereichen Bedingungen stoßen sich diese gegenseitig ab, doch die Bedingungen im Zentrum der Sonne überwinden die Abstoßungskräfte, und es kommt zur Kernfusion. Aus jeweils vier Wasserstoffkernen entsteht in einer Serie von Kernreaktionen ein Heliumkern.

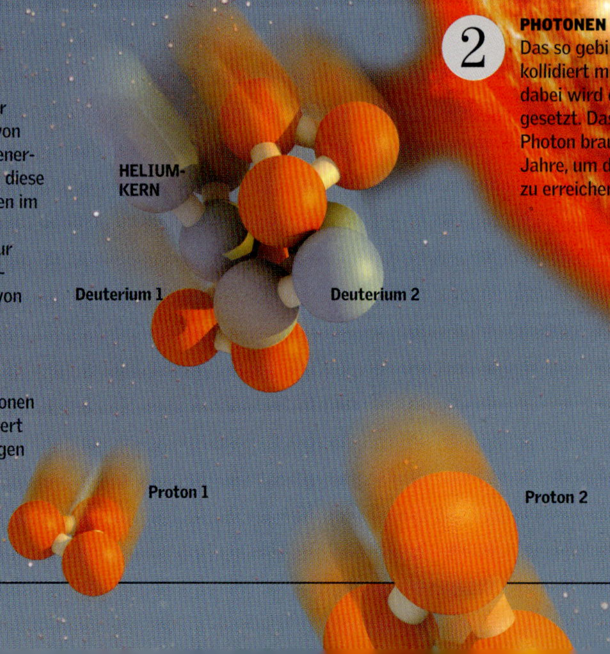

3 **HELIUMKERNE**
Die Gruppe aus zwei Protonen und einem Neutron kollidiert mit einer anderen derartigen Gruppe. Dabei bildet sich ein Heliumkern, und ein Protonenpaar wird freigesetzt.

Oberfläche und Atmosphäre

Der sichtbare Teil der Sonne ist die Fotosphäre. Diese Lichtkugel aus kochenden Gasen umschließt den Sonnenkern, aus dem die Gase aufsteigen. Die Gas-Flares bilden Plasma, das diese Schicht passiert und in die Sonnenatmosphäre genannte dicke Gasschicht vordringt. Die Dichte dieser Lage nimmt nach außen hin ab. Sie liegt oberhalb der Fotosphäre und besteht aus Chromosphäre und Korona. Die im Kern der Sonne erzeugte Energie wandert im Verlauf von Tausenden von Jahren durch die Fotosphäre und die Sonnenatmosphäre, bevor sie ins All entweicht.

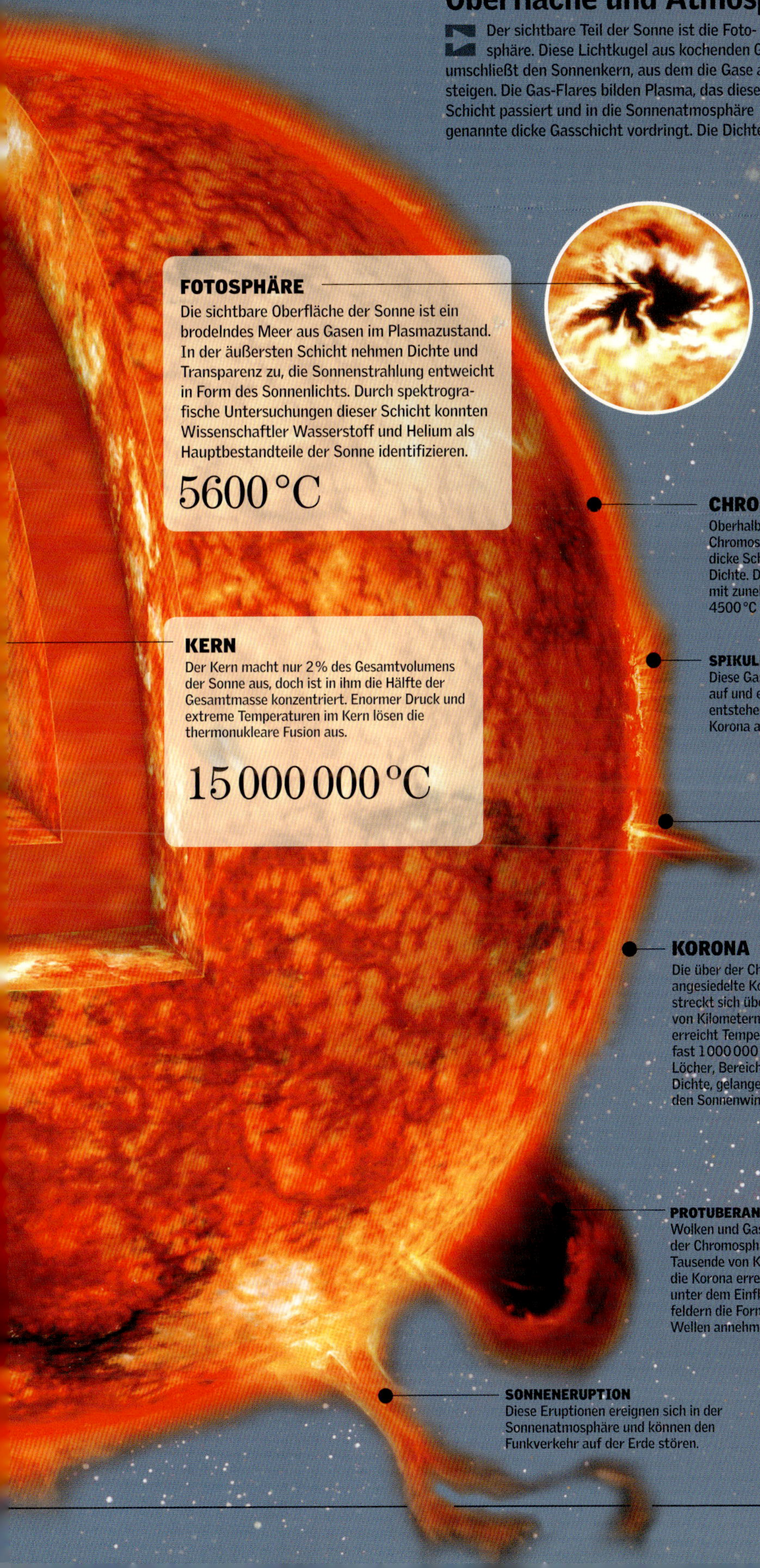

FOTOSPHÄRE
Die sichtbare Oberfläche der Sonne ist ein brodelndes Meer aus Gasen im Plasmazustand. In der äußersten Schicht nehmen Dichte und Transparenz zu, die Sonnenstrahlung entweicht in Form des Sonnenlichts. Durch spektrografische Untersuchungen dieser Schicht konnten Wissenschaftler Wasserstoff und Helium als Hauptbestandteile der Sonne identifizieren.

5600 °C

KERN
Der Kern macht nur 2 % des Gesamtvolumens der Sonne aus, doch ist in ihm die Hälfte der Gesamtmasse konzentriert. Enormer Druck und extreme Temperaturen im Kern lösen die thermonukleare Fusion aus.

15 000 000 °C

SONNENFLECKEN
Diese Gasregionen sind mit 4000 °C kühler als die umgebende Fotosphäre (5600 °C), weshalb sie dunkler erscheinen.

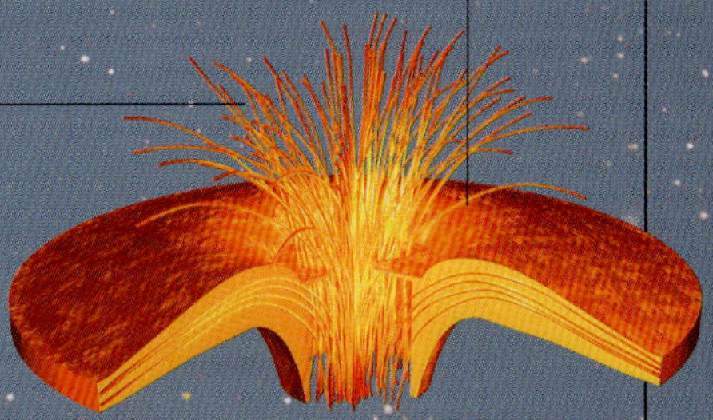

PENUMBRA
Der Randbereich ist heißer und heller als die Umbra.

UMBRA
Der Zentralbereich ist der kühlste und dunkelste Teil.

CHROMOSPHÄRE
Oberhalb der Fotosphäre liegt die Chromosphäre, eine rund 5000 km dicke Schicht mit niedrigerer Dichte. Die Temperatur variiert mit zunehmender Höhe von 4500 °C bis 500 000 °C.

500 000 °C

Maximaltemperatur der Chromosphäre

SPIKULEN
Diese Gasspritzer steigen senkrecht aus der Chromosphäre auf und erreichen gewöhnlich eine Höhe von 10 000 km. Sie entstehen in den oberen Konvektionszellen und können bis zur Korona aufsteigen.

MAKROSPIKULEN
Dieser Typ vertikaler Eruptionen gleicht den Spikulen, erreicht aber gewöhnlich Höhen von bis zu 40 000 km.

KORONA
Die über der Chromosphäre angesiedelte Korona erstreckt sich über Millionen von Kilometern ins All und erreicht Temperaturen von fast 1 000 000 °C. Durch Löcher, Bereiche niedriger Dichte, gelangen Gase in den Sonnenwind.

1 000 000 °C

Temperatur in der Korona

SONNENWIND
Dieser Ionenfluss wird von der Sonnenatmosphäre ausgestrahlt. Die Zusammensetzung ist ähnlich der der Korona. Die Sonne verliert pro Sekunde rund 816 kg Masse in Form des Sonnenwinds.

PROTUBERANZEN
Wolken und Gasschichten aus der Chromosphäre wandern Tausende von Kilometern, bis sie die Korona erreichen, wo sie unter dem Einfluss von Magnetfeldern die Form von Bögen oder Wellen annehmen.

SONNENERUPTION
Diese Eruptionen ereignen sich in der Sonnenatmosphäre und können den Funkverkehr auf der Erde stören.

Unsere direkten Nachbarn

Dieses Kapitel macht Sie mit unseren Nachbarplaneten im Sonnensystem bekannt. Es liefert viele Details über diese Planeten und deren Monde sowie die Vulkane und Krater, die auf einigen zu finden sind – eine gute Gelegenheit, um sie anhand ihrer Merkmale eingehend zu vergleichen. All diese Informationen über die

SONNENSYSTEM
Die Sonne ist die zentrale Energiequelle, die die zum Leben notwendige Wärme erzeugt. Dieser Stern bildet mit den um ihn kreisenden Planeten unser Sonnensystem.

28 Angezogen von einem Stern
30 Merkur, ein Inferno
32 Benachbarte Venus
34 Rot und faszinierend
36 Jupiter, ein Gasriese
38 Saturn: Herr der Ringe
40 Ohne Geheimnisse
42 Tiefblauer Neptun
44 Pluto – jetzt ein Zwerg

Geheimnisse des Universums werden ergänzt durch aktuelle Teleskopaufnahmen. Der intensive Blick auf unsere Nachbarplaneten hilft zu verstehen, dass es momentan keinen besseren Lebensraum gibt als unsere gute alte Erde.

Angezogen von einem Stern

Planeten und ihre Satelliten, Asteroiden und andere Gesteinsobjekte, dazu eine riesige Anzahl kometenartiger Himmelskörper, teils über 1,6 Billionen km von der Sonne entfernt, bilden unser Sonnensystem. Im 17. Jahrhundert entwickelte der Astronom Johannes Kepler ein Modell zur Interpretation der dynamischen Eigenschaften dieser Körper innerhalb des Sonnensystems. Danach beschreiben die Planeten elliptische Bahnen oder Orbits um die Sonne. Diese Bewegung wird jeweils durch das Gravitationsfeld der Sonne beeinflusst. Heute weiß man dank der sich rasch entwickelnden astronomischen Forschung, dass Planeten oder planetenähnliche Körper auch andere Sterne umkreisen.

Äußere Planeten

Die außerhalb des Asteroidengürtels liegenden Planeten sind riesige Gaskugeln mit kleinen, festen Kernen. Durch die große Entfernung zur Sonne sind sie sehr kalt. Nur bei diesen Planeten findet man Ringsysteme. Jupiter, der größte unter ihnen, hätte Platz für 1300 Erden. Seine Masse ist 2,5-mal größer als die Gesamtmasse der übrigen Planeten.

NEPTUN
DURCHMESSER 49 528 km
MONDE 13
Triton Proteus Nereid

URANUS
DURCHMESSER 51 118 km
MONDE 27
Titania Oberon Umbriel Ariel Miranda Puck

SATURN
DURCHMESSER 120 537 km
MONDE 50+
Titan Rhea Iapetus Tethys

BAHNEN
Die Kreisbahn der Sonne (Ekliptik) bestimmt die Ekliptikebene, auf der die Planeten ihre Bahnen ziehen.

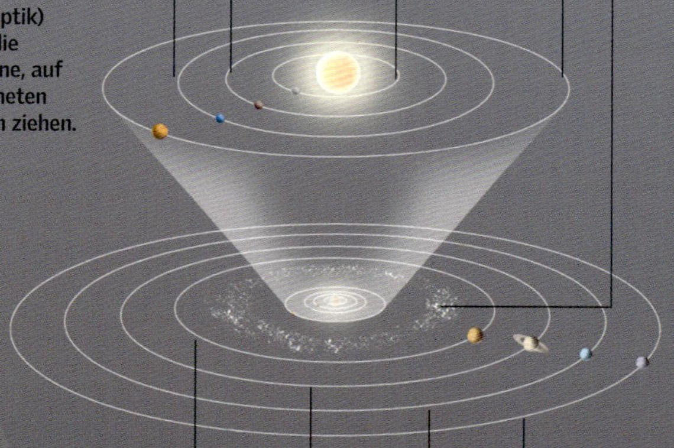

Die meisten Planeten drehen sich entgegengesetzt zum Uhrzeigersinn um ihre Achse, nur Venus und Uranus rotieren im Uhrzeigersinn.

JUPITER

DURCHMESSER 142 984 km
MONDE 60+

Ganymed · Callisto · Io · Europa

Asteroidengürtel

Die Grenze zwischen Äußeren und Inneren Planeten bildet der Asteroidengürtel, ein Bereich mit Millionen von Gesteinsfragmenten unterschiedlichster Größe. Deren Umlaufbahn wird von der Anziehungskraft beeinflusst, die der riesige Planet Jupiter auf sie ausübt. Dieser Effekt verhindert auch, dass sie sich zusammenklumpen und einen Planeten bilden.

Innere Planeten

Diese Planeten liegen innerhalb des Asteroidengürtels. Es sind feste Körper, deren geologische Phänomene, wie Vulkanismus, ihre Oberfläche verändern können. Fast alle besitzen eine nennenswerte Atmosphäre mit einer gewissen Dicke, die in ihrer individuellen Ausprägung eine wichtige Rolle für die Oberflächentemperatur des jeweiligen Planeten spielt.

Phobos Deimos

MARS

DURCHMESSER 6787 km
MONDE 2

MOND

ERDE

DURCHMESSER 12 756 km
MONDE 1

VENUS

DURCHMESSER 12 103 km
MONDE 0

MERKUR

DURCHMESSER 4878 km
MONDE 0

ENTSTEHUNG VON PLANETEN

Früher vermutete man, Planeten hätten sich allmählich durch die Zusammenballung heißer Staubpartikel gebildet. Heute glauben die Wissenschaftler, dass die Planeten bei der Kollision und dem Verschmelzen größerer Himmelskörper, der Planetesimale, entstanden sind.

1

URSPRUNG
Bei der Entstehung der Sonne übrig gebliebene Materiereste bildeten eine Gas- und Staubscheibe, aus der die Planetesimale entstanden.

2

KOLLISION
Beim Zusammenstoß unterschiedlich großer Planetesimale verbanden sich diese zu größeren Objekten.

3

HITZE
Bei den Kollisionen entstand viel Hitze, die sich im Inneren der Planeten, entsprechend ihrer Entfernung zur Sonne, sammelte und konzentrierte.

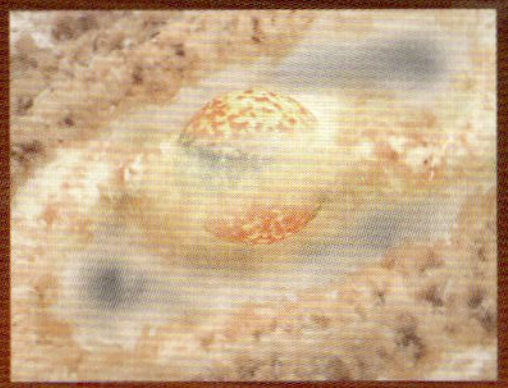

GRAVITATION DER SONNE

Die Anziehungskraft der Sonne auf die Planeten hält diese nicht nur im Sonnensystem fest, sie beeinflusst auch die Geschwindigkeit, mit der sie um die Sonne kreisen. Die sonnennächsten Planeten kreisen viel schneller als die entfernteren.

S O N N E

Merkur, ein Inferno

Der Merkur ist der sonnennächste Planet und unterliegt deshalb ihren Einwirkungen am stärksten: So bewegt er sich sehr schnell um das Zentralgestirn und braucht nur 88 Tage für eine Umlaufbahn. Er besitzt fast keine Atmosphäre, und seine trockene, zerklüftete Oberfläche ist mit zahlreichen von Meteoriten verursachten Kratern übersät, was ihn dem Mond ähnlich macht. Es sind viele Verwerfungen erkennbar, die sich beim Abkühlen des jungen Planeten gebildet haben. Der Merkur wird durch die nahe Sonne auf eine Durchschnittstemperatur von 167 °C an der Oberfläche aufgeheizt.

Kraterbedeckte Oberfläche

Die Oberfläche des Merkur gleicht der des Mondes. Auch hier findet man Krater jeglicher Größe. Der größte misst 1300 km im Durchmesser. Es gibt auch Berge und Täler. 1991 konnten Radioteleskope mögliche Hinweise auf gefrorenes Wasser in den Polarregionen des Merkur entdecken – Informationen, die *Mariner 10* noch nicht geliefert hatte. Die Sonde *Mariner 10*, die bis dahin einzige Merkurmission, flog zwischen 1974 und 1975 dreimal an dem Planeten vorbei. Das Polareis wurde am Boden sehr tiefer Krater entdeckt, wo es kaum den Sonnenstrahlen ausgesetzt ist. Die 2004 gestartete Sonde *Messenger* umkreiste seit dem 17. März 2011 zweimal täglich den Merkur und machte Tausende von Aufnahmen, die neue Informationen über Oberfläche und Magnetfeld des Merkur lieferten.

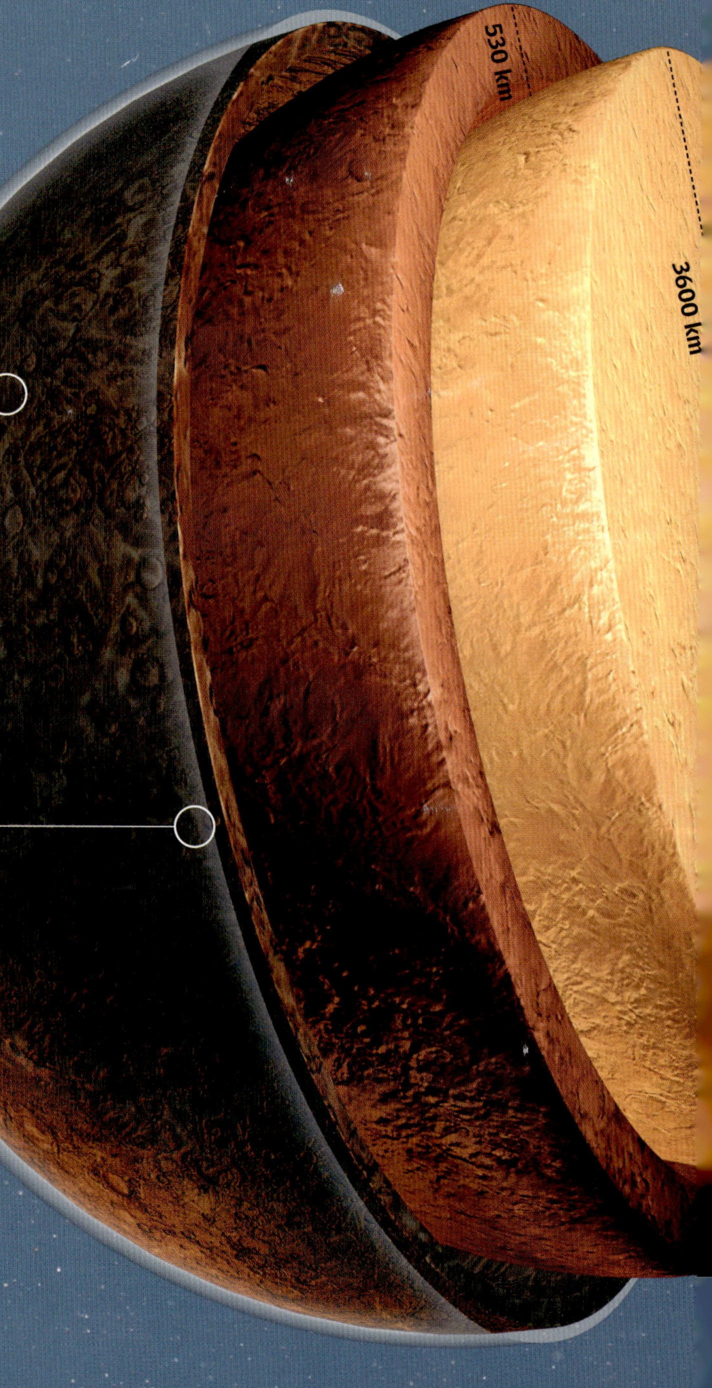

CALORIS-BECKEN
Der größte Einschlagkrater des Sonnensystems hat einen Durchmesser von 1300 km.

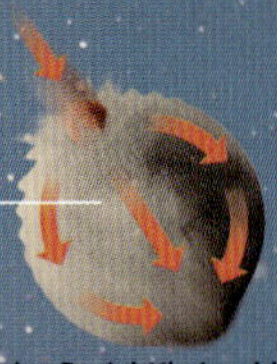

Der Krater wurde von Lava geflutet.

Als das Projektil einschlug, befand sich der Merkur noch in seiner Formationsphase. Die vom Einschlagkrater ausgehenden Wellen formten Hügel und Gebirgszüge.

BEETHOVEN
Dies ist mit 644 km Durchmesser der zweitgrößte Krater auf dem Merkur. Sein Boden wurde von Lava geflutet und später von Meteoriteneinschlägen gezeichnet.

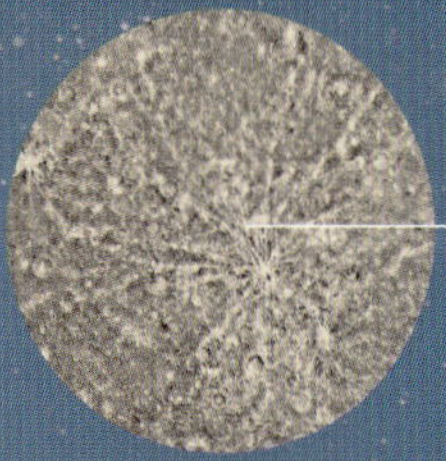

Merkurmissionen

Die Raumsonde *Mariner 10* erreichte als erste den Merkur. Zwischen 1974 und 1975 flog die Sonde dreimal an dem Planeten vorbei und näherte sich ihm bis auf 320 km. Die Raumsonde *Messenger* wurde 2004 gestartet, um den Merkur zwischen 2008 und 2011 zu erforschen.

MARINER 10

MESSENGER
Die Sonde passierte den Merkur 2008 zweimal und 2009 einmal. Am 18. März 2010 ab 12.45 Uhr (UTC) verließ *Messenger* die Bahn um die Sonne und schwenkte als erste Raumsonde in einen Orbit um den Merkur ein.

Aufbau und Magnetfeld

Der Merkur verfügt wie die Erde über ein Magnetfeld, das allerdings wesentlich schwächer ist. Es hat seinen Ursprung in dem aus massivem Eisen bestehenden großen Kern. Der den Kern umgebende Mantel ist vermutlich eine dünne Lage aus Eisen und Schwefel.

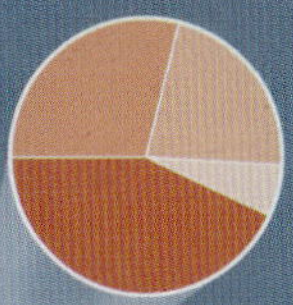

EXTREM DÜNNE ATMOSPHÄRE
Die Atmosphäre des Merkur ist kaum wahrnehmbar und nur eine sehr dünne Schicht, die den Planeten weder vor der Sonne noch vor Meteoriten schützen kann. Am Tag, wenn der Merkur der Sonne näher ist, kann die Oberflächentemperatur 450 °C übersteigen. Nachts kann sie dagegen bis auf −183 °C absinken.

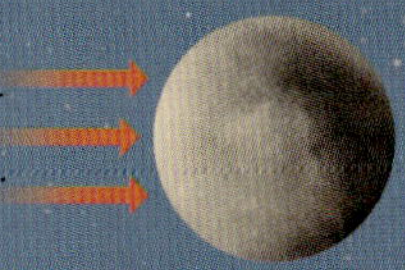

167 °C

Der der benachbarten Sonne unmittelbar ausgesetzte Merkur zeigt die größten Temperaturschwankungen unter den Planeten des Sonnensystems. Die Durchschnittstemperatur liegt bei 167 °C, bei Annäherung an die Sonne kann sie auf 450 °C steigen. Nachts sinkt sie bis auf −183 °C.

EIGENSCHAFTEN

ASTRONOMISCHES SYMBOL ☿

WICHTIGSTE DATEN

Mittlere Entfernung von der Sonne	57 900 000 km
Sonnenumlaufzeit	88 Tage
Äquatordurchmesser	4880 km
Orbitalgeschwindigkeit	47,87 km/s
Masse*	0,06
Gravitation*	0,38
Dichte	5,43 g/cm³
Durchschnittstemperatur	167 °C
Atmosphäre	fast keine
Monde	keine

*jeweils Erde = 1

NEIGUNG ROTATIONSACHSE

0,1°

Eine Umdrehung dauert 59 Erdtage.

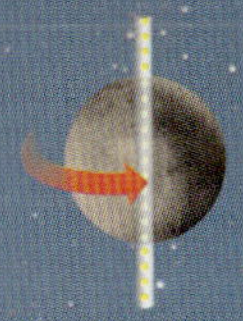

Rotation und Bahn

Der Merkur rotiert langsam um seine Achse und braucht fast 59 Erdentage für eine Umdrehung. Die Sonne umkreist er in nur 88 Tagen. Für einen Beobachter auf dem Merkur ergäbe sich durch die Kombination beider Bewegungen ein Intervall von 176 Tagen zwischen zwei Sonnenaufgängen. Würde man den Sonnenaufgang von Position 1 aus beobachten, so müsste man bis zum nächsten Aufgang so lange warten, bis der Planet zweimal die Sonne umrundet und drei Rotationen um seine Achse vollzogen hat.

BAHN DES MERKUR UM DIE SONNE

Jede Ziffer entspricht einer Position der Sonne am Himmel vom Merkur aus gesehen.

SICHT VOM MERKUR AUS

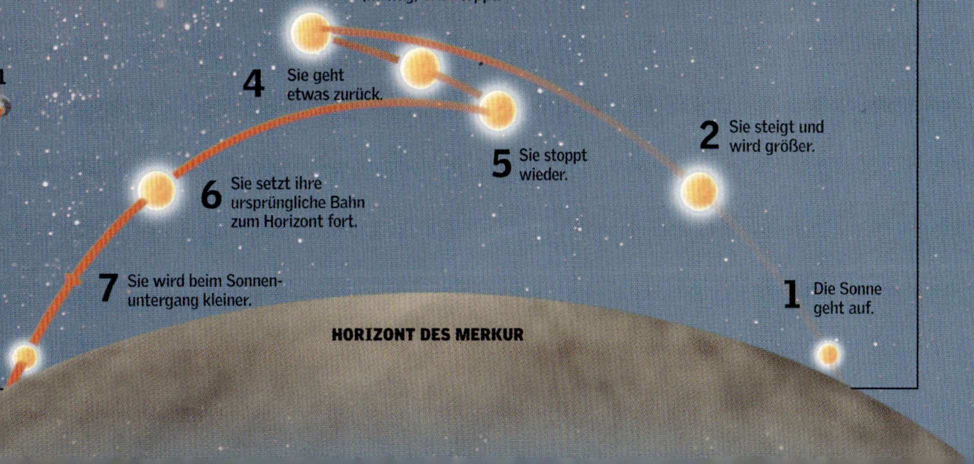

Benachbarte Venus

Die Venus ist der zweitnächste Planet zur Sonne. In der Größe der Erde ähnlich, besitzt der Planet eine vulkanische Oberfläche und eine feindliche, von den Einflüssen des Kohlendioxids geprägte Atmosphäre. Obwohl Erde und Venus vor 4 Mrd. Jahren vergleichbare Atmosphären hatten, ist die Masse der Atmosphäre der Venus heute 100-mal größer als die der Erde. Die dicken Wolken aus Schwefelsäure und Staub sind so dicht, dass von der Venusoberfläche aus keine Sterne sichtbar sind. Von der Erde aus kann die Venus aufgrund ihrer Helligkeit auch am Tag gesehen werden, nachts wird sie nur vom Mond überstrahlt. Die Bewegungen der Venus waren deshalb schon im Altertum bekannt.

EIGENSCHAFTEN

ASTRONOMISCHES SYMBOL ♀

WICHTIGSTE DATEN	
Mittlere Entfernung von der Sonne	108 000 000 km
Sonnenumlaufzeit	224 Tage, 17 Stunden
Äquatordurchmesser	12 100 km
Orbitalgeschwindigkeit	35 km/s
Masse*	0,8
Gravitation*	0,9
Dichte	5,24 g/cm³
Durchschnittstemperatur	460 °C
Atmosphäre	sehr dicht
Monde	keine

*jeweils Erde = 1

NEIGUNG ROTATIONSACHSE

177°

Eine Umdrehung dauert 243 Erdtage.

Aufbau

Der massive Anteil von Kohlendioxid in der Atmosphäre der Venus bewirkt einen Treibhauseffekt mit Oberflächentemperaturen von etwa 462 °C. Die Venus ist damit wärmer als der Merkur, obwohl sie weiter von der Sonne entfernt ist und nur 20 % des Sonnenlichts zu ihr durchdringt. Die Oberflächentemperatur ist mit durchschnittlich 460 °C relativ konstant. Der atmosphärische Druck liegt 90-mal höher als auf der Erde.

ATMOSPHÄRE
Die strahlende Erscheinung der Venus wird durch die dichte Atmosphäre bewirkt, die mit ihren Wolken aus Kohlendioxid und Schwefelsäure viel Sonnenlicht reflektiert.

100 km
SO DICK IST DIE ATMOSPHÄRE

Kohlendioxid 97 %

Stickstoff und Spuren anderer Gase **3 %**

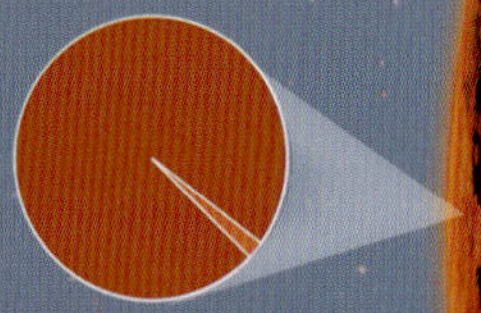

MANTEL
Der 3000 km dicke Mantel aus geschmolzenem Gestein macht den Großteil des Planeten aus und fängt die Sonnenstrahlung ein.

8000 °C

KERN
Vermutlich besteht der Kern der Venus, ähnlich wie der Erdkern, aus Metallen (Eisen und Nickel) und Silikaten. Die Venus hat kein Magnetfeld – wahrscheinlich wegen ihrer langsamen Rotationsgeschwindigkeit.

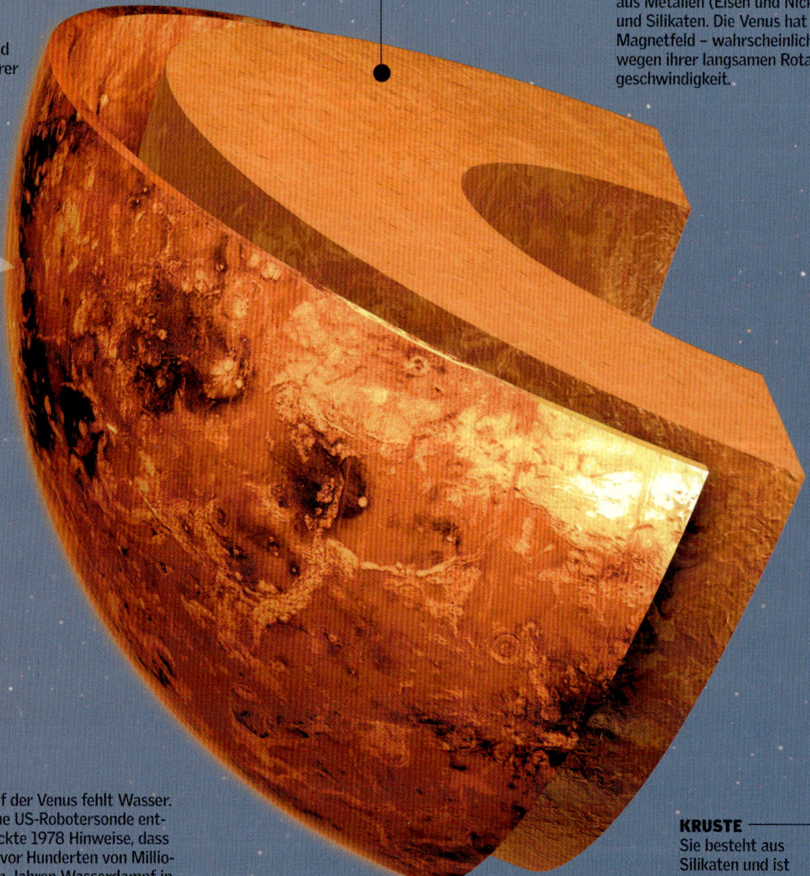

KRUSTE
Sie besteht aus Silikaten und ist dicker als die Erdkruste.

Auf der Venus fehlt Wasser. Eine US-Robotersonde entdeckte 1978 Hinweise, dass es vor Hunderten von Millionen Jahren Wasserdampf in der Atmosphäre gab, heute sind aber keine Spuren von Wasser mehr vorhanden.

TREIBHAUSEFFEKT
Nur 20 % des Sonnenlichts dringen bis zur Oberfläche der Venus durch. Die dicken Wolken aus Kohlendioxid, Schwefelsäure und Staub in der Atmosphäre reflektieren das übrige Licht, weshalb auf der Venus permanente Dunkelheit herrscht.

SONNENSTRAHLUNG
Die dichte Atmosphäre, die einen Teil der Sonnenstrahlen absorbiert, hält die Venus warm.

462 °C

INFRAROTSTRAHLEN
Die Oberfläche der Venus sondert Infrarotstrahlen ab. Nur 20 % der Sonnenstrahlen dringen durch die dichten Wolken aus Schwefelsäure.

PHASEN DER VENUS

Die Venus erscheint bei ihrer Bahn um die Sonne, je nach ihrer Stellung in Relation zur Sonne und Erde, von der Erde aus in ganz unterschiedlicher Beleuchtung. Sie durchläuft wie der Mond Phasen. Während der Elongation, wenn die Venus am Himmel am weitesten von der Sonne entfernt ist, wirkt sie am hellsten.

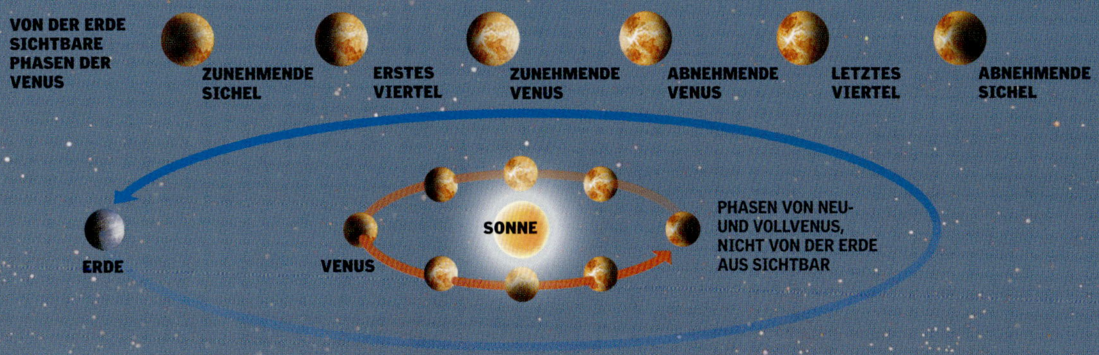

Oberfläche

Die Oberfläche der Venus hat sich im Laufe ihres Planetenlebens verändert. Die aktuelle Ausprägung ist etwa 500 Mio. Jahre alt. Die heute sichtbare Felslandschaft entstand durch intensive Vulkanaktivität. Vulkangestein bedeckt 85 % des Planeten, der neben einigen Gebirgen von weiten Vulkanebenen und Lavaflüssen durchzogen wird. Die Lavaströme haben zahlreiche, teilweise sehr breite Gräben geschaffen. Metallische Bestandteile lassen die Venusoberfläche so hell erscheinen.

Die Oberfläche der Venus ist felsig und trocken. Vulkanebenen und andere Hochregionen prägen weite Teile des Planeten.

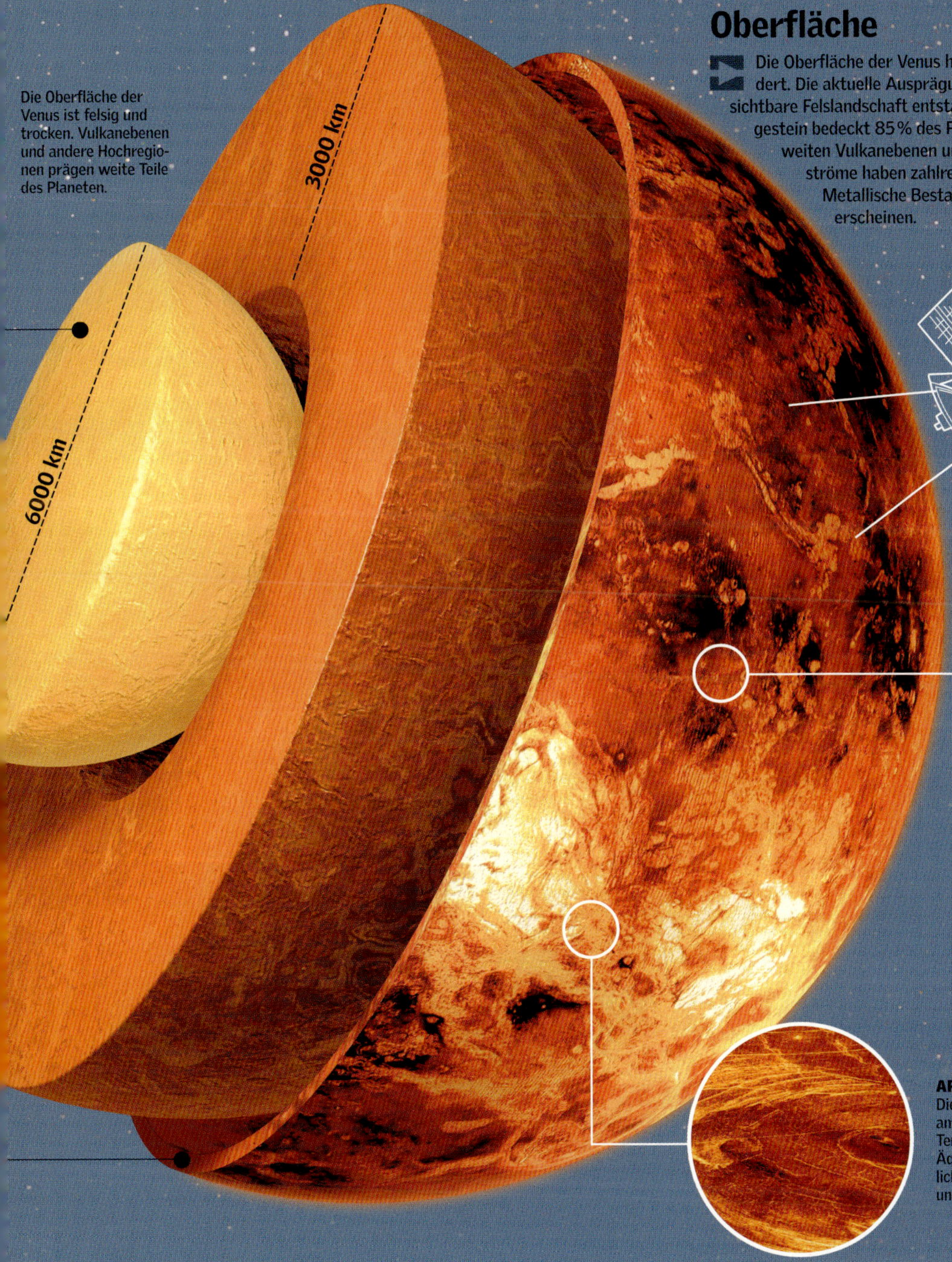

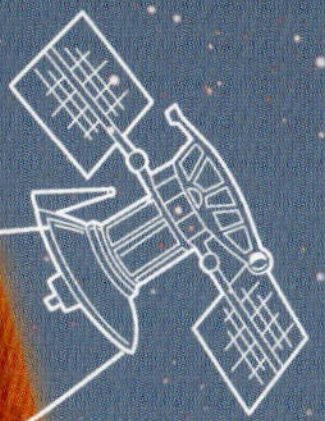

MAGELLAN
Die Raumsonde *Magellan* erforschte zwischen 1990 und 1994 die Venus. Sie war mit einem Radarsystem zur Untersuchung der Planetenoberfläche und der Atmosphäre ausgerüstet.

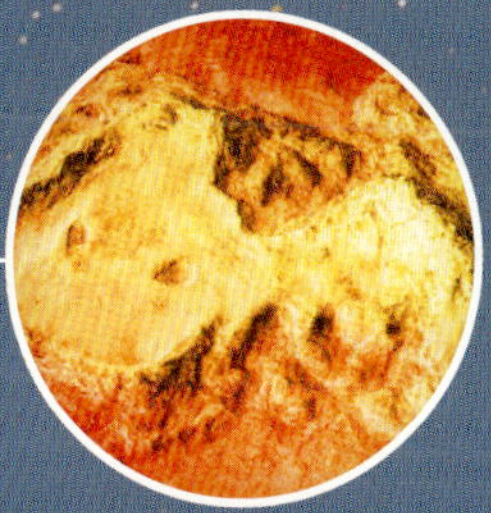

ISHTAR TERRA
Diese Hochlandregion der Venus ist etwa so groß wie Australien und liegt dicht am Nordpol der Venus. Sie wird von vier großen Gebirgszügen durchzogen: Maxwell Montes, Freyja Montes, Akna Montes und Danu Montes.

APHRODITE TERRA
Die Region hat die Größe von Südamerika und ist größer als Ishtar Terra. Aphrodite Terra liegt in Äquatornähe und besteht im Wesentlichen aus Gebirgsregionen im Osten und Westen, die ein Tiefland trennt.

Rot und faszinierend

Der Mars ist der vierte Planet des Sonnensystems und der Erde am ähnlichsten. Er besitzt polare Eiskappen und gleicht ihr in Achsneigung, Rotationszeit und internem Aufbau. Wegen des rötlichen Eisenoxids, das seine Oberfläche bedeckt, ist der Mars auch als „Roter Planet" bekannt. Seine Atmosphäre besteht vorrangig aus Kohlendioxid. Auf dem Mars gibt es heute kein Wasser, obwohl dies früher der Fall war und einige Hinweise auf Wasservorkommen im Untergrund vorliegen. Zur Erforschung des Mars wurden viele Raumsonden entsandt. Er bietet neben der Erde die größte Wahrscheinlichkeit für die Entwicklung von Lebensformen und wird vermutlich der erste Planet sein, den Menschen von der Erde aus besuchen.

Umlaufbahn des Mars

Die Bahn des Mars ist stärker elliptisch ausgeprägt als die der Erde, wodurch der Abstand des Mars zur Sonne stark variiert. In seinem Perihel, der größten Sonnennähe, empfängt der Mars 45 % mehr Sonnenstrahlung als in seinem Aphel, dem sonnenfernsten Punkt. Die Temperaturen variieren von –140 °C bis 17 °C.

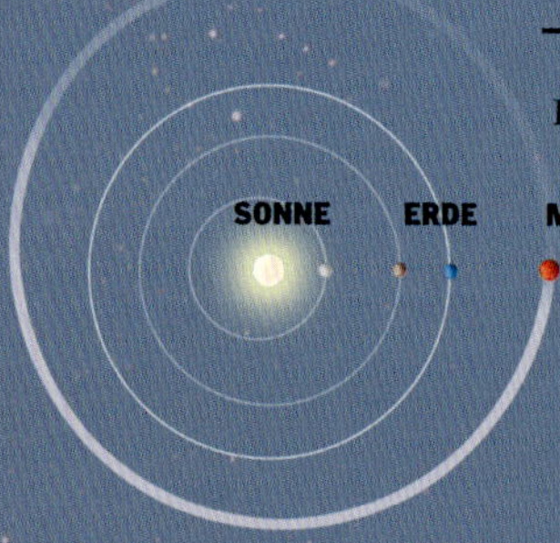

Aufbau

Der felsige Planet Mars besitzt einen eisenreichen Kern. Er ist etwa halb so groß wie die Erde und hat eine ähnliche Rotationsperiode. Es gibt deutlich erkennbare Wolken, Winde und andere Wetterphänomene. Die dünne Atmosphäre besteht aus Kohlendioxid. Die rote Färbung rührt von dem eisenoxidreichen Boden her.

KRUSTE
Die nur 50 km dicke Kruste besteht aus massivem Gestein.

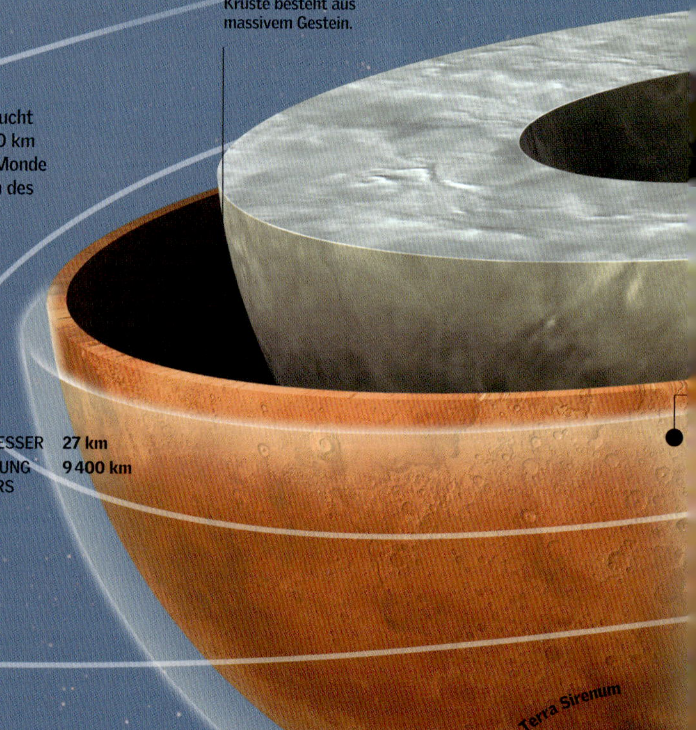

Monde

Der Mars hat zwei Monde, Phobos und Deimos. Beide haben eine geringere Dichte als der Mars und sind mit Kratern übersät. Phobos misst 27 km im Durchmesser, Deimos 15 km. Deimos umkreist den Mars in 30 Stunden in einer Entfernung von 23 540 km, Phobos braucht 8 Stunden für eine Umkreisung in 9 400 km Höhe. Astronomen vermuten, dass die Monde Asteroiden sind, die von der Gravitation des Mars eingefangen wurden.

DEIMOS

DURCHMESSER **15 km**
ENTFERNUNG VOM MARS **23 540 km**

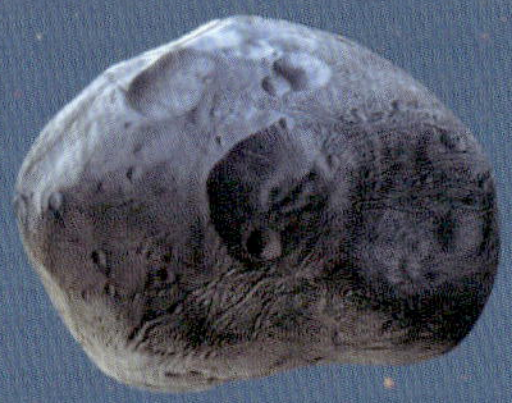

PHOBOS

DURCHMESSER **27 km**
ENTFERNUNG VOM MARS **9 400 km**

MARSMISSIONEN
Nach dem Mond war der Mars ein besonders attraktives Ziel für Forschungsmissionen in unserem Sonnensystem.

1965: *MARINER 4*
Die erste zum Mars entsandte Mission machte nur einen kurzen Vorbeiflug.

1969: *MARINER 6* UND *7*
erkundeten die Südhalbkugel und den Äquator des Mars.

1971: *MARINER 9*
fotografierte erstmals den Vulkan Olympus Mons.

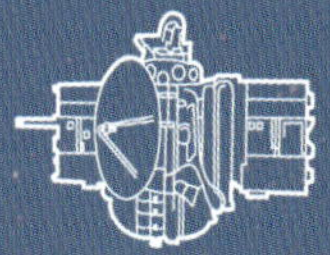

1973: *MARS 4, MARS 5, MARS 6* UND *MARS 7*
waren russische Marsmissionen.

1976: *VIKING 1* UND *2*
suchten nach Spuren von Leben, landeten als erste Raumfahrzeuge auf dem Mars.

Oberfläche

Die geologisch vielgestaltige Oberfläche wurde durch Vulkanaktivität, Meteoriteneinschläge, Sturmwinde und Fluten geprägt, auch wenn es heute kein oder kaum Wasser auf dem Mars gibt. Gebirge beherrschen die Südhalbkugel, während in der nördlichen Hemisphäre Ebenen dominieren.

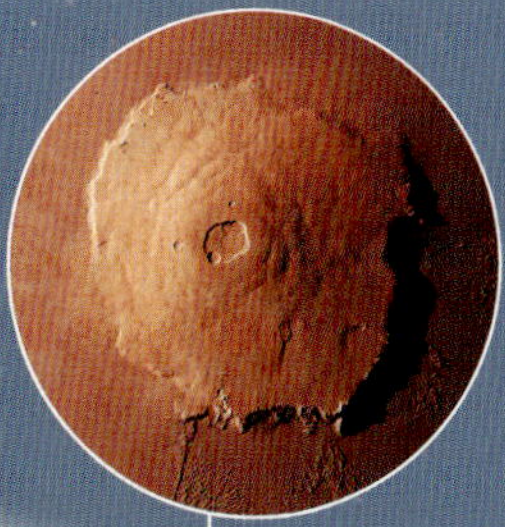

OLYMPUS MONS
Dieser riesige inaktive Vulkan ist der größte Berg im gesamten Sonnensystem.

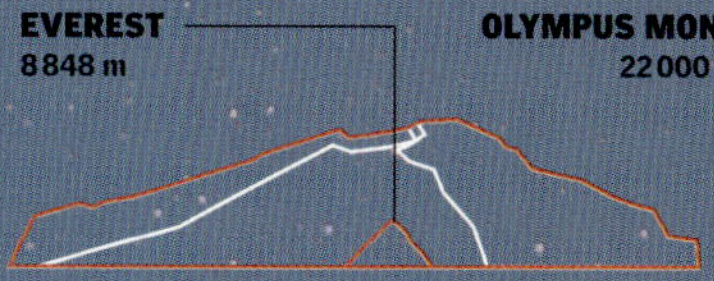

VALLES MARINERIS
Das Grabensystem der Valles Marineris entstand vermutlich durch starke, natürliche Wassererosion.

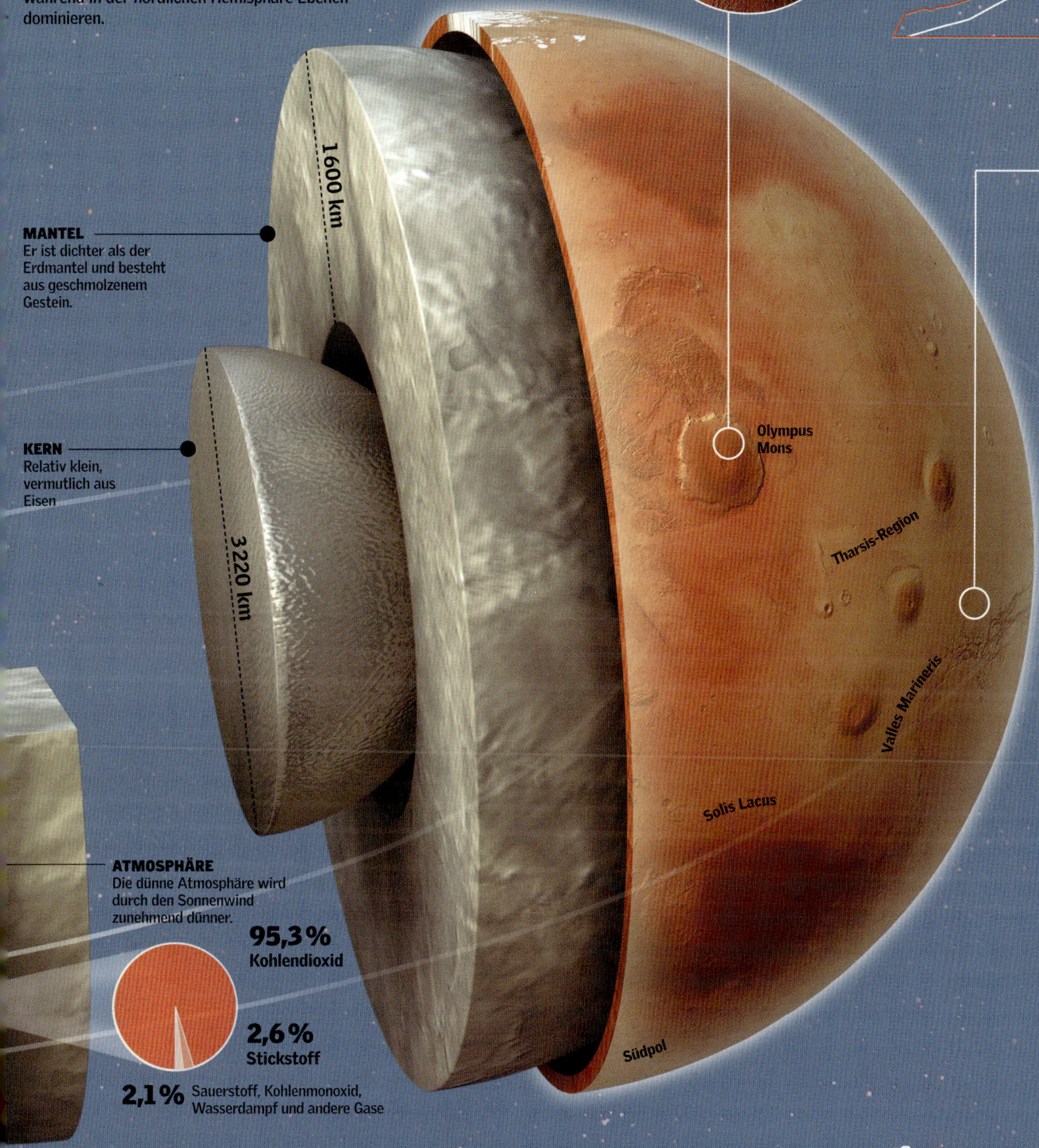

MANTEL
Er ist dichter als der Erdmantel und besteht aus geschmolzenem Gestein.

KERN
Relativ klein, vermutlich aus Eisen

ATMOSPHÄRE
Die dünne Atmosphäre wird durch den Sonnenwind zunehmend dünner.

95,3 % Kohlendioxid

2,6 % Stickstoff

2,1 % Sauerstoff, Kohlenmonoxid, Wasserdampf und andere Gase

EIGENSCHAFTEN

ASTRONOMISCHES SYMBOL ♂

WICHTIGSTE DATEN

Mittlere Entfernung von der Sonne	227900000 km
Sonnenumlaufzeit	24 Stunden, 40 Minuten
Äquatordurchmesser	6795 km
Orbitalgeschwindigkeit	24 km/s
Masse*	0,107
Gravitation*	0,38
Dichte	3,93 g/cm
Durchschnittstemperatur	–63 °C
Atmosphäre	dünn
Monde	2

*jeweils Erde = 1

NEIGUNG ROTATIONSACHSE

25,2°
Eine Umdrehung dauert 24 Stunden und 40 Minuten.

1997: *MARS PATHFINDER* war die dritte erfolgreiche Marslandung.

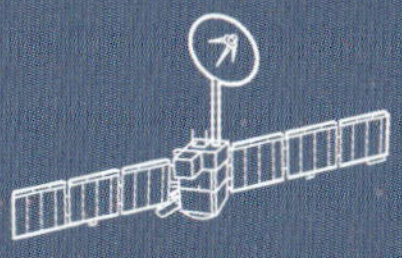

1997: *MARS GLOBAL SURVEYOR* machte über 100000 Aufnahmen des Planeten.

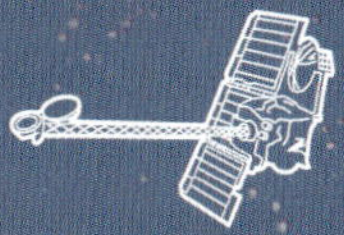

2001: *MARS ODYSSEE* untersuchte die Marsoberfläche mineralogisch und morphologisch.

2003: *MARS EXPRESS* Erster Mars-Orbiter der ESA (Europäische Weltraumorganisation).

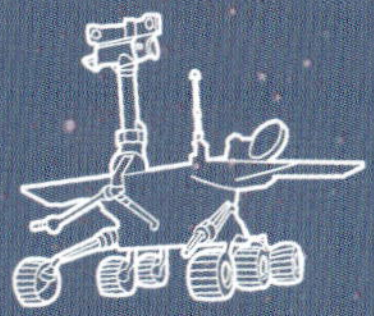

2004: *SPIRIT* UND *OPPORTUNITY* Mars Rover zur Erkundung der Oberfläche.

2006: *MARS RECONNAISSANCE ORBITER* machte datailliert Untersuchungen der Marsoberfläche.

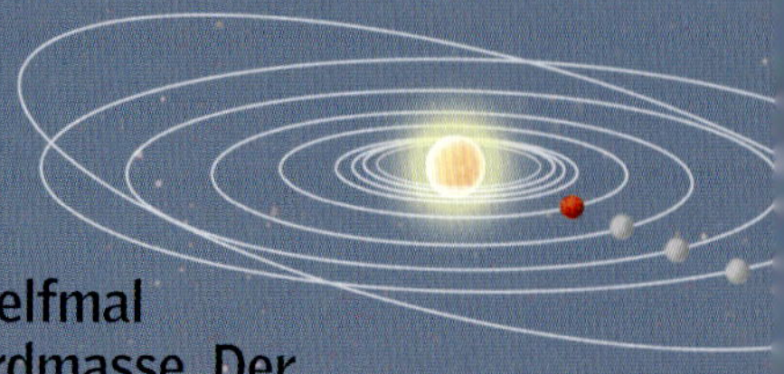

Jupiter, ein Gasriese

Jupiter ist der größte Planet des Sonnensystems. Sein Durchmesser ist elfmal größer als der Erddurchmesser, seine Masse 300-mal größer als die Erdmasse. Der Jupiter rotiert mit 40 000 km/h. Durch diese enorme Geschwindigkeit werden seine Pole abgeflacht: Der Durchmesser am Äquator ist größer als an der Polachse. Der Große Rote Fleck ist ein besonders auffälliges Merkmal der Jupiteratmosphäre. Dieses riesige Hochdruckgebiet wurde schon vor über 300 Jahren von der Erde aus beobachtet. Der Planet wird von einem breiten, blassen Ring aus Partikeln umgeben und von zahlreichen Monden umkreist.

Zusammensetzung

Jupiter ist ein riesiger Ball aus Wasserstoff und Helium, die im Inneren des Planeten aufgrund des hohen Druckes flüssig sind. Der kaum erforschte Kern des Jupiter besteht aus metallischem Gestein und ist vermutlich größer als die Erde.

INNERER MANTEL
Der Mantel direkt um den Kern besteht aus metallischem Wasserstoff, der nur bei hohen Temperaturen und extrem hohem Druck vorkommt. Der innere Mantel ist ein Gemisch aus Elektronen und Atomkernen.

EIGENSCHAFTEN

ASTRONOMISCHES SYMBOL ♃

WICHTIGSTE DATEN

Mittlere Entfernung von der Sonne	777 300 000 km
Siderische Rotation	11 Jahre, 312 Tage
Äquatordurchmesser	142 750 km
Orbitalgeschwindigkeit	13 km/s
Masse*	318
Gravitation*	2,36
Dichte	1,33 g/cm³
Durchschnittstemperatur	-120 °C
Atmosphäre	sehr dicht
Monde	62

*jeweils Erde = 1

NEIGUNG ROTATIONSACHSE

3,1°

Eine Umdrehung dauert 9 Stunden und 55 Minuten.

Die Monde des Jupiter

Der Jupiter hat 62 Monde, doch viele davon sind noch nicht offiziell bestätigt und haben noch keine Namen. Die Rotation des Jupiter wird durch den Gezeiteneffekt der Monde teilweise gebremst.

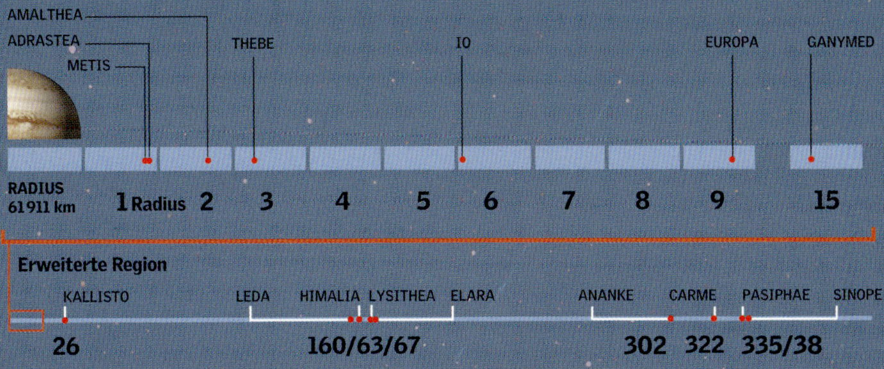

GALILEISCHE MONDE

Von den 62 Jupitermonden sind vier von der Erde aus mit dem Fernglas sichtbar. Sie werden zu Ehren ihres Entdeckers, Galileo Galilei, als Galileische Monde bezeichnet. Astronomen vermuten, dass es auf Io aktive Vulkane und auf Europa unter der Eiskruste einen Ozean gibt.

Winde

Die Winde strömen in benachbarten Bahnen und in entgegengesetzten Richtungen. Geringe Unterschiede in Temperatur und chemischer Zusammensetzung bewirken die vielfarbige Gestalt des Jupiter. In der rauen Atmosphäre des Planeten kann es zu heftigen Stürmen mit Windgeschwindigkeiten von über 600 km/h kommen, so etwa im Großen Roten Fleck auf der Südhalbkugel. Dieser misst 26 000 km in der Länge und besteht vermutlich überwiegend aus Ammoniak und Eiswolken.

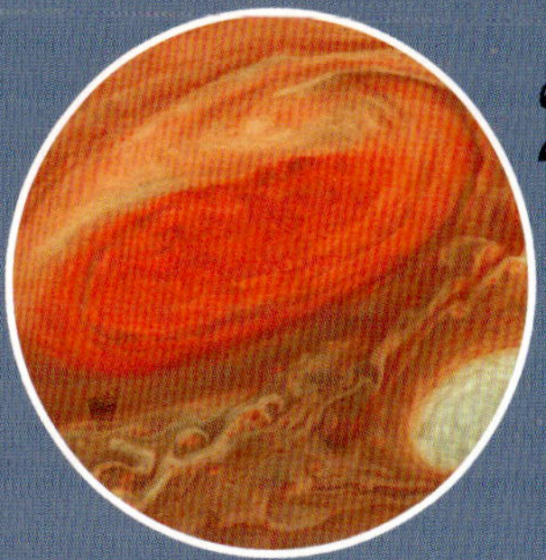

26 000 km

GROSSER ROTER FLECK

RINGE

Die Ringe des Jupiter bestehen aus Staub, der von den vier inneren Monden stammt. Diese Ringe wurden erstmals 1979 von der Raumsonde *Voyager 1* und später von *Voyager 2* gesichtet.

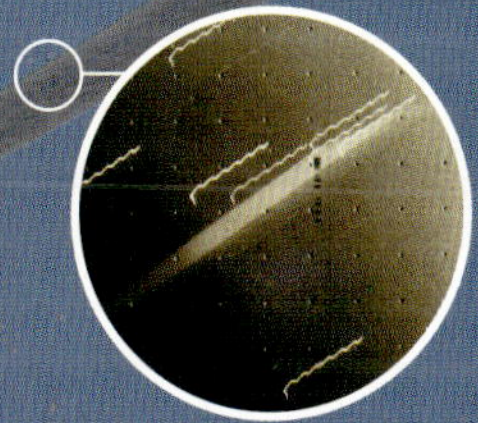

RINGMATERIAL

ÄUSSERER GOSSAMER-RING

INNERER GOSSAMER-RING

HAUPTRING

HALO

MAGNETISMUS DES JUPITER

Das Magnetfeld des Jupiter ist 20 000-mal stärker als das der Erde. Astronomen glauben, dass es durch elektrische Ströme verursacht wird, die bei der schnellen Rotation des metallischen Wasserstoffs entstehen. Der Jupiter wird von einer riesigen Magnetblase umgeben, der Magnetosphäre. Der Schweif der Magnetosphäre erstreckt sich über 600 000 000 km bis jenseits der Bahn des Saturn.

Die Magnetosphäre des Jupiter ist das größte Objekt im Sonnensystem. Ihre Größe und Form variiert je nach Sonnenwind, dem von der Sonne permanent ausgestrahlten Partikelstrom.

644 000 000 km

ATMOSPÄRE

Die 1000 km dicke Atmosphäre umgibt die flüssigen inneren Lagen und den festen Kern.

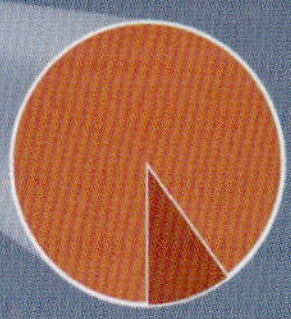

89,8 %
Wasserstoff

10,2 %
HELIUM
mit Spuren von Methan und Ammoniak

Saturn: Herr der Ringe

Der Saturn ist der zweitgrößte Planet des Sonnensystems. Wie der Jupiter besteht er aus einer großen Gaskugel mit einem kleinen, festen Kern. Der Saturn war der entfernteste Planet, der vor der Erfindung des Teleskops entdeckt wurde. Dem bloßen Auge erscheint er als gelblicher Stern, mit einem Teleskop sind seine Ringe erkennbar. Der Saturn ist zehnmal weiter von der Sonne entfernt als die Erde und der Planet mit der niedrigsten Dichte – er würde sogar auf Wasser schwimmen.

Ringe

Die Saturnringe sind die hellsten Ringe des Sonnensystems. Sie bestehen aus Gestein und Eis, die um den Äquator des Saturn kreisen. Möglicherweise sind sie Überreste zerstörter Kometen, die vom Gravitationsfeld des Saturn eingefangen wurden.

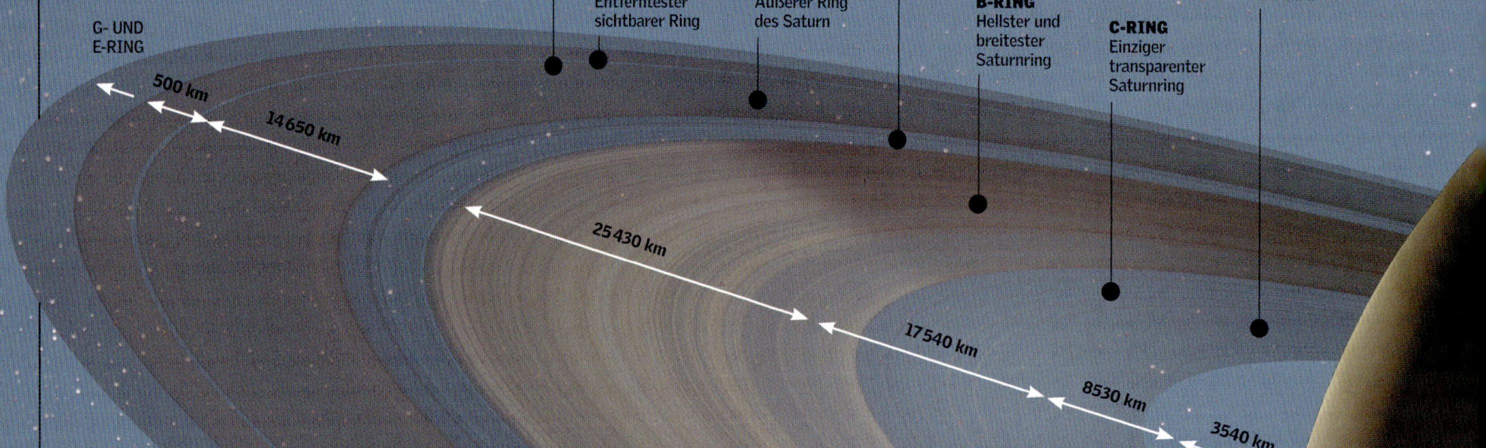

DICKE UND BREITE
Die Ringe des Saturn sind zwar sehr breit, aber manchmal nur knapp 10 m dick.

Die Monde des Saturn

Der Saturn besitzt über 45 Monde und damit eine der größten Mondfamilien des Sonnensystems. Die Größe der Monde variiert von 5150 km beim Titan bis zu 16 km beim kleinen Calypso.

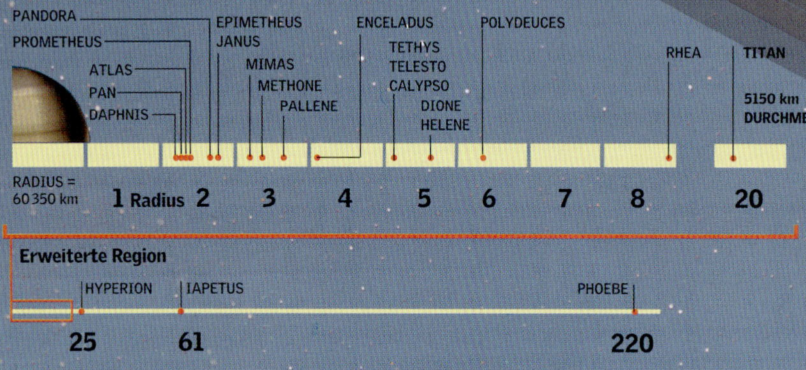

TITAN
Titan ist größer als Merkur. Seine Atmosphäre besteht überwiegend aus Stickstoff.

Oberfläche

Wie beim Jupiter bedecken durch die Rotation des Planeten geformte Wolkenbänder den Saturn. Diese Wolken sind aber weniger turbulent und farbig als die des Jupiter. Die höheren weißen Wolken erreichen −140 °C. Darüber erstreckt sich eine Dunstschicht.

WINDE
Die Winde auf dem Saturn erreichen etwa 355 km/h und bewirken heftige Stürme.

Gasförmige Hülle

Saturn und Jupiter unterscheiden sich nur geringfügig in ihrem Aufbau. Beide sind gasförmige Kugeln mit einem festen Kern. Saturn hebt sich durch seine Ringe ab, die aus Eis bestehen, das von Partikelgröße bis hin zu großen Eisbrocken vorkommt. Jedes dieser Teile ist ein Satellit, der den Saturn umkreist. Von der Erde aus betrachtet, scheinen diese Teile große Strukturen zu bilden, dabei folgt jedes einzelne Teil seiner eigenen Bahn.

ATMOSPHÄRE

<1% Schwefel verleiht ihr ein gelbliches Aussehen.

2% Helium

97% Wasserstoff

BESTANDTEILE
Die wichtigsten Bestandteile der Saturnatmosphäre sind Wasserstoff (97 %) und Helium (2 %). Den Rest bilden Schwefel, Methan und andere Gase.

EIGENSCHAFTEN

Astronomisches Symbol	♄
WICHTIGSTE DATEN	
Mittlere Entfernung von der Sonne	1 427 000 000 km
Sonnenumlaufzeit	29 Jahre, 154 Tage
Äquatordurchmesser	120 600 km
Orbitalgeschwindigkeit	10 km/s
Masse*	95
Gravitation*	0,92
Dichte	0,7 g/cm³
Durchschnittstemperatur	−125 °C
Atmosphäre	sehr dicht
Monde	mehr als 45

*jeweils Erde = 1

NEIGUNG ROTATIONSACHSE

26,7°
Eine Umdrehung dauert 10 Stunden und 39 Minuten.

Ohne Geheimnisse

Gerade noch sichtbar ist Uranus der siebte Planet im Abstand zur Sonne und der drittgrößte im Sonnensystem. Von den anderen Planeten unterscheidet sich Uranus durch seine Rotationsachse, die mit knapp 98° Neigung fast in der Bahnebene des Planeten liegt, sodass jeweils der eine oder der andere Pol zur Sonne zeigt. Astronomen spekulieren darüber, dass Uranus bei seiner Entstehung von einem Protoplaneten getroffen wurde, wodurch sich seine Neigung veränderte. Die Bahn des Uranus ist so weitläufig, dass der Planet 84 Jahre zur Umrundung der Sonne braucht. Die Rotationsperiode beträgt 17 Stunden und 14 Minuten.

Magnetfeld

Uranus generiert ein 50-mal stärkeres Magnetfeld als das der Erde. Das Zentrum des Magnetfeldes liegt nicht im Planeten, sondern außerhalb und ist um 60° aus der Rotationsachse gekippt. Auf die Erde übertragen, läge der magnetische Nordpol in Marokko. Anders als bei anderen Planeten entspringt das Magnetfeld des Uranus in dessen Mantel und nicht im Kern.

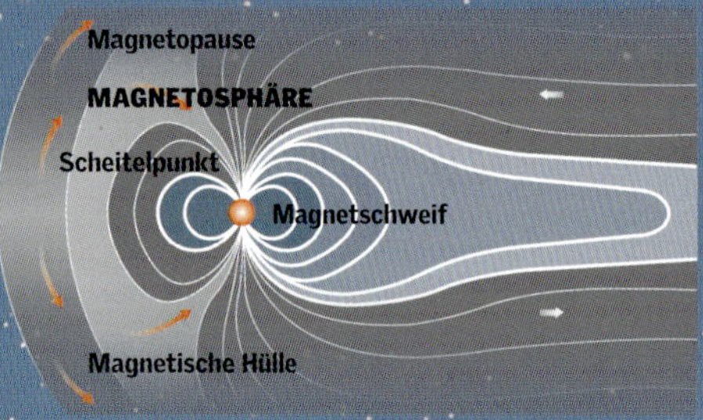

Einige Wissenschaftler vermuten, das anormale Magnetfeld des Uranus könnte darauf hinweisen, dass die Konvektion im Planetenkern durch Abkühlung zum Erliegen kam. Der Planet könnte gegenwärtig auch eine Polumkehrung erfahren, wie sie auf der Erde stattgefunden hat.

Aufbau

Der Kern des Uranus besteht aus riesigen Mengen Silikat und Eis. Der Planet ist fast viermal größer als die Erde und besitzt eine Atmosphäre aus Wasserstoff, Helium und Methan. Durch seine fast horizontale Neigung durchläuft Uranus sehr lange Jahreszeiten.

KERN
Er besteht aus Silikaten und Eis.

INNERER MANTEL
Vermutlich Eiswasser, Methan und Ammoniak; nach einigen Modellen bilden die Bestandteile von Mantel und Kern keine Lagen.

ÄUSSERER MANTEL
Er besteht überwiegend aus Wasserstoff und Helium sowie einem geringen Anteil Methan.

ATMOSPHÄRE
Die Atmosphäre des Uranus setzt sich aus Wasserstoff, Methan, Helium und kleinen Anteilen von Acetylen und anderen Kohlenwasserstoffen zusammen.

EIGENSCHAFTEN

ASTRONOMISCHES SYMBOL ♅

WICHTIGSTE DATEN	
Mittlere Entfernung von der Sonne	2865000000 km
Sonnenumlaufzeit	84 Jahre 4 Tage
Äquatordurchmesser	51118 km
Orbitalgeschwindigkeit	6,4 km/s
Masse*	14,5
Gravitation*	0,89
Dichte	1,4 g/cm³
Durchschnittstemperatur	–210 °C
Atmosphäre	weniger dicht
Monde	27

*jeweils Erde = 1

NEIGUNG ROTATIONSACHSE

97,9°

Eine Umdrehung dauert 17 Stunden und 14 Minuten.

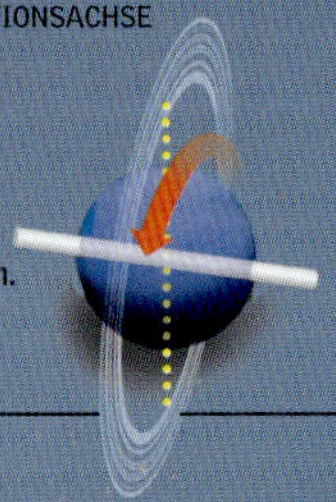

–210 °C

DURCHSCHNITTSTEMPERATUR

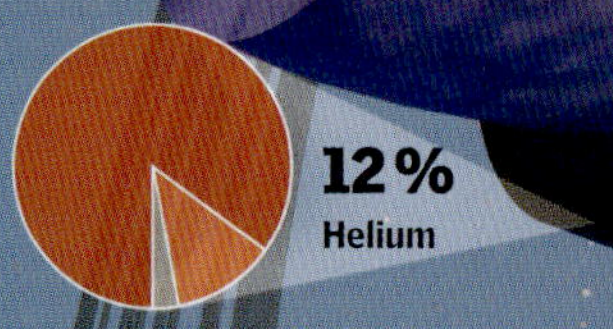

Ringe

Wie alle Riesenplaneten des Sonnensystems besitzt Uranus ein Ringsystem. Allerdings ist es viel dunkler als das des Saturn und schwieriger zu erkennen. Die elf Ringe, die um den Äquator des Planeten kreisen, wurden 1977 entdeckt. 1986 hat sie *Voyager 2* erkundet.

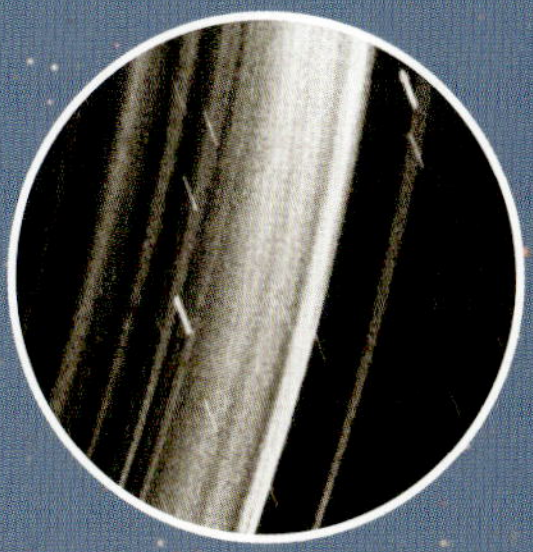

Satelliten

Uranus besitzt 27 Monde, von denen die ersten vier 1787 entdeckt wurden. Zehn weitere Monde identifizierte 1986 dann die Raumsonde *Voyager 2*. Die Uranusmonde sind nach Figuren aus den Werken William Shakespeares und Alexander Popes benannt, eine von anderen Monden im Sonnensystem abweichende Namensgebung. Einige der Uranusmonde sind groß, die meisten messen aber nur wenige Dutzend Kilometer.

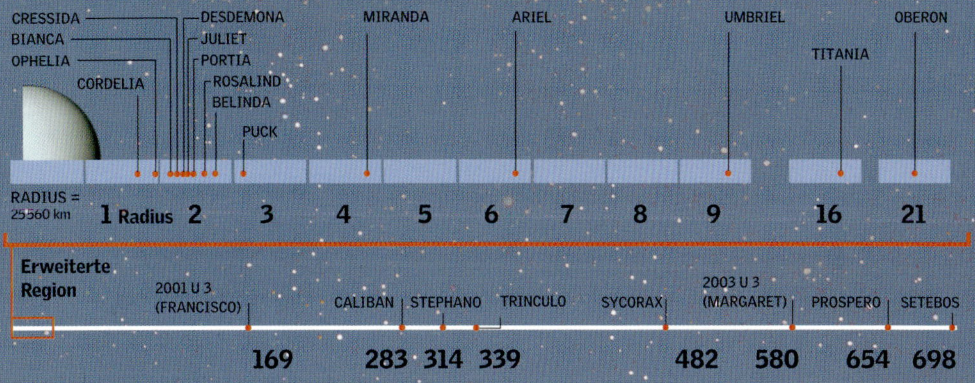

MONDE

Uranus hat kleine, dunkle Monde, die von *Voyager 2* entdeckt wurden, und größere Monde wie Miranda, Ariel, Umbriel, Oberon und Titania.

Miranda ist mit 472 km Durchmesser der kleinste der fünf Hauptmonde des Uranus. Die unregelmäßige Oberfläche zeigt tiefe Furchen und einen hellen Fleck.

MIRANDA
472 km

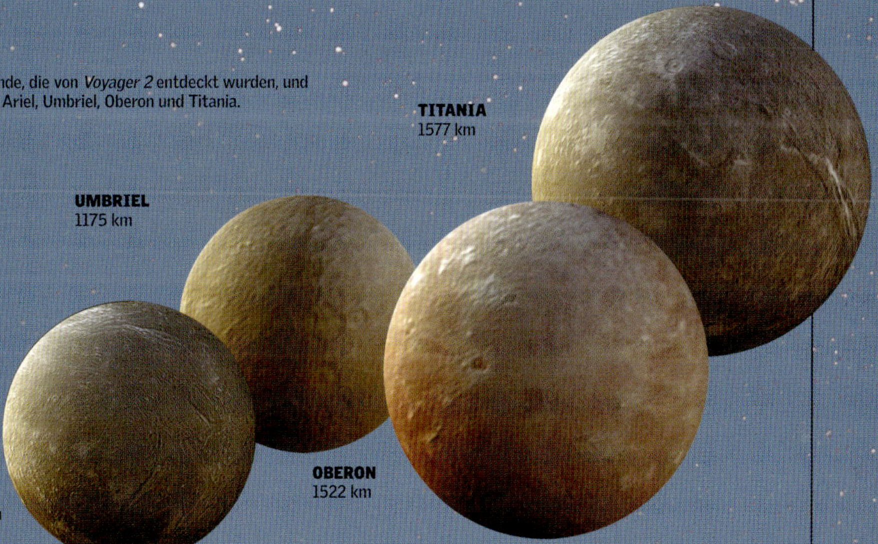

TITANIA
1577 km

UMBRIEL
1175 km

ARIEL
1159 km

OBERON
1522 km

Oberfläche

Lange glaubte man, Uranus habe eine weiche Oberfläche. Das Hubble-Weltraumteleskop entdeckte, dass Uranus ein sehr dynamischer Planet mit den hellsten Wolken des Sonnensystems ist und ein fragiles Ringsystem hat, das wie ein unausgewuchtetes Rad flattert.

BRECHUNG DER STRAHLEN

1 Beim Uranus reflektiert ein Wolkenvorhang unterhalb einer Methanschicht das Sonnenlicht.

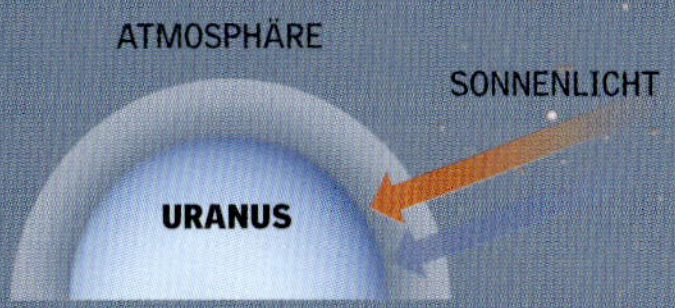

2 Wenn das Sonnenlicht diese Schicht passiert, absorbiert das Methan die roten Lichtwellen, und nur die blauen Lichtwellen gelangen hindurch, was eine blaugrüne Färbung des Planeten bewirkt.

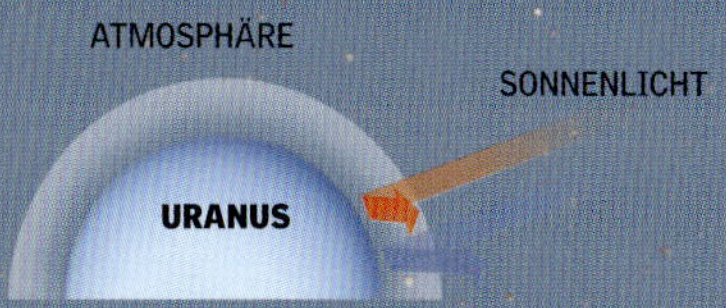

Tiefblauer Neptun

Von unserem Planeten aus ist Neptun ein mit bloßem Auge nicht erkennbarer matter, blauer Punkt. Von *Voyager 2* zur Erde gesandte Bilder zeigen ihn als blaue Kugel, die ihre Färbung durch das Methan in der äußeren Atmosphäre erhält. Neptun, der entfernteste der Gasplaneten, ist 30-mal weiter von der Sonne entfernt als die Erde. Bemerkenswert sind seine beeindruckenden Wolken und Ringe und seine Ähnlichkeit mit Uranus. Neptun ist für Astronomen von besonderem Interesse, denn seine Existenz und sein Standort wurden schon vor seiner Entdeckung mathematisch vorhergesagt.

Monde

Neptun wird von 13 natürlichen Satelliten umkreist. Als erste wurden Triton und Nereid mit Teleskopen von der Erde aus beobachtet. Die restlichen elf Monde entdeckte dann die Raumsonde *Voyager 2* vom All aus. Die Namen der Monde entsprechen antiken griechischen Meeresgottheiten.

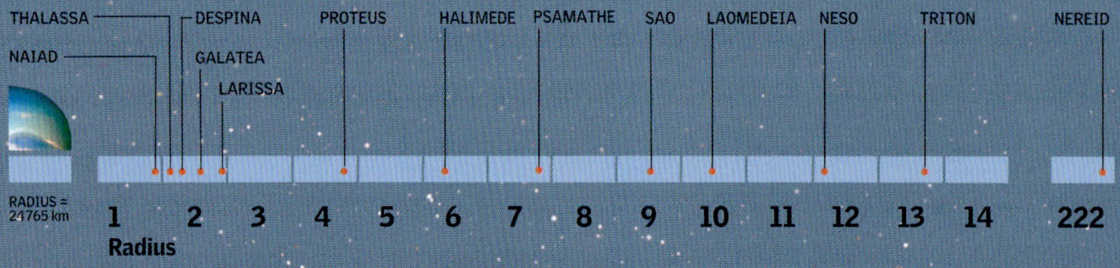

TRITON
Sein Durchmesser beträgt 2705 km. Er kreist in entgegengesetzter Richtung zu den anderen Monden um Neptun. Die dunklen Streifen auf seiner Oberfläche sind von Vulkanen und Geysiren herausgeschleudertes Material.

–235 °C

Damit ist Triton einer der kältesten Himmelskörper des Sonnensystems.

Ringe

Neptun hat sehr zarte Ringe aus Staub. Bei ihrer Beobachtung von der Erde aus hielten Astronomen diese zunächst für unvollständige Bögen. Sie tragen die Namen der ersten Erforscher des Neptun.

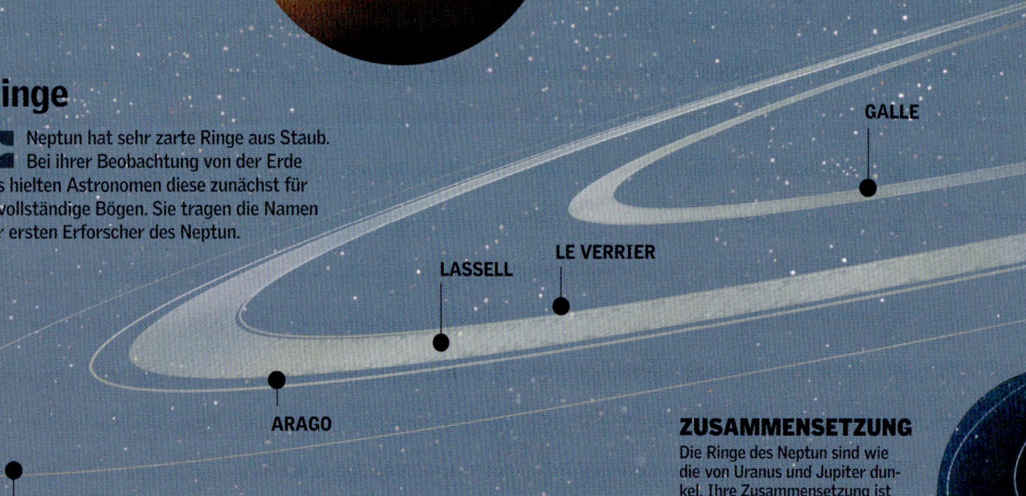

ADAMS
Dieser 62765 km vom Planetenkern entfernte Ring besitzt drei auffällige Ringbögen oder Abschnitte mit den Namen Liberté, Fraternité und Égalité.

ZUSAMMENSETZUNG
Die Ringe des Neptun sind wie die von Uranus und Jupiter dunkel. Ihre Zusammensetzung ist unbekannt. Vermutlich sind sie instabil. Liberté, ein Teil des äußeren Rings, könnte vor dem 22. Jahrhundert verschwinden.

Oberfläche

Weiße Methanwolken umkreisen den Neptun. Die von Ost nach West, entgegengesetzt zur Rotationsrichtung des Planeten, ziehenden Winde gehören mit Geschwindigkeiten von bis zu 2000 km/h zu den schnellsten im Sonnensystem.

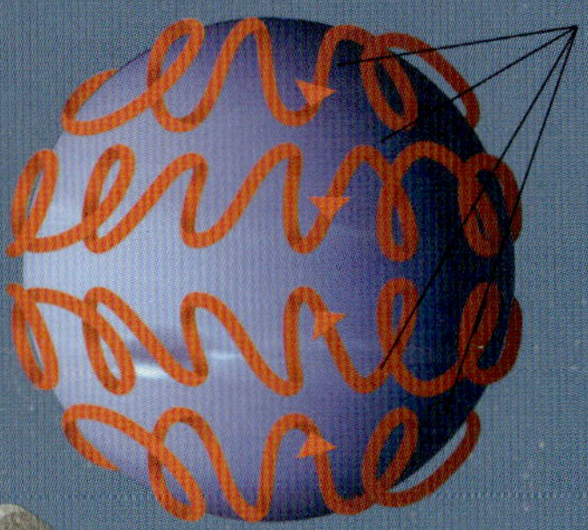

DER GROSSE FLECK
Dieser Riesensturm von der Größe der Erde, Großer Dunkler Fleck genannt, wurde 1989 erstmals auf der Oberfläche des Neptun gesichtet. 1994 war er dann verschwunden.

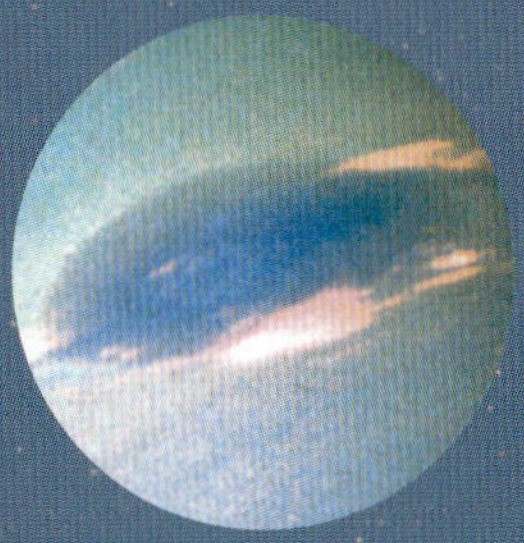

Harter Kern

Verschiedene Modelle lassen vermuten, dass Neptun einen Kern aus Silikatgestein besitzt, der von einem Mantel aus Wasser, Ammoniak, Wasserstoff und Methan umgeben wird, wobei die Materialien in Mantel und Kern nicht unbedingt Lagen bilden.

KERN
Er besteht aus Silikaten und Eis.

ATMOSPHÄRE
Wie bei den anderen Gasplaneten bildet Neptuns gestreifte Atmosphäre ein aktives Wolkensystem, dem des Jupiter vergleichbar.

INNERER MANTEL
Möglicherweise eisiges Wasser, Methan und Ammoniak

ÄUSSERER MANTEL
Überwiegend Wasserstoff und Helium mit einem kleinen Anteil von Methan

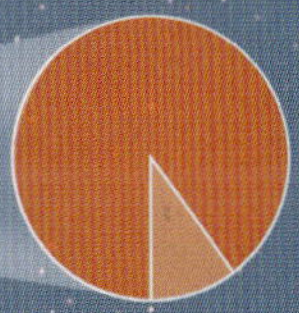

89,8 % Wasserstoff

10,2 % Helium

EIGENSCHAFTEN

ASTRONOMISCHES SYMBOL ♆

WICHTIGSTE DATEN	
Mittlere Entfernung von der Sonne	4 500 000 000 km
Sonnenumlaufzeit	164 Jahre, 264 Tage
Äquatordurchmesser	49 570 km
Orbitalgeschwindigkeit	5,5 km/s
Masse*	17,2
Gravitation*	1,12
Dichte	1,7 g/cm³
Durchschnittstemperatur	−200 °C
Atmosphäre	dicht
Monde	13

*jeweils Erde = 1

NEIGUNG ROTATIONSACHSE

28,3°

Eine Umdrehung dauert 16 Stunden und 36 Minuten.

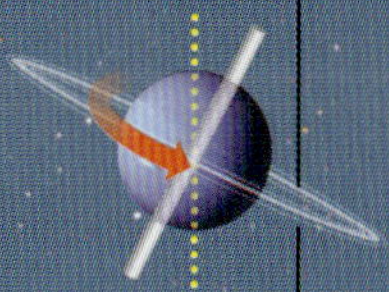

Pluto – jetzt ein Zwerg

Seit 2006 ist Pluto nicht mehr der neunte Planet des Sonnensystems, sondern wurde von der Internationalen Astronomischen Union der neu definierten Klasse der Zwergplaneten zugeordnet. Dieser winzige Himmelskörper im Sonnensystem besaß nie ein prägnantes Profil und konnte auch noch nicht näher erforscht werden. Die eher spärlichen Informationen über ihn wurden bei Beobachtungen von der Erde oder erdnahen Bahnen, etwa vom Hubble-Weltraumteleskop, gesammelt. Allerdings ist Pluto wegen seiner einzigartigen Bahn, seiner Achsneigung und seiner Lage im Kuipergürtel bemerkenswert. All diese Aspekte machen ihn besonders interessant.

Eine doppelte Welt

Pluto und sein größter Satellit, Charon, unterliegen einer besonderen Beziehung: Sie wurden als Doppelplanet bezeichnet, denn Charon hat fast den halben Durchmesser von Pluto. Nach einer Hypothese bildete sich Charon aus dem Eis, das bei der Kollision eines anderen Objekts mit Pluto abgesprengt wurde.

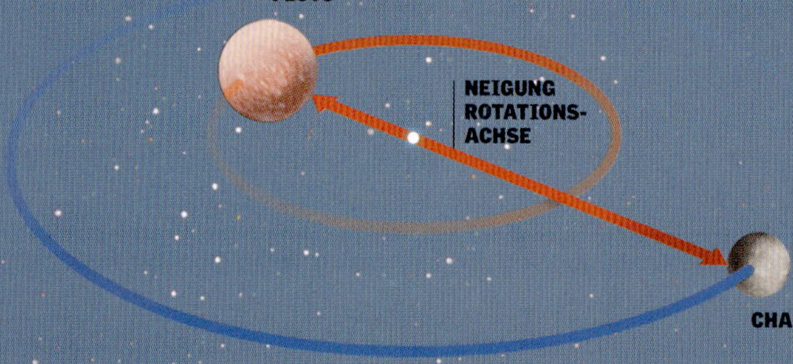

Oberfläche

Über Pluto weiß man wenig, doch das Hubble-Weltraumteleskop zeigte eine mit gefrorenem Stickstoff und Methan bedeckte Oberfläche. Das feste Methan deutet auf Temperaturen von unter –203 °C hin. Allerdings variiert die Temperatur des Zwergplaneten je nach Position auf seiner Bahn mit einer Entfernung von 30 bis 50 astronomischen Einheiten von der Sonne.

SYNCHRONISIERTE BAHNEN

Die Bahnkonstellation von Pluto und Charon ist einzigartig. Sie stehen sich immer gegenüber, als wären sie durch eine unsichtbare Achse verbunden. Die Synchronisation der beiden Körper ist so, dass ein auf einer Seite des Pluto stehender Beobachter Charon sehen könnte, während einem Beobachter auf der anderen Seite dieser Mond aber immer verborgen bliebe.

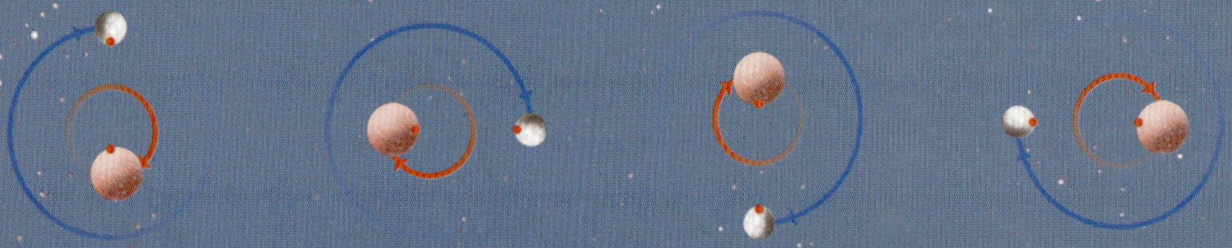

BESTE VERFÜGBARE ABBILDUNG DES PLUTO

Monde

Neben dem 1978 entdeckten Charon umkreisen noch Nix und Hydra, beide 2005 erstmals gesichtet, den Zwergplaneten. Die Oberfläche von Pluto besteht aus gefrorenem Stickstoff, Methan und Kohlendioxid, die von Charon offensichtlich aus Eis, Methan und Kohlendioxid. Einer Theorie zufolge wurde die Materie dieses Mondes bei einer Kollision von Pluto abgesprengt, ganz ähnlich wie man es beim Mond der Erde vermutet.

DICHTE

Die Dichte von Charon liegt zwischen 1,2 und 1,3 g/cm^3, was auf eine Zusammensetzung mit nur geringen Gesteinsanteilen hindeutet.

1175 km

Durchmesser von Charon – die Hälfte von Plutos Durchmesser

Zusammensetzung

Nach wissenschaftlichen Berechnungen besteht Pluto zu 75 % aus einem Gemisch aus Eis und Gestein. Seine gefrorene Oberfläche hat einen Anteil von 98 % Stickstoff mit Spuren von festem Kohlenmonoxid und Methan. Vor Kurzem haben Wissenschaftler ermittelt, dass Pluto zum Kuipergürtel gehört, einer Ansammlung von Objekten, die bei der Ausformung der äußeren Planeten übrig blieb. Neben großen Anteilen gefrorenen Stickstoffs gibt es auf Pluto einfache Moleküle aus Wasser- und Sauerstoff, den Bausteinen des Lebens.

EIGENSCHAFTEN

ASTRONOMISCHES SYMBOL	♇
WICHTIGSTE DATEN	
Mittlere Entfernung von der Sonne	5 900 000 000 km
Sonnenumlaufzeit	247,9 Jahre
Äquatordurchmesser	2253 km
Orbitalgeschwindigkeit	4,8 km/s
Masse*	0,002
Gravitation*	0,067
Dichte	2,08 g/cm³
Durchschnittstemperatur	–230 °C
Atmosphäre	sehr dünn
Monde	3

*jeweils Erde = 1

NEIGUNG ROTATIONSACHSE

122°

Eine Umdrehung dauert 6387 Erdtage.

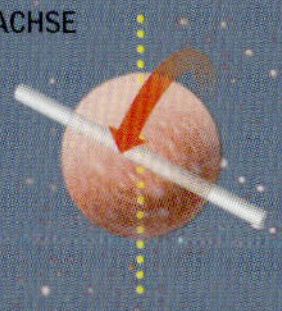

6387

So viele Erdtage braucht Pluto für eine volle Rotation.

98 %
STICKSTOFF

2 %
METHAN
mit Spuren von Kohlenmonoxid

EINE SPEZIELLE BAHN

Plutos Bahn ist ausgeprägt elliptisch und um 17° zur Ebene der Planetenbahnen gekippt. Der Abstand von Pluto zur Sonne variiert von 4 000 000 000 bis 7 000 000 000 km. Bei seiner 248 Jahre dauernden Bahn steht Pluto fast 20 Jahre näher an der Sonne als Neptun. Obwohl Pluto die Bahn von Neptun zu kreuzen scheint, ist eine Kollision der beiden Himmelskörper ausgeschlossen.

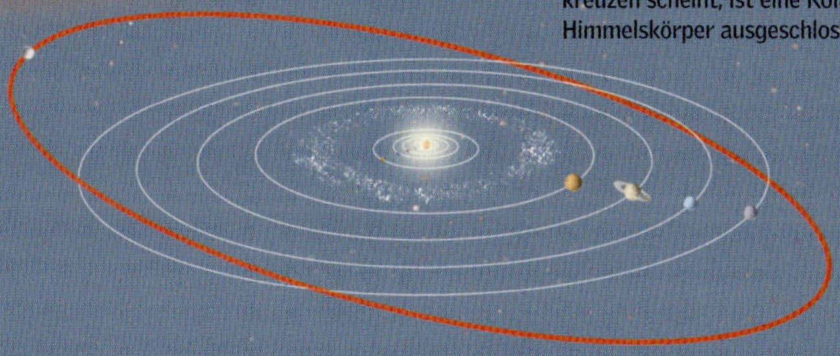

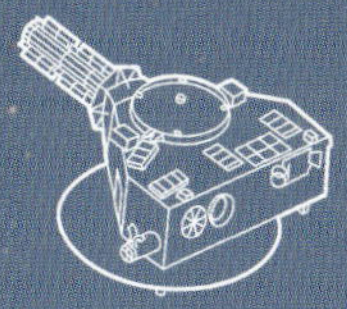

NEW HORIZONS MISSION
Die erste Raumsonde zum Pluto wurde am 19. Januar 2006 gestartet. Sie soll den Zwergplaneten im Juli 2015 erreichen und den ersten Vorbeiflug an Pluto und Charon absolvieren.

Erde und Mond

Am Anfang war die Erde eine glühende Masse. Als sie sich allmählich abkühlte, entstanden nach und nach die Kontinente in ihrer heutigen Form. In der Frühzeit der Erde fanden dramatische Veränderungen statt, und unser Blauer Planet verändert sich auch weiterhin. Ohne die Atmosphäre wäre ein Leben auf der Erde nicht

LUFTAUFNAHME DER ERDE
Auf dieser Teilansicht der Erde kann man Bora-Bora erkennen, eine der Inseln unter dem Wind in Französisch-Polynesien.

48 Der Blaue Planet
50 Bewegungen und Koordinaten
52 Mond und Gezeiten
54 Finsternisse

möglich. Diese unsichtbare, farb- und geruchlose Gasschicht umgibt uns, liefert uns die Luft zum Atmen und schützt uns vor der schädlichen Strahlung der Sonne. Die Atmosphäre ist etwa 700 km dick. Sie besitzt aber keine klare Grenze, sondern wird zum Weltall hin immer dünner, bis sie sich ganz verliert.

Der Blaue Planet

Die Erde ist auch als Blauer Planet bekannt, denn die Ozeane, die fast zwei Drittel ihrer Oberfläche bedecken, verleihen ihr eine blaue Farbe. Nur auf diesem Planeten, dem drittnächsten zur Sonne, herrschen die geeigneten Bedingungen, um Leben zu ermöglichen – das hebt die Erde von den anderen Planeten ab. Hier gibt es reichlich Wasser, milde Temperaturen und eine Atmosphäre, die sie vor Objekten aus dem Weltall schützt. Durch ihre Ozonschicht filtert die Atmosphäre auch die Sonnenstrahlung. Die an den Polen leicht abgeplattete und am Äquator etwas bauchige Erde dreht sich in knapp 24 Stunden einmal um ihre Achse.

Das Phänomen Leben

Wasser in flüssiger Form macht das Leben auf der Erde möglich. Nur dieser Planet bietet einen Temperaturbereich von 0 °C bis 100 °C, in dem Wasser als Flüssigkeit vorliegt. Die Entfernung der Erde von der Sonne, zusammen mit gewissen anderen Faktoren, ermöglichte vor rund 3,8 Mrd. Jahren die Entwicklung von Leben.

70 %

der Erdoberfläche sind Wasser. Vom All erscheint der Planet daher blau.

–60 °C

NUR EIS
Der Mars ist so weit von der Sonne entfernt, dass alles Wasser gefroren ist.

0 °C bis 100 °C

DREI ZUSTANDSFORMEN
Auf der Erde findet man Wasser in allen drei möglichen Aggregatzuständen.

Über 100 °C

NUR DAMPF
Auf dem Merkur und der Venus, beide dicht an der Sonne, würde Wasser verdampfen.

1 VERDUNSTUNG
Durch die Energie der Sonne verdunstet das Wasser. Es steigt von den Ozeanen und in geringerem Maße auch aus Seen, Flüssen und anderen Gewässern der Kontinente in die Atmosphäre auf.

SÜDPOL

ERDBEWEGUNGEN
Die Erde kreist um die Sonne und dreht sich dabei um die eigene Achse.

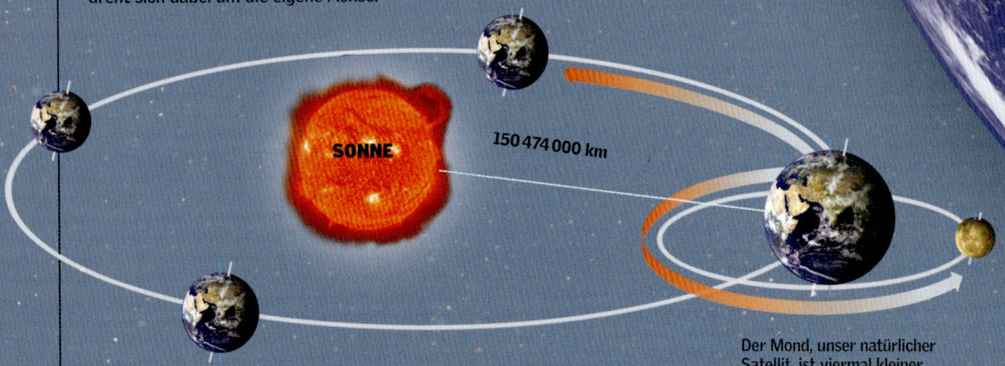

ROTATION: Die Erde dreht sich in 23 Stunden und 56 Minuten um die eigene Achse.

REVOLUTION: Die Erde braucht 365 Tage, 5 Stunden und 57 Minuten zur Umkreisung der Sonne.

Der Mond, unser natürlicher Satellit, ist viermal kleiner als die Erde und umkreist diese in 27,32 Tagen.

23,5°

So stark ist die Erdachse aus dem Lot gekippt. Während die Erde die Sonne umkreist, erhalten die unterschiedlichen Regionen mehr oder weniger Sonnenlicht. So entstehen die Jahreszeiten.

3 NIEDERSCHLAG
Die Atmosphäre verliert durch Kondensation Wasser. Die Gravitation führt zu Regen, Schnee oder Hagel. Tau und Reif verändern ihren Zustand direkt an der Oberfläche, die sie bedecken.

2 KONDENSATION
Die Winde der Erde tragen die feuchtigkeitsgeladene Luft weiter, bis bei entsprechenden Bedingungen das Wasser zu Wolken kondensiert und als Regen oder anderer Niederschlag zu Boden fällt.

EIGENSCHAFTEN

ASTRONOMISCHES SYMBOL ⊕

WICHTIGSTE DATEN	
Mittlere Entfernung von der Sonne	150 Mio. km
Sonnenumlaufzeit	365,25 Tage
Äquatordurchmesser	12 762 km
Orbitalgeschwindigkeit	27,36 km/s
Masse*	1
Gravitation*	1
Dichte	5,54 g/cm³
Durchschnittstemperatur	15 °C

*jeweils Erde = 1

NEIGUNG ROTATIONSACHSE

23,5°

Eine Umdrehung dauert 23,56 Stunden.

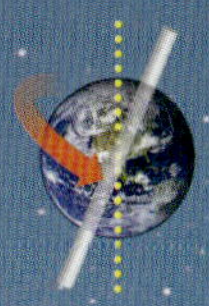

Magnetismus und Gravitation

Das Magnetfeld der Erde entsteht im äußeren Kern des Planeten, wo verwirbelnde Ströme aus geschmolzenem Eisen elektrische und magnetische Felder erzeugen. Die Ausrichtung des Magnetfelds verändert sich mit der Zeit, die magnetischen Pole wandern.

DIE ERDE WIRKT WIE EIN MAGNET.

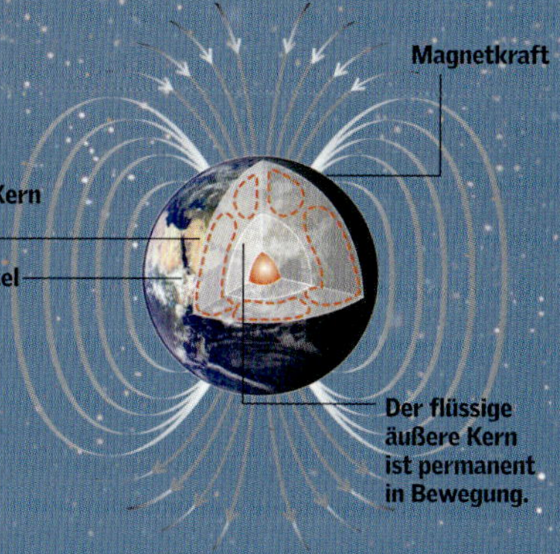

Das Magnetfeld der Erde wird durch Konvektionsströme im äußeren Kern erzeugt.

WAS ES BEWIRKT

Das Magnetfeld schützt die Erde vor der Strahlung des Sonnenwinds.

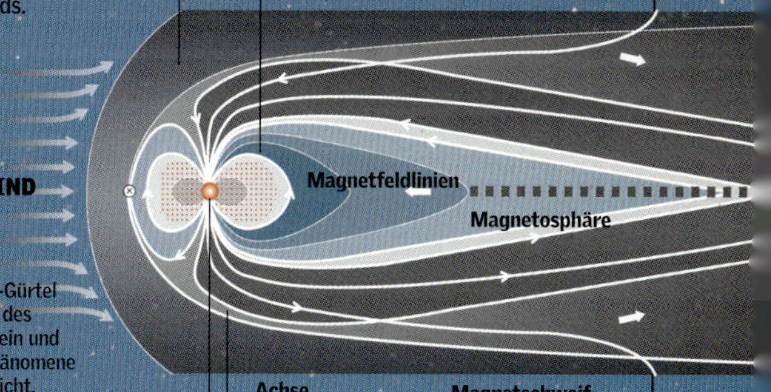

Der Van-Allen-Gürtel fängt Partikel des Sonnenwinds ein und verursacht Phänomene wie das Polarlicht.

GRAVITATION UND GEWICHT

Gewicht ist die Kraft, mit der ein Körper von der Schwerkraft angezogen wird.

11 kg

AUF DEM MOND
Der Mond hat weniger Masse als die Erde und somit weniger Gravitation.

70 kg

AUF DER ERDE
Das Objekt wird zum Zentrum der Erde gezogen.

177 kg

AUF DEM JUPITER
Der Jupiter hat die 300-fache Masse der Erde und eine höhere Gravitation.

Bewegungen und Koordinaten

Ja, sie bewegt sich. Die Erde rotiert um ihre eigene Achse, während sie gleichzeitig die Sonne umkreist. Diese Bewegungen verursachen die Phänomene von Tag und Nacht, den Jahresverlauf und die Jahreszeiten. Zur Bestimmung der Zeit wurden Kalender, Uhren und Zeitzonen erfunden. Zeitzonen werden durch Meridiane bestimmt und geben eine von ihrer Lage abhängige Referenzzeit vor. Bei einer Reise nach Osten wird pro Zeitzone eine Stunde addiert, nach Westen jeweils eine Stunde abgezogen.

Die Bewegungen der Erde

Tag und Nacht, Sommer und Winter, neues und altes Jahr ergeben sich durch die verschiedenen Bewegungen der Erde bei ihrer Bahn um die Sonne. Besonders wichtig sind die tägliche Rotation der Erde um ihre eigene Achse in West-Ost-Richtung und ihre Drehung um die Sonne. Die Erde folgt einer elliptischen Bahn mit der Sonne in einem der beiden Brennpunkte. Im Verlauf des Jahres variiert deshalb die Entfernung zur Sonne leicht.

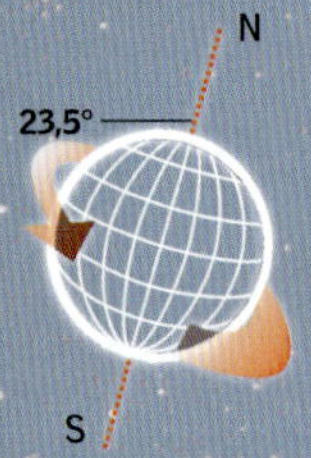

ROTATION

1 TAG

Die Erde dreht sich in 23 Stunden und 56 Minuten einmal um ihre eigene Achse. Wir nehmen das als Tag und Nacht wahr.

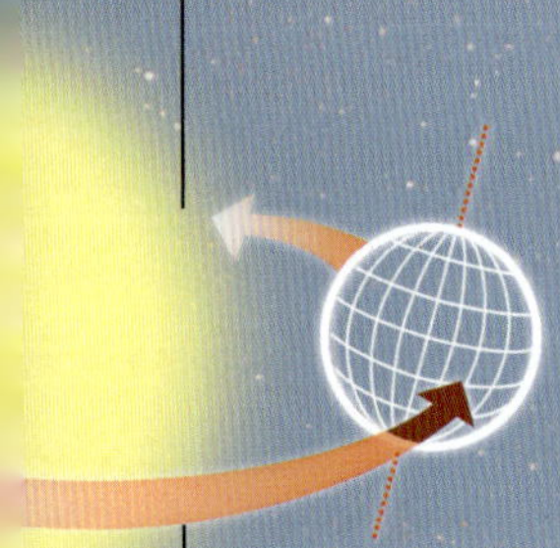

REVOLUTION

1 JAHR

Die Bahn der Erde um die Sonne dauert 365 Tage, 5 Stunden und 57 Minuten.

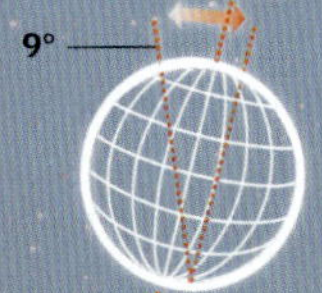

NUTATION

18,6 JAHRE

Eine Art Nickbewegung der Erde, bei der die geografischen Pole um rund 9 Bogensekunden oszillieren.

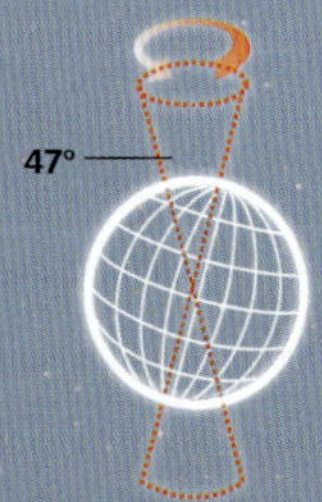

PRÄZESSION

25 800 JAHRE

Eine langsame Drehung der Ausrichtung der Erdachse (vergleichbar einem Kreisel), hervorgerufen durch die nicht exakt kugelige Form der Erde und die Gravitationskräfte von Sonne und Mond.

Äquinoktium und Solstitium (Tagundnachtgleiche und Sonnenwende)

Jedes Jahr um den 21. Juni erreicht die Nordhalbkugel ihre maximale Neigung hin zur Sonne. Dieses Phänomen nennt man auf der Nordhalbkugel die Sommersonnenwende, auf der Südhalbkugel die Wintersonnenwende. Der Nordpol liegt 24 Stunden im Sonnenlicht, während der Südpol in Dunkelheit gehüllt ist. Zwischen zwei Sonnenwenden kommt es zur Tagundnachtgleiche, wenn die Erdachse zur Sonne weist und Tag und Nacht auf dem ganzen Planeten die gleiche Länge haben.

Um den 21. Juni

Sommersonnenwende auf der Nordhalbkugel und Wintersonnenwende auf der Südhalbkugel. Sonnenwenden werden durch die Neigung der Erdachse hervorgerufen. Tageslänge und Stand der Sonne am Himmel sind im Sommer am höchsten, im Winter am niedrigsten.

Um den 21. März

Frühjahrs-Tagundnachtgleiche auf der Nordhalbkugel und Herbst-Äquinoktium auf der Südhalbkugel. Die Sonne zieht direkt über den Äquator, Tag und Nacht sind gleich lang.

Um den 23. September

HERBST-TAGUNDNACHTGLEICHE AUF DER NORDHALBKUGEL UND FRÜHJAHRS-ÄQUINOKTIUM AUF DER SÜDHALBKUGEL.

Die Sonne zieht direkt über den Äquator, Tag und Nacht sind gleich lang.

ZEITMESSUNG

Monate und Tage werden mithilfe von Kalendern und Uhren eingeteilt, wobei die Messung dieser Zeiteinheiten weder kulturell noch willkürlich bedingt ist. Sie wird vielmehr aus den natürlichen Bewegungen der Erde abgeleitet.

PERIHEL

Der Punkt der Umlaufbahn der Erde, an dem diese der Sonne am nächsten kommt (147 Mio. km).

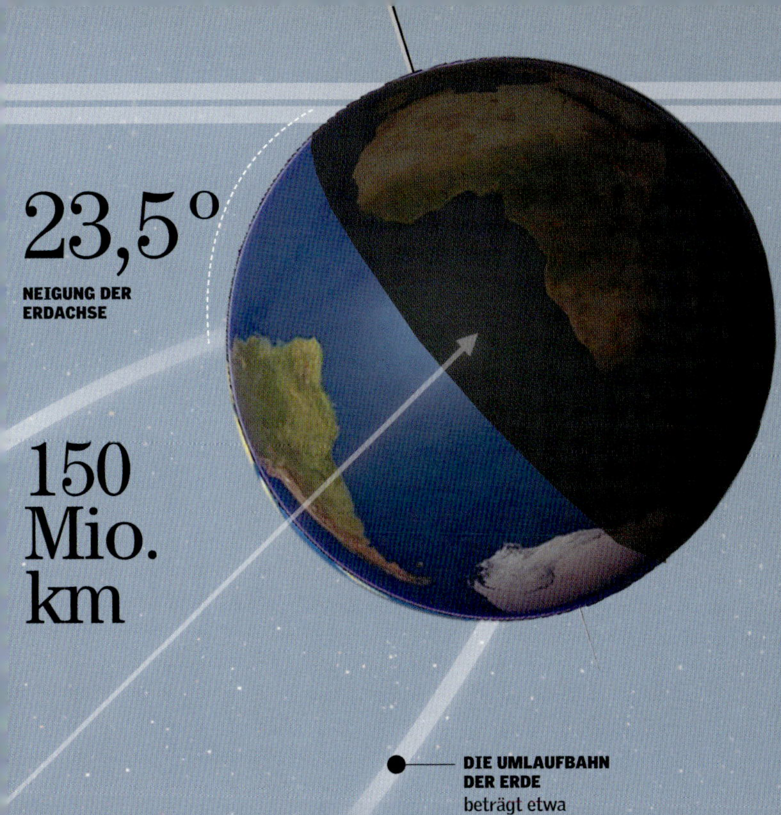

23,5°

NEIGUNG DER ERDACHSE

150 Mio. km

DIE UMLAUFBAHN DER ERDE beträgt etwa 365 Tage.

1 Tag — **TAGE** Zeitperiode, in der sich die Erde einmal um die eigene Achse dreht.

Etwa 30 Tage — **MONATE** Zeitperioden zwischen 28 und 31 Tagen, in die das Jahr eingeteilt wird.

Um den 21. Dezember

Wintersonnenwende auf der Nordhalbkugel und Sommersonnenwende auf der Südhalbkugel. Sonnenwenden werden durch die Neigung der Erdachse hervorgerufen. Tageslänge und Stand der Sonne am Himmel sind im Sommer am größten beziehungsweise höchsten, im Winter am geringsten beziehungsweise niedrigsten.

APHEL
Dies ist der sonnenfernste Punkt auf der Bahn der Erde (152 Mio. km) um die Sonne. Er wird Anfang Juli erreicht.

Geografische Koordinaten

Mithilfe des Netzes, das die Längen- und Breitenlinien bilden, kann die Position eines jeden Punkts auf der Erdoberfläche einfach bestimmt werden. Als Referenz dient dabei der Schnittpunkt des Äquators mit dem Nullmeridian von Greenwich. Dieser Schnittpunkt markiert den Mittelpunkt zwischen den beiden Erdpolen.

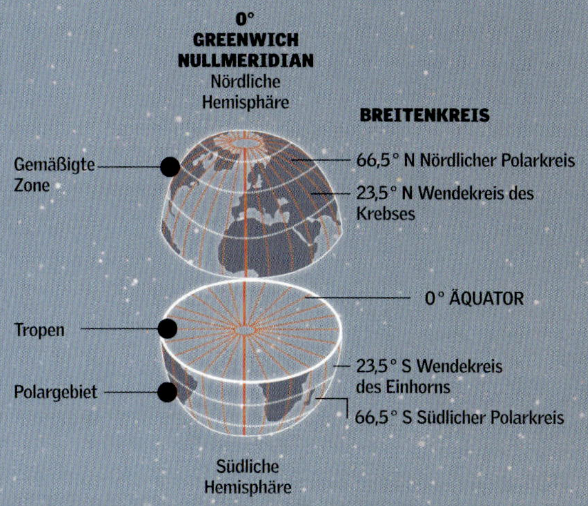

Zeitzonen

Die Erde ist in 24 Zeitzonen eingeteilt, denen jeweils eine bestimmte Uhrzeit zugewiesen wurde. Diese bezieht sich auf die Koordinierte Weltzeit (UTC) mit dem Nullmeridian von Greenwich in England als Bezugspunkt. Bei Überschreiten eines Meridians in östliche Richtung wird eine Stunde addiert, in westliche eine Stunde abgezogen.

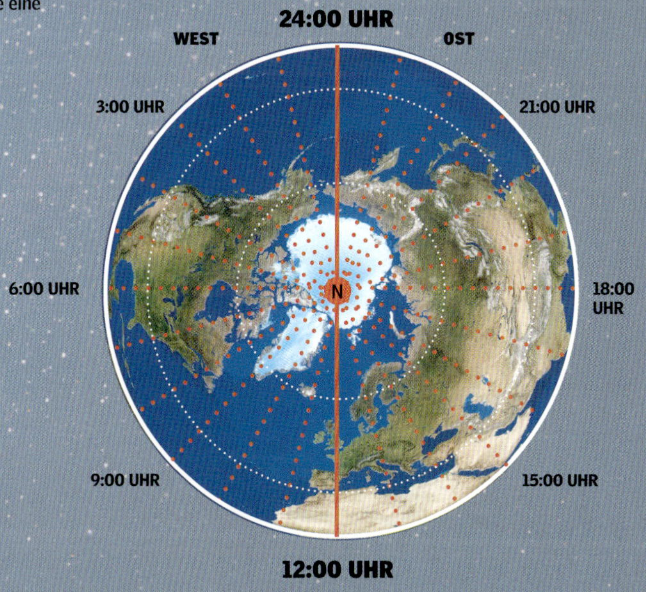

Jetlag

Die biologische Uhr des menschlichen Körpers folgt dem auf dem Wechsel von Tag und Nacht beruhenden Rhythmus von Hell und Dunkel. Lange Flüge nach Osten oder Westen bringen diese innere Uhr durcheinander und lösen den sogenannten Jetlag mit Symptomen wie Müdigkeit, Reizbarkeit, Übelkeit, Kopfschmerzen und nächtlichen Schlafstörungen aus.

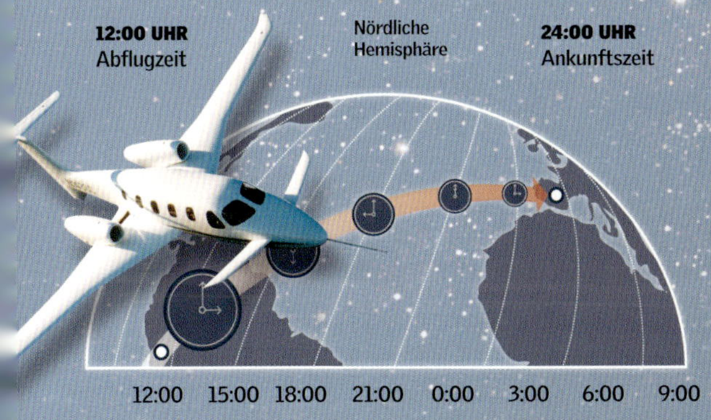

Mond und Gezeiten

Romantik, Geheimnisse und Aberglaube, all das verbinden wir mit dem Mond, dem natürlichen Begleiter der Erde, der stets seine Rückseite vor uns verborgen hält. Unabhängig von allen dem Mond zugeschriebenen symbolischen Bedeutungen übt er durch seine Anziehungskraft eine ganz konkrete Wirkung auf die Erde aus und verursacht die Gezeiten. Die Gravitationskraft ist abhängig vom Abstand des Mondes zur Erde, sodass die Ausprägung der Gezeiten unterschiedlich ausfällt. Darüber hinaus ist auch die Größe des Meeres entscheidend. Je größer die Wasserfläche, desto stärker kann sich Einfluss der Gezeiten bemerkbar machen.

URSPRUNG DES MONDES
Die gängigste Theorie über die Entstehung des Mondes lautet, dass ein Objekt von der Größe des Mars die Erde während ihrer Formation streifte.

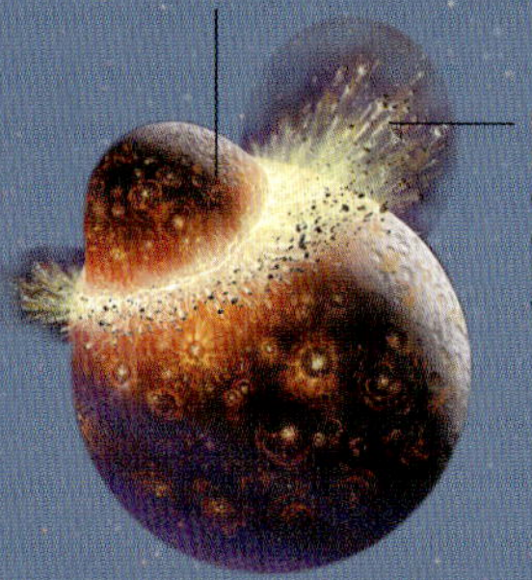

DIE BEWEGUNGEN DES MONDES

Während der Mond die Erde umkreist, dreht er sich so um die eigene Achse, dass immer dieselbe Mondseite zur Erde zeigt.

LUNATION/ MONDMONAT
Von einem Neumond zum nächsten vergehen 29,53 Tage.

SIDERISCHER MONAT
Der Mond umkreist in 27,32 Tagen die Erde.

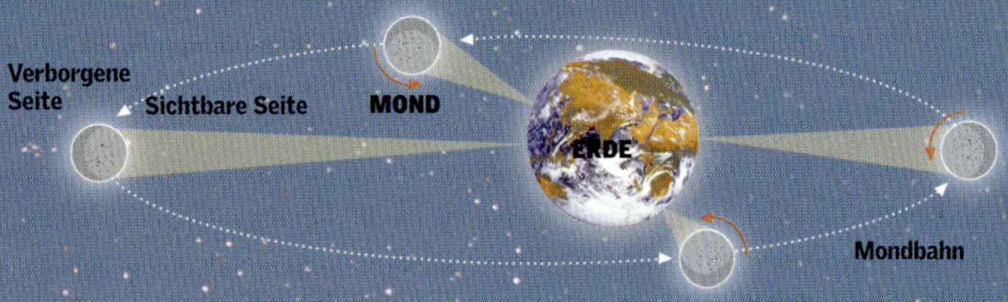

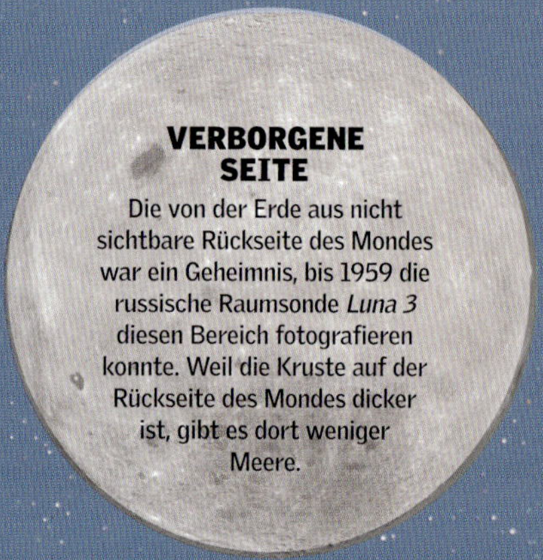

VERBORGENE SEITE
Die von der Erde aus nicht sichtbare Rückseite des Mondes war ein Geheimnis, bis 1959 die russische Raumsonde *Luna 3* diesen Bereich fotografieren konnte. Weil die Kruste auf der Rückseite des Mondes dicker ist, gibt es dort weniger Meere.

Die Gezeiten

Die Wassermassen auf der dem Mond zugewandten Erdhälfte unterliegen der Anziehungskraft des Mondes am stärksten und umgekehrt. So entstehen Flut und Ebbe, die dem Mond bei seiner Bahn um die Erde folgen. Die Gezeiten eilen dabei dem Mond geringfügig voraus.

1 NEUMOND
SPRINGFLUT
Wenn Sonne und Mond auf einer Linie liegen, ist der Tidenhub besonders groß: hohe Flut und niedrige Ebbe.

2 ERSTES VIERTEL
NIPPTIDE
Mond und Sonne stehen im rechten Winkel zur Erde, wodurch der Tidenhub besonders niedrig ausfällt.

3 VOLLMOND
SPRINGFLUT
Sonne und Mond liegen wieder auf einer Linie: Die Sonne verstärkt die Anziehungskraft des Mondes und verursacht eine zweite Springflut.

4 DRITTES VIERTEL
NIPPTIDE
Mond und Sonne stehen erneut im rechten Winkel und verursachen eine zweite Nipptide.

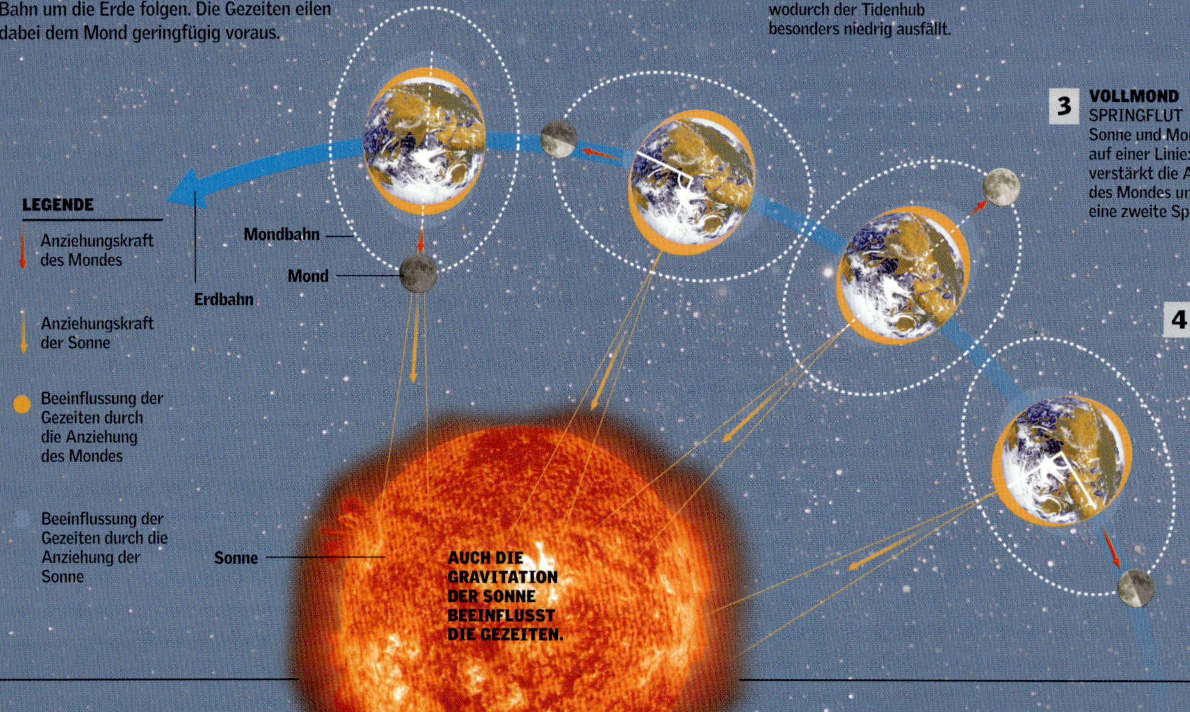

INNERE STRUKTUR

Verschiedene seismische Analysen deuten auf einen festen oder halbfesten Mondkern hin.

3476 km

Der Monddurchmesser beträgt ein Viertel des Erddurchmessers.

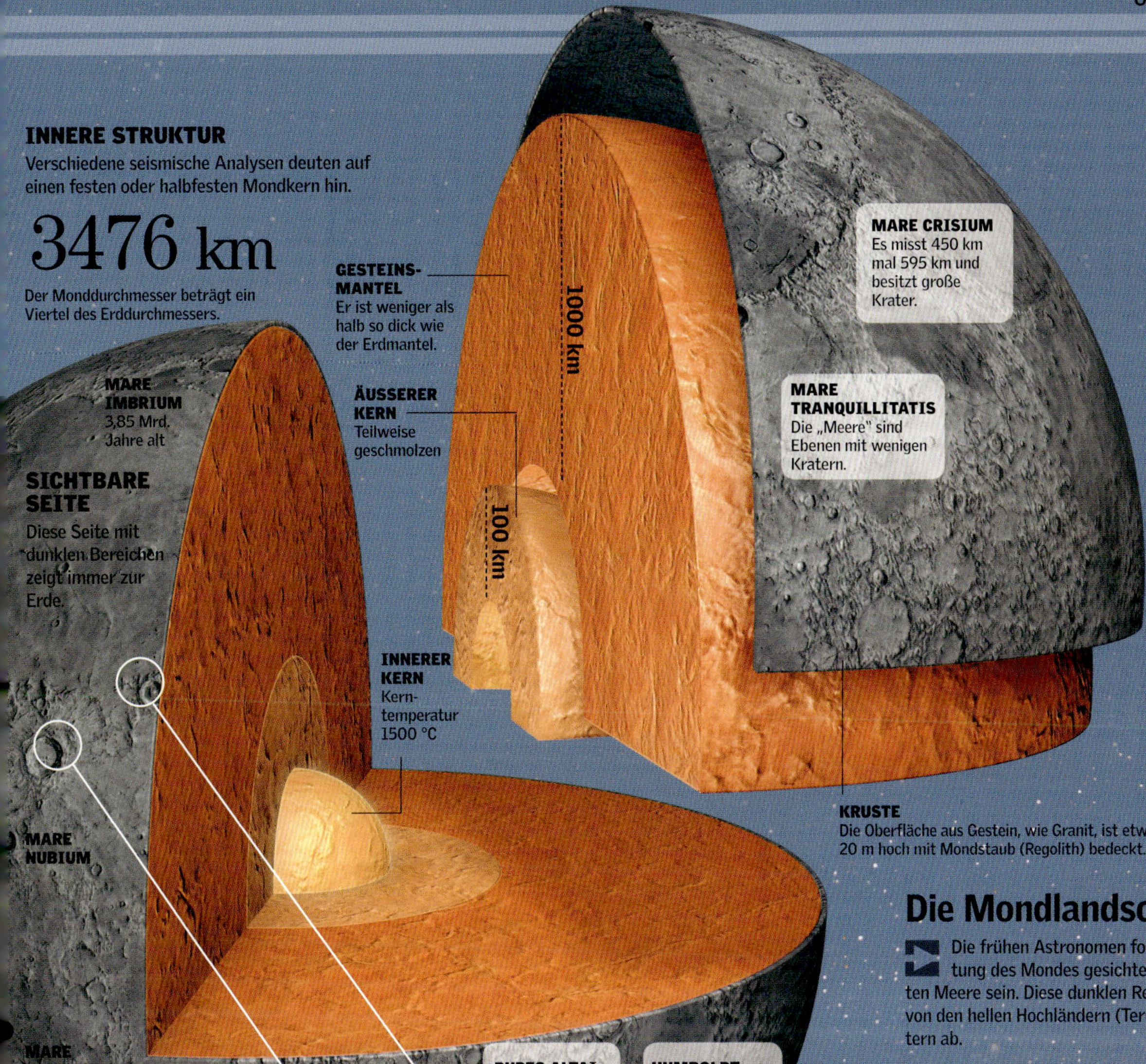

EIGENSCHAFTEN

ASTRONOMISCHES SYMBOL

WICHTIGSTE DATEN	
Mittlere Entfernung von der Erde	364 356 km
Sonnenumlaufzeit	27,3 Tage
Äquatordurchmesser	3476 km
Orbitalgeschwindigkeit	1 km/s
Masse*	0,01
Gravitation*	0,17
Dichte	3,35 g/cm³
Durchschnittstemperatur	150 °C (Tag) -100 °C (Nacht)
Volumen*	0,02

*jeweils Erde = 1

NEIGUNG ROTATIONSACHSE

5,14°

Eine Umdrehung dauert 27,32 Erdtage.

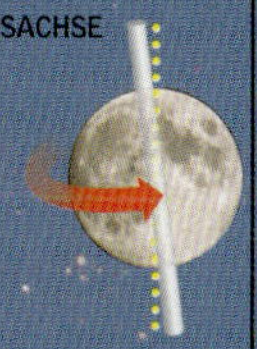

Die Mondlandschaft

Die frühen Astronomen folgerten, die bei der Beobachtung des Mondes gesichteten dunklen Flecken müssten Meere sein. Diese dunklen Regionen heben sich deutlich von den hellen Hochländern (Terrae) mit den meisten Kratern ab.

GEBIRGSZÜGE
Wenn ein Meteorit auf die Mondoberfläche trifft und einen Krater reißt, bildet das herausgeschleuderte Material einen Gebirgszug.

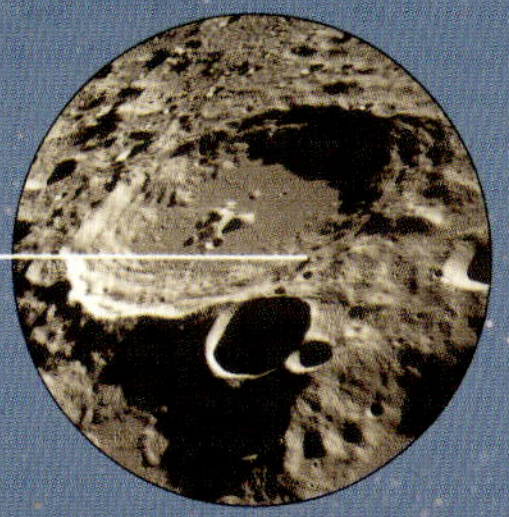

KRATER
variieren in der Größe von 1,2 m bis 1000 km Durchmesser. Sie wurden durch die Einschläge von Meteoriten in die Mondoberfläche gerissen.

MARIA
Von flüssiger Lava geformte „Meere" bedecken fast 16 % der Mondoberfläche. Heute gibt es auf dem Mond keinen aktiven Vulkanismus.

DIE MONDPHASEN

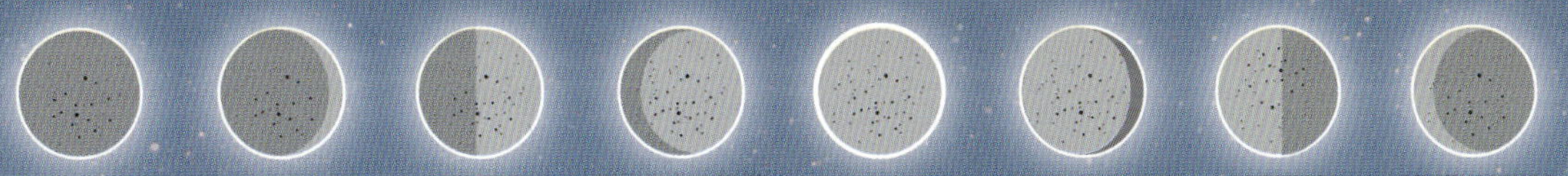

Einzigartig

Der Mond ist der einzige Satellit der Erde.

Finsternisse

Viermal im Jahr, bei Voll- oder Neumond, wenn die Mittelpunkte von Mond, Sonne und Erde auf einer Linie liegen, kommt es zu einem spektakulären astronomischen Phänomen, einer Finsternis. Dabei wandert der Mond entweder vor der Sonne vorbei oder zieht durch den Schatten der Erde. Auch während einer Sonnenfinsternis ist es gefährlich, direkt in die Sonne zu schauen, denn die Strahlen können die Netzhaut irreparabel schädigen. Das Himmelsphänomen lässt sich durch spezielle Schutzbrillen oder indirekt durch die Projektion des Sonnenbildes auf ein Blatt Papier sicher beobachten. Für Astronomen ist eine Sonnenfinsternis eine gute Gelegenheit für wissenschaftliche Untersuchungen.

TOTALE MONDFINSTERNIS, VON DER ERDE AUS BEOBACHTET.

Die Orangefärbung wird durch gebrochenes und in der Erdatmosphäre gefärbtes Sonnenlicht erzeugt.

RINGFÖRMIGE SONNENFINSTERNIS, VON DER ERDE AUS BEOBACHTET.

Sonnenfinsternis

Eine Sonnenfinsternis tritt ein, wenn der Mond direkt zwischen Sonne und Erde vorbeizieht und eine Schattenspur auf der Erdoberfläche verursacht. Der Kernschatten wird auch als Umbra, der Bereich des Halbschattens als Penumbra bezeichnet. Im Bereich des Kernschattens auf der Erde erlebt der Beobachter eine totale Sonnenfinsternis – der Mond deckt die Sonne komplett ab. Beobachter im Bereich des Halbschattens sehen eine vom Mond teilweise verdeckte Sonne – eine partielle Sonnenfinsternis.

ANORDNUNG

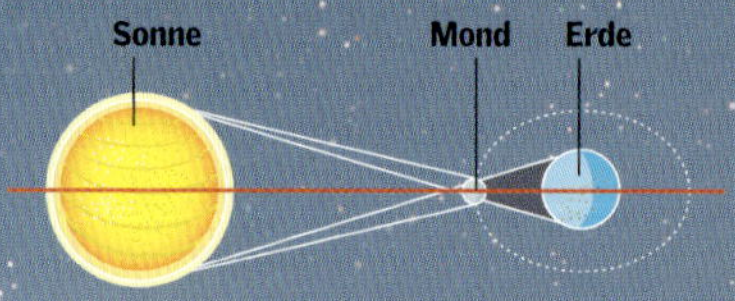

Während einer Sonnenfinsternis nutzen Astronomen die blockierte Sonnenstrahlung, um mit speziellen Geräten die Sonnenatmosphäre zu erforschen.

ARTEN DER SONNENFINSTERNIS

TOTAL
Der Mond steht zwischen Sonne und Erde und wirft einen kegelförmigen Schatten.

RINGFÖRMIG
Die Sonne erscheint größer als der Mond und bleibt als schmaler Ring sichtbar.

PARTIELL
Der Mond verdeckt die Sonne nicht ganz, sodass die Sonne als Sichel sichtbar bleibt.

DIE SCHEINBARE GRÖSSE DER SONNE IST

400 -mal größer als die des Mondes.

ENTFERNUNG VON DER SONNE ZUR ERDE IST

400 -mal größer als die von der Erde zum Mond.

Mondfinsternis

Wenn die Erde direkt zwischen dem Vollmond und der Sonne vorbeizieht, kommt es zu einer Mondfinsternis (totale, partielle oder Halbschattenfinsternis). Ohne die Erdatmosphäre würde der Mond bei jeder Finsternis völlig unsichtbar werden (was nie passiert). Die typische rötliche Farbe des total verfinsterten Mondes entsteht durch Lichtbrechung in der Erdatmosphäre. Bei einer partiellen Finsternis gerät ein Teil des Mondes in den Schattenkegel, während der Rest, der äußere, blasseste Teil, im Halbschattenkegel liegt. Eine Mondfinsternis kann man gefahrlos mit bloßem Auge beobachten.

AUSRICHTUNG

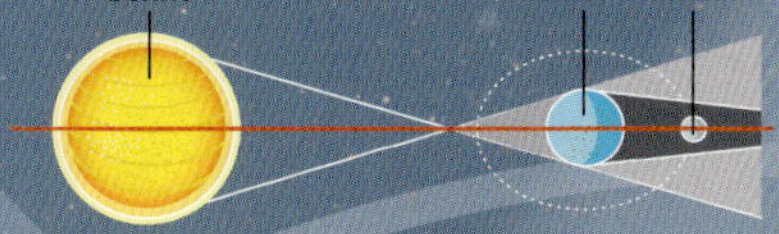

Während einer Finsternis erscheint der Mond nicht schwarz, sondern leicht rötlich.

ARTEN DER MONDFINSTERNIS

TOTAL
Der Mond liegt ganz im Schattenkegel.

PARTIELL
Der Mond liegt nur teilweise im Schattenkegel.

HALBSCHATTEN
Der Mond liegt im Halbschattenkegel.

FINSTERNISZYKLUS

Finsternisse wiederholen sich nach 223 Lunationen, nach 18 Jahren und 11 Tagen. Dieser Zeitraum wird als Saroszyklus bezeichnet.

FINSTERNISSE IN EINEM JAHR

2 Minimum · 7 Maximum · 4 Durchschnitt

FINSTERNISSE IN EINEM SAROS

41 der Sonne · 29 des Mondes · 70 insgesamt

BEOBACHTUNG VON DER ERDE

Nur eine spezielle Sonnenfinsternisbrille bietet ausreichenden Schutz, um die Sonne direkt zu beobachten.

Verhindert Verbrennungen der Netzhaut

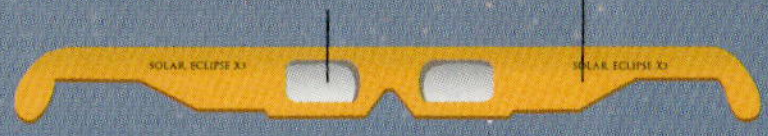

SONNENFINSTERNISSE unterscheiden sich nach Standort des Beobachters.

MAXIMALE DAUER
8 Minuten

MONDFINSTERNISSE sind für alle Beobachter identisch.

MAXIMALE DAUER
100 Minuten

FINSTERNISSE 2006 UND SPÄTER

SONNENFINSTERNIS

3/29 total, 9/22 total, 3/19 partiell, 9/11 partiell, 2/07 total, 1/26 total, 7/22 total, 1/15 total, 7/11 total, 1/4 partiell, 11/25 partiell, 5/20 ringf., 11/13 ringf., 5/10 ringf., 11/3 hybrid, 4/29 ringf., 10/23 partiell, 3/20 total, 9/13 partiell

2006 · 2007 · 2008 · 2009 · 2010 · 2011 · 2012 · 2013 · 2014 · 2015 · 2016

MONDFINSTERNIS

3/14 partiell, 9/07 partiell, 3/03 total, 8/28 total, 2/21 total, 8/16 partiell, 2/9 partiell, 7/7 partiell, 6/26 partiell, 12/21 total, 6/15 total, 12/10 total, 6/4 partiell, 12/28 partiell, 4/25 partiell, 10/18 partiell, 4/15 total, 10/08 total, 4/4 total, 9/28 total

2 GEOLOGIE UND ENTSTEHUNG

Dynamik der Erdkruste 58
Minerale 78
Gesteine 88

78

88

Dynamik der Erdkruste

Die Erde ist wie ein Mixer, in dem Gesteine umherbewegt, zertrümmert und zerkrümelt werden. Diese Bruchstücke lagern sich in Schichten ab. Dann verwittern und erodieren Wind und Regen das Gestein – sie tragen es ab und lagern es erneut an. So entstehen unter anderem Berge, Klippen und Sanddünen.

GEBIRGE AUS SAND

Der Upper Antelope Canyon beeindruckt mit vielfältigen Strukturen, Farben und Felsgebilden. Je nach Lichteinfall variieren die Farben des Sands von Rosa über Gelb bis Rot.

60 Reise durch die Zeit
64 Eine Oberfläche im Wandel
66 Alles verändert sich
70 Was Steine erzählen
72 Metamorphe Prozesse
74 Die Basis des Lebens
76 Erst Mineral, dann Gestein

Erosion und Transport produzieren und verteilen Gesteinsmaterial. Wenn dieses Material gesetzt und verfestigt wird, bilden sich neue Gesteine, die selbst abgetragen, verfrachtet und sedimentiert werden. Dieser Kreislauf endet nie. In 50 Mio. Jahren wird keiner der uns bekannten Berge mehr in der heutigen Form existieren.

Reise durch die Zeit

2 **KOLLISION UND VERSCHMELZUNG**
Schwere Elemente wandern nach innen

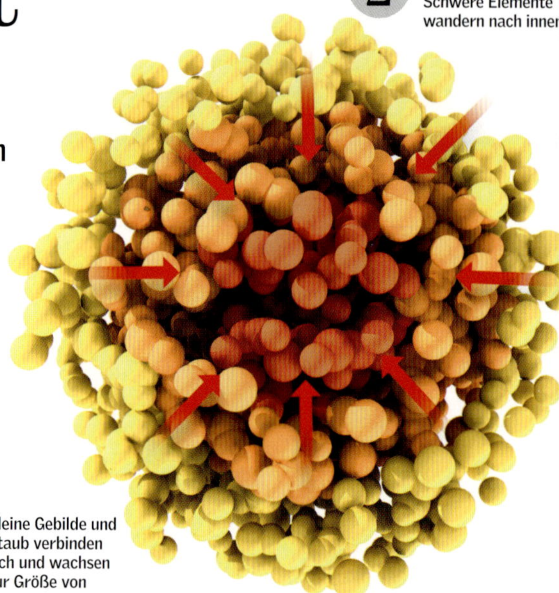

Geologen und Paläontologen nutzen viele Quellen, um die Geschichte der Erde zu rekonstruieren. Die Untersuchung von auf der Erdoberfläche gefundenen Mineralen, Gesteinen und Fossilien liefert Informationen über die tiefsten Schichten der Erdkruste und verweist auf atmosphärische und klimatische Veränderungen, die oft mit Katastrophen verbunden waren. Die durch den Einschlag von Meteoriten und anderen Objekten auf der Erdoberfläche gerissenen Krater bergen wertvolle Hinweise auf die Geschichte des Planeten.

Komplexe Struktur

Die Bildung der innerkosmischen Materie führte durch Zusammenballung zu einem wachsenden Himmelskörper, dem Vorläufer der Erde. Durch hohe Temperaturen und die Gravitation wanderten die schwersten Elemente ins Zentrum des Planeten, die leichteren an dessen Oberfläche. Unter einem Hagel von Meteoriten begann die äußere Schicht fest zu werden, die Erdkruste bildete sich. Im Inneren konzentrierten sich Metalle wie Eisen zu einem rot glühenden Kern.

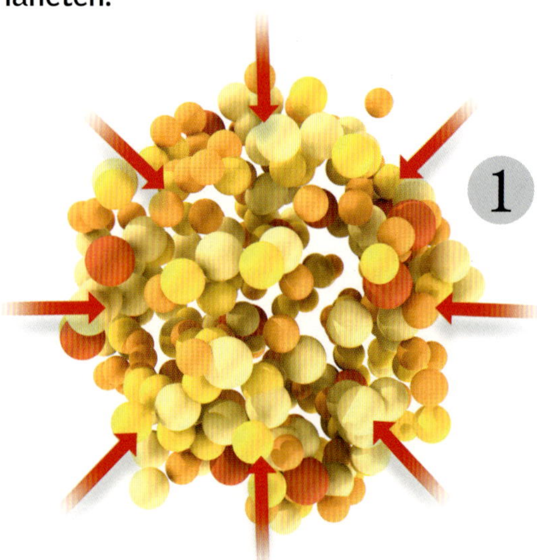

1 Kleine Gebilde und Staub verbinden sich und wachsen zur Größe von Asteroiden an.

Die ältesten Mineralien wie Zirkon bilden sich.

Die ältesten Gesteine werden durch Metamorphose zu Gneis.

1100
Rodinia, ein früher Superkontinent entsteht.

Ein Meteorit schlägt in Sudbury in Ontario, Kanada, ein.

Alter in Millionen Jahren — **4600** — **2500**

	4600	2500
ÄRA	Hadaikum	Proterozoikum
PERIODE	Prägeologisch	Präkambrium
EPOCHE		

Klima

Unter einem Meteoritenhagel beginnt die Konsolidierung.

Die Erde kühlt ab, der erste Ozean bildet sich.

2500
Eiszeiten: Schneeball Erde
Die Erde erlebt eine erste massive globale Eiszeit (Glazial).

800 Zweite Eiszeit
600 Letzte große Eiszeit

VERTEILUNG DER ELEMENTE IN DER ERDKRUSTE
Die Erdkruste enthält heute dieselben Elemente, die zum Zeitpunkt der Entstehung des Planeten vorhanden waren – wenn auch in anderen Zusammensetzungen. Das häufigste Element der Kruste ist Sauerstoff, der mit Metallen und Nichtmetallen verschiedenste Verbindungen eingeht.

Leben

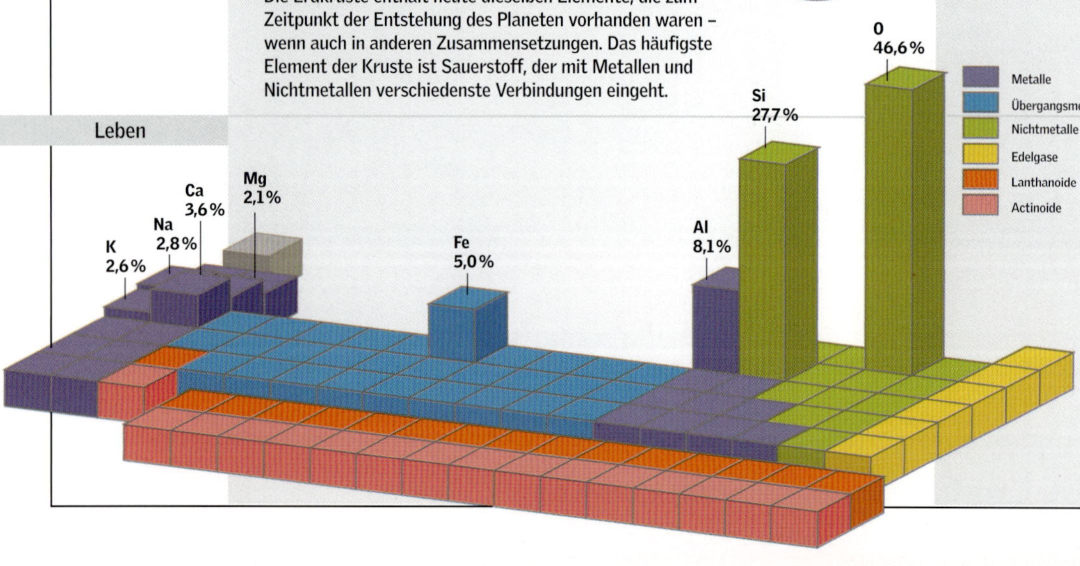

DIE ERSTEN LEBEWESEN
Zu den geheimnisvollsten Fossilien der präkambrischen Periode gehören die Überreste der Ediacara-Fauna. Diese ersten bekannten Lebewesen der Erde lebten am Grund des Ozeans. Viele waren rund und erinnern an Quallen, andere waren blattartig und flach.

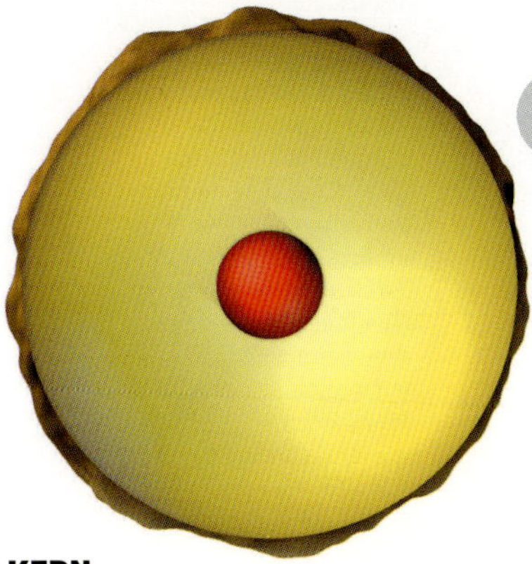

3 **METALLISCHER KERN**
Die leichten Elemente bilden den Mantel.

DER KERN
Der extrem heiße Erdkern besteht überwiegend aus Eisen und Nickel.

Gebirge

DIESE AUFFALTUNGEN DER KRUSTE WERDEN DURCH GEWALTIGE KRÄFTE, DIE IM INNEREN DER ERDE ENTSTEHEN, BEWIRKT.

542
Der Superkontinent Panotia, der Teile der heutigen Kontinente enthält, bildet sich. Nordamerika trennt sich von Panotia ab.

OROGENESE
Die geologische Geschichte verzeichnet ausgedehnte, Millionen von Jahren umfassende Perioden der Gebirgsbildung, Orogenese genannt. Jede dieser Perioden ist durch bestimmte Materialien und Standorte geprägt.

Die erste große Orogenese (kaledonische Gebirgsbildung) beginnt; Gondwana bewegt sich zum Südpol.

Laurentia und Baltica nähern sich an und schaffen das Kaledonische Gebirge. An der Küste Schottlands bildet sich Gneis.

Das spätere Nordamerika bewegt sich zum Äquator und führt zur variszischen Orogenese, einer der wichtigsten Gebirgsbildungen dieser Epoche. Gondwana verschiebt sich langsam, während sich der Meeresboden entsprechend spreizt.

Die Bruchstücke der Kontinente bilden zusammen einen einzigen Kontinent Namens Pangäa.

Die Appalachen entstehen. Die Bildung von Schiefer durch Sedimentation erreicht den Höhepunkt.

Baltica und Sibiria stoßen zusammen und bilden den Ural.

In Sibiria kommt es zu Basalteruptionen.

542	488,3	443,7	416	359,2	299
Paläozoikum DIE ÄRA DES PRIMITIVEN LEBENS					
Kambrium	**Ordovizium**	**Silur**	**Devon**	**Karbon**	**Perm**
Die Temperaturen sinken. Der Kohlendioxidgehalt (CO_2) der Atmosphäre ist 16-mal höher als heute.	Man vermutet, dass die Erdatmosphäre im Ordovizium weit weniger Kohlendioxid enthielt als heute, die Temperaturen waren jedoch den heutigen ähnlich.	Es existieren bereits Wirbeltiere wie Panzerfische (Placodermi), Knochenfische (Osteichthyes) und Acanthodii aus der Klasse der Kiefermäuler.	Die Temperaturen sind höher als heute. Der Kohlendioxidanteil (CO_2) in der Atmosphäre ist neunmal höher als heute.	Das feuchtheiße Klima lässt in Sumpfgebieten üppige Wälder wachsen.	Palmen und Nadelbäume lösen die Vegetation der Karbon-Periode ab.

SILUR
Eines der ersten fischähnlichen Wirbeltiere: ein Panzerfisch mit Kiefern

DIE KAMBRISCHE EXPLOSION
Fossilien aus dieser Zeit belegen eine große Vielfalt an Meerestieren und das Aufkommen verschiedener Skelettstrukturen, wie man sie bei Schwämmen und Trilobiten findet.

TRILOBITEN
Im Meer lebende Gliederfüßer mit festen Exoskeletten

Die Gesteine dieser Periode enthalten zahlreiche Fischfossilien.

In Gebieten mit festem Untergrund breiten sich Riesenfarne aus.

Die größten heute bekannten Kohlelagerstätten waren damals ausgedehnte Wälder.

Die Amphibien diversifizieren sich, und mit den Reptilien entstehen die ersten Amnioten. Geflügelte Insekten wie Libellen entwickeln sich.

MASSENSTERBEN
Kurz vor dem Ende der Perm-Periode kommt es zum größten bekannten Massensterben: Etwa 95 % der Meereslebewesen und mehr als zwei Drittel der Landlebewesen verschwinden.

EINWIRKUNG VON AUSSEN

Man vermutet, dass vor etwa 65 Mio. Jahren ein großer Meteorit in Chicxulub auf der Yukatán-Halbinsel (Mexiko) einschlug. Dies führte zu einer Explosion, die eine mit Gestein vermischte Aschewolke aufwirbelte. Nach Ansicht einiger Fachleute führten die heißen Gesteinsbrocken beim Herabstürzen weltweit zu Waldbränden.

Die durch die Expansion der Trümmer des Einschlags erzeugte Wärme in Verbindung mit dem durch die Ausbreitung der Asche in der Stratosphäre bewirkten Treibhauseffekt führte zu einer Reihe klimatischer Veränderungen. Man vermutet, dass dieser Prozess das Aussterben der Dinosaurier verursachte.

100 km

BETRÄGT DER DURCHMESSER DES DURCH DEN METEORITENEINSCHLAG AUF DER YUKATÁN-HALBINSEL VERURSACHTEN KRATERS. HEUTE IST DIESER UNTER EINER FAST 300 METER AM KRATERRAND UND BIS 1000 METER IM KRATERINNEREN DICKEN SEDIMENTSCHICHT BEGRABEN.

BILDUNG DER GEBIRGSKETTEN

60 Central Rocky Mountains
30 Alpen
20 Himalaja

251 | 199,6 | 145,5 | 65,5

Mesozoikum DIE ÄRA DER REPTILIEN

Trias | **Jura** | **Kreide**

Känozoikum DIE ÄRA DER SÄUGETIERE

Tertiär: Paläozän | Eozän

Der Kohlendioxidgehalt steigt. Die Durchschnittstemperaturen sind höher als heute.

Der Anteil an Sauerstoff (O_2) in der Atmosphäre ist viel niedriger als heute.

DAS ZEITALTER DER BLÜTENPFLANZEN
Gegen Ende der Kreidezeit tauchen unter den Pflanzen die ersten Bedecktsamer (Angiospermen) mit Fruchtknoten auf.

Die Durchschnittstemperatur liegt global bei mindestens 17 °C. Später wächst die Eisschicht von Antarktika an.

Ausbreitung der Insekten

Auftauchen der Dinosaurier

Aus den reptilienähnlichen Therapsiden entwickeln sich die ersten Säugetiere.

Vögel entwickeln sich.

Die Dinosaurier bringen zahlreiche Unterarten hervor, die an unterschiedlichste Lebensbedingungen angepasst sind.

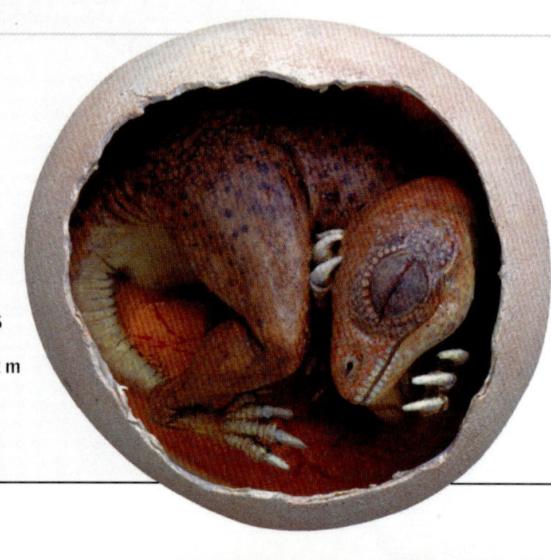

ALLOSAURUS
Dieser Fleischfresser wird 12 m lang.

EIN WEITERES MASSENSTERBEN
Gegen Ende der Kreidezeit stirbt etwa die Hälfte der existierenden Arten aus. Dinosaurier, große marine Reptilien (wie die Plesiosaurier), Flugsaurier (Pterosauria) und Ammoniten (Kopffüßer) verschwinden von der Erde. Zu Beginn des Känozoikums erobern Säugetiere die meisten der zuvor von den ausgestorbenen Arten besetzten Lebensräume.

Elemente im Gleichgewicht

MINERALE WIE EISEN UND SILIKATE SIND UNTER DEN HAUPTBESTANDTEILEN DER KRUSTE WEIT VERBREITET. NUR DIE BEWEGUNGEN DER KRUSTE AUF DEM GESCHMOLZENEN MANTEL UNTERBRECHEN IHR GLEICHGEWICHT.

Nordamerika und Europa driften auseinander. Nord- und Südamerika werden am Ende dieser Zeitperiode verbunden. Die Formation von Patagonien geht zu Ende, durch eine gewaltige Überschiebung entstehen die Anden.

Der Ostafrikanische Graben und das Rote Meer entstehen. Der indische Protokontinent kollidiert mit Eurasien.

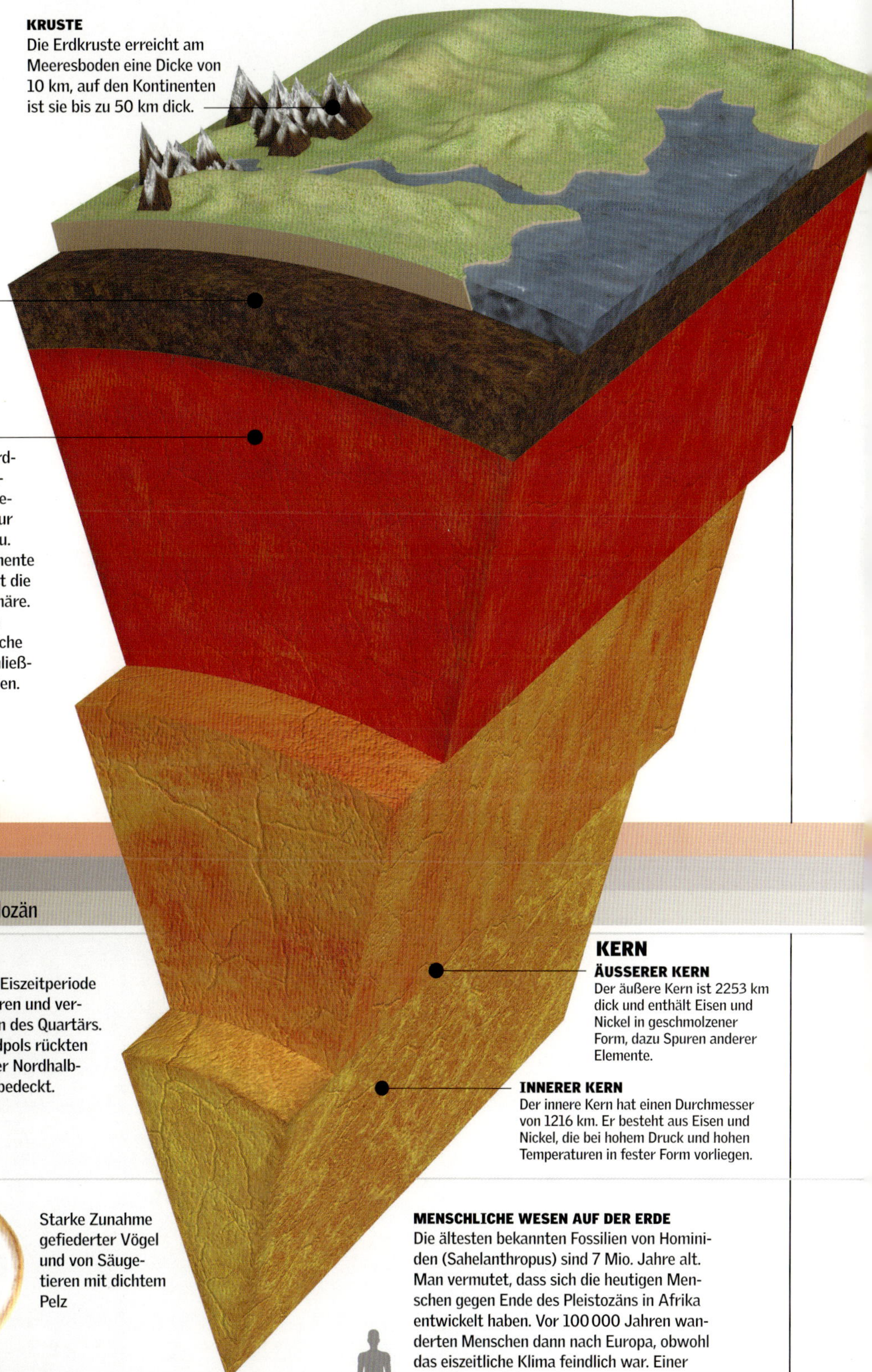

KRUSTE
Die Erdkruste erreicht am Meeresboden eine Dicke von 10 km, auf den Kontinenten ist sie bis zu 50 km dick.

LITHOSPHÄRE
Die feste Gesteinsschicht der Erde, zu der auch der oberste Erdmantel gehört

MANTEL
Der 2900 km dicke Erdmantel besteht hauptsächlich aus festem Gestein. Seine Temperatur nimmt mit der Tiefe zu. Eine wichtige Komponente des oberen Mantels ist die plastische Asthenosphäre. In der Asthenosphäre schmelzen oberflächliche Gesteinslagen, die schließlich die Erdkruste bilden.

23

Quartär

Oligozän | Miozän | Pliozän | Pleistozän | Holozän

Die Temperaturen fallen auf das heutige Niveau. Durch die niedrigeren Temperaturen schrumpfen die Wälder, das Grasland expandiert.

DIE LETZTE EISZEIT
Die jüngste Kalt- oder Eiszeitperiode begann vor 3 Mio. Jahren und verstärkte sich mit Beginn des Quartärs. Die Gletscher des Nordpols rückten vor, und große Teile der Nordhalbkugel wurden von Eis bedeckt.

KERN

ÄUSSERER KERN
Der äußere Kern ist 2253 km dick und enthält Eisen und Nickel in geschmolzener Form, dazu Spuren anderer Elemente.

INNERER KERN
Der innere Kern hat einen Durchmesser von 1216 km. Er besteht aus Eisen und Nickel, die bei hohem Druck und hohen Temperaturen in fester Form vorliegen.

Starke Zunahme gefiederter Vögel und von Säugetieren mit dichtem Pelz

MAMMUTE
lebten in Sibirien. Über die Ursache ihres Aussterbens wird noch gestritten.

MENSCHLICHE WESEN AUF DER ERDE
Die ältesten bekannten Fossilien von Hominiden (Sahelanthropus) sind 7 Mio. Jahre alt. Man vermutet, dass sich die heutigen Menschen gegen Ende des Pleistozäns in Afrika entwickelt haben. Vor 100 000 Jahren wanderten Menschen dann nach Europa, obwohl das eiszeitliche Klima feindlich war. Einer Hypothese zufolge gelangten vor 10 000 Jahren die ersten Menschen über die Beringstraße nach Nordamerika.

Eine Oberfläche im Wandel

Die Erdkruste wird permanent durch zwei zerstörerische Kräfte neu geformt: Verwitterung und Erosion. Durch das Zusammenwirken dieser Prozesse vermischen sich Gesteine, zerfallen und verbinden sich erneut. Auch lebende Organismen, speziell Pflanzenwurzeln und grabende Tiere, greifen in diesen geologischen Vorgang ein. Sobald die Struktur der gesteinsbildenden Minerale zerstört ist, zerfallen sie und sind Wind und Regen ausgesetzt, die sie erodieren.

Erosion

Von außen einwirkende Faktoren wie Wasser, Wind, Luft und Lebewesen setzen – einzeln oder gemeinsam – dem Gestein zu und können dessen Bruchstücke abtransportieren. Diesen Prozess nennt man Erosion. In trockenen Gebieten trägt der Wind Sandkörner mit sich, die auf exponiertes Gestein treffen und es abschleifen. An den Meeresküsten nagen die Wellen langsam und beständig am Gestein.

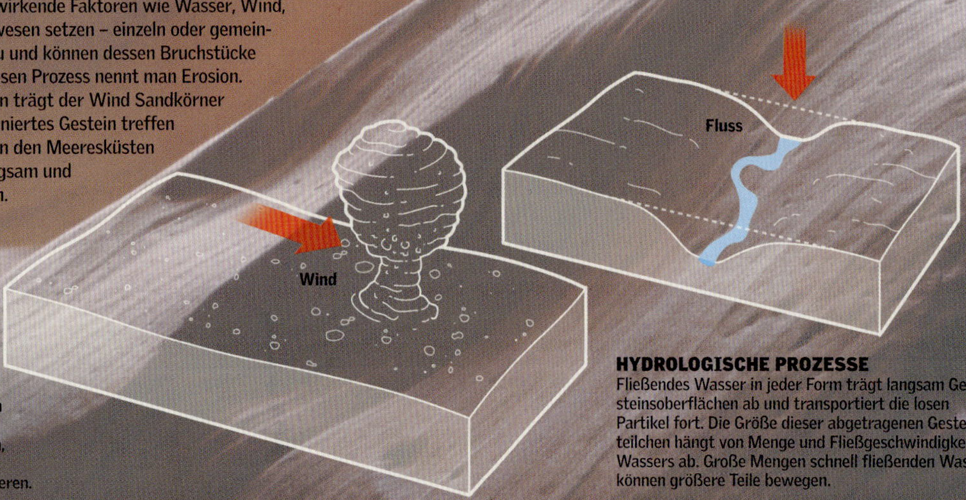

ÄOLISCHE PROZESSE
Der Wind bläst kleine Partikel gegen das Gestein, die es abtragen und, je nach Größe der herausgelösten Teilchen, neue Ablagerungen aus Löss oder Sand produzieren.

HYDROLOGISCHE PROZESSE
Fließendes Wasser in jeder Form trägt langsam Gesteinsoberflächen ab und transportiert die losen Partikel fort. Die Größe dieser abgetragenen Gesteinsteilchen hängt von Menge und Fließgeschwindigkeit des Wassers ab. Große Mengen schnell fließenden Wassers können größere Teile bewegen.

UPPER ANTELOPE CANYON, ARIZONA
Breite 36° 30′ N
Länge 111° 24′ W

Verwitterung

Mechanische Kräfte können Gestein zerkleinern, chemische Stoffe können es zersetzen. Zerkleinerung und Zersetzung können das Ergebnis der Einwirkungen von Pflanzenwurzeln, Wärme, Kälte, Wind und saurem Regen sein. Die Verwitterung von Gestein ist ein langsamer, aber unerbittlicher Prozess.

CHEMISCHE PROZESSE
Die mineralischen Bestandteile von Gestein werden verändert, wobei sie entweder neue Minerale bilden oder aufgelöst werden.

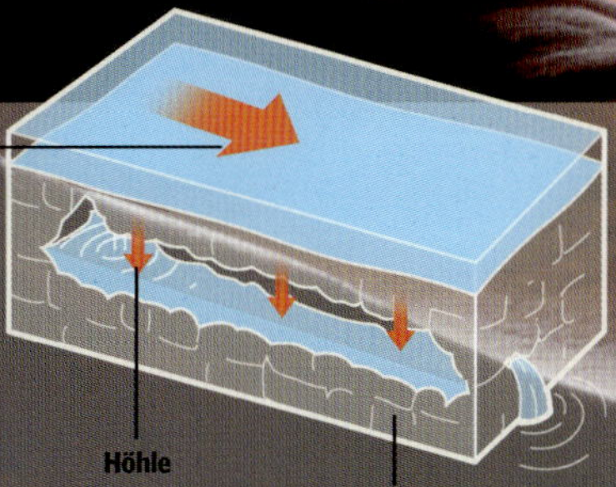

MECHANISCHE PROZESSE
Eine Vielzahl von physikalischen Kräften kann Gestein in kleinere Stücke brechen. Dies geschieht entweder durch direkte Einwirkung auf das Gestein oder beim Transport der Bruchstücke, die von der Gesteinsoberfläche abgeplatzt sind.

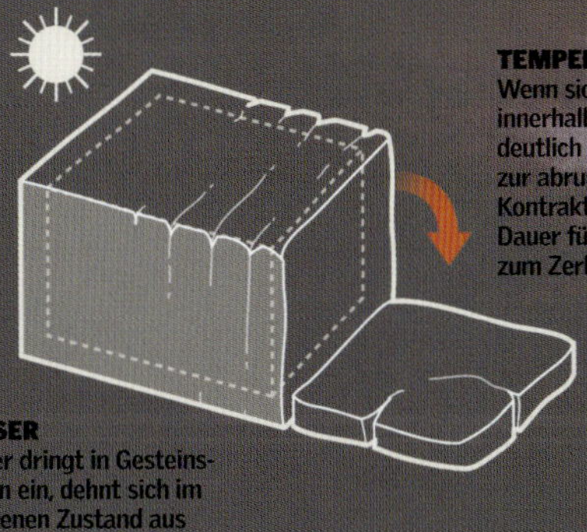

TEMPERATUR
Wenn sich die Lufttemperatur innerhalb weniger Stunden deutlich verändert, kommt es zur abrupten Expansion und Kontraktion von Gestein. Auf Dauer führt dieses Phänomen zum Zerbrechen des Gesteins.

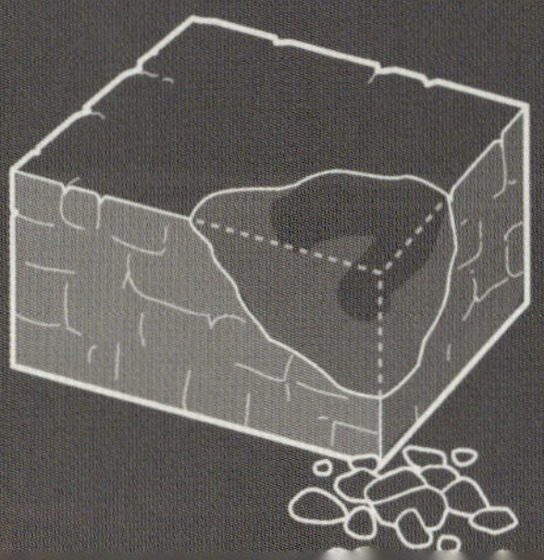

WASSER
Wasser dringt in Gesteinsspalten ein, dehnt sich im gefrorenen Zustand aus und sprengt sie auf.

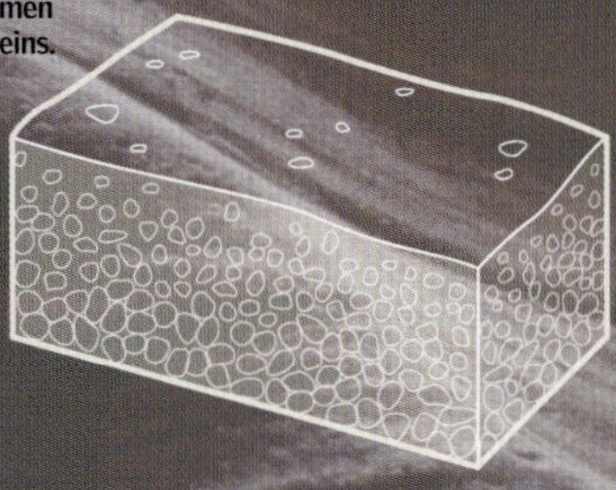

TRANSPORT UND SEDIMENTATION
Durch Wind oder Wasser erodiertes Material wird abtransportiert und in niedrigeren Bereichen abgelagert. Diese Ablagerungen können sich später in neues Gestein verwandeln.

Alles verändert sich

Wind, Eis und Wasser sind die natürlichen Faktoren, die die Erdoberfläche am intensivsten verändern. Erosion und Transport sind Prozesse, die Gesteinsmaterial schaffen und es verteilen. Dann setzen sich diese Materialien ab, werden verfestigt, und neues Gestein entsteht, das wiederum in Sediment verwandelt wird. Sedimentgesteine bedecken 70 % der Erdoberfläche. Aus der Untersuchung von Sedimentgesteinen unterschiedlichen Alters können Wissenschaftler auf die Veränderungen von Klima und Umwelt schließen.

1 EROSION

Die Abtragung und Verfrachtung von Material an der Oberfläche durch die Einwirkung von Wasser, Wind oder Eis. Sie beginnt, wenn Gestein durch physikalische oder chemische Kräfte aufgebrochen wird.

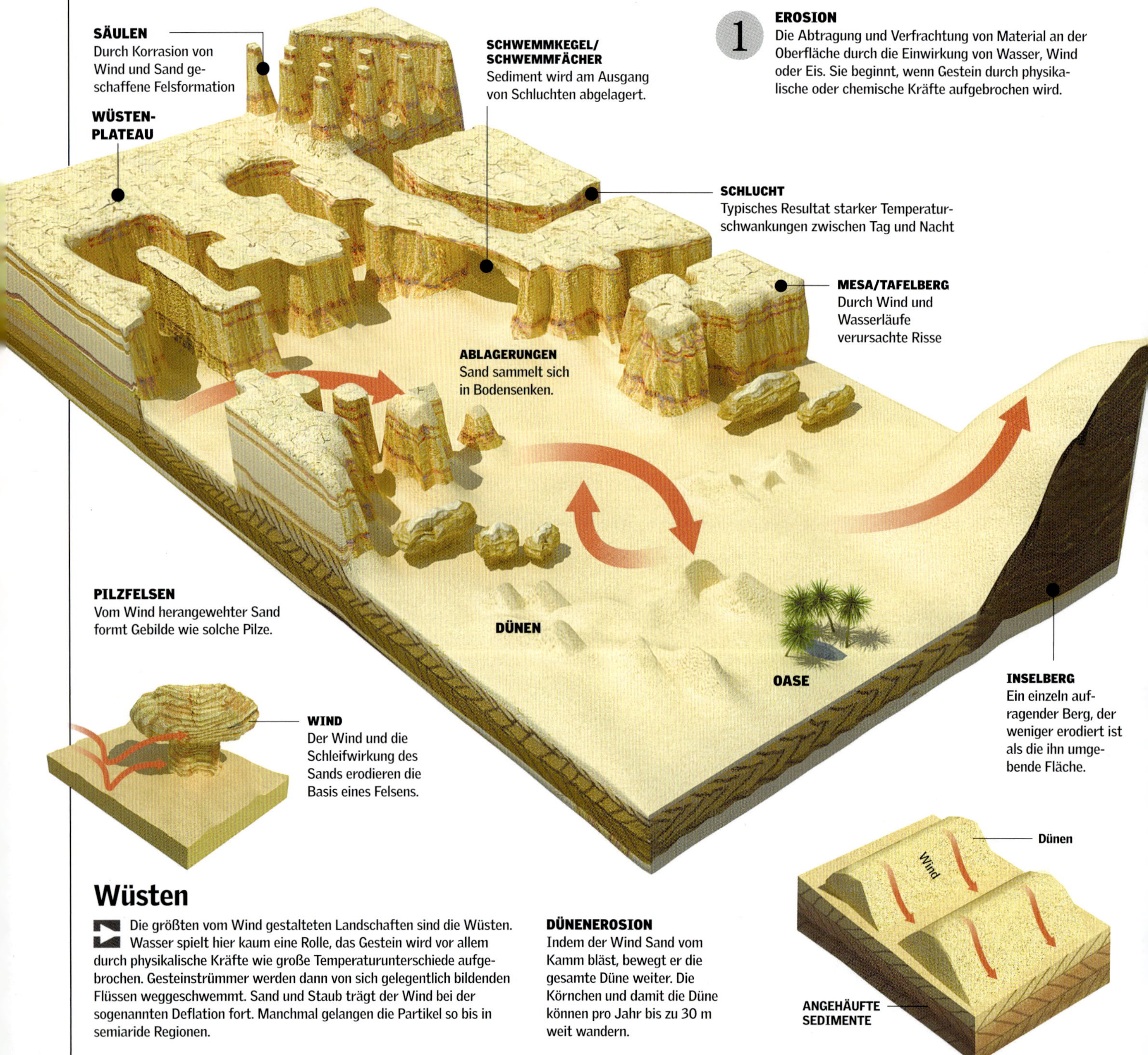

Wüsten

Die größten vom Wind gestalteten Landschaften sind die Wüsten. Wasser spielt hier kaum eine Rolle, das Gestein wird vor allem durch physikalische Kräfte wie große Temperaturunterschiede aufgebrochen. Gesteinstrümmer werden dann von sich gelegentlich bildenden Flüssen weggeschwemmt. Sand und Staub trägt der Wind bei der sogenannten Deflation fort. Manchmal gelangen die Partikel so bis in semiaride Regionen.

DÜNENEROSION

Indem der Wind Sand vom Kamm bläst, bewegt er die gesamte Düne weiter. Die Körnchen und damit die Düne können pro Jahr bis zu 30 m weit wandern.

TRANSPORT VON SEDIMENTEN

WÜSTE
KLEINE KÖRNER
In der Wüste bewegt der Wind Partikel überwiegend durch Verwehen, aber auch als Schwebeteilchen (sehr kleine Körnchen und Staub) oder indem er sie über die Oberfläche schiebt.

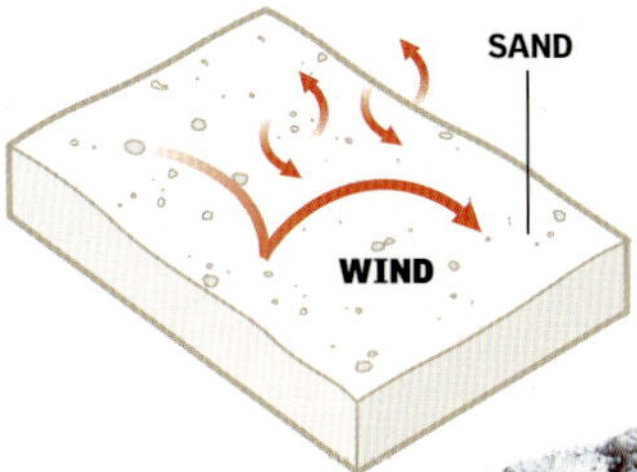

GLETSCHER
FEIN UND GROB
Gletscher transportieren Gesteinsfragmente, die sie zu Moränen zusammenschieben. Der sogenannte Geschiebemergel wird zusammen mit Felsbrocken vom Gletscher mitgeschleift.

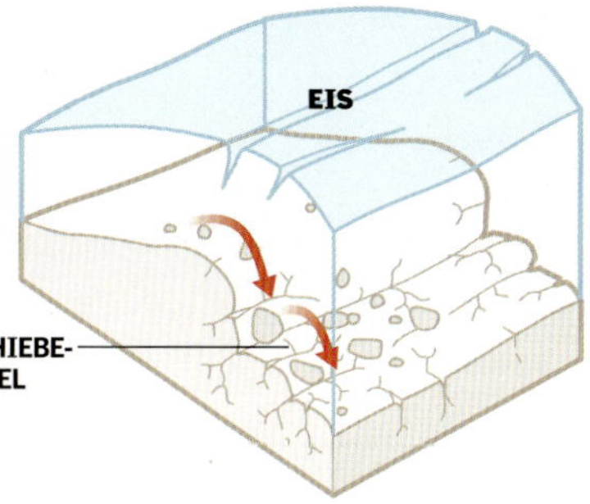

KAR
Am oberen Talende erodieren die Gebirgswände in Form eines Halbkreises.

2 TRANSPORT
Nach der Erosion werden die Bruchstücke in einen Bereich verfrachtet, wo sie abgelagert werden. In der Wüste transportiert der Wind Sandkörner und formt daraus Dünen. Bei Gletschern bildet der Schutt frontale und seitliche Moränen.

HÄNGE
Von den Hängen fallen Felsbrocken auf den Gletscher. Sie werden weggetragen und in der Moräne abgelagert.

MITTELMORÄNE
Sie entsteht, wenn zwei Gletschereisströme zusammenfließen und eine Eismasse bilden.

SPALTEN

TRANSPORTIERTES GESTEIN
wird in den Moränen abgelagert.

SEITENMORÄNEN
bilden sich aus Bruchstücken, die sich an den Seiten des Gletschers ansammeln.

FINDLINGE
sind große Felsbrocken, die der Gletscher transportiert und ablagert.

FEINES SEDIMENT
wird unter dem Gletscher und am vorderen Ende abgelagert. Man bezeichnet es als Geschiebemergel.

U-TÄLER
Gletscher graben u-förmige Trogtäler, weil die Erosion am Talgrund am größten ist.

GLETSCHER
Eismasse, die sich über das Gelände nach unten bewegt.

Gletscher

Riesige Eismassen bilden sich auf dem Untergrund und bewegen sich durch die Schwerkraft abwärts. Bei ihrem Vorrücken nehmen sie auf dem Weg liegendes Gestein mit. Am Kopfende des Gletschers erodieren die Gebirgswände halbkreisförmig und bilden ein sogenanntes Kar. Die fortschreitende simultane Erosion der Wände schafft eine pyramidenförmige Bergspitze, ein sogenanntes Horn. Die von Gletschern gegrabenen Täler sind u-förmig, im Gegensatz zu den v-förmigen Tälern, die durch Flüsse geschaffen werden.

ENDMORÄNE
Das Gestein, das auf den Gletscher fällt, während er vorrückt, sammelt sich zusammen mit dem schon mitgeführten Material am unteren Ende des Gletschers (Zunge) in einer Endmoräne.

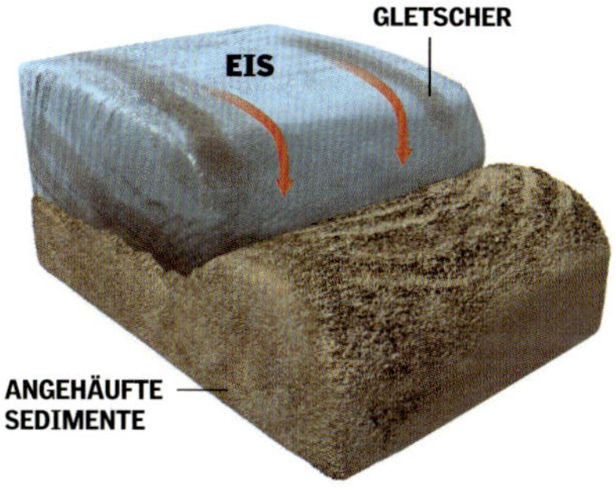

TRANSPORT VON SEDIMENTEN

FLUSS
GROSSE ENTFERNUNGEN
Ein Fluss kann Sedimente über große Entfernungen transportieren. Flüsse entspringen in höher gelegenen Regionen und fließen dann ins Flachland und ins Meer. Bei hoher Fließgeschwindigkeit können große Felsbrocken bewegt werden, bei schwacher Strömung nur kleinere Steine.

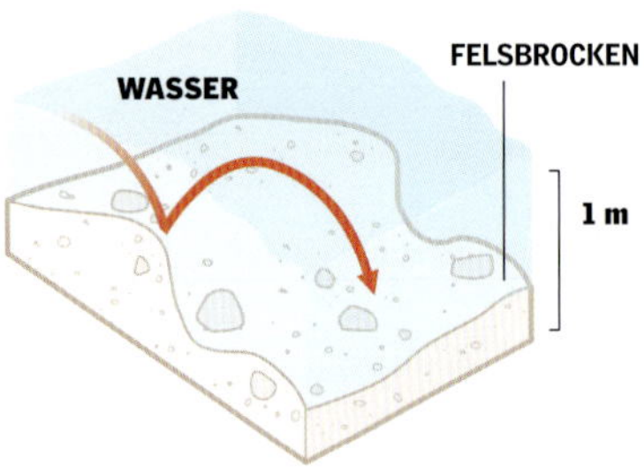

KÜSTE
LOKALE ABLAGERUNGEN
Nachdem sich eine Welle gebrochen hat, fließt der Rückstrom (Sog) in Richtung Meer zurück und häuft Sand an, der von den Wellen mit der Küstenströmung seitlich versetzt wird. Auch Flüsse transportieren Sand, den sie mit anderen Sedimenten in ihrem Delta ablagern.

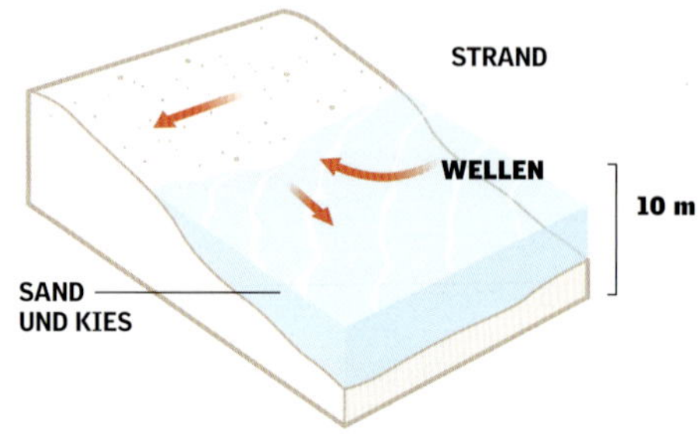

WASSERFALL
Weicheres Gestein erodiert und bildet eine Auskolkung, deren Felsüberhang irgendwann einstürzt.

3 SEDIMENTATION
Sobald die das Sediment transportierenden Strömungen an Energie verlieren, wird das mitgeführte Sediment abgelagert und über große Bereiche verteilt.

HANG
Flusstäler haben steile Hänge, wenn sie aus harten Gesteinslagen bestehen.

STROMSCHNELLEN
In diesen Flussabschnitten wird durch die Erosion sehr viel Material abtransportiert.

FELSWAND
Resultat einer seitlichen Unterhöhlung

FLUSSWINDUNGEN
An der Innenseite der Kurve wird das meiste Sediment abgelagert.

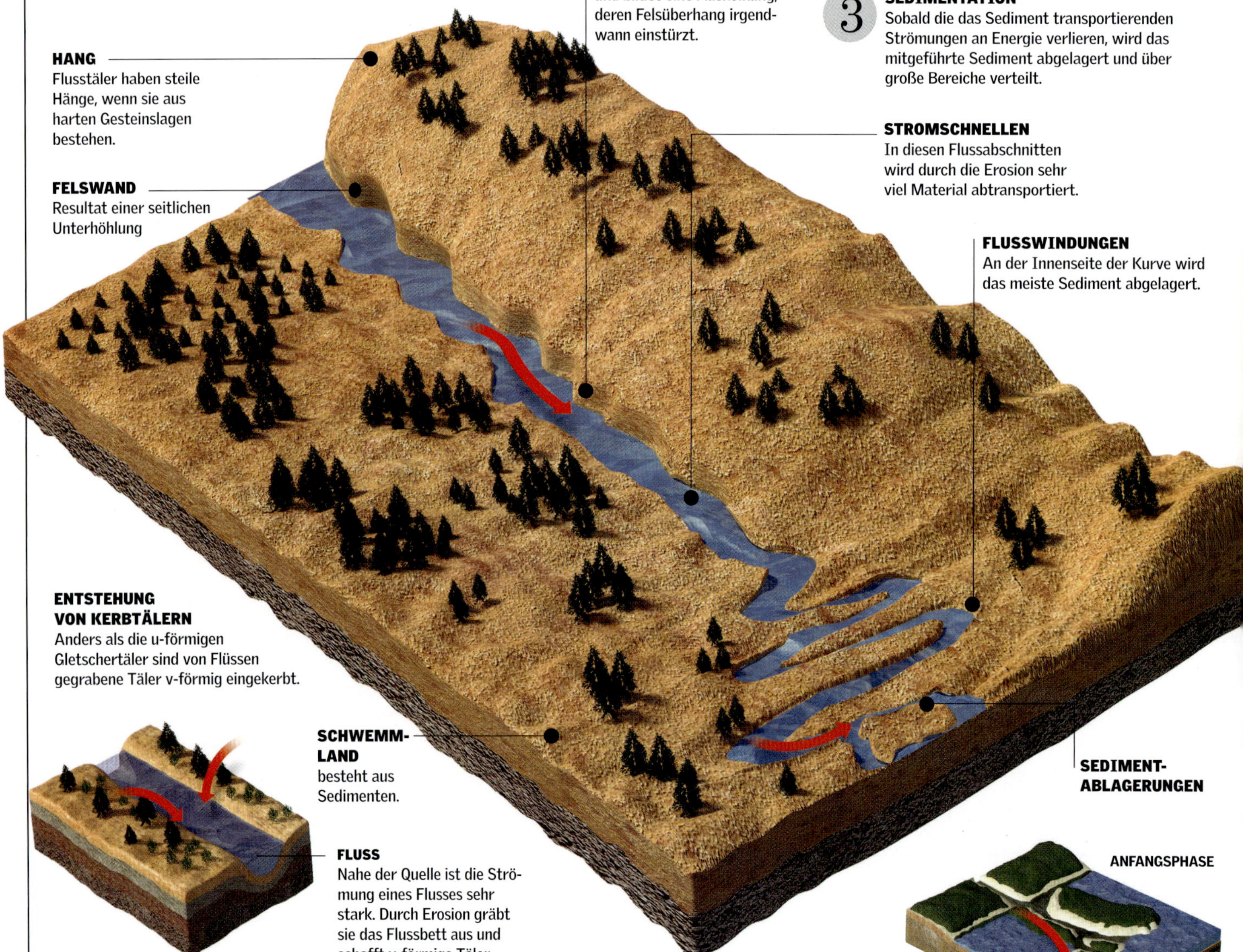

ENTSTEHUNG VON KERBTÄLERN
Anders als die u-förmigen Gletschertäler sind von Flüssen gegrabene Täler v-förmig eingekerbt.

SCHWEMMLAND
besteht aus Sedimenten.

SEDIMENTABLAGERUNGEN

FLUSS
Nahe der Quelle ist die Strömung eines Flusses sehr stark. Durch Erosion gräbt sie das Flussbett aus und schafft v-förmige Täler.

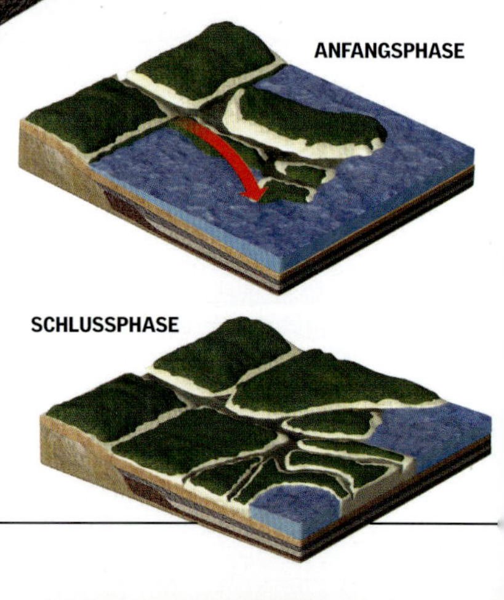

Flüsse

Das Quellgebiet von Flüssen ist meist hoch gelegen und steil. Das Wasser strömt mit viel Energie ins Tal und kann deshalb auch große Felsbrocken transportieren. In flacheren Bereichen fließt ein Fluss ruhiger über Sedimente dahin, bildet Windungen und erodiert die Ufer. An der Küste lagern Flüsse ihre Sedimente dann ab und bilden Ästuare oder Deltas.

DELTABILDUNG
Die an der Flussmündung abgelagerten Sedimente bilden ein Delta, in dem der Fluss dann vielfach verzweigt durch die angehäuften Sandbänke fließt.

ZEMENTATIONSPROZESS
Dies ist der wichtigste Vorgang bei der Umwandlung von Sediment in Gestein. Zur Zementation kommt es, wenn sich Partikel mit Stoffen verbinden, die aus Wasser ausgefällt werden. Sedimentgesteine bilden sich durch die Vereinigung verschiedener in Wasser gelöster Minerale. Wenn das Wasser abkühlt oder verdampft, können sich die gelösten Minerale absondern und mit anderen Sedimenten zu festen Ablagerungen verbinden oder selbst Sedimente bilden. Salze und Sandstein sind Beispiele für die Zementation von Gesteinen.

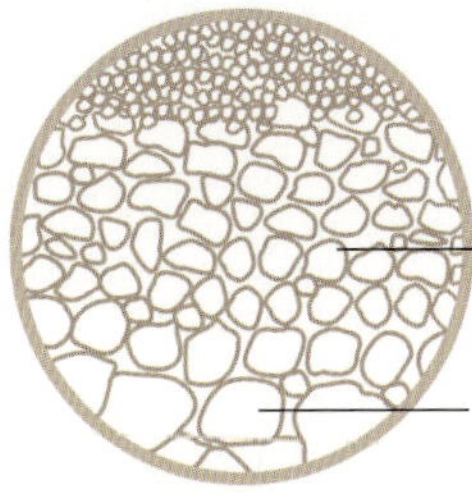

4 **KOMPAKTION**
Die neu dazukommenden Sedimentablagerungen verdichten mit ihrem Gewicht die unteren Lagen. Es kommt zu Diagenese und Lithifikation, den Prozessen, die neues Gestein bilden.

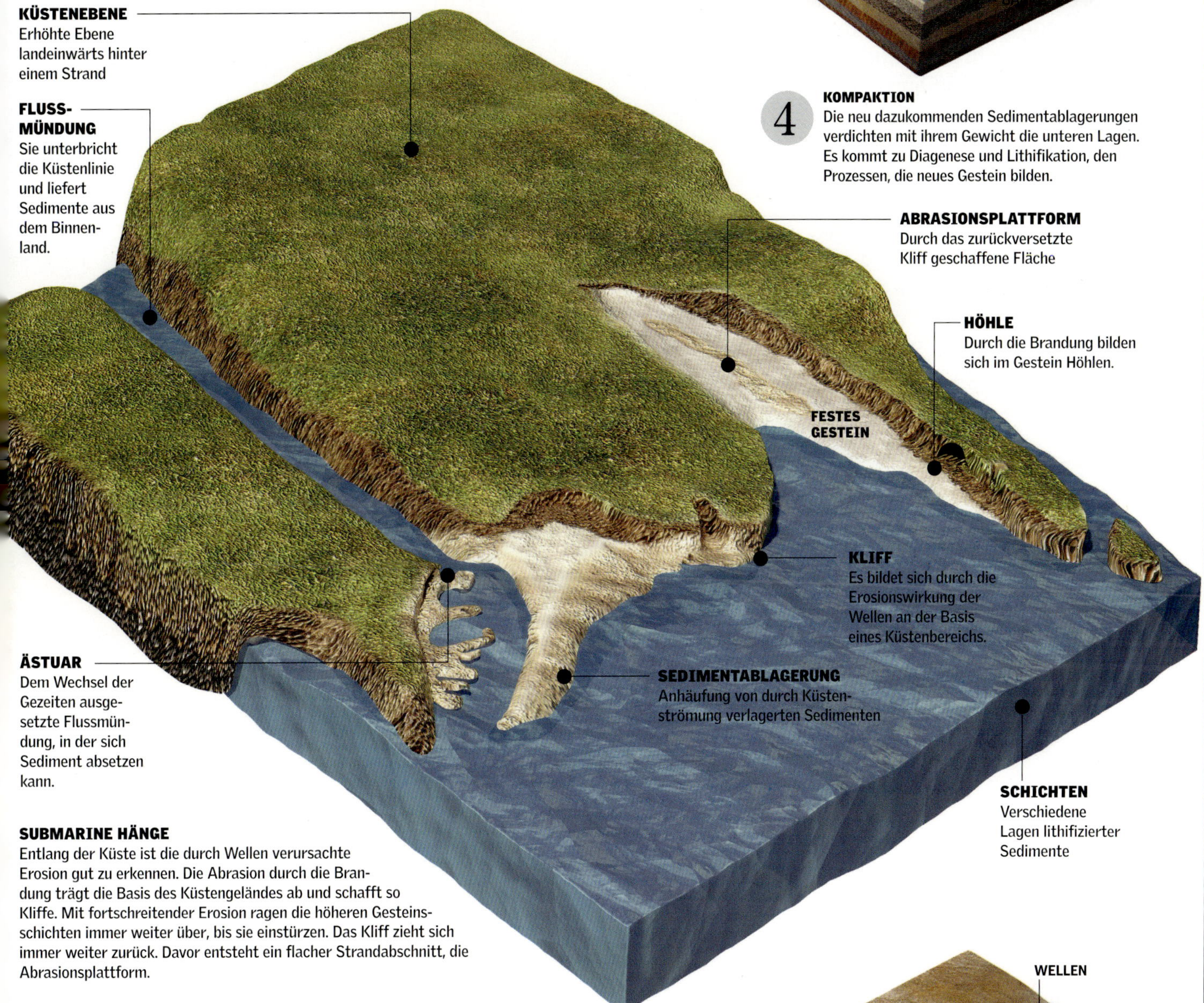

SUBMARINE HÄNGE
Entlang der Küste ist die durch Wellen verursachte Erosion gut zu erkennen. Die Abrasion durch die Brandung trägt die Basis des Küstengeländes ab und schafft so Kliffe. Mit fortschreitender Erosion ragen die höheren Gesteinsschichten immer weiter über, bis sie einstürzen. Das Kliff zieht sich immer weiter zurück. Davor entsteht ein flacher Strandabschnitt, die Abrasionsplattform.

Küsten

Durch den Vorgang der Strandversetzung sind Meeresküsten die sich am stärksten verändernden Landschaften der Erde. Wind, Regen und Wellen erodieren und modellieren die Küstenlinie. Die Wellen spülen Sedimente an, schaffen so Strände und schwemmen sie wieder weg. Durch Wellen werden Kliffe und Höhlen geformt und irgendwann zum Einsturz gebracht. Deren Überreste liefern zusammen mit den von Flüssen herbeigeschafften Sedimenten das Material zur Entstehung neuer Strände.

ENTSTEHUNG VON STRÄNDEN
Strände bilden sich durch die Ablagerungen, die Wellen in ruhigeren Küstenbereichen mit der Zeit hinterlassen. Sie bestehen aus feinem Sediment wie Schlamm und Sand oder grobem Kies.

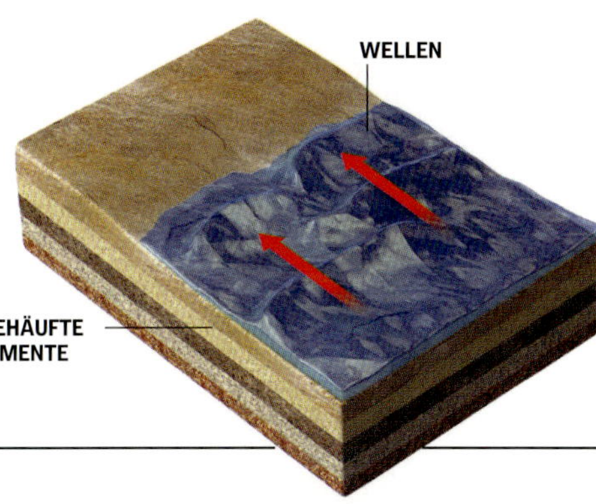

Was Steine erzählen

Die mit der Zeit abgelagerten Sedimente bilden eine Abfolge von Gesteinsschichten. Manchmal enthalten sie Überreste von Organismen, die zu Fossilien werden und wichtige Informationen über die Umwelt und prähistorische Lebensformen liefern. Das geologische Alter von Gesteinen und die von ihnen durchlaufenen Prozesse lassen sich mit verschiedenen Methoden durch Analyse der Schichtfolge und der darin enthaltenen Fossilien erforschen.

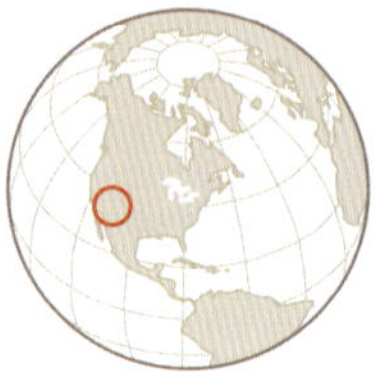

GRAND CANYON COLORADO RIVER, ARIZONA
Breite 36° N
Länge 112° W

KONTINUITÄT
Der Grand Canyon erzählt in seinen farbigen Schichten der Felswände die Geschichte der Erde. Der Colorado River hat vor 6 Mio. Jahren sein Bett in das Hochplateau gegraben. Die Gesteinsschichten am Ufer sind wie ein lückenloses geologisches Geschichtsbuch.

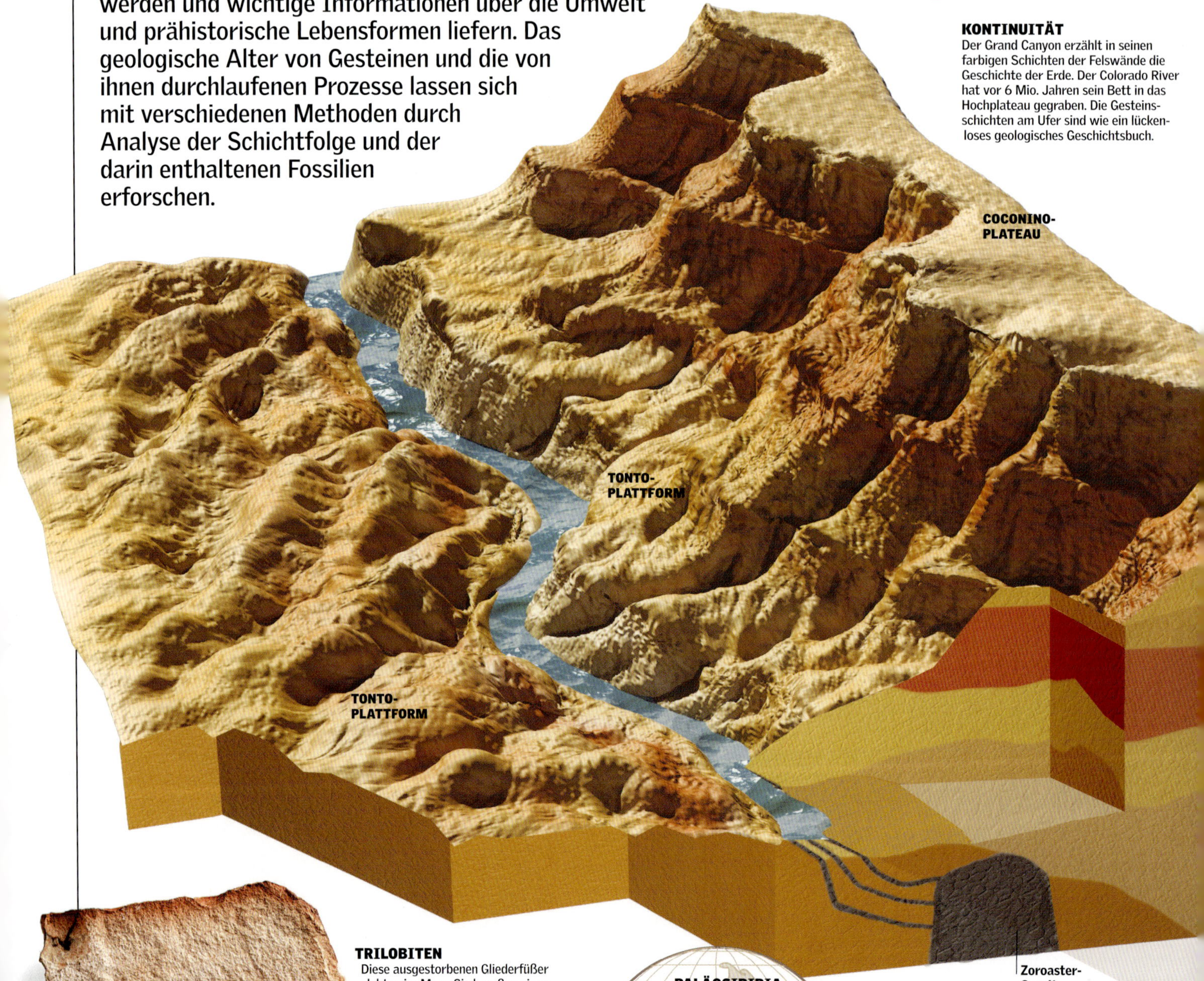

TRILOBITEN
Diese ausgestorbenen Gliederfüßer lebten im Meer. Sie besaßen einen gegliederten Körper mit einem Exoskelett aus Chitin und paarweise angeordneten Gliedmaßen. Zusammen mit den Graptolithen sind sie typische Fossilien in marinen Sedimenten des Paläozän.

PRINZIP DER ABFOLGE
Fossilien folgten in einer bestimmten Reihenfolge aufeinander, wodurch eine Datierung von vergangenen Ereignissen möglich ist. Das Vorkommen identischer Fossilien auf verschiedenen Kontinenten weist auf Gemeinsamkeiten in entfernten geografischen Regionen hin.

1 Ein Tier stirbt und gerät unter Wasser, wo es vor Sauerstoff geschützt ist. Der Körper beginnt sich zu zersetzen.

2 Das Skelett ist vollständig mit Sedimenten bedeckt. Mit den Jahren legen sich neue Schichten über die älteren.

Bei der Fossilisation werden Moleküle des ursprünglichen Gewebes durch Minerale ersetzt, und es versteinert.

Alter eines Fossils

Fossilien sind Überreste von Organismen, die in der Vergangenheit lebten. Heute nutzen Wissenschaftler unter anderem die Radiokarbonmethode, um ihr Alter zu bestimmen. Diese Methode erlaubt es, bis zu 60 000 Jahre alte organische Überreste zu datieren. Für ältere Funde gibt es andere Verfahren. Das Vorkommen eines Fossils in einer bestimmten Sedimentschicht ermöglicht den Forschern eine gute Zuordnung auf einer relativen Zeitskala. Entsprechend der ursprünglichen horizontalen Anordnung und Abfolge der Schichten kann die Zeit bestimmt werden, in der ein Organismus lebte.

3 Wenn das Wasser verschwindet, ist das Fossil bereits ausgeformt und kristallisiert. Bewegungen der Erdkruste heben die Schicht mit dem Fossil an die Oberfläche.

4 Die Erosion legt das Fossil frei. Mit der Radiokarbonmethode lässt sich das Alter bestimmen, wenn es unter 60 000 Jahren liegt.

Gesteinsschichten und der Lauf der Zeit

Gesteinsschichten sind für die Zeitbestimmung wichtig, denn sie enthalten neben geologischen Informationen auch Hinweise auf frühere Lebensformen, das Klima und andere Aspekte. Das stratigrafische Prinzip geht von Sedimentschichten aus, die sich nacheinander horizontal und parallel zur Erdoberfläche abgelagert haben und jeweils durch kontinuierliche Grenzflächen definiert sind. Falten oder Krümmungen weisen auf Veränderungen durch geologische Prozesse hin. Man bezeichnet sie als Diskordanzen. Eine durch Erosion der unteren Lage entstandene Schichtlücke (Hiatus) unterbricht die Konkordanz der Schichtenfolge und des horizontalen Prinzips. Sie wird auch als Erosionsdiskordanz bezeichnet.

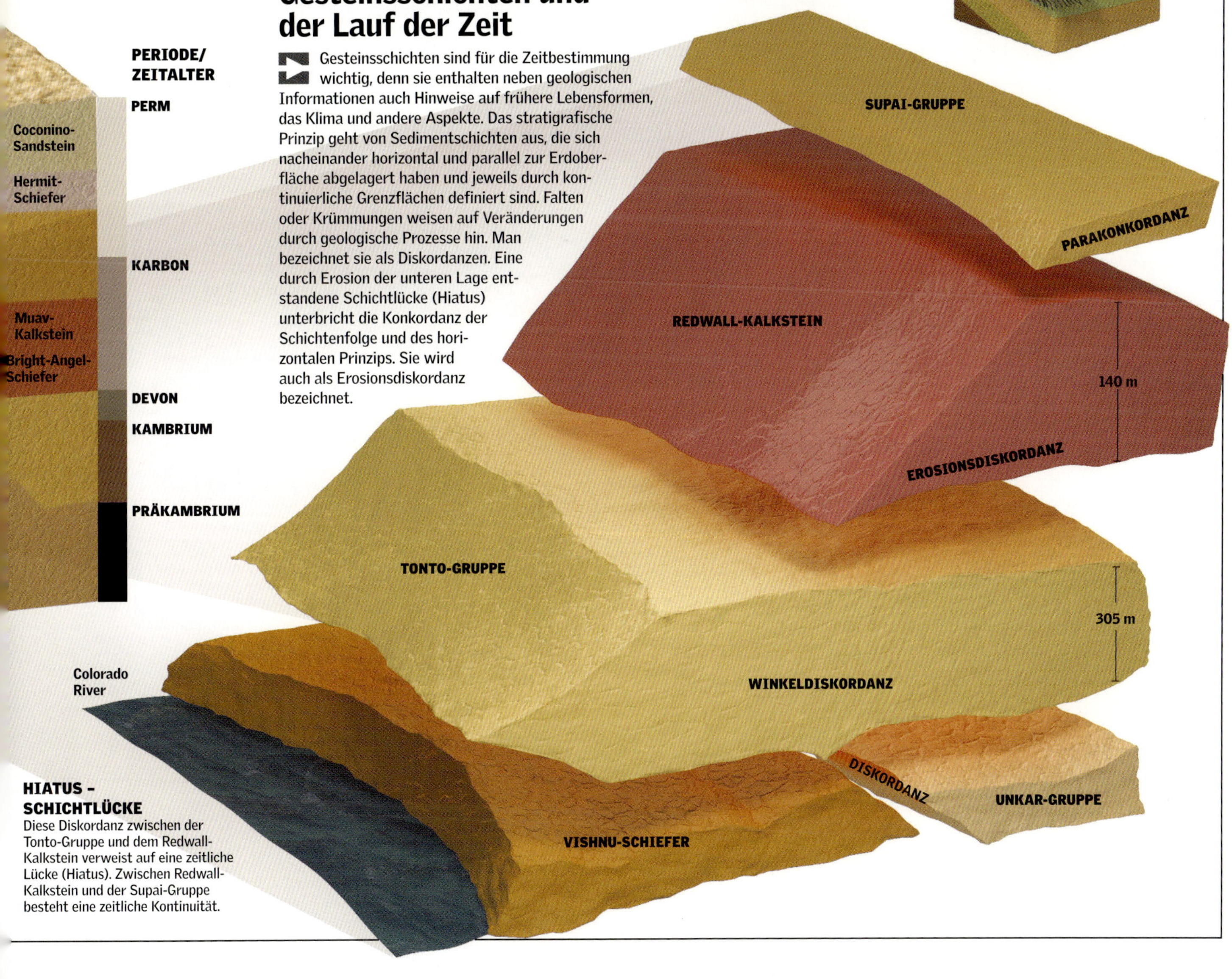

HIATUS – SCHICHTLÜCKE
Diese Diskordanz zwischen der Tonto-Gruppe und dem Redwall-Kalkstein verweist auf eine zeitliche Lücke (Hiatus). Zwischen Redwall-Kalkstein und der Supai-Gruppe besteht eine zeitliche Kontinuität.

Metamorphe Prozesse

Gesteine können unter bestimmten Bedingungen, wie hoher Druck und Temperatur oder Kontakt mit gelösten Chemikalien, bemerkenswerte Veränderungen in ihrer mineralischen Zusammensetzung und ihrer Struktur durchmachen. Diese Metamorphose – ein sehr langsamer Prozess – ist eine echte Veränderung des Gesteins. Das Phänomen findet in der Erdkruste, aber auch an ihrer Oberfläche statt. Die Art der Metamorphose hängt davon ab, ob dieser Vorgang durch Hitze oder Druck ausgelöst wird.

SCHOTTLAND, VEREINIGTES KÖNIGREICH
Breite 57° N
Länge 4° W

Schottland wurde vor 400 Mio. Jahren bei der Kaledonischen Orogenese aufgefaltet. Der enorme Druck produzierte den hier abgebildeten Gneis.

Dynamometamorphose

Diese eher seltene Form der Metamorphose vollzieht sich, wenn bei intensiven Bewegungen der Erdkruste entlang von Störungssystemen Gesteine zusammengepresst werden. Große Gesteinsmassen schieben sich übereinander. Wo sie in Kontakt kommen, entstehen neue Metamorphite, die sogenannten Kataklasite und Mylonite.

2

SCHIEFER
Bei Einwirkung von hoher Temperatur und Druck verwandelt sich Schiefer in Phyllit.

300 °C

SCHIEFER
Das schwach metamorphe Gestein bildet sich durch Druck bei etwa 200 °C. Es wird dabei kompakter und dichter.

500 °C

GLIMMERSCHIEFER
Das blättrige Gestein entsteht durch Metamorphose bei mittleren Temperaturen in Tiefen jenseits von 10 km. Die Minerale kristallisieren dabei um.

650 °C

GNEIS
Die sehr intensive Metamorphose findet mehr als 20 km unterhalb der Erdoberfläche unter Einwirkung extremer tektonischer Kräfte und bei Temperaturen nahe dem Schmelzpunkt von Gestein statt.

800 °C

SCHMELZEN
Bei dieser Temperatur beginnen die meisten Gesteine zu schmelzen und sich zu verflüssigen.

Regionalmetamorphose

Bei der Gebirgsbildung werden große Gesteinsmassen (Tausende von Kubikkilometern) ver- und umgeformt. Dicht unter der Erdoberfläche liegendes Gestein taucht in größere Tiefen ab und wird dort durch hohe Temperaturen und Druck verändert. Der Grad der Metamorphose hängt von den Temperatur- und Druckbedingungen ab. Schiefer ist ein typisches, von diesem Prozess betroffenes Gestein.

1

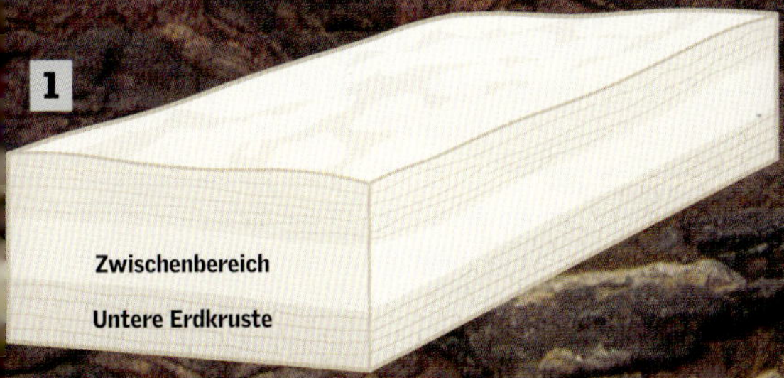

DRUCK
Wenn der Druck auf das Gestein zunimmt, ordnet sich dessen mineralische Struktur neu und wird kompakter.

Kontaktmetamorphose

Magmatische Gesteine geben Wärme ab und können das umgebende Gestein erhitzen. Den betroffenen Bereich um eine Intrusion oder einen Lavastrom nennt man Kontakthof. Sein Umfang hängt von der Intrusion und der Temperatur des Magmas ab. Die Minerale des umliegenden Gesteins werden durch Metamorphose in andere Minerale umgewandelt.

1

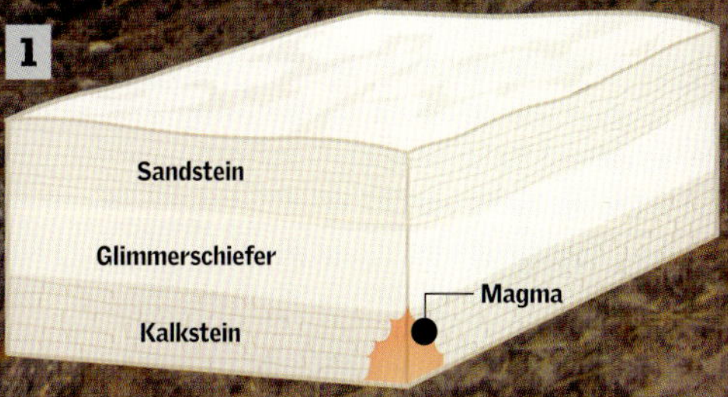

2

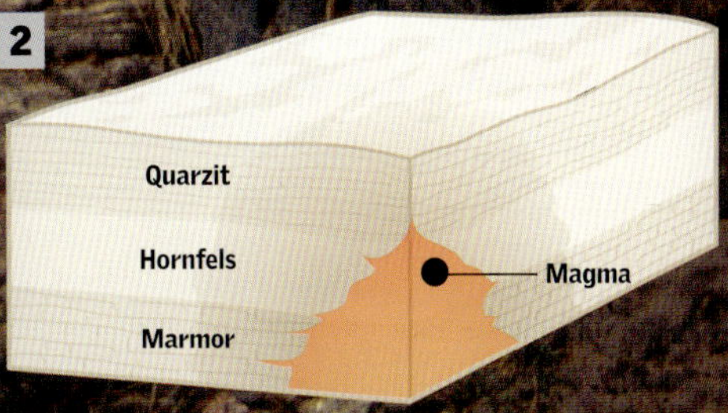

TEMPERATUR
Je näher das Gestein der Wärmequelle ist, umso höher ist die Temperatur und damit der Grad der stattfindenden Metamorphose.

Die Basis des Lebens

Organismen werden geboren, vermehren sich und sterben irgendwann, Feldfrüchte werden angebaut, und Vieh wird aufgezogen. All das passiert auf einer natürlichen Bodenschicht, die zudem noch Baumaterial liefert. Sie ist das Bindeglied zwischen dem Leben auf der Erde und dem mineralischen Teil des Planeten. Klima und biologische Faktoren bewirken die Bildung von Erde überall dort, wo Gesteine aufgebrochen werden.

300 Jahre

dauert es, bis sich der Boden mit seinen drei Hauptschichten (Horizonten) auf natürliche Weise bildet.

Bodenarten

Im Boden findet man Materialien des Grundgesteins, die durch Luft, Wasser, lebende Organismen und zersetztes organisches Material verändert wurden. Die vielfältigen physikalischen und chemischen Vorgänge produzieren unterschiedliche Bodenarten, welche unterschiedlich reich an beispielsweise Humus und Ton sind. Die Grundstruktur des Bodens hängt dabei weitgehend von der Art des Grundgesteins ab, aus dem er sich bildet.

RANKER

Diese Bodenart bildet sich bevorzugt im Hochgebirge auf wenig verändertem Grundgestein wie Granit oder anderen sauren Gesteinen.

0,2 % **der Landoberfläche der Erde**

PERMAFROST

In subpolaren Regionen (Tundren und Taigen) ist der wasserreiche Boden dauerhaft gefroren. Beim oberflächlichen Auftauen bilden sich große Schlammflächen, weshalb nur wenige Tiere dort leben können.

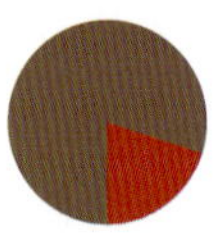

20 % **der Landoberfläche der Erde**

WÜSTE

Die ariden Böden enthalten kaum Humus und liegen direkt auf Mineralablagerungen und Gesteinsfragmenten auf.

14 % **der Landoberfläche der Erde**

LATERIT

Für die Tropen – mit üppigen Regenfällen und hoher Feuchtigkeit – typischer Boden mit guten Dränageeigenschaften. Durch den Regen reichern sich Oxide und Hydroxide wie Aluminium, Eisen, Mangan, Nickel und andere Minerale im Boden an. Er enthält 70 % der weltweiten Eisenvorkommen.

10 % **der Landoberfläche der Erde**

SO BILDET SICH BODEN

Große Teile der Erdkruste sind mit einer Schicht aus Sediment und sich zersetzender organischer Materie überzogen. Diese Boden genannte Schicht bedeckt alles, mit Ausnahme sehr steiler Abhänge. Boden entsteht aus sich zersetzenden Überresten von Pflanzen und Tieren. Und er ist ein lebendes, sich veränderndes System, in dessen winzigen, mit Luft und Wasser gefüllten Hohlräumen Tausende von Bakterien, Algen und Pilzen leben. Diese Mikroorganismen beschleunigen den Zersetzungsprozess und machen den Boden zu einem günstigen Habitat für Pflanzenwurzeln, kleine Tiere und Insekten.

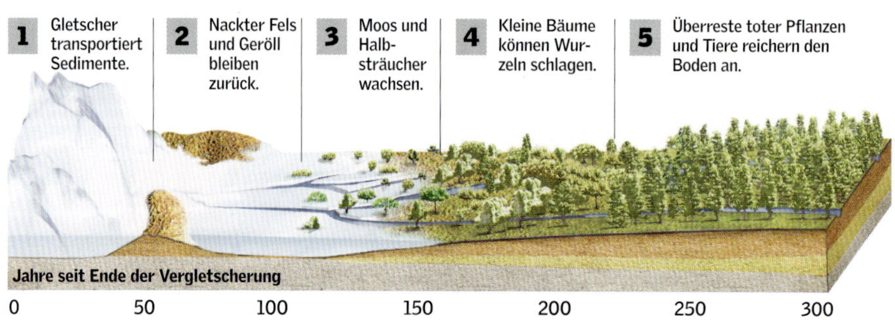

Unterschiedliche Eigenschaften

Bei der Untersuchung des Bodens kann man verschiedene Schichten, die Horizonte, unterscheiden. Jeder dieser Horizonte hat seine besonderen Eigenschaften. Die Schicht an der Oberfläche ist reich an organischer Materie. Im Unterboden sammeln sich Nährstoffe, die von Wurzeln aufgenommen werden. Noch tiefer im Boden stößt man auf eine Schicht aus Gestein und Kies.

Lebende Organismen im Boden

Im Boden leben zahllose Bakterien und Pilze. Ihre Biomasse übersteigt meist die der auf der Oberfläche lebenden Tiere. Auch Algen (in der Regel Kieselalgen) leben dicht an der Oberfläche, wo es das meiste Licht gibt. Dort findet man unter anderem auch Milben, Springschwänze, Schildläuse, Larven und Regenwürmer. Würmer bauen Gänge, die den Pflanzen das Wurzelwachstum erleichtern. Ihre Ausscheidungen enthalten Wasser und Nährstoffe.

REGENWÜRMER
Man braucht etwa 6000 Regenwürmer, um 1350 kg Humus zu produzieren.

HUMUS
Diese aus organischem Material bestehende Substanz findet sich normalerweise in den oberen Bodenschichten. Sie wird von Mikroorganismen produziert, die vor allem herabgefallene Äste und Tierkot zersetzen. Die dunkle Farbe dieser sehr fruchtbaren Bodenschicht rührt von ihrem hohen Kohlenstoffgehalt her.

Kreislauf der Gesteine

Manche Gesteine durchlaufen bei der Bodenbildung den Gesteinskreislauf. Durch Einwirkung der Erosionskräfte erhalten Gesteine der Erdkruste ihre typische Form. Diese Form ist teils durch die Zusammensetzung des Gesteins, teils durch Erosionseffekte (meteorologische und biologische) bedingt, die das Gesteinsmaterial aufbrechen und zerkleinern.

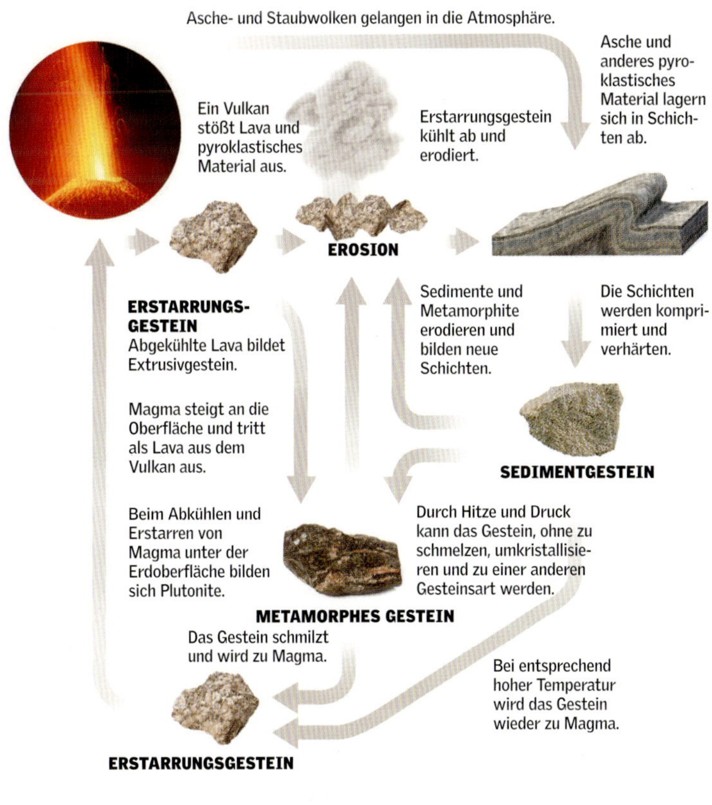

Erst Mineral, dann Gestein

Die Erde kann man als riesigen Gesteinsbrocken ansehen oder genauer als große, aus verschiedenen Gesteinsarten zusammengesetzte Kugel. Diese Gesteine bestehen aus winzigen Fragmenten eines oder verschiedener Materialien. Es handelt sich dabei um Minerale, die jeweils aus der Interaktion unterschiedlicher chemischer Elemente bei ganz bestimmten Druck- und Temperaturbedingungen entstanden sind. Gesteine und Minerale werden von den geologischen Teildisziplinen Petrologie und Mineralogie erforscht.

TORRES DEL PAINE
PATAGONIEN, CHILE
Breite 52° 20′ S
Länge 71° 55′ W

Zusammensetzung	**Granit**
Höchster Gipfel	**Cerro Paine Grande (3050 m)**
Oberfläche	**242 ha**

Der Nationalpark Torres del Paine liegt im Süden Chiles zwischen den Anden und den Steppen Patagoniens.

Vom Mineral zum Gestein

Aus chemischer Sicht ist ein Mineral eine homogene Substanz. Ein Gestein wiederum setzt sich aus verschiedenen chemischen Substanzen zusammen. Es ist ein kompaktes, meist aus Mineralen bestehendes Gemenge. Die mineralischen Bestandteile der Gesteine bilden somit auch die Gebirge. In der Geologie unterscheidet man zwischen Gesteinen und Mineralen.

Vor 12 Mio. Jahren

bildeten sich in einer Periode intensiver vulkanischer Aktivität Batholithe und schufen die Torres del Paine mit ihren hohen Bergen.

GRANIT
Gestein aus Feldspat, Quarz und Glimmer

QUARZ
besteht aus Siliciumdioxid, das dem Gestein eine weiße Farbe gibt.

GLIMMER
Die winzigen, glänzenden Blättchen sind Silikate von Aluminium, Kalium und anderen Metallen. Glimmer kann schwarz oder farblos sein.

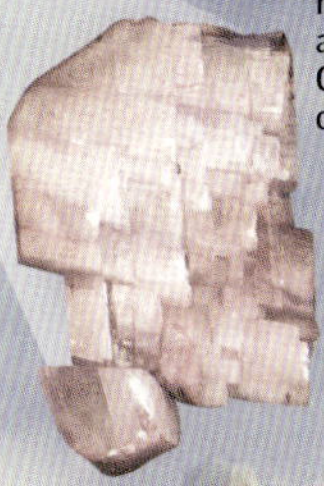

FELDSPAT
Aus diesen hellen Silikaten besteht ein Großteil der Erdkruste.

VERÄNDERUNG DES AGGREGATZUSTANDS
Temperatur und Druck spielen eine wichtige Rolle bei der Umwandlung von Gestein. Im Inneren der Erde wird flüssiges Magma produziert, das beim Erreichen der Oberfläche erstarrt. Ein ähnlicher Prozess läuft ab, wenn Wasser bei 0 °C gefriert.

Minerale

Dallol ist ein an Mineralien reiches Wüstengebiet, das überzogen ist mit grünlich schimmernden Teichen und Türmen aus Schwefelsalzen in vielen Orangeschattierungen. Einige Minerale gehören einer besonderen Klasse an, den Edelsteinen, die wegen ihrer Schönheit

DALLOL-VULKAN
Der Dallol in Äthiopien ist der einzige nicht ozeanische Vulkan der Erde, der unter dem Meeresspiegel liegt. Dies ist einer der heißesten Orte des Planeten. Schwefel und andere aus dem Vulkan austretende Minerale verleihen ihm eine lebhafte Färbung.

80 Unterscheidung von Mineralen
82 Die Zusammensetzung
84 Die häufigsten Minerale
86 Wertvolle Kristalle

begehrt und teuer sind. Am wertvollsten sind Diamanten. Wussten Sie, dass der Mensch Tausende von Jahren brauchte, um Metall von Gestein zu trennen? Aber auch nichtmetallische Minerale sind nützlich und deshalb geschätzt. Grafit wird für Bleistifte, Gips als Baustoff und Halit, das Steinsalz, zum Kochen verwendet.

Unterscheidung von Mineralen

Die physikalischen Eigenschaften eines Minerals sind sehr wichtig für eine schnelle Zuordnung. Ein Merkmal ist die Härte. Ein Mineral ist härter als ein anderes, wenn es dieses ritzen kann. Die Härte von Mineralen wird nach der in zehn Grade eingeteilten Skala des deutschen Mineralogen Friedrich Mohs klassifiziert. Ein weiteres Merkmal ist die Festigkeit oder Kohäsion, der Widerstand, den ein Mineral Verformungen oder Bruch entgegensetzt. Und Magnetismus wiederum bezeichnet die Eigenschaft eines Minerals, von einem Magneten angezogen zu werden.

Spaltbarkeit und Bruch

Einige Minerale lassen sich entlang schwacher Bindungsebenen innerhalb ihres Kristallgitters leicht in flache, plattenförmige Kristallstücke teilen. Sie haben eine gute Spaltbarkeit. Andere Minerale zerfallen bei mechanischen Einwirkungen in unregelmäßige Stücke. Hier spricht man von Bruch.

ARTEN DER SPALTBARKEIT

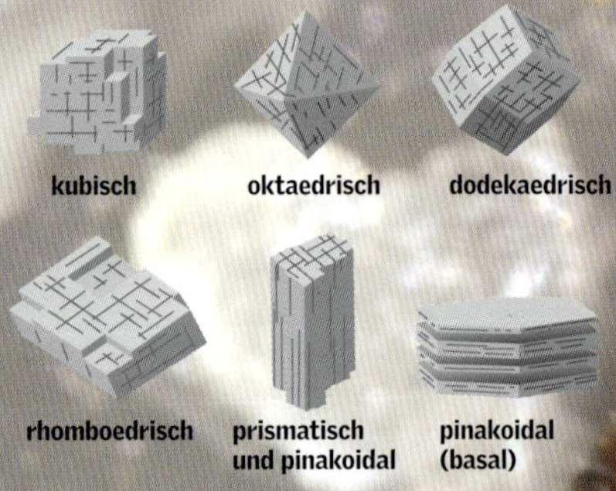

MOHSSCHE HÄRTESKALA
Sie umfasst zehn Minerale – von sehr weich bis sehr hart: Jedes Mineral lässt sich mit den darüber angeordneten Mineralen ritzen.

1 TALK ist das weichste Mineral.

2 GIPS ist mit dem Fingernagel ritzbar.

3 KALZIT ist so hart wie eine Kupfermünze.

4 FLUORIT ist mit einem Messer leicht ritzbar.

5 APATIT ist mit einem Messer noch ritzbar.

Elektrisch geladen

Manche Kristalle wie Quarz besitzen Phänomene der Piezo- und Pyroelektrizität. Durch Temperaturänderung nehmen sie eine polarisierte Ladung an und zeigen unter mechanischer Spannung einen elektrischen Potenzialunterschied an den Kanten.

PIEZOELEKTRIZITÄT
Durch mechanische Einwirkung (Druck) ändert sich die Verteilung der negativen und positiven Ladung in einem Kristall und erzeugt eine elektrische Spannung. Turmalin ist ein Beispiel.

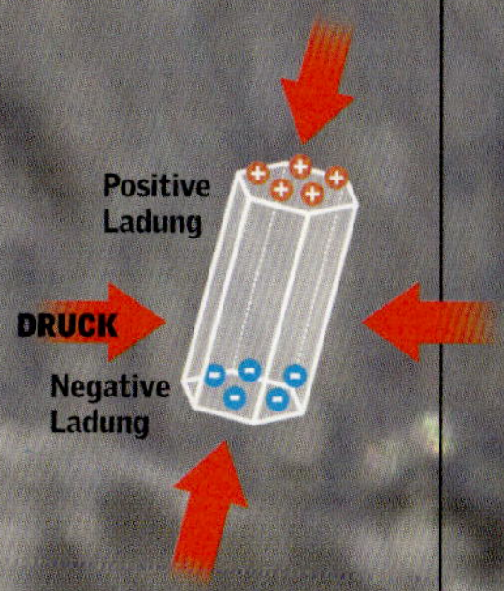

PYROELEKTRIZITÄT
Durch Veränderung der Temperatur kann es in einem Kristall zu Volumenänderungen und zur Erzeugung von elektrischer Spannung kommen.

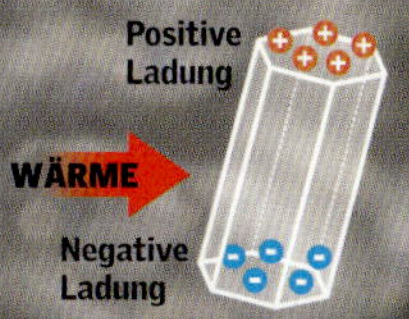

DICHTE
Resultiert aus der Struktur und chemischen Zusammensetzung. Gold und Platin gehören zu den dichtesten Mineralen.

BRUCH
Kann unregelmäßig, muschelig, eben, splittrig oder erdig sein.

UNREGELMÄSSIGER BRUCH
Unebene, splittrige Oberfläche eines Minerals

7 bis 7,5
IST DIE HÄRTE VON TURMALIN AUF DER MOHSSCHEN HÄRTESKALA.

6 ORTHOKLAS ist mit einer Stahlfeile ritzbar.

7 QUARZ ritzt Fensterglas.

8 TOPAS ritzt Quarz.

9 KORUND ist nur mit einem Diamant ritzbar.

10 DIAMANT ist das härteste Mineral.

Die Zusammensetzung

Minerale sind die Bausteine, aus denen die Erde und alle anderen festen Körper im Universum bestehen. Gewöhnlich werden sie durch ihre chemische Zusammensetzung und ihre regelmäßige innere Struktur definiert. Meist handelt es sich um feste, kristalline Substanzen. Einige Minerale besitzen keine regelmäßige innere Struktur und sind amorphe Feststoffe, ähnlich wie Glas. Die Untersuchung von Mineralen hilft, den Ursprung der Erde zu verstehen. Neben Zusammensetzung und Gitterstruktur sind Härte, Gewicht, Farbe, Glanz und Transparenz weitere Unterscheidungsmerkmale. Obwohl man über 4000 Minerale entdeckt hat, sind auf der Erdoberfläche nur 30 davon häufig vertreten.

Bestandteile

Die Grundbestandteile von Mineralen sind die im Periodensystem erfassten chemischen Elemente. Minerale werden als „elementar" bezeichnet, wenn sie nur aus einem einzigen Element bestehen und in „gediegener" Form vorkommen. Nichtelementare Minerale, die überwiegende Mehrheit, sind aus chemischen Verbindungen von zwei oder mehr Elementen zusammengesetzt.

MINERALE BESTEHEN AUS

112

IM PERIODENSYSTEM AUFGELISTETEN ELEMENTEN.

1 ELEMENTARE MINERALE

Man unterscheidet:

A: METALLE UND INTERMETALLISCHE VERBINDUNGEN
Als Minerale gediegen vorkommende Metalle wie Gold, Silber und Blei haben eine hohe Wärme- und elektrische Leitfähigkeit, einen typischen Metallglanz, eine geringe Härte und eine hohe Verformbarkeit. Sie sind leicht zu identifizieren.

GOLD
leitet hervorragend Wärme und Strom, wird von Säuren kaum oder gar nicht angegriffen.

SILBER
Die Nahabbildung zeigt eine Baumstruktur (Dendrit), die von lang gestreckten Silberoktaedern gebildet wird.

MIKROFOTO VON SILBERKRISTALLDENDRITEN

B: HALBMETALLE
Diese elementaren Minerale sind zerbrechlicher als Metalle und besitzen eine geringere Leitfähigkeit. Beispiele sind Arsen, Antimon und Bismut.

C: NICHTMETALLE
Zu dieser wichtigen Gruppe von Mineralen gehört Schwefel.

BISMUT

SCHWEFEL

2 NICHTELEMENTARE MINERALE

bestehen aus chemischen Verbindungen, die sich aus Atomen mehrerer Elemente bilden. Eine solche Verbindung hat andere Eigenschaften als die daran beteiligten reinen Elemente.

HALIT
besteht aus Chlor und Natrium.

Polymorphie

So nennt man das Phänomen, wenn eine chemische Verbindung verschiedene Strukturen und somit auch unterschiedliche Minerale bilden kann. Die Umwandlung einer polymorphen Variante in eine andere kann sich, beschleunigt durch Temperatur oder Druck, mehr oder weniger schnell vollziehen und reversibel oder irreversibel sein.

Chemische Zusammensetzung	Kristallsystem	Mineral
$CaCO_3$	**trigonal**	**Kalzit**
$CaCO_3$	**rhombisch**	**Aragonite**
FeS_2	**kubisch**	**Pyrit**
FeS_2	**rhombisch**	**Markasit**
C	**kubisch**	**Diamant**
C	**hexagonal**	**Grafit**

DIAMANT UND GRAFIT

Die Gitterstruktur eines Minerals beeinflusst seine Härte. Grafit und Diamant bestehen nur aus Kohlenstoff, besitzen aber ganz unterschiedliche Härtegrade.

DIAMANT

GRAFIT

MEHR ALS

4000 Minerale

HAT DIE INTERNATIONAL MINERALOGICAL ASSOCIATION (IMA) ANERKANNT UND REGISTRIERT.

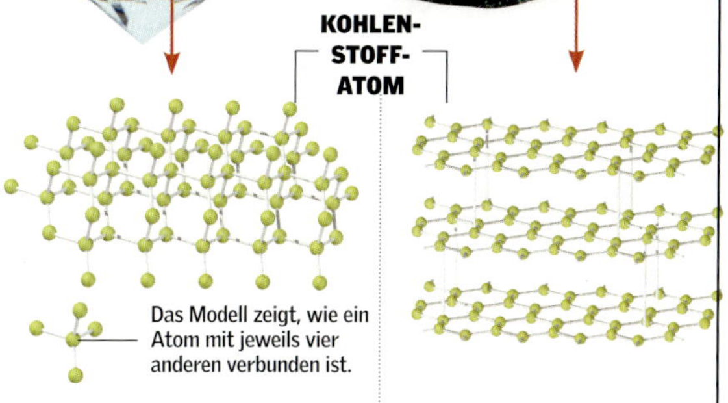

Jedes Atom ist mit vier anderen Atomen des gleichen Typs verbunden. Das dreidimensionale Kohlenstoffgitter wird durch starke kovalente Bindungen zusammengehalten. Das verleiht dem Mineral seine außerordentliche Härte.

HÄRTE 10 AUF DER MOHSSCHEN HÄRTESKALA

Die Atome bilden Sechsecke, die in parallelen Tafeln zusammengehalten werden. Durch diese Struktur gleiten die Schichten übereinander.

HÄRTE 1 AUF DER MOHSSCHEN HÄRTESKALA

Isotype Minerale

Wenn Minerale mit gleicher Struktur wie Halit und Galenit Kationen austauschen, spricht man von Isomorphie. Die Gitterstruktur bleibt die gleiche, doch die Substanz ist eine andere, weil ein Ion gegen ein anderes ausgetauscht wurde. Ein Beispiel für diesen Vorgang ist Siderit (Eisenspat, $FeCO_3$), der sich allmählich in Magnesit ($MgCO_3$) verwandelt, wenn die Eisenatome (Fe) durch Magnesiumatome (Mg) ersetzt werden. Weil sie eine ähnliche Größe haben, bleibt die Struktur unverändert.

HALIT UND GALENIT

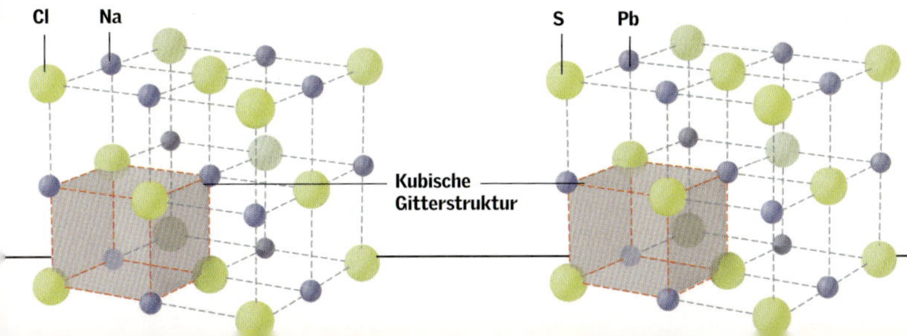

Die häufigsten Minerale

Silikate sind mit einem Anteil von 95 % an der Erdkruste die weitaus häufigsten Minerale. Die Tetraeder aus einem Silicium- und vier Sauerstoffatomen fügen sich zu ganz unterschiedlichen Konstellationen zusammen. Es gibt isolierte, einfache Tetraeder, Doppelketten, Blätter und dreidimensionale Netzwerke. Sie können hell oder – bei der Präsenz von Eisen und Magnesium im chemischen Aufbau – dunkel sein.

AUGIT

Strukturen

Die Basiseinheit von Silikaten besteht aus vier Sauerstoffionen, die an den Eckpunkten eines Tetraeders sitzen und ein Siliciumion umschließen. Durch gemeinsame Sauerstoffionen können die Tetraeder einfache Ketten-, Blatt- oder komplexe dreidimensionale Strukturen bilden. Diese Struktur bestimmt das Spalt- und Bruchverhalten: Glimmer besteht aus Lagen und lässt sich in Blätter spalten, Quarz dagegen zerbricht.

Einfache Struktur

Alle Silikate besitzen als Basiskomponente einen Silicium-Sauerstoff-Tetraeder. Vier Sauerstoffionen umschließen darin ein wesentlich kleineres Siliciumion. Weil in diesem Tetraeder keine Sauerstoffionen mit anderen Tetraedern geteilt werden, behält er seine einfache Struktur.

INSELSILIKATE
Zu dieser Gruppe gehören alle Silikate mit isolierten Silicium-Sauerstoff-Tetraedern. Beispiel: Olivin.

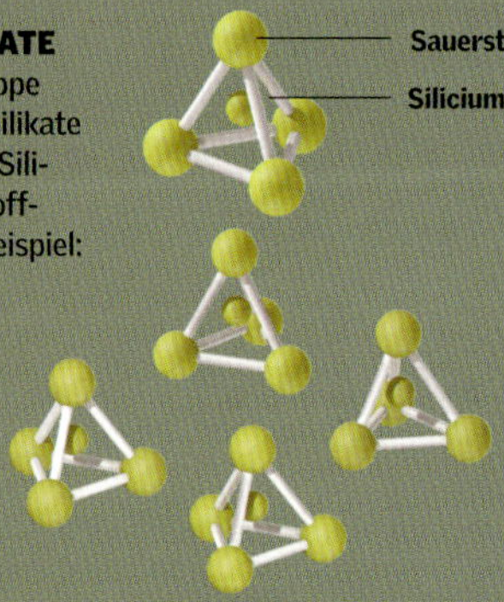

OLIVIN

Komplexe Strukturen

Diese Strukturen bilden sich, wenn die Tetraeder drei ihrer vier Sauerstoffionen mit benachbarten Tetraedern teilen und eine Blattform annehmen. Weil Silicium und Sauerstoff die stärkste Bindung eingehen, verlaufen die Spaltebenen in Richtung der anderen Bindungen parallel zu den Schichten. Es gibt verschiedene Beispiele für diesen Strukturtyp, am gängigsten sind Glimmer und Tonminerale. Letztere können Wasser in ihren Schichten einlagern, weshalb ihr Volumen mit dem Wassergehalt variiert.

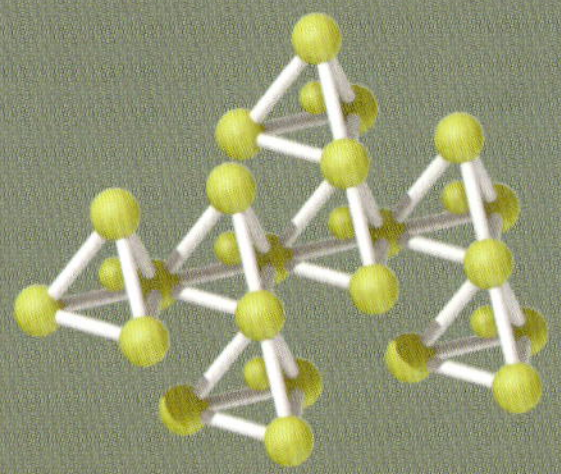

KETTEN
Tone sind komplexe, sehr feinkörnige Minerale mit blattartiger Struktur.

KAOLINIT

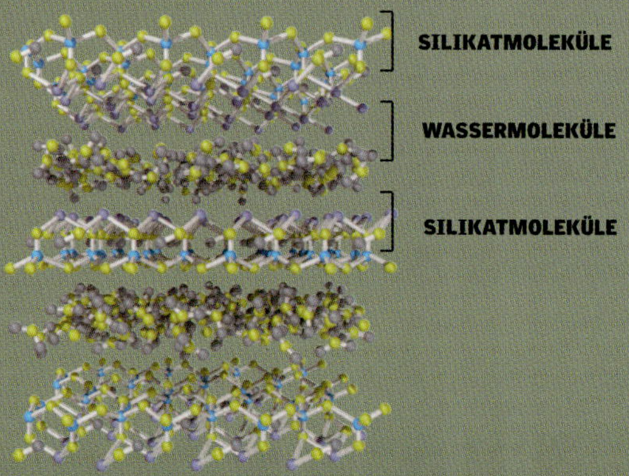

Dreidimensionale Struktur

Drei Viertel der Erdkruste bestehen aus Silikaten mit komplexen Strukturen. Siliciumdioxid, Feldspat, Feldspatoide, Skapolithe und Zeolithe gehören zu diesem Strukturtypus. Ihr wichtigstes Merkmal sind die Tetraeder, die sich alle ihre Sauerstoffionen teilen und ein dreidimensionales Netzwerk mit der gleichen, einheitlichen Struktur bilden. Quarz gehört zu den Siliciumdioxiden.

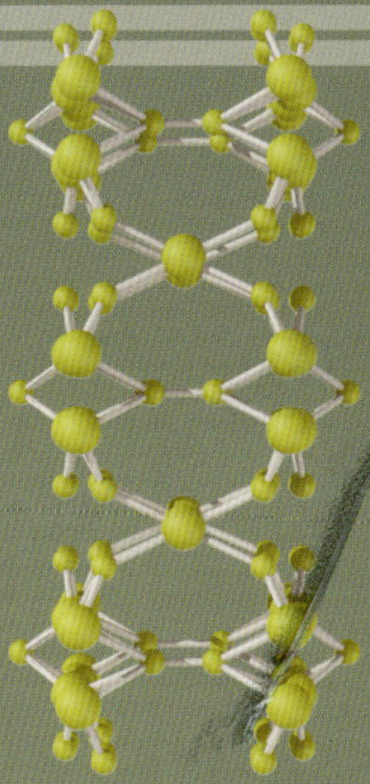

SEITENANSICHT

DREIDIMENSIONALE STRUKTUR
Quarz besitzt eine komplexe dreidimensionale, nur aus Silicium und Sauerstoff bestehende Struktur.

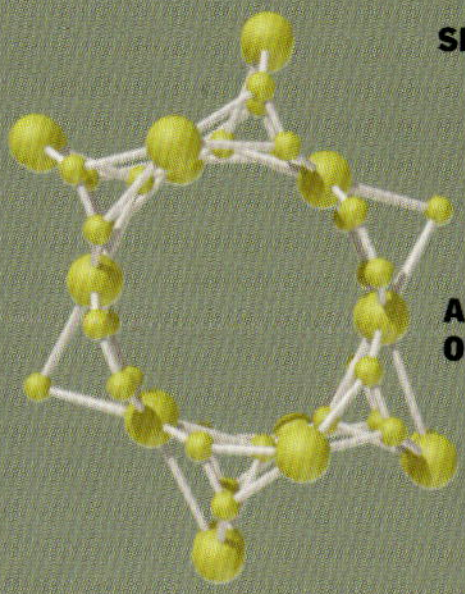

ANSICHT VON OBEN

MINERALKOMBINATIONEN

DUNKLE SILIKATE
EISEN UND MAGNESIUM
Beispiel: Biotit
Farbe und Gewicht dieses Minerals werden durch die Präsenz von Eisen- und Magnesiumionen bestimmt. Die Dichte von Biotit, einem mafischen Mineral, variiert zwischen 2,7 und 3,3.

Eisen als zusätzlicher Bestandteil

LEICHTE SILIKATE

MAGNESIUM
BEISPIEL: TALK (MINERAL)
Dieses Mineral enthält variierende Anteile von Calcium, Aluminium, Kalium und Natrium. Seine Dichte, im Durchschnitt 2,7, liegt deutlich unter der von mafischen Mineralen.

Calcium als zusätzlicher Bestandteil

TYPISCHE FORM
Der Quarzkristall hat eine hexagonale Form mit sechs Seitenflächen, die in einer Spitze (Pyramide) zusammenlaufen.

EIN KRISTALL MIT GROSSEM VOLUMEN
Damit ein Quarzkristall eine entsprechende Größe erreicht, braucht es reichlich Silicium und Sauerstoff, viel Zeit und den entsprechenden Raum.

Wertvolle Kristalle

Edelsteine wie Diamanten, Smaragde, Rubine und Saphire zeichnen sich durch ihre Schönheit, Farbe, Transparenz und Seltenheit aus. Als Halbedelsteine bezeichnet man Schmucksteine von geringerem Wert. Diamanten werden wegen ihres „Feuers", ihres Glanzes und ihrer extremen Härte besonders geschätzt. Die Entstehung der Diamanten liegt Millionen von Jahren zurück, doch erst seit dem 14. Jahrhundert begann man, sie zu schleifen. Die ergiebigsten Diamantenvorkommen liegen in Südafrika, Namibia und Australien.

Diamant

Dieses Mineral besteht aus kubisch angeordnetem kristallinem Kohlenstoff. Sein wunderbares Funkeln verdankt er seinem sehr hohen Brechungsindex und der Dispersion im Inneren, die ein ganzes Farbspektrum schafft. Es ist das härteste aller Minerale und bildete sich tief im Inneren der Erde.

1 GEWINNUNG
Diamanten finden sich in Kimberlitschloten erloschener Vulkane. Dort wurden die Diamanten bei Eruptionen aus großer Tiefe nach oben befördert.

KIMBERLEY-MINE

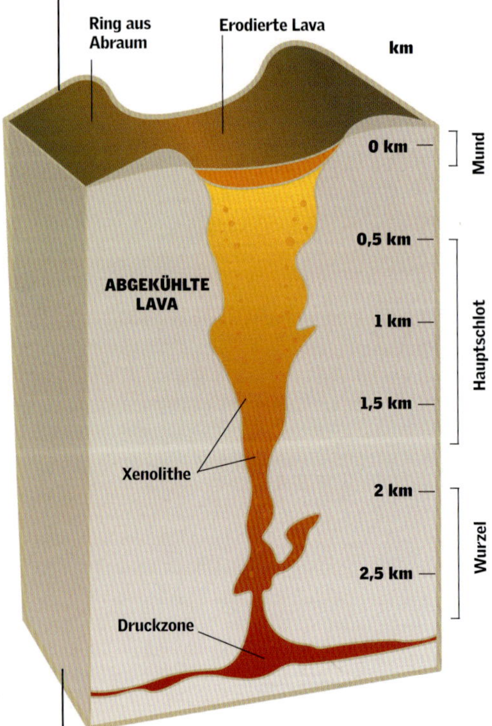

2 SPALTEN UND SCHLEIFEN
Ein Diamant erhält durch Schleifen mit anderen Diamanten seine letzte Perfektion. Dies ist die Aufgabe von Experten.

C SÄGEN
Mit Hammer, Meißel und Kreissägen wird der Diamant in Form gebracht.

B SPALTEN
Mit einer Stahlklinge wird der Diamant durch einen Schlag gespalten.

A UNTERSUCHUNG
Bestimmung der Spaltebene, um den Diamanten zu teilen.

25 Tonnen

Gestein müssen gefördert werden, um 1 Karat Diamanten zu erhalten.

1 Karat = 0,2 g

EDELSTEINE

DIAMANT
Färbungen entstehen durch chemische Verunreinigungen.

SMARAGD
Chrom verleiht ihm seine typische grüne Farbe.

OPAL
Dieses amorphe Silikatmineral existiert in vielen Farben.

RUBIN
Die Rotfärbung entsteht durch Chrom.

Edelsteine

sind Minerale, Gesteine oder versteinerte Materialien, die nach dem Schleifen und Polieren zu Schmuck verarbeitet werden. Schliff und Spaltbarkeit ergeben sich aus dem jeweiligen Material und dessen kristalliner Struktur.

3

SCHLEIFEN

Ausarbeitung der Facetten des Schmucksteins

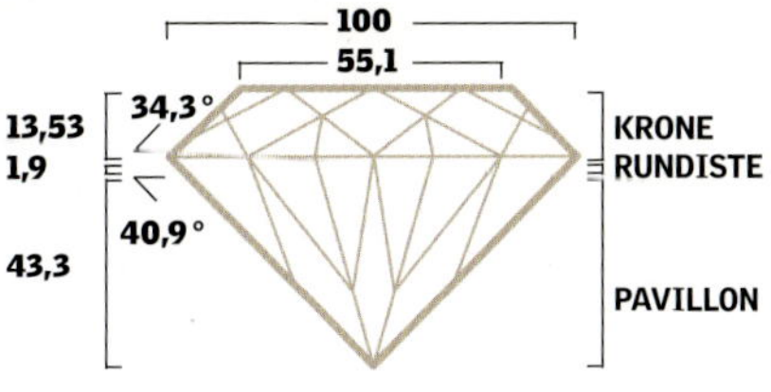

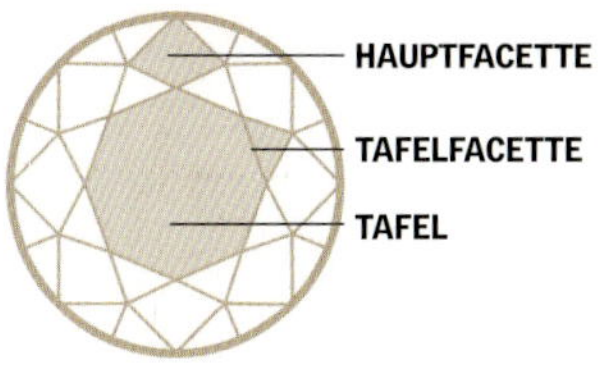

IDEALE DIAMANTENSTRUKTUR

BRILLANZ
Die inneren Flächen des Diamanten wirken als Spiegel, denn sie haben exakt geschliffene Winkel und Proportionen.

FEUER
Farbspiel eines gut geschliffenen Diamanten: Die einzelnen Lichtstrahlen werden in den Regenbogenfarben reflektiert.

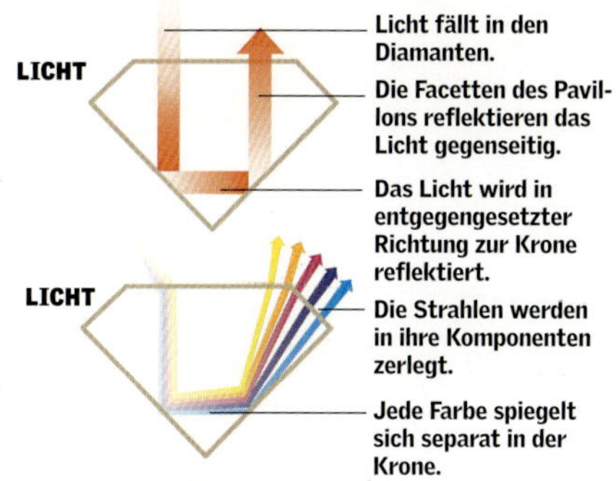

0,32 mm

VERTIKAL GEMESSEN

DIE CHEMIE DER DIAMANTEN
Die untereinander stark gebundenen Atome kristallisieren in kubischer Struktur. Durch Verunreinigungen und Strukturfehler können Diamanten leicht getönt sein (beispielsweise gelb, rosa, grün oder bläulich).

GÄNGIGE SCHLIFFFORMEN
Ein Diamant kann viele Formen haben, solange die Facetten sorgfältig angelegt sind, um eine optimale Brillanz zu erhalten.

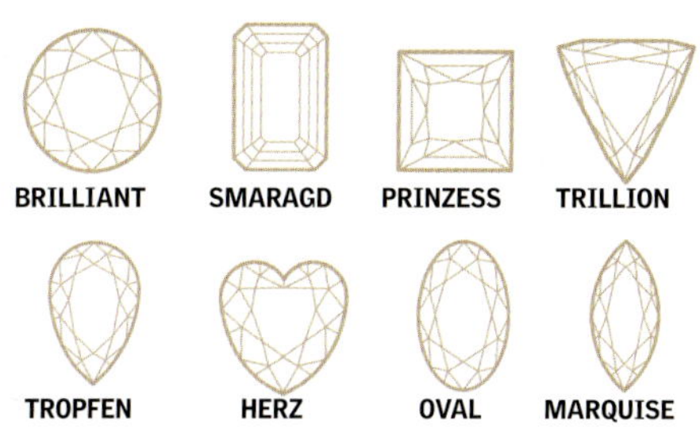

HALBEDELSTEINE

SAPHIR
Ein blauer oder farbloser, manchmal auch gelblicher Korund

TOPAS
In verschiedenen Farben vorkommendes Mineral aus Silicium, Aluminium und Fluor.

AMETHYST
Durch Magnesium und Eisen gefärbter Quarz

GRANAT
Korund mit Beimischung von Magnesium und Vanadium

TÜRKIS
Grünlich-blaues Aluminium-Kupfer-Phosphat

Gesteine

Die Naturkräfte schaffen eine unglaubliche Vielfalt von Landschaften wie Wüsten, Strände, hohe Berge, Schluchten, Canyons und Höhlen. Hohem Druck und Temperaturen ausgesetztes Gestein kann bemerkenswerte Veränderungen durchmachen. Erstarrungsgestein wird so zum Sediment und später zum Metamorphit. Neben

YOSEMITE NATIONAL PARK, KALIFORNIEN
Der geologische Aufbau der Region wird von granitischem Batholith geprägt, doch 5 % des Parks bilden Formationen, die durch die Metamorphose vulkanischer und sedimentärer Gesteine entstanden sind.

90 Unterscheidung
92 Erstarrungsgesteine
94 Häufige metamorphe Gesteine
96 Detritische Sedimentgesteine
98 Organische Gesteine

anderen Merkmalen lassen sich Gesteinsarten hinsichtlich Glanz, Dichte und Härte unterscheiden. Eine Geode sieht von außen wie einfaches Gestein aus, verbirgt im Inneren aber eine fantastische Vielfalt an Farben und Formen. Nach ihrer Entstehung können Gesteine auch in Erstarrungs-, Sediment- und metamorphe Gesteine eingeteilt werden.

Unterscheidung

Gesteine können nach ihrer Entstehung als Magmatite (Erstarrungsgesteine), Metamorphite oder Sedimente klassifiziert werden. Ihre spezifischen Eigenschaften hängen von den Mineralen ab, aus denen sie bestehen. Aus diesen Informationen kann man ableiten, wie Gesteine zu ihrer Farbe, Textur und kristallinen Struktur kamen. Mit etwas Wissen und Erfahrung lernt man rasch, die Gesteine, die uns häufiger begegnen, zu erkennen und zu identifizieren.

ECKIG
Gesteine sind eckig, wenn sie noch nicht abgenutzt sind.

Form

Die endgültige Form des Gesteins hängt im Wesentlichen von seiner Widerstandsfähigkeit gegenüber äußeren Einwirkungen ab. Aber auch der Abkühlungsprozess und die anschließende Erosion beeinflussen die Gesteinsformation. Trotz der dadurch verursachten Veränderungen kann man aus der Form auf die Geschichte des Gesteins schließen.

ABGERUNDET
Abnutzung durch Erosion und Transport gibt Gestein eine glatte Form.

Alter

Die genaue Bestimmung des Alters eines Gesteins ist sehr hilfreich bei geologischen Untersuchungen.

Mineralische Zusammensetzung

Gesteine sind natürliche Gemenge aus zwei oder mehreren Mineralen. Die Eigenschaften von Gesteinen ändern sich entsprechend ihrer Zusammensetzung. Granit etwa enthält Quarz, Feldspat und Glimmer – fehlt eines dieser Elemente, ergibt dies ein anderes Gestein.

Farbe

Die Farbe eines Gesteins wird durch die Farben der Minerale bestimmt, aus denen es gebildet wird. Manche Farben spiegeln die Reinheit des Gesteins, andere wiederum winzige Verunreinigungen. Marmor erhält etwa durch eingeschlossene Verunreinigungen seine vielen Schattierungen.

WEISS
Ein aus reinem Kalzit oder Dolomit bestehender Marmor ist gewöhnlich weiß.

SCHWARZ
Verschiedene Verunreinigungen führen zu unterschiedlichen Schattierungen im Marmor.

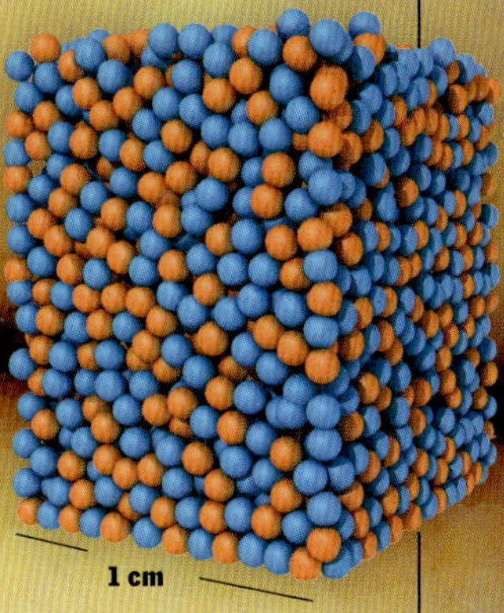

Bruchfläche

Wenn Gestein bricht, entsteht eine typische Bruchfläche. Ist diese Bruchfläche eben, spricht man von Exfoliation. Gewöhnlich bricht Gestein an den Stellen, an denen sich ihre mineralische Struktur verändert.

Textur

Die Textur bezieht sich auf Größe und Anordnung der Körner im Gestein. Diese Körner können grob, fein oder kaum spürbar sein. Es gibt auch Gesteine, etwa die Konglomerate, deren Körner aus Fragmenten anderer Gesteine bestehen. Sind diese Fragmente abgerundet, ist das Gestein weniger kompakt und deshalb poröser. Stark zementierte Sedimentgesteine sind in der Textur meist feinkörniger.

KORNGRÖSSE
Die Größe der einzelnen Partikel im Gestein – ob Kristalle und/oder Bruchstücke anderer Gesteine – variiert von sehr fein bis grob.

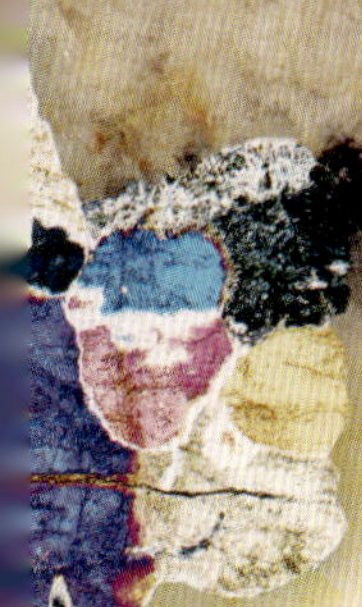

KRISTALLE
bilden sich, wenn geschmolzenes Gestein abkühlt und sich dessen chemische Elemente in Form von Kristallen organisieren.

Erstarrungsgesteine

Die aus Magma oder Lava entstandenen Erstarrungsgesteine (Magmatite) lassen sich nach ihrer Zusammensetzung einteilen. Diese Klassifikation richtet sich nach dem relativen Anteil von Siliciumdioxid-, Magnesium- und Eisenmineralen im Gestein, der Korngröße (Hinweis auf Geschwindigkeit des Abkühlvorgangs) und Farbe. Gesteine, die viel Siliciumdioxid, etwa in Form von Quarz und Feldspaten enthalten, sind meist von heller Farbe. Solche mit niedrigem Siliciumdioxidgehalt haben dunkle Farben, die von eisen- und magnesiumhaltigen Mineralen wie Olivin, Pyroxenen und Amphibolen herrühren. Die Textur eines Gesteins wird durch die Anordnung der kristallinen Körner bestimmt.

Untergrund: Plutonite oder Intrusivgesteine

Diese Gesteinsarten bildeten sich durch Verfestigung von Magmamassen tief im Inneren der Erdkruste. Im Allgemeinen unterlagen sie in der Erdkruste einem langsamen Abkühlungsprozess, der die Ausbildung reiner Mineralkristalle erlaubte, groß genug, um mit bloßem Auge erkennbar zu sein. Gewöhnlich sind sie von kompakter Struktur und kaum porös. Je nach Zusammensetzung des Magma gibt es saure (an Silicium reiche) oder basische (von niedrigem Siliciumgehalt) Plutonite. Granit ist das häufigste Intrusivgestein.

MAKROAUFNAHME VON ROSA GRANIT

GRANIT
besteht aus grobkörnigem Feldspat, Quarz und Glimmer. Die hellen Komponenten weisen auf ein saures Gestein mit hohem Siliciumgehalt hin. Der sehr widerstandsfähige Granit wird oft als Baumaterial genutzt.

GABBRO
enthält mafische Minerale wie Olivin, Pyroxen und Augit, die dunkle Kristallstrukturen bilden. Feldspate bewirken die Weißfärbung im Gestein. Gabbro erhärtet generell langsam, wodurch er seine grobe Kornstruktur erhält.

1,6 km

IST DIE MINDESTTIEFE, IN DER SICH GRANIT BILDET.

PERIDOTIT
besteht vorrangig aus Olivin (daher die grünliche Farbe) und Pyroxenen. Sein Siliciumgehalt liegt unter 45 %, dafür ist es reich an Magnesium. Peridotit ist als Rest alter Erdkruste in den oberen Schichten des Erdmantels (etwa in 60 km Tiefe) stark vertreten.

MAKROAUFNAHME VON GRANODIORIT

GRANODIORIT
wird häufig mit Granit verwechselt. Es ist allerdings durch größere Anteile an Quarz und Plagioklas-Feldspaten dunkler. Granodiorit hat ein grobkörniges Gefüge mit eingelagerten dunklen Kristallen.

Lager- und Gesteinsgänge/Ganggesteine

Manche Erstarrungsgesteine bilden sich aus aufsteigendem Magma, das in Schichten oder Spalten aushärtet. Die flachen Gesteinskörper werden bei horizontaler Ausrichtung als Lager-, bei vertikaler Ausrichtung als Gesteinsgänge bezeichnet. Ihre Zusammensetzung gleicht der von Intrusiv- und Extrusivgesteinen, die sich auch in Spalten bilden können. Die spezielle Weise, in der die Materialien in Lager- und Gesteinsgängen aushärten, gibt ihnen ein kristallines Gefüge, das sich von dem der verwandten Vulkanite und Plutonite unterscheidet.

PEGMATIT IST VON NATUR AUS GLATT.

PEGMATIT
Dieses häufig vorkommende saure Gestein besitzt die gleiche mineralische Zusammensetzung wie Granit. Durch den sehr langsamen Erstarrungsprozess können seine Kristalle auf mehrere Meter anwachsen.

DURCH GLASARTIGE MASSE VERBUNDENE KRISTALLE

PORPHYRISCH
Porphyrische Gesteine verfestigen sich in zwei Phasen. Zunächst bilden sich in einer langsameren Phase dicke Phänokristalle, die in einer zweiten Phase von Magma mitgerissen und so in einem feinkörnigen Gefüge eingebettet werden. Der Name Porphyr bezieht sich auf die purpurrote Farbe.

Indiz

PEGMATIT KOMMT HÄUFIG ZUSAMMEN MIT EDELSTEINEN UND SELTENEN METALLEN VOR.

Ergussgesteine oder Vulkanite

Ergussgesteine bilden sich durch rasche Abkühlung von Magma auf oder dicht unterhalb der Erdoberfläche. Ihre Struktur und Zusammensetzung hängt eng mit der vulkanischen Aktivität der jeweiligen Fundregion zusammen. Als typische Produkte einer schnellen Aushärtung besitzen sie meist eine feine Kornstruktur. Wenn sie aus einem Vulkan herausgeschleudert werden, bleibt keine Zeit für eine Kristallbildung vor dem Abkühlen, und sie bekommen eine glasartige Textur.

BASALT
Die ozeanische Kruste besteht weitgehend aus Basalt. Der geringe Siliciumgehalt verleiht diesem die charakteristische dunkle, blaue bis schwarze Farbe. Durch schnelle Abkühlung entsteht das sehr feine Korn. Wegen seiner Härte wird Basalt im Straßenbau eingesetzt.

BIMSSTEIN
bildet sich aus Lava mit hohem Silicium- und Gasgehalt. Durch das Gas entsteht beim raschen Erstarren die schaumartige, poröse Textur. Bims ist dadurch so leicht, dass er auf Wasser schwimmt.

OBSIDIAN
Die Färbung dieses dunklen Gesteins variiert je nach Beimengungen. Durch die schnelle Abkühlung hat es kein kristallines, sondern ein glasartiges Gefüge, weshalb es auch als Gesteinsglas bezeichnet wird. Genau genommen ist Obsidian ein Mineraloid. Es wurde oft für Pfeilspitzen verwandt.

GEOMETRISCHE PRISMEN
haben sich am Giant's Causeway (Nordirland) durch Schrumpfung, Ausdehnung und Bruch langsam auskristallisierender basaltischer Lava gebildet.

Sechseck

BASALT ERSTARRT HÄUFIG IN FORM SECHSECKIGER BASALTSÄULEN.

Häufige metamorphe Gesteine

Die Klassifikation metamorpher Gesteine ist nicht so einfach, denn identische Temperatur- und Druckbedingungen produzieren nicht immer dasselbe Gestein. Diese Gesteine werden deshalb in zwei große Gruppen unterteilt: In solche, die eine Schieferung zeigen, und solche, die diese nicht aufweisen. Während des Transformationsprozesses (Metamorphose) nimmt die Dichte zu, und die Umkristallisation kann zu größeren Kristallen führen. Dieser Prozess ordnet die Mineralkörner in Form von blatt- oder bandartigen Gefügen neu an. Die meisten Gesteine erhalten ihre Farbe durch die Minerale in ihrem Gemenge, doch ihre Textur hängt nicht allein von ihrer Zusammensetzung ab.

GRANAT-GLIMMERSCHIEFER
setzt sich aus zwei Komponenten zusammen: Glimmerschiefer gibt die Textur vor, Granat die Farbe und die besonderen Merkmale.

SCHIEFER
Seine schwarze Farbe rührt vom Kohlenstoff in den organischen Anteilen der Sedimente her.

MIKROAUFNAHME VON SCHIEFER
Er besteht aus blättrigen Tonmineralen.

GLIMMERSCHIEFER
erhält seine charakteristische Färbung durch farblose oder weiße Muskovit-Kristalle.

HORNBLENDESCHIEFER
enthält neben Natrium auch Eisen und Aluminium in beträchtlichen Anteilen.

Schiefer und Phyllite

Diese Gesteine mit Schieferung erfuhren bei moderaten Druck- und Temperaturbedingungen eine Umkristallisation. Schiefer hat sehr feine Körner aus kleinen Glimmerblättchen. Er wird zum Decken von Dächern, für Schultafeln und Billardtische genutzt. Fast immer bildet sich Schiefer durch eine schwache Metamorphose von Sedimenten, seltener auch von vulkanischer Asche. Phyllit rangiert in der Intensität der Metamorphose zwischen Schiefer und Glimmerschiefer und besteht aus sehr feinen Glimmerkristallen wie Muskovit oder Chlorit.

PHYLLIT
ist mit Schiefer verwandt und fällt durch seinen seidigen Glanz auf.

Gneis

Das gestreifte Gestein enthält gewöhnlich lange, körnige Minerale wie Quarz, Kalifeldspat und Plagioklase. Auch kleinere Anteile von Muskovit, Biotit und Hornblende sind möglich. Die charakteristischen Streifen bilden sich durch die Trennung heller und dunkler Silikate. Gneis, der von der mineralischen Zusammensetzung dem Granit gleicht, formiert sich durch Sedimentationsvorgänge oder aus Erstarrungsgestein. Er kann sich auch durch starke Metamorphose aus Glimmerschiefer bilden. Gneis ist das letzte Gestein der metamorphen Reihe.

Schieferung

BLÄTTRIGE ODER STREIFENARTIGE TEXTUR, HERVORGERUFEN DURCH DIE DRUCKEINWIRKUNG AUF DAS GESTEIN

SCHIEFER
lässt sich durch seine Blattstruktur leicht in flache Platten spalten.

Streifen

MACHEN ES MÖGLICH, ZU BESTIMMEN, AUS WELCHER RICHTUNG DRUCK AUF DAS GESTEIN AUSGEÜBT WURDE.

GRANAT-GLIMMERSCHIEFER
Die dunkelroten Granatkristalle bildeten sich bei der Metamorphose.

Marmor und Quarzite

Diese Gesteine sind kompakt und nicht geschiefert. Marmor ist ein großkörniges kristallines Gestein, das aus Kalkstein und Dolomit besteht. Wegen seiner Farbe und Festigkeit wird Marmor gerne als Baumaterial eingesetzt. Quarzit ist ein sehr hartes Gestein, das meist aus quarzreichem Sandstein entstanden ist, der durch intensive Metamorphose wie Glas schmilzt. Quarzit ist eigentlich weiß, kann durch Eisenoxid aber rötlich oder rosa gefärbt sein.

7 **IST DIE HÄRTE VON QUARZIT.**

QUARZIT
Das harte Gestein wird durch die Verkieselung der Quarzkörner sehr kompakt.

Glimmerschiefer

Dieses Gestein zeigt eine deutliche Schieferung und kann in dünne Blättchen zerbrechen. Es besteht zu über 20 % aus flach gestreckten Mineralen, meist Glimmer und Amphibole. Glimmerschiefer braucht zur Bildung eine stärkere Metamorphose. Bezeichnung und Eigenschaften der einzelnen Gesteinsvarianten hängen von den vorherrschenden Mineralen ab, aus denen sie sich zusammensetzen und die ihre Struktur bestimmen. Zu den wichtigsten Glimmerschiefergesteinen gehören Glimmer, Hornblende und Talk. Das mit verschiedenen Bänderungen auftretende Gestein wurde oft zu Skulpturen verarbeitet.

1 mm

ODER GRÖSSER SIND DIE GLIMMERPLÄTTCHEN IN GLIMMERSCHIEFER – GROSS GENUG, UM MIT BLOSSEM AUGE ERKENNBAR ZU SEIN.

MARMOR
wird wegen seiner Textur und Farbe geschätzt und für Skulpturen und Bauten genutzt.

MIKROAUFNAHME VON MARMOR
Verunreinigungen und Mineralanteile färben den Marmor.

GNEIS
Hitze und Druck können Granit in Gneis verwandeln.

Detritische Sedimentgesteine

Unter den Sedimentgesteinen sind die detritischen oder klastischen Sedimente besonders häufig. Sie entstehen durch Zusammenballung gerundeter Bruchstücke (Klaste) älterer Gesteine. Abhängig von der Größe der Klasten werden sie nach zunehmender Größe wie folgt klassifiziert: Tonstein, Schluffstein (Silt), Sandstein und Konglomerate. Durch die Analyse von Komponenten, Zementierungsmatrix und Schichtanordnung kann die geologische Geschichte der Gesteine und ihrer Fundregionen rekonstruiert werden. Einige Sedimentgesteine sind eher brüchig und werden als Granulat industriell genutzt, andere finden wegen ihrer Härte und Festigkeit eine entsprechende Verwendung.

Ton, Kalk und Asche

Aus diesen Materialien bestehen die wenig porösen, feinkörnigen detritischen Gesteine. Tonsteine setzen sich aus Partikeln zusammen, die nicht größer als 0,005 mm sind. Im Allgemeinen sind sie durch chemische Fällung verdichtet und zementiert. Kalksteine zeichnen sich durch eine etwas größere Körnung bis üblicherweise 0,06 mm aus. Einige aus Vulkanasche gebildete pyroklastische Sedimentgesteine weisen eine ähnliche Granulation auf. Diese Gesteine haben eine große Bedeutung im Bausektor.

VERDICHTETE ASCHE
Viele Sedimetgesteine enthalten eine oder mehrere Schichten aus feinkörnigem pyroklastischen Material (Vulkanasche). Seltener sind Gesteine aus größeren Pyroklasten, die bei einer Eruption bereits in der Luft, noch vor Erreichen des Bodens, erstarrt sind. Vom Ursprung her handelt es sich um Erstarrungsgesteine, die sich aber als Sediment ablagerten.

TUFF
bildet sich aus Ablagerungen von Vulkanasche, die sich verfestigt haben. Es gibt verschiedene Arten: lithischer Tuff überwiegend aus Gesteinsfragmenten, vitrischer Tuff mit hohem Glasanteil und kristalliner Tuff mit Kristallfragmenten. Auch Tonbeimischungen sind möglich.

40 %
UM DIESEN PROZENTSATZ VERRINGERT SICH DAS VOLUMEN VON TON BEI DER VERDICHTUNG.

TON (KAOLINIT)
wird durch Hydratation größer.

TON
Die als Ton bekannte Substanz ist ein noch nicht durch Diagenese verfestigtes Gestein aus wasserhaltigen Aluminiumsilikaten mit zahlreichen Verunreinigungen. Kaolin (Porzellanerde) ist ein weicher, körniger Ton, der seine weiße Farbe auch nach dem Brennen behält. Er besitzt schuppenförmige Mikrokristalle und enthält meist Verunreinigungen.

KREIDE
Dieses Kalkgestein entstand in Küstennähe aus den kalzithaltigen Überresten von Muschelschalen. Das erodierte Ausgangsmaterial sammelt sich in dicken Schichten, in denen es dann verfestigt wird. Die zum Schreiben bestimmte Tafelkreide wird heute meist aus Gips gefertigt.

VERDICHTET
Sehr feines Sediment

Arten von Sandstein

Sandstein ist ein Gestein, das überwiegend aus Sandkörnern mit einer Größe von 0,063 bis 2 mm besteht. Er wird nach seiner mineralischen Zusammensetzung, nach dem Grad der Komplexität (oder der geologischen Geschichte) und dem Anteil an zementartigen Bindemitteln unterschieden. Bekannte Sandsteinarten sind Quarzsandstein (mit mehr als 95% Quarz), Arkose (hoher Anteil Feldspat), roter Sandstein (Eisenverbindungen sorgen für den Zusammenhalt) und Grauwacke.

SANDSTEIN
besteht aus kleinen Sandkörnchen, die farblich und strukturell unterschiedliche Lagen bilden. Diese Sandsteinart weist auf einen abwechselnden Sedimentationsprozess hin, an dem zwei Arten von Partikeln beteiligt waren.

ARKOSE
Dieses Gestein unterschiedlicher Zusammensetzung enthält einen hohen Quarzanteil und mindestens 25% Feldspat. Arkose hat eine poröse Konsistenz, wobei nur 1% der Lücken leer sind. Bei diesem Beispiel besteht der rosafarbene Bereich aus Feldspat, der weiße aus Quarz.

GRAUWACKE
besitzt einen bestimmten Anteil an Calciumcarbonat, Quarz, Feldspat und Glimmer. Grauwacke unterscheidet sich von normalem Sandstein durch ihren höheren Gehalt an Bindematerial (über 15%), das die körnige Matrix bildet und das Gestein kompakter macht.

20%
DER SEDIMENTGESTEINE SIND SANDSTEINE.

Konglomerate

Die meisten der Bestandteile dieser Gesteine sind größer als 2 mm. In manchen Fällen kann man mit bloßem Auge die Primärgesteine bestimmen, aus denen das Konglomerat besteht. Sie verraten auch die Regionen, aus denen die Sedimente stammen. Anhäufungen von Geröll und Bindemittel können auf Senken oder die Einwirkung von Fließgewässern hinweisen. Aus diesen Informationen lässt sich die geologische Geschichte eines Gesteins rekonstruieren.

KONGLOMERAT
Diese Gesteine aus großen Bruchstücken sind ein gutes Beispiel für Sedimente, die nach Erdrutschen verdichtet wurden. Die Unregelmäßigkeit der Bruchstücke weist auf eine Herkunft durch Anschwemmung oder im Zusammenhang mit Eiszeitmoränen hin.

MIKROAUFNAHME VON BREKZIE

BREKZIE
Die Trümmer sind groß und haben eckige Kanten. Das zeigt, dass die Sedimente nicht sehr weit transportiert wurden und die Verfestigung nahe dem Ort einsetzte, von dem sie stammen.

85%
DER BESTANDTEILE SIND GRÖSSER ALS 2 mm.

GEOLOGIE UND ENTSTEHUNG 98

Organische Gesteine

Organische Gesteine setzen sich aus den Überresten lebender Organismen zusammen, die über Millionen von Jahren Prozesse der Zersetzung und Verdichtung durchliefen. Bei diesen Prozessen entstand Gestein, dessen Energiegehalt und thermale Umwandlungen mit zunehmender Tiefe und Hitze höher wurden. Diesen Vorgang bezeichnet man als Inkohlung.

26 %

DER AUF DER WELT VERBRAUCHTEN PRIMÄRENERGIE STAMMT AUS KOHLE.

Entstehung von Kohle

Pflanzliches Material wie Blätter, Holz, Rinde und Sporen sammelte sich vor 285 Mio. Jahren in Meeres- und Binnenseebecken. Von Wasser bedeckt und so vor dem Luftsauerstoff geschützt, reicherte es sich durch die Aktivität anaerober Bakterien mit Kohlenstoff an.

Umwandlung von Pflanzen in Steinkohle

1 **PFLANZEN**
Pflanzliche organische Verbindungen an der Erdoberfläche werden von sauerstoffarmem Wasser bedeckt, wie man es in Mooren findet, und so vor Oxidation geschützt.

2 **TORF**
Durch partielle Zersetzung und Karbonisierung im sauren Wasser des Moors verwandelt sich die Biomasse in Kohle.

Enthält 60 % Kohlenstoff

ENTSTEHUNG VON ERDÖL
In einer anaeroben Umgebung in einer Tiefe von rund 1,6 km verwandeln sich aus einer sauerstoffarmen Umgebung stammende organische Sedimente in Erdölmuttergestein.

ERDÖLFALLEN

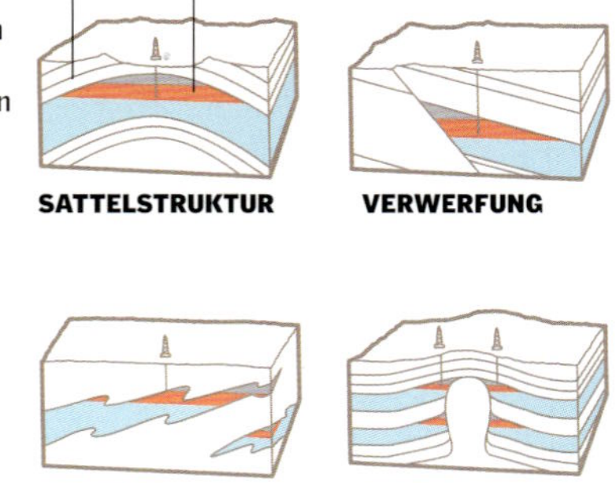

LEGENDE

Gas
Erdöl
Wasser

VORGÄNGE IN VERSCHIEDENEN TIEFEN DER ERDE

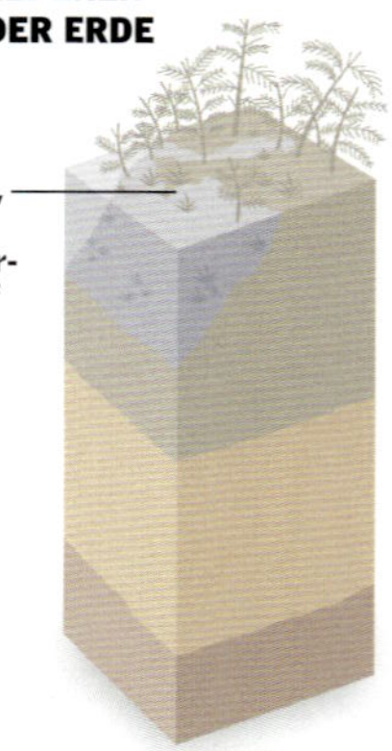

Vegetation, die nach dem Absterben zu Torf wird.

Die Bewegungen der Erdkruste üben starken Druck auf die mit organischen Überresten angereicherte Schicht aus und verwandeln diese im Verlauf von 300 Mio. Jahren in feste Kohle.

Torf wird verdichtet und umgewandelt.

TIEFE
bis zu 300 m

TEMPERATUR
bis zu 25 °C

3 BRAUNKOHLE

Durch Kompression wird der Torf in eine braune, blättrige Substanz verwandelt. In der Braunkohle lassen sich noch deutlich Pflanzenstrukturen erkennen.

Enthält 70 % Kohlenstoff

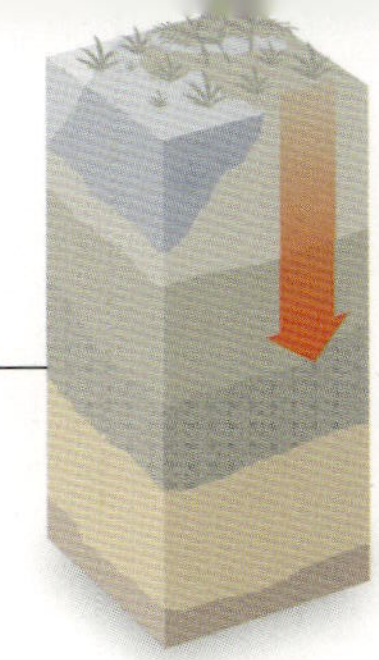

4 STEINKOHLE

hat einen Anteil von weniger als 40 % mineralischer Substanzen in der Trockenmasse. Steinkohle ist wie Holzkohle staubig-schmutzig und glänzt matt.

Enthält 80 % Kohlenstoff

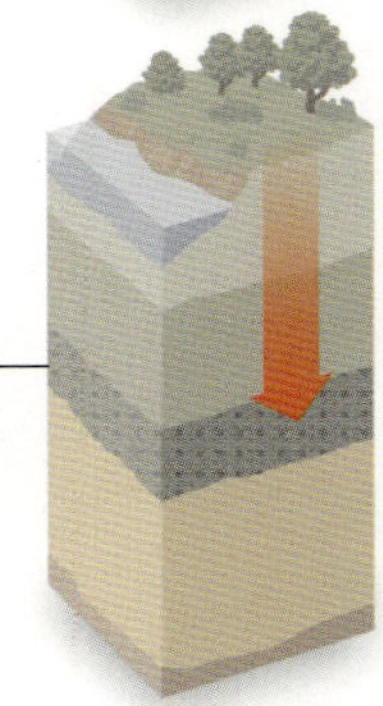

5 ANTHRAZITKOHLE

Dieser Kohletyp hat den höchsten Kohlenstoffgehalt und einen niedrigen Anteil flüchtiger Inhaltsstoffe, was einen sehr hohen Heizwert ergibt. Anthrazitkohle ist härter und dichter als normale Steinkohle.

Enthält 95 % Kohlenstoff

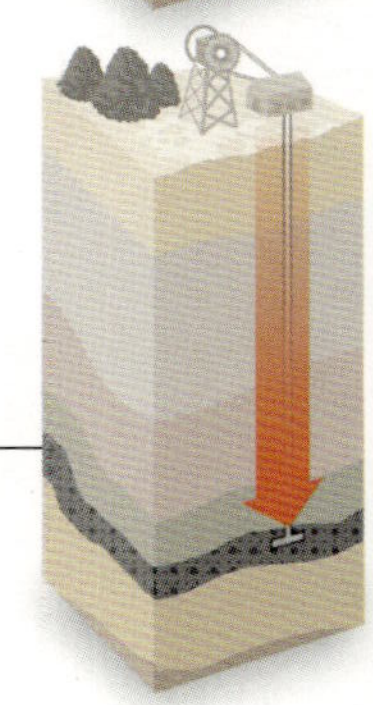

KOHLERESERVEN WELTWEIT
Milliarden Tonnen

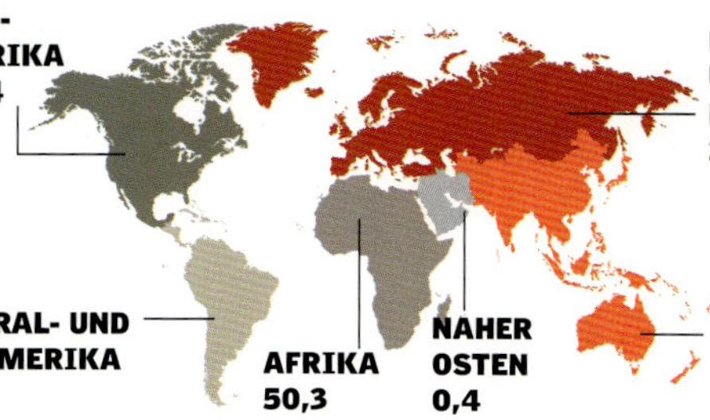

ERDÖLRESERVEN WELTWEIT
Milliarden Barrel

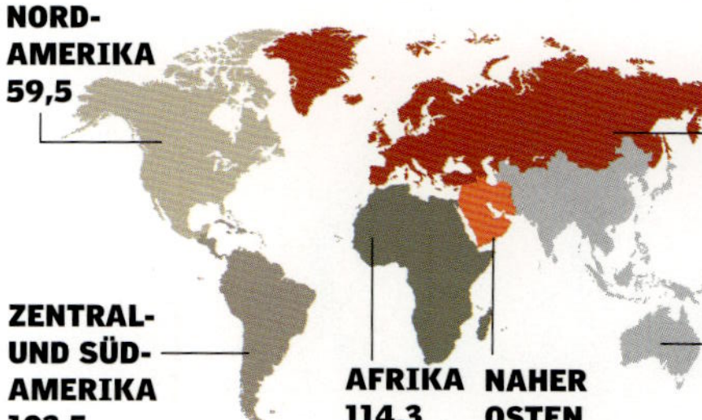

3 DIE ERDE IN BEWEGUNG

Permanente Bewegung 102
Vulkane 114
Erdbeben 130

114

130

Permanente Bewegung

Unser Planet ist keine leblose Masse, sondern ein sich permanent veränderndes System – immer wieder werden wir Zeugen seiner Aktivität: Vulkane brechen aus, es kommt zu Erdbeben und zur Bildung neuer Gesteine an der Erdoberfläche. Die Geodynamik erforscht diese Phänomene mit geophysikalischen Methoden. Sie analysiert Vorgänge wie die Kontinentaldrift und die

KRATER DES KĪLAUEA
Eine schwarze Haut erkalteter Lava überzieht geschmolzenes Gestein am Vulkan Kīlauea auf Hawaii. Magma ist das geschmolzene Material unterhalb der Erdkruste, das bei einem Vulkanausbruch als Lava an die Oberfläche tritt.

104 Die lange Geschichte der Erde
106 Geschichtete Lagen
108 Die Reise der Platten
110 Falten in der Erdkruste
112 Bemerkbare Störungen

Isostasie, die sich aus den Bewegungen der Erdkruste ergeben und zum Aufsteigen und Absinken großer Bereiche führen. Die Bewegungen der Kruste schaffen auch die Bedingungen zur Bildung neuen Gesteins. Sie beeinflussen den Magmatismus, bei dem Material geschmolzen wird und zu Erstarrungsgestein erkaltet, und die Metamorphose, durch die sich metamorphe Gesteine bilden.

Die lange Geschichte der Erde

Alles begann vor 4,6 Mrd. Jahren mit einer riesigen molekularen Wolke aus Helium und Wasserstoff sowie einer kleinen Menge schwererer Elemente. Fragmente dieser Wolke kollabierten zu rotierenden Scheiben, aus denen sich Materieklumpen bildeten. Durch Gravitationskräfte und Kollisionen wuchsen diese zu Planeten heran, wie wir sie von unserem Sonnensystem kennen.

Vom Chaos zur heutigen Erde

Die Erde bildete sich vor 4,6 Mrd. Jahren. Am Anfang war sie ein Körper aus glühendem Gestein im Sonnensystem. Die ersten Anzeichen von Leben tauchten vor 3,6 Mrd. Jahren in den Ozeanen auf. Seither hat sich das Leben ausgedehnt und diversifiziert. Die Veränderungen gingen unaufhörlich weiter und werden sich auch in Zukunft fortsetzen.

VOR

4,6 MRD. JAHREN

ENTSTEHUNG

Die sogenannte Akkretion, die Zusammenballung von Materie zu festen Körpern, geht zu Ende. Das Volumen der Erde nimmt nicht mehr zu.

Vor 4,5 Mrd. Jahren

ABKÜHLUNG

Die Abkühlung führt zur Verfestigung einer ersten Kruste. Die Schichten der Erde bilden sich entsprechend ihrer Dichte heraus.

Vor 1 Mrd. Jahren

SUPERKONTINENTE

Rodinia, der erste Superkontinent, formiert sich – er verschwand aber vor 650 Mio. Jahren wieder vollständig.

Vor 540 Mio. Jahren

PALÄOZOIKUM

FRAGMENTIERUNG

Die sich bildende riesige Landmasse zerfällt später in Fragmente, aus denen die heutigen Kontinente entstehen. Die Ozeane erreichen ihre größte Ausdehnung.

Vor 60 Mio. Jahren

AUFFALTUNG IN DER PERIODE DES TERTIÄRS

Die Auffaltung der heute bestehenden höchsten Gebirge (Alpen, Anden und Himalaja) beginnt. Bis heute löst dieser Prozess noch Erdbeben aus.

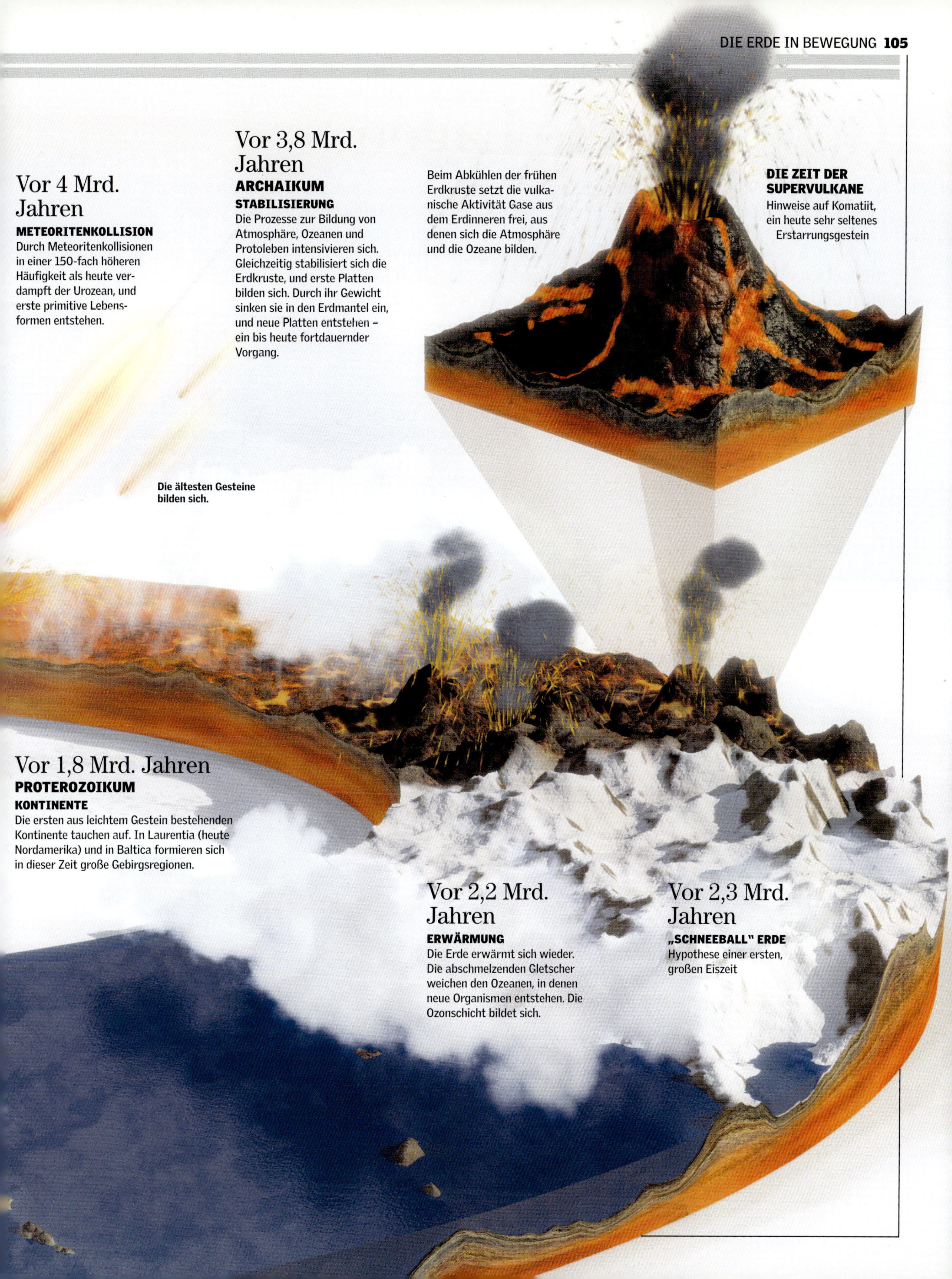
Vor 4 Mrd. Jahren
METEORITENKOLLISION
Durch Meteoritenkollisionen in einer 150-fach höheren Häufigkeit als heute verdampft der Urozean, und erste primitive Lebensformen entstehen.
Vor 3,8 Mrd. Jahren
ARCHAIKUM
STABILISIERUNG
Die Prozesse zur Bildung von Atmosphäre, Ozeanen und Protoleben intensivieren sich. Gleichzeitig stabilisiert sich die Erdkruste, und erste Platten bilden sich. Durch ihr Gewicht sinken sie in den Erdmantel ein, und neue Platten entstehen – ein bis heute fortdauernder Vorgang.
Beim Abkühlen der frühen Erdkruste setzt die vulkanische Aktivität Gase aus dem Erdinneren frei, aus denen sich die Atmosphäre und die Ozeane bilden.
DIE ZEIT DER SUPERVULKANE
Hinweise auf Komatiit, ein heute sehr seltenes Erstarrungsgestein
Die ältesten Gesteine bilden sich.
Vor 1,8 Mrd. Jahren
PROTEROZOIKUM
KONTINENTE
Die ersten aus leichtem Gestein bestehenden Kontinente tauchen auf. In Laurentia (heute Nordamerika) und in Baltica formieren sich in dieser Zeit große Gebirgsregionen.
Vor 2,2 Mrd. Jahren
ERWÄRMUNG
Die Erde erwärmt sich wieder. Die abschmelzenden Gletscher weichen den Ozeanen, in denen neue Organismen entstehen. Die Ozonschicht bildet sich.
Vor 2,3 Mrd. Jahren
„SCHNEEBALL" ERDE
Hypothese einer ersten, großen Eiszeit

Geschichtete Lagen

Mit jedem Vorstoß um weitere 33 m ins Innere der Erde steigt die Temperatur um 1 °C an. Bis zum Zentrum müsste man sich durch vier unterschiedliche Schichten vorarbeiten. Bedingt durch den enormen Druck hat der Kern trotz einer Temperatur von über 6700 °C vermutlich eine feste Konsistenz. Auch die Gase, die als Hülle die Erdkruste umgeben, sind in Schichten mit unterschiedlicher Zusammensetzung angeordnet. Auf die Erdkruste wirken von oben und unten Kräfte ein, die sie permanent verändern und umgestalten.

Die Kruste der Erde

Die Erdkruste ist eine feste, äußere Schicht, die unter den Ozeanen 5 bis 15 km und unter Gebirgszügen bis zu 70 km dick ist. Vulkane an Land und die vulkanische Aktivität des Mittelozeanischen Rückens produzieren neues Gestein, das Teil der Kruste wird. Das Gestein am unteren Rand der Kruste schmilzt im Mantel zum Teil wieder.

LEGENDE Sedimente · Magmatite · Metamorphite

KONTINENTALSCHELF
In dem Bereich, in dem die ozeanische Kruste auf einen Kontinent trifft, werden Magmatite durch Hitze und Druck in metamorphes Gestein verwandelt.

MITTELOZEANISCHER RÜCKEN
Der Meeresboden wird mit Basaltgestein aus verfestigtem Magma erneuert, das aus den Spalten des Mittelozeanischen Rückens austritt.

OZEANINSELN
Neben Magmatiten, die vorherrschen, findet man auch Sedimentgesteine.

DAS FESTE ÄUSSERE
Die Erdkruste besteht aus Magmatiten, Sedimenten und Metamorphiten mit je nach Terrain unterschiedlicher Zusammensetzung.

GEBIRGSZÜGE
sind etwa zu gleichen Teilen aus den drei Gesteinsarten aufgebaut.

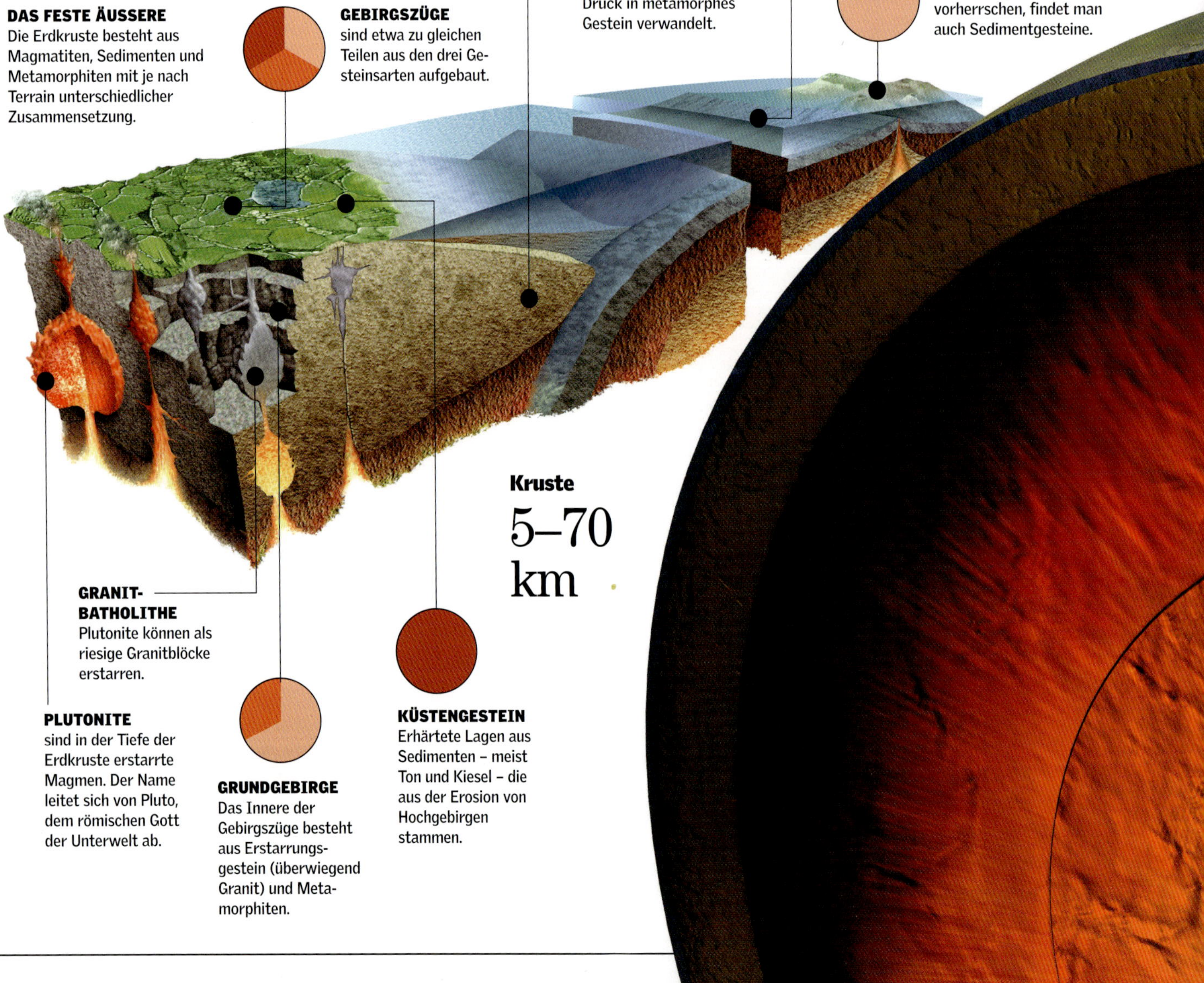

GRANITBATHOLITHE
Plutonite können als riesige Granitblöcke erstarren.

PLUTONITE
sind in der Tiefe der Erdkruste erstarrte Magmen. Der Name leitet sich von Pluto, dem römischen Gott der Unterwelt ab.

GRUNDGEBIRGE
Das Innere der Gebirgszüge besteht aus Erstarrungsgestein (überwiegend Granit) und Metamorphiten.

KÜSTENGESTEIN
Erhärtete Lagen aus Sedimenten – meist Ton und Kiesel – die aus der Erosion von Hochgebirgen stammen.

Die gasförmige Hülle

Die zum Leben notwendige Luft findet sich nur in der unteren Schicht der Erdatmosphäre. Hier spielt sich auch das Wettergeschehen ab. Diese relativ dünne Schicht, die Troposphäre, ist am Äquator etwa 18 km, an den Polen nur 8 km dick. Jede Schicht der Atmosphäre ist anders zusammengesetzt.

Bis
18 km
TROPOSPHÄRE
Enthält 75 % des Gasanteils und fast den gesamten Wasserdampf der Atmosphäre.

Bis
50 km
STRATOSPHÄRE
Sehr trocken; enthält die Ozonschicht. Wasserdampf gefriert und fällt aus dieser Schicht aus.

Bis
80 km
MESOSPHÄRE
Die Temperatur liegt bei −90 °C, steigt oberhalb dieser Schicht aber allmählich an.

Bis
450 km
THERMOSPHÄRE
Sehr geringe Dichte; besteht bis 250 km hauptsächlich aus Stickstoff, darüber überwiegend aus Sauerstoff.

Ab etwa
480 km
EXOSPHÄRE
Keine Abgrenzung nach außen; enthält leichte Gase wie Wasserstoff und Helium in ionisierter Form.

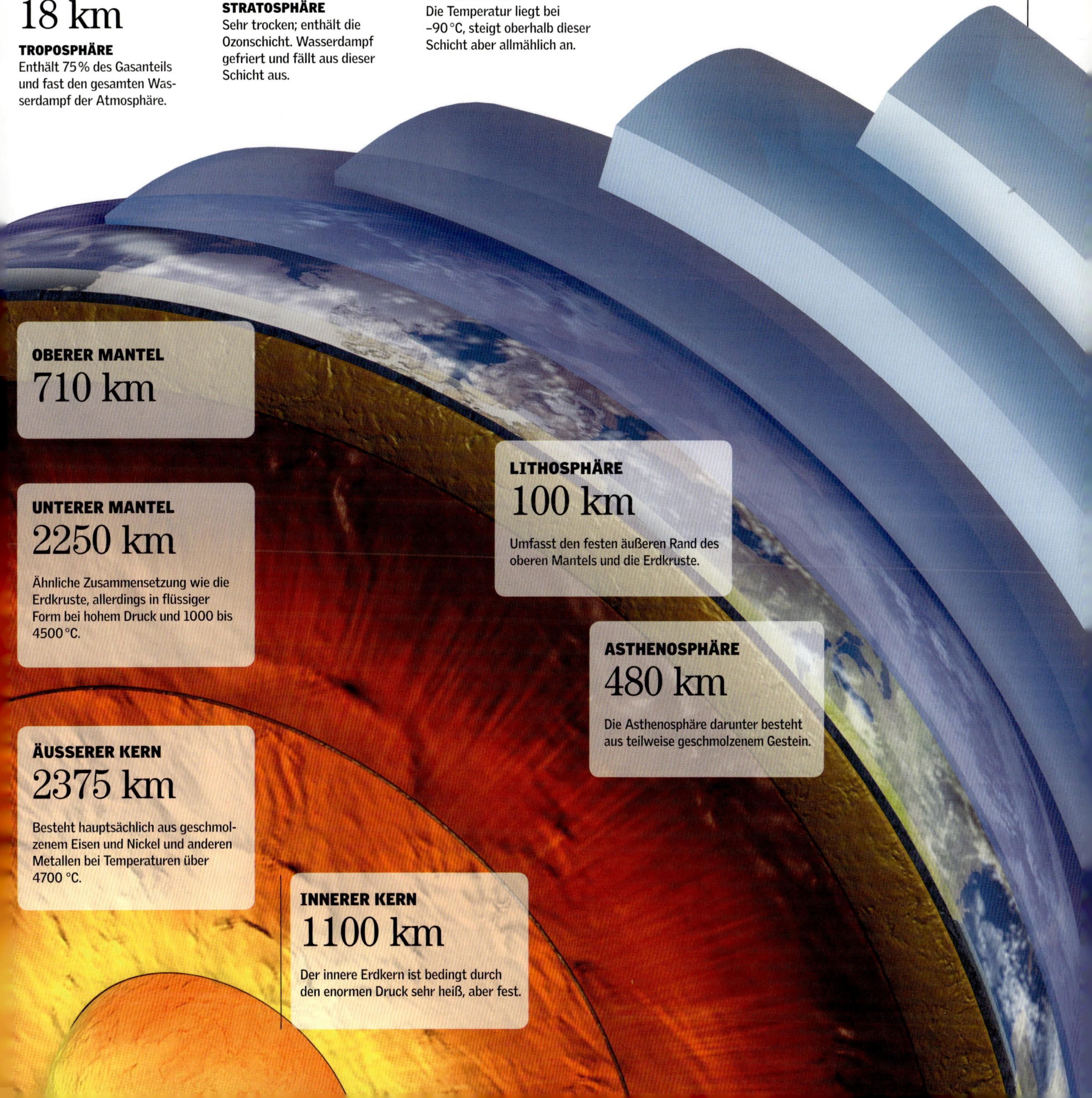

Die Reise der Platten

Als der Geophysiker Alfred Wegener 1910 behauptete, die Kontinente könnten sich bewegen, erschien dies höchst fantastisch. Es gab damals keine Möglichkeit, diese Vorstellung zu erhärten, aber ein halbes Jahrhundert später konnte die Theorie der Plattentektonik eine Erklärung des Phänomens liefern. Vulkanische Aktivität am Meeresboden, Konvektionsströme und schmelzendes Gestein im Erdmantel treiben die Kontinentaldrift an, die bis heute die Oberfläche des Planeten verändert.

Kontinentalverschiebung

Zunächst unterstellten die Hypothesen einer Kontinentaldrift, dass die Kontinente auf dem Ozean schwimmen. Das erwies sich als falsch, denn die sieben tektonischen Platten umfassen sowohl die Kontinente als auch Abschnitte des Meeresbodens. Sie gleiten auf einer geschmolzenen Gesteinsschicht, die sich als Mantel um die Erde legt. Je nach Bewegungsrichtung können die Plattenränder konvergieren (sich aufeinander zubewegen), divergieren (sich voneinander entfernen) oder horizontal (entlang einer Transformstörung) aneinander vorbeigleiten.

Der verborgene Motor

Konvektionsströme aus geschmolzenem Gestein bewegen die Kruste. Aufsteigendes Magma bildet an divergierenden Rändern neue Krustenteile. An konvergierenden Rändern (Subduktionszonen) schmilzt die Kruste im Mantel. Die tektonischen Platten wirken wie ein Förderband, auf dem die Kontinente reisen.

VOR 250 MIO. JAHREN

Die Landmasse der heutigen Kontinente stammt aus einem einzigen, vom Ozean umgebenen Landblock (Pangäa).

VOR 180 MIO. JAHREN

Die Nordamerikanische und die Antarktische Platte haben sich abgetrennt. Der Superkontinent Gondwana (Südamerika und Afrika) beginnt sich zu teilen, der Südatlantik entsteht. Indien löst sich von Afrika ab.

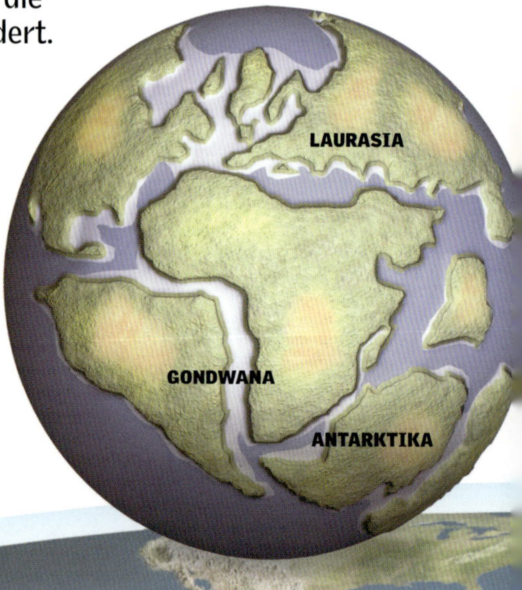

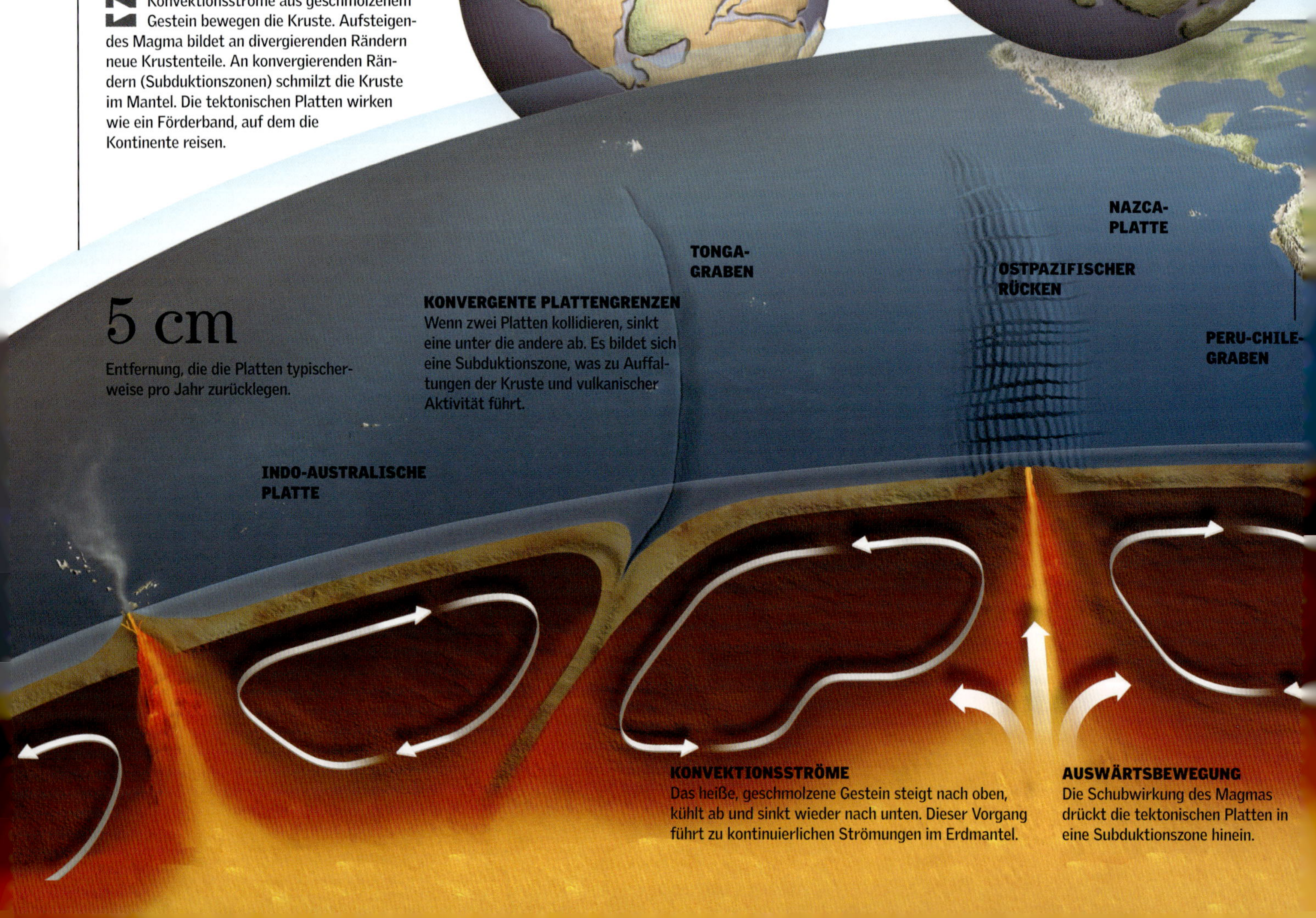

5 cm

Entfernung, die die Platten typischerweise pro Jahr zurücklegen.

KONVERGENTE PLATTENGRENZEN

Wenn zwei Platten kollidieren, sinkt eine unter die andere ab. Es bildet sich eine Subduktionszone, was zu Auffaltungen der Kruste und vulkanischer Aktivität führt.

KONVEKTIONSSTRÖME

Das heiße, geschmolzene Gestein steigt nach oben, kühlt ab und sinkt wieder nach unten. Dieser Vorgang führt zu kontinuierlichen Strömungen im Erdmantel.

AUSWÄRTSBEWEGUNG

Die Schubwirkung des Magmas drückt die tektonischen Platten in eine Subduktionszone hinein.

VOR 100 MIO. JAHREN
Der Atlantische Ozean hat sich gebildet. Indien bewegt sich auf Asien zu. Bei der Kollision der beiden Massen wird der Himalaja aufgefaltet werden. Australien trennt sich von der Antarktis ab.

VOR 60 MIO. JAHREN
Die Kontinente haben fast ihre heutige Position erreicht. Indien beginnt mit Asien zu kollidieren. Das Mittelmeer tut sich auf. Die Auffaltung der heute höchsten Gebirge ist in vollem Gang.

250 MIO. JAHRE
wird es dauern, bis die Kontinente wieder zusammengedriftet sind.

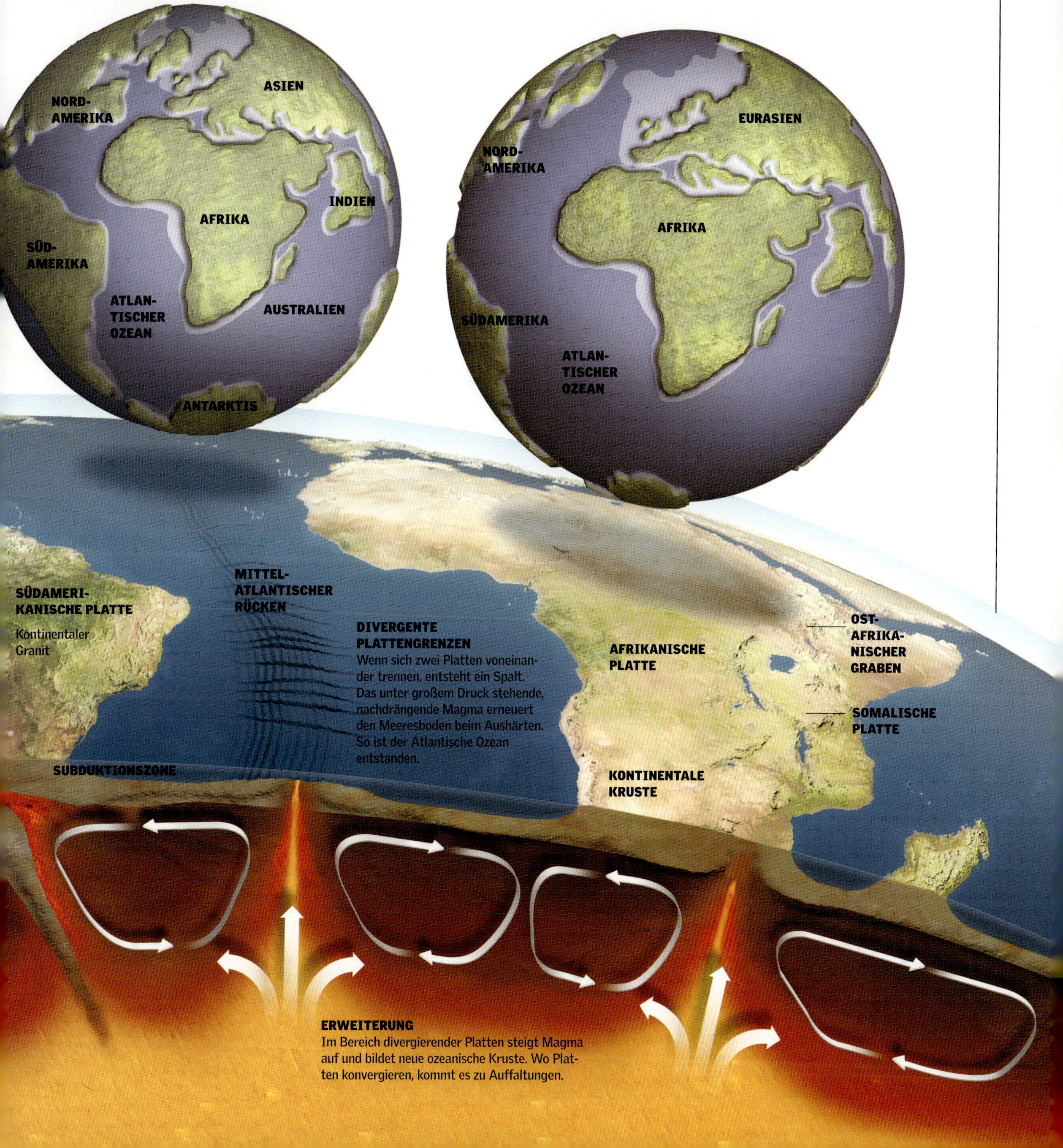

Falten in der Erdkruste

Die Bewegung der tektonischen Platten führt zu Verformungen und Brüchen in der Erdkruste, besonders an konvergierenden Plattengrenzen. Vor Millionen von Jahren schufen diese Verformungen größere „Falten", aus denen Gebirgszüge entstanden. Bestimmte Geländemerkmale sind Hinweise auf die großen Auffaltungsprozesse in der geologischen Geschichte der Erde.

Verformungen der Erdkruste

Die Erdkruste ist aus verschiedenen Gesteinslagen aufgebaut. Aus Unterschieden in Geschwindigkeit und Richtung der Platten resultierende tektonische Kräfte bewirken, dass diese Lagen sich elastisch strecken, gleiten oder brechen. Die Gebirgsbildung dauert Millionen von Jahren. Durch die Erosion mittels Wind, Eis und Wasser wird Gestein wieder abgetragen. Wird der Druck von elastisch verformtem Gestein genommen, kehrt es meist in seine Ausgangsform zurück und kann dabei Erdbeben auslösen.

1 Ein unter anhaltendem Druck stehender Abschnitt der Erdkruste trifft auf einen Widerstand, und die Gesteinslagen werden verformt.

2 Die äußeren, meist steiferen Gesteinslagen brechen und bilden eine Störung. Wenn ein Gesteinsrand unter den anderen gleitet, bildet sich eine Überschiebung.

3 Die Zusammensetzung der Gesteinsschichten zeigt trotz Erosion die ursprüngliche Faltung.

Die drei wichtigsten Faltungsvorgänge

In der geologischen Erdgeschichte kam es zu drei großen Prozessen der Gebirgsbildung, der sogenannten Orogenese. Die Gebirge der ersten beiden Orogenesen (kaledonische und variszische) sind heute viel niedriger, denn sie unterlagen über Millionen von Jahren der Erosion.

MATERIALIEN
Tonstein, Schiefer und Sandstein in verfestigten Schichten

Trilobiten

430 Mio. Jahre

KALEDONISCHE OROGENESE

Sie bildete das Kaledonische Gebirge, dessen Reste auf der Skandinavischen Halbinsel, in Schottland und Kanada (die damals zusammenstießen) zu finden sind.

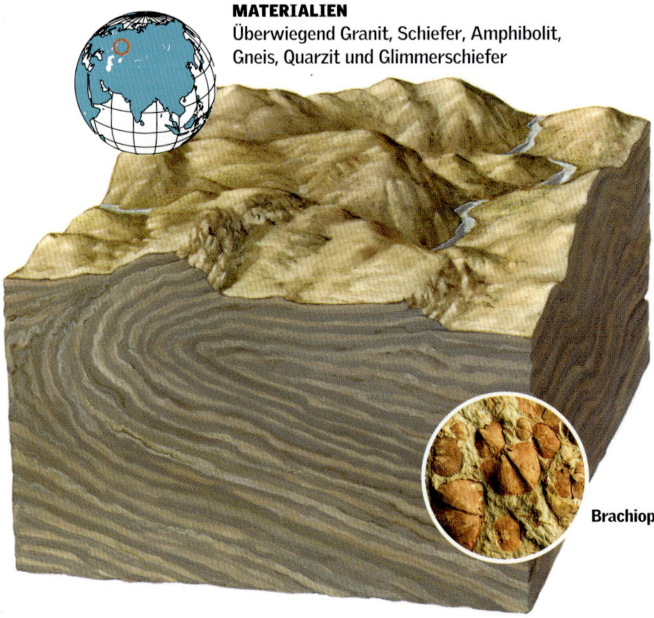

MATERIALIEN
Überwiegend Granit, Schiefer, Amphibolit, Gneis, Quarzit und Glimmerschiefer

Brachiopoden

300 Mio. Jahre

VARISZISCHE OROGENESE

Diese Gebirgsbildung fand zwischen spätem Devon und frühem Perm statt und war wichtiger als die kaledonische Orogenese. Sie formte Mittel- und Westeuropa und schuf mächtige Eisenerz- und Kohlegänge. Bei dieser Orogenese entstanden der Ural, die Appalachen in Nordamerika sowie Teile der Anden und Tasmaniens.

Entstehung des Himalaja

Die höchsten Gebirge der Welt wurden nach der Kollision von Indien und Eurasien geformt. Die Indische Platte glitt horizontal unter die Asiatische Platte. Ein zwischen den Platten verkeilter Sedimentblock schnitt den oberen Teil der Asiatischen Platte in Segmente, die sich übereinandertürmten. Durch diesen Faltungsprozess entstand der Himalaja, zu dem der höchste Berg der Erde gehört, der 8850 m hohe Mount Everest. Dieser tief zerklüftete Bereich der alten Platte wird Akkretionskeil genannt. Damals krümmte sich die asiatische Landmasse, wodurch die Platte ihre Stärke verdoppelte und so das Hochland von Tibet bildete.

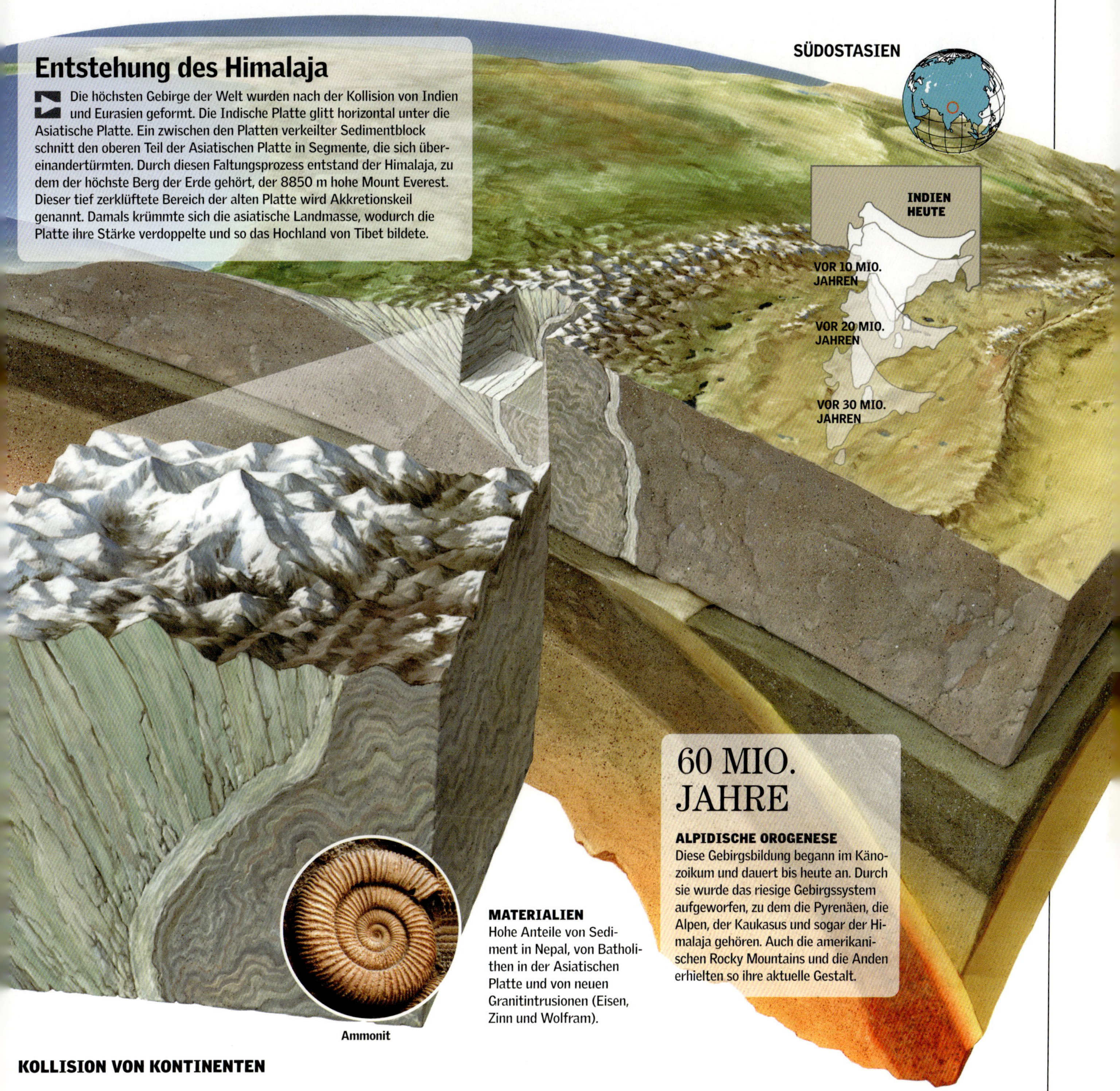

60 MIO. JAHRE

ALPIDISCHE OROGENESE
Diese Gebirgsbildung begann im Känozoikum und dauert bis heute an. Durch sie wurde das riesige Gebirgssystem aufgeworfen, zu dem die Pyrenäen, die Alpen, der Kaukasus und sogar der Himalaja gehören. Auch die amerikanischen Rocky Mountains und die Anden erhielten so ihre aktuelle Gestalt.

MATERIALIEN
Hohe Anteile von Sediment in Nepal, von Batholithen in der Asiatischen Platte und von neuen Granitintrusionen (Eisen, Zinn und Wolfram).

KOLLISION VON KONTINENTEN

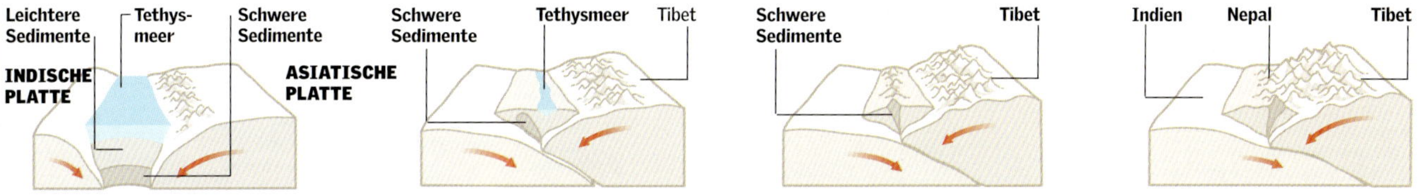

VOR 60 MIO. JAHREN
Das Tethysmeer gibt nach, als sich die Platten aufeinander zubewegen. Sedimentschichten steigen auf.

VOR 40 MIO. JAHREN
Als sich die Platten fast berühren, bildet sich eine Subduktionszone.

VOR 20 MIO. JAHREN
Das Hochland von Tibet wird durch den Druck sich absetzender Sedimentlagen angehoben.

DER HIMALAJA HEUTE
Die Bewegung der Platten faltet die Kruste weiter auf, und das Hochland Nepals verschwindet langsam.

Bemerkbare Störungen

Störungen sind Brüche, die entlang der Erdkruste entstehen. Viele, etwa die durch Kalifornien verlaufende San-Andreas-Störung, sind deutlich erkennbar; andere sind in der Erdkruste verborgen. Durch das plötzliche Aufbrechen einer Störung kommt es zu einem Erdbeben. Manchmal kann Magma durch Störungslinien punktuell an die Oberfläche durchbrechen und einen Vulkan bilden.

Relative Bewegung entlang von Störungslinien

Störungsränder bilden meist keine geraden Linien und rechten Winkel. Ihre Bewegungsrichtung ändert sich. Die Verkippung aus der Horizontalen wird als Fallen bezeichnet. Störungen werden nach ihrer Entstehung und der Bewegung der beiden beteiligten Platten zueinander klassifiziert. Pressen die tektonischen Kräfte die Kruste dabei horizontal zusammen, wird beim Bruch ein Teil der Kruste über die andere geschoben. Stehen die beiden Seiten der Störung unter Zugspannung, gleitet eine Seite der Störung über den von der anderen Seite geformten Hang abwärts.

563 km

Über diese Entfernung sind die beiden Seiten der Störung im Verlauf ihrer Geschichte aneinander entlanggeglitten.

1 Abschiebung

Diese Störung resultiert aus horizontalen Spannungen. Die Bewegung ist überwiegend vertikal mit einem darüberliegenden (Hangendscholle) und einem darunterliegenden Block (Liegendscholle). Die Störungsfläche ist typischerweise in einem Winkel von 60° geneigt.

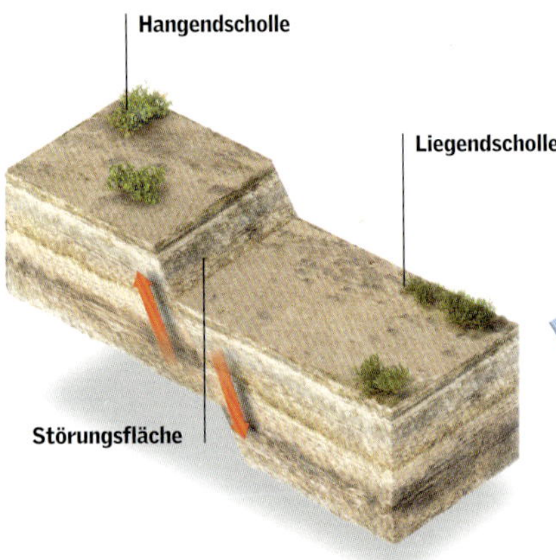

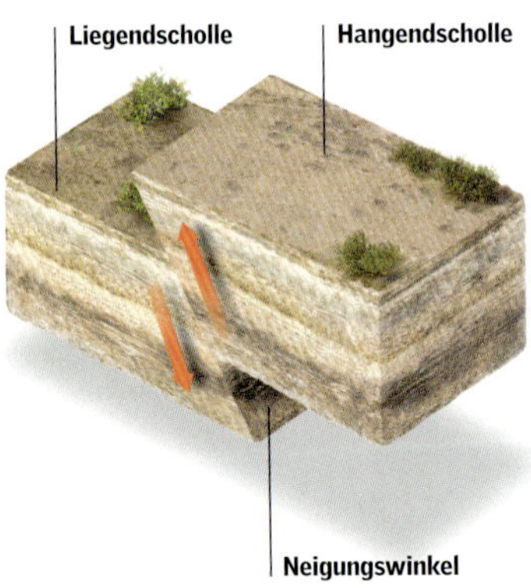

2 Aufschiebung

Diese Störung wird durch eine horizontale Kraft bewirkt, die die Kruste zusammenpresst. Bei einem Bruch gleitet ein Teil der Kruste (Hangendscholle) an dem anderen (Liegendscholle) nach oben. Überschiebungen (s. S. 110–111) sind häufige Varianten der Aufschiebung und können sich über Hunderte von Kilometern erstrecken. Aufschiebungen mit einem Neigungswinkel größer als 45° sind meist nur wenige Meter lang.

3 Transformstörung

VERTIKAL-HORIZONTAL-STÖRUNG

Bei dieser Störung treffen vertikale und horizontale Bewegungen zusammen. Die Verschiebung der Störungsränder kann auch diagonal sein. Bei älteren Verwerfungen hat die Erosion meist die Unterschiede zum umliegenden Terrain geglättet, bei jüngeren Störungen bilden sich Klippen. Transformstörungen, die den Mittelozeanischen Rücken versetzen, sind typische Beispiele dieses Störungstyps.

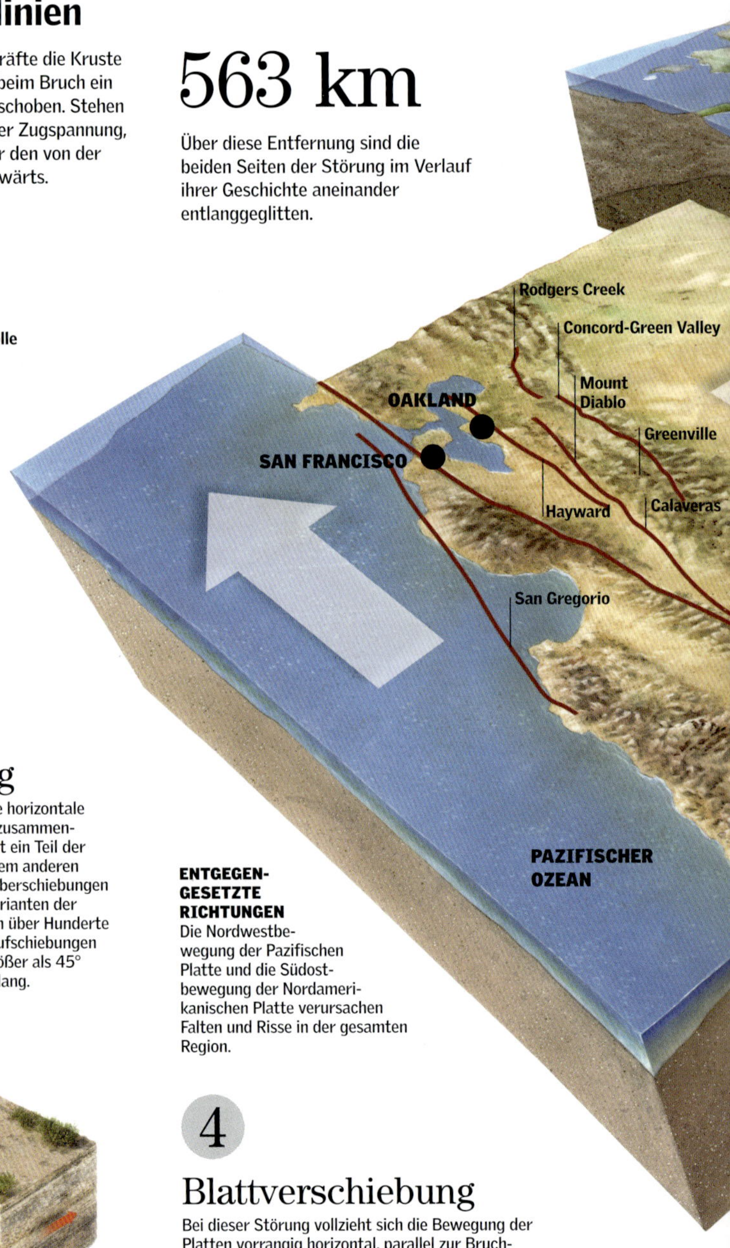

ENTGEGENGESETZTE RICHTUNGEN

Die Nordwestbewegung der Pazifischen Platte und die Südostbewegung der Nordamerikanischen Platte verursachen Falten und Risse in der gesamten Region.

4 Blattverschiebung

Bei dieser Störung vollzieht sich die Bewegung der Platten vorrangig horizontal, parallel zur Bruchrichtung, aber nicht zur Bruchfläche. Transformstörungen zwischen Platten gehören meist zu diesem Typ. Anstelle eines einzigen Bruchs findet man im Allgemeinen ein System kleinerer, mehr oder weniger paralleler Brüche vor, die schräg zu einer Mittellinie verlaufen. Das Störungssystem kann mehrere Kilometer breit sein.

Tektonische Bewegungen leiten Flüsse um

Durch Reibung und Brüche in der Oberfläche schafft eine Transformstörung schräge Verwerfungen und verändert diese durch ihre Bewegung. Die von der San-Andreas-Störung geprägten Flüsse zeigen drei charakteristische Formen: tektonisch verschobene Flussläufe, umgelenkte Flussläufe und fast rechtwinklig zur Störung ausgerichtete Flussläufe.

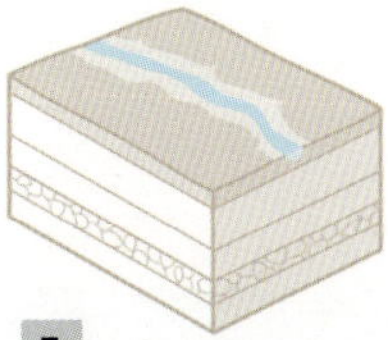

1

UMGELENKTER FLUSSLAUF
Der Fluss ändert durch den Bruch seine Richtung.

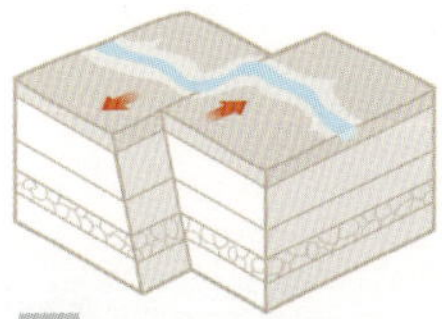

2

VERSCHOBENER FLUSSLAUF
Der Flusslauf macht an der Störung einen Knick.

WESTKÜSTE DER VEREINIGTEN STAATEN

Länge Kaliforniens	1240 km
Länge der Störung	1300 km
Maximale Breite der Störung	100 km
Größter Versatz (1906)	6 m

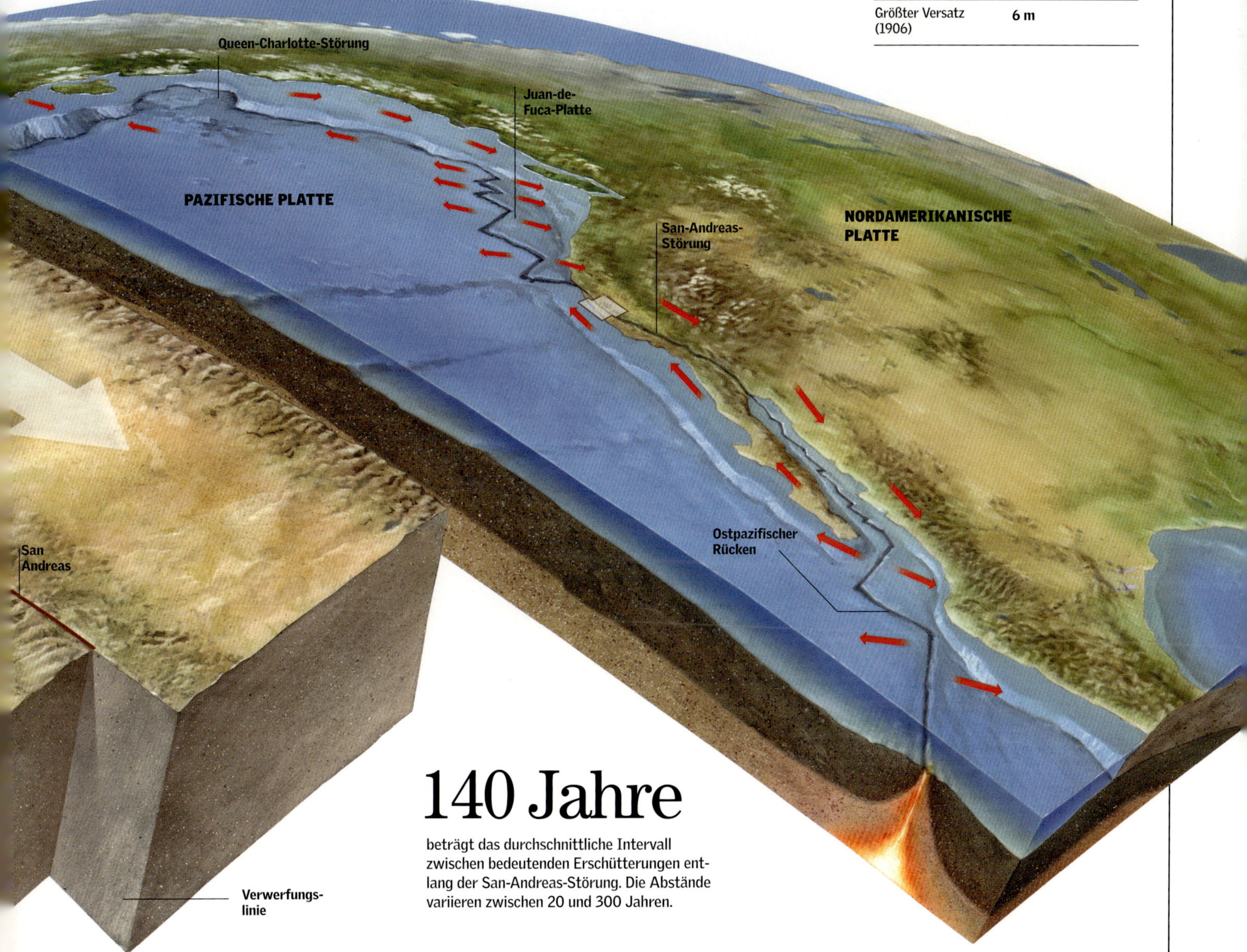

140 Jahre

beträgt das durchschnittliche Intervall zwischen bedeutenden Erschütterungen entlang der San-Andreas-Störung. Die Abstände variieren zwischen 20 und 300 Jahren.

VERGANGENHEIT UND ZUKUNFT
Vor rund 30 Mio. Jahren lag die Baja California westlich der Küste des heutigen Mexiko. In 30 Mio. Jahren könnte sie in gleicher Entfernung vor der Küste Kanadas liegen.

Verhängnisvoller Bruch

Die San-Andreas-Störung im Westen der USA ist das Rückgrat eines Verwerfungssystems. Nach dem großen Erdbeben, das San Francisco 1906 zerstörte, wurde dieses System besonders intensiv erforscht. Es handelt sich dabei um eine horizontale Transformstörung an der Grenzlinie zwischen Pazifischer und Nordamerikanischer Platte. Zu dem System mit einer Gesamtlänge von 1300 km gehören viele komplexe, kleinere Verwerfungen. Wenn beide Platten „reibungslos" aneinander vorbeigleiten können, kommt es nicht zu Erdbeben. Wenn sie sich aber ineinander verhaken, hält das Gestein dem wachsenden Druck irgendwann nicht mehr Stand, es bricht und löst dabei ein Erdbeben aus.

Vulkane

Der Ätna war immer ein aktiver Vulkan, wie die Berichte über seine Tätigkeit im Verlauf der Geschichte belegen. Er hat der schönen Insel Sizilien somit keine Ruhepause gegönnt. Der griechische Philosoph Platon erforschte als Erster den Ätna. Er reiste extra nach Italien, um ihn aus der Nähe zu beobachten, und beschrieb, wie die Lava dort abkühlt. Bis

ÄTNA
Mit einer Höhe von 3295 m ist der Ätna der größte und aktivste Vulkan in Europa.

116 Lodernder Glutofen
118 Klassifikation
120 Feuergarbe
122 Nachwirkungen
124 Wasserfontänen
126 Latente Gefahr
128 Historische Eruptionen

heute ziehen die periodischen Ausbrüche des Ätna Hunderttausende von Touristen an, die das spektakuläre Feuerwerk der rot glühenden Eruptionen bestaunen. Dieses Schauspiel ist dank der günstigen Wetterbedingungen und konstanter Winde von der gesamten Ostküste Siziliens aus zu sehen.

Lodernder Glutofen

Vulkane gehören zu den beeindruckendsten Erscheinungsformen der inneren Dynamik unseres Planeten. Das von ihnen ausgestoßene Magma kann zu gewaltigen Strömen aus geschmolzenem Gestein, Feuer- und Ascheregen, Überflutungen und Schlammlawinen führen. Seit der Antike fürchten sich die Menschen vor Vulkanen und sahen früher in deren rauchenden Kratern den Eingang zur Unterwelt. Jeder Vulkan hat einen Lebenszyklus, in dessen Verlauf er Topografie und Klima verändern kann, bevor er irgendwann erlischt.

Leben und Sterben eines Vulkans: Bildung einer Caldera

1 Explosive Eruptionen können riesige Mengen Lava, Gas und Gestein herausschleudern.

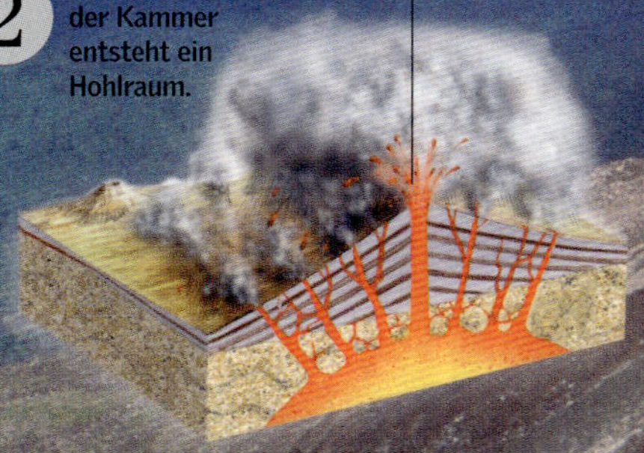

2 Im Schlot und der Kammer entsteht ein Hohlraum.

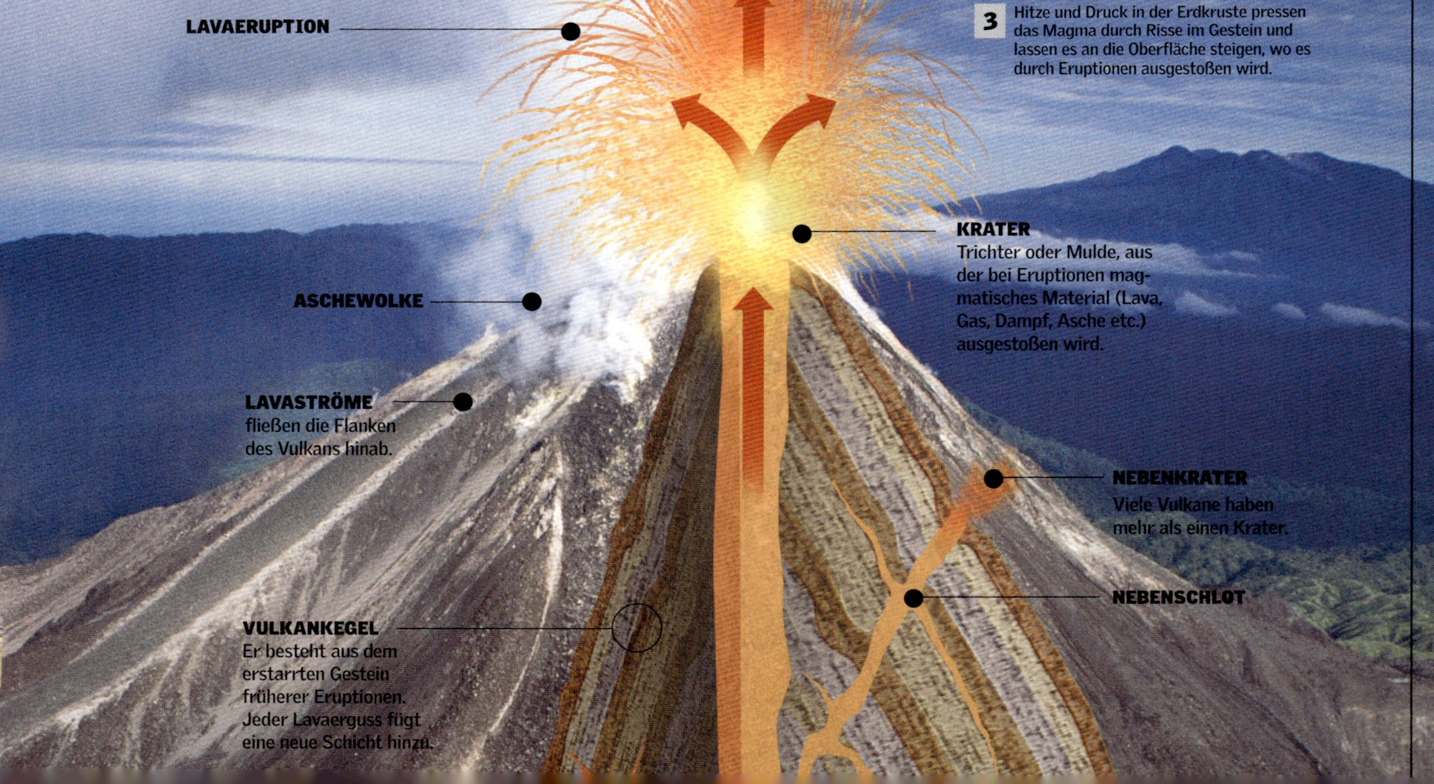

VULKANISCHE GEBIRGSZÜGE
Viele Vulkane entstehen durch die besonderen Bedingungen in Subduktionszonen am Rand aufeinander zutreibender Platten.

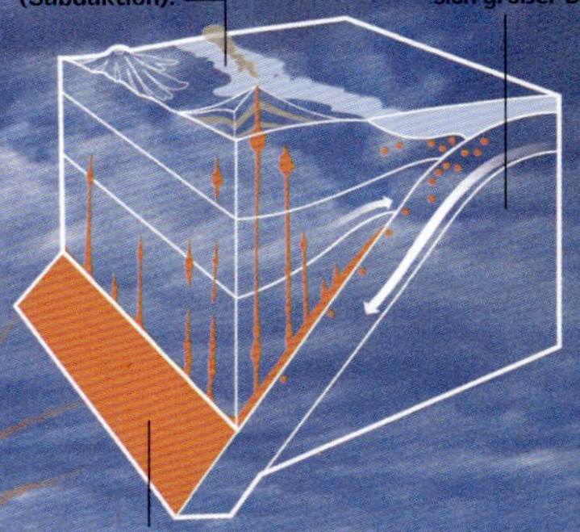

1 Konvergenz zweier Platten: Die eine schiebt sich unter die andere (Subduktion).

2 Das Gestein schmilzt und bildet neues Magma. Zwischen den Platten baut sich großer Druck auf.

3 Hitze und Druck in der Erdkruste pressen das Magma durch Risse im Gestein und lassen es an die Oberfläche steigen, wo es durch Eruptionen ausgestoßen wird.

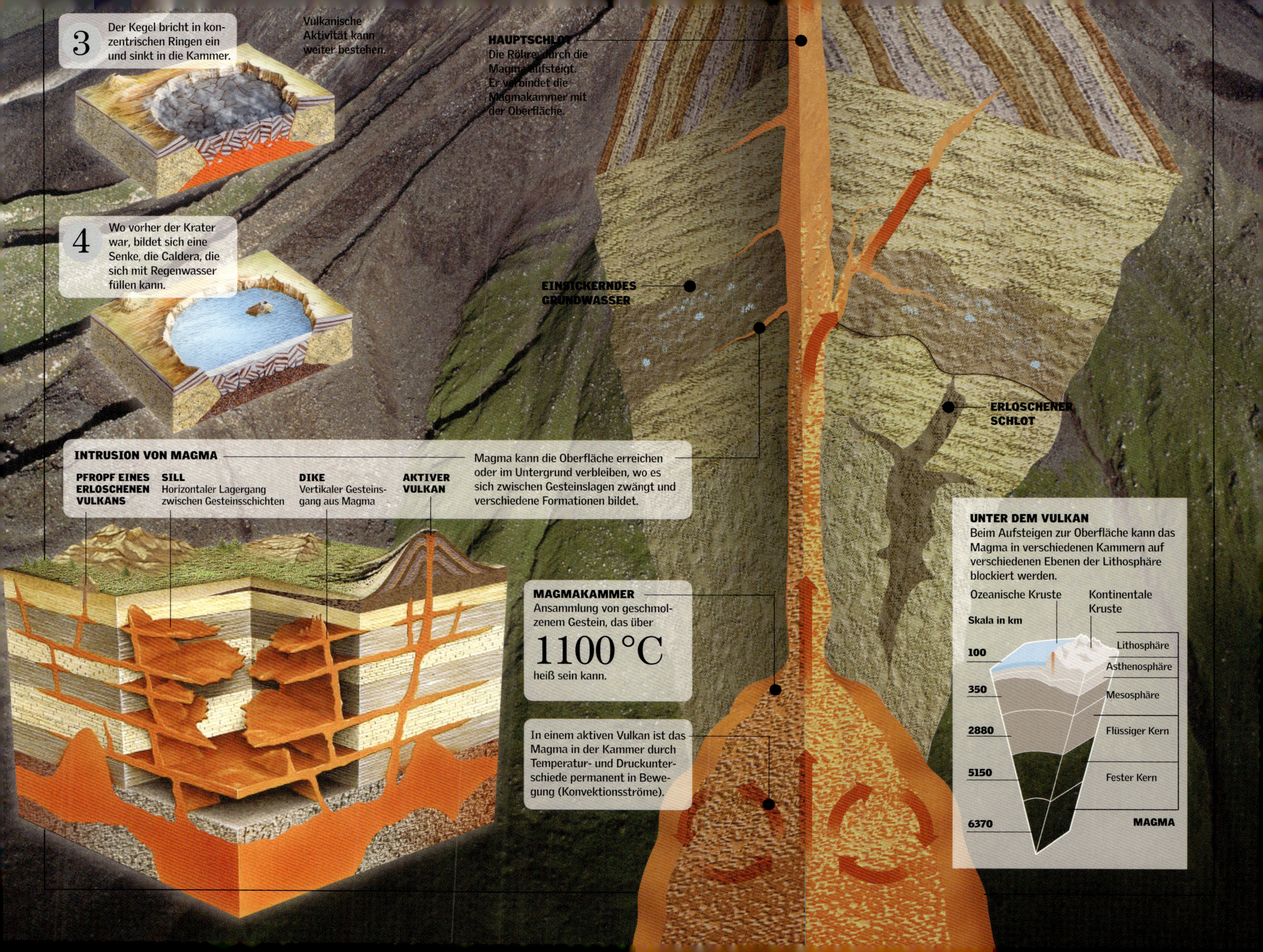
3
Der Kegel bricht in konzentrischen Ringen ein und sinkt in die Kammer.
Vulkanische Aktivität kann weiter bestehen.
4
Wo vorher der Krater war, bildet sich eine Senke, die Caldera, die sich mit Regenwasser füllen kann.
HAUPTSCHLOT
Die Röhre, durch die Magma aufsteigt. Er verbindet die Magmakammer mit der Oberfläche.
EINSICKERNDES GRUNDWASSER
ERLOSCHENER SCHLOT
INTRUSION VON MAGMA
PFROPF EINES ERLOSCHENEN VULKANS
SILL
Horizontaler Lagergang zwischen Gesteinsschichten
DIKE
Vertikaler Gesteinsgang aus Magma
AKTIVER VULKAN
Magma kann die Oberfläche erreichen oder im Untergrund verbleiben, wo es sich zwischen Gesteinslagen zwängt und verschiedene Formationen bildet.
MAGMAKAMMER
Ansammlung von geschmolzenem Gestein, das über
1100 °C
heiß sein kann.
In einem aktiven Vulkan ist das Magma in der Kammer durch Temperatur- und Druckunterschiede permanent in Bewegung (Konvektionsströme).
UNTER DEM VULKAN
Beim Aufsteigen zur Oberfläche kann das Magma in verschiedenen Kammern auf verschiedenen Ebenen der Lithosphäre blockiert werden.
Ozeanische Kruste
Kontinentale Kruste
Skala in km
100
350
2880
5150
6370
Lithosphäre
Asthenosphäre
Mesosphäre
Flüssiger Kern
Fester Kern
MAGMA

Klassifikation

Kein Vulkan der Erde ist identisch mit einem anderen, doch es gibt Merkmale, nach denen sie untersucht und in sechs Typen eingeteilt werden können: Schildvulkane, Schlackenkegel, Stratovulkane, Lavadome, Spaltenvulkane und Calderen. Die Gestalt eines Vulkans ergibt sich aus seiner Entstehung, daraus, wie die Eruption begann und welche Prozesse die Vulkanaktivität begleitet haben. Manchmal werden Vulkane auch nach der Gefahr klassifiziert, die sie für das Leben in ihrer Umgebung darstellen.

Der Häufigste

Strato- oder Schichtvulkane säumen die Ränder der Pazifischen Platte in der als „Feuerring" bekannten Region.

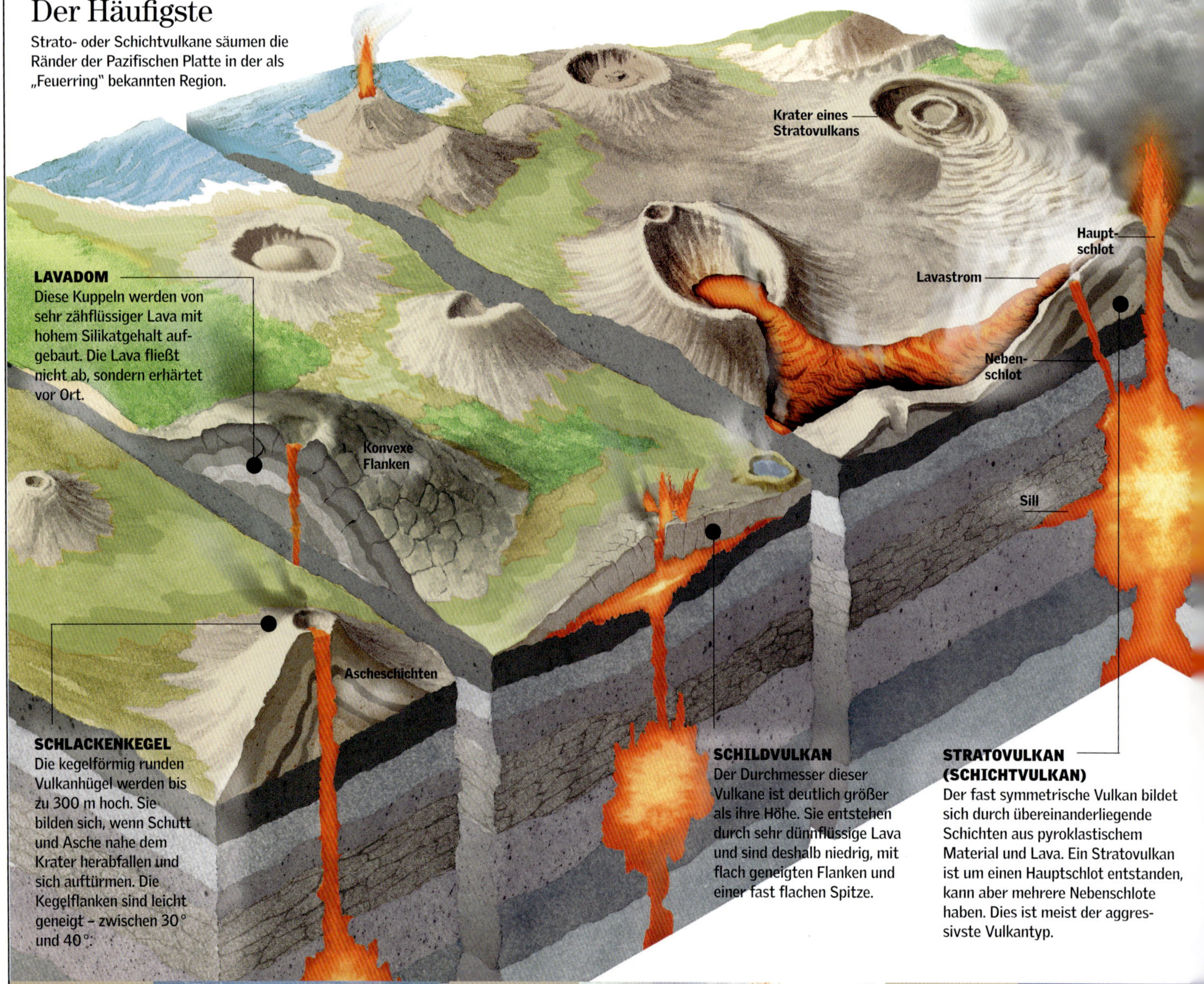

LAVADOM
Diese Kuppeln werden von sehr zähflüssiger Lava mit hohem Silikatgehalt aufgebaut. Die Lava fließt nicht ab, sondern erhärtet vor Ort.

SCHLACKENKEGEL
Die kegelförmig runden Vulkanhügel werden bis zu 300 m hoch. Sie bilden sich, wenn Schutt und Asche nahe dem Krater herabfallen und sich auftürmen. Die Kegelflanken sind leicht geneigt – zwischen 30° und 40°.

SCHILDVULKAN
Der Durchmesser dieser Vulkane ist deutlich größer als ihre Höhe. Sie entstehen durch sehr dünnflüssige Lava und sind deshalb niedrig, mit flach geneigten Flanken und einer fast flachen Spitze.

STRATOVULKAN (SCHICHTVULKAN)
Der fast symmetrische Vulkan bildet sich durch übereinanderliegende Schichten aus pyroklastischem Material und Lava. Ein Stratovulkan ist um einen Hauptschlot entstanden, kann aber mehrere Nebenschlote haben. Dies ist meist der aggressivste Vulkantyp.

ILAMATEPEC/ SANTA ANA
Stratovulkan mit Schlackenkegeln, 73 km westlich der Hauptstadt von El Salvador; er brach im Oktober 2005 das letzte Mal aus.

KÎLAUEA
Schildvulkan auf Hawaii; einer der aktivsten Schildvulkane der Erde.

FUJI
Stratovulkan, mit 3780 m der höchste Berg Japans; brach zuletzt 1707 aus.

INTRUSIVGESTEIN: PRÄGNANTE FORM

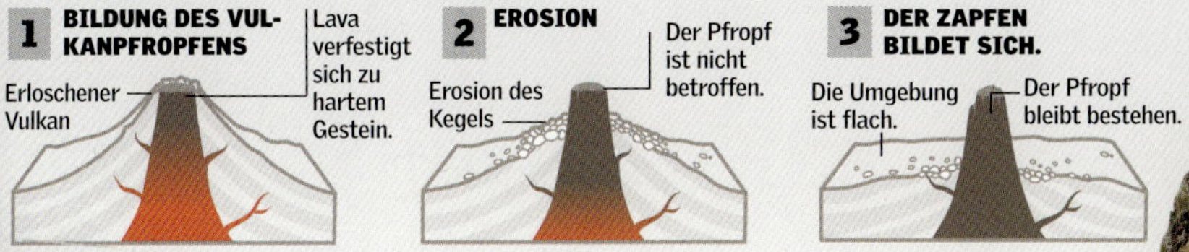

SAINT-MICHEL D'AIGUILHE

Die Kirche in Le Puy in Frankreich wurde auf einem harten Gesteinskegel erbaut, der einst den Schlot eines Vulkans versiegelte. Der Vulkankegel wurde durch Verwitterung abgetragen, der harte Lavapfropf blieb erhalten.

80 m ragt der Fels aus der Umgebung auf.

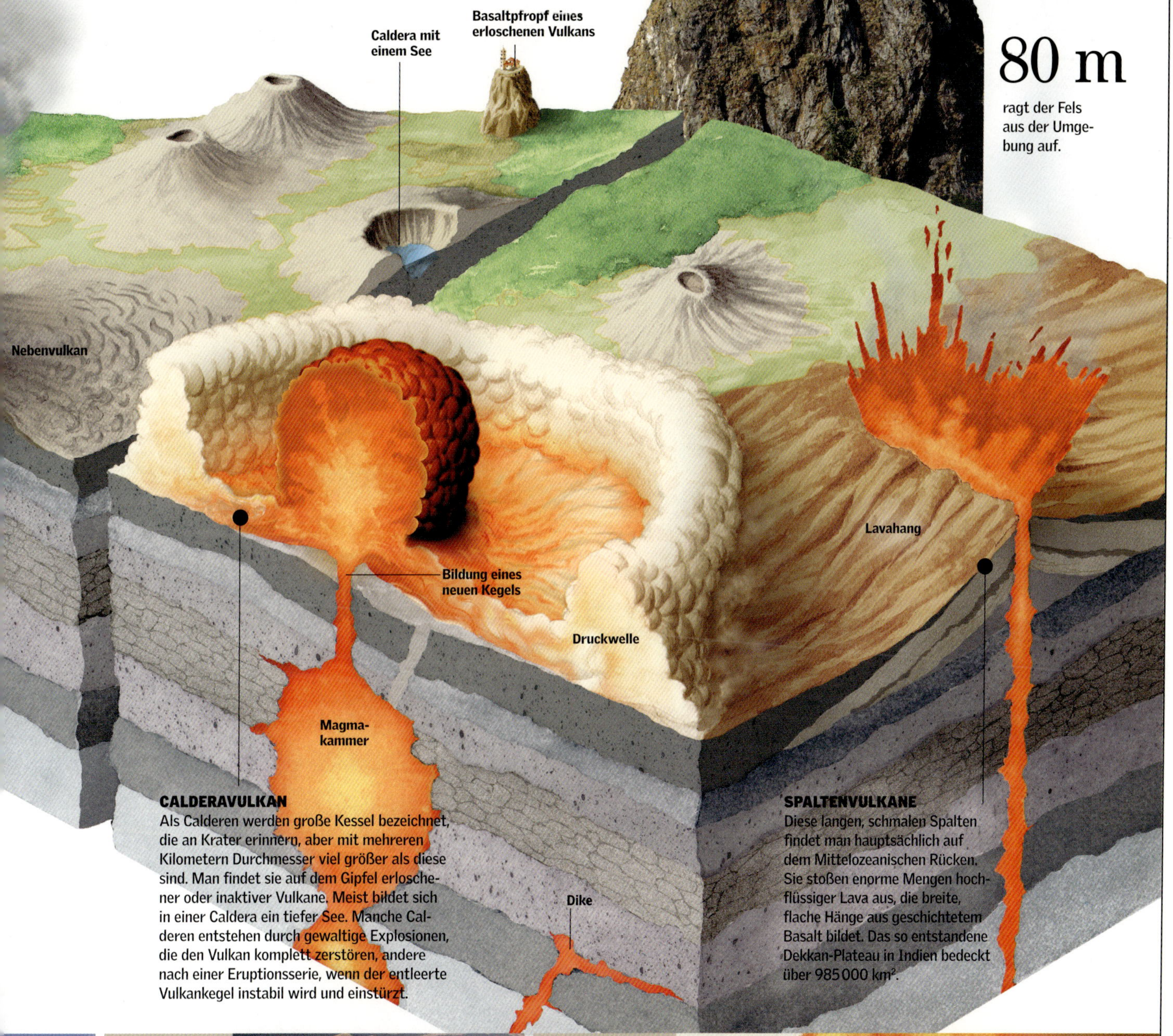

CALDERAVULKAN

Als Calderen werden große Kessel bezeichnet, die an Krater erinnern, aber mit mehreren Kilometern Durchmesser viel größer als diese sind. Man findet sie auf dem Gipfel erloschener oder inaktiver Vulkane. Meist bildet sich in einer Caldera ein tiefer See. Manche Calderen entstehen durch gewaltige Explosionen, die den Vulkan komplett zerstören, andere nach einer Eruptionsserie, wenn der entleerte Vulkankegel instabil wird und einstürzt.

SPALTENVULKANE

Diese langen, schmalen Spalten findet man hauptsächlich auf dem Mittelozeanischen Rücken. Sie stoßen enorme Mengen hochflüssiger Lava aus, die breite, flache Hänge aus geschichtetem Basalt bildet. Das so entstandene Dekkan-Plateau in Indien bedeckt über 985 000 km².

CALDERA BLANCA
Die Caldera Blanca liegt auf der Kanareninsel Lanzarote, in einer Montañas del Fuego genannten Verwerfungszone.

MAUNA ULU
Spaltenvulkan rund 8 km vom Gipfel des Kilauea auf Hawaii entfernt; einer der aktivsten Vulkane im Zentralpazifik.

Feuergarbe

Ein Vulkanausbruch kann wenige Stunden, aber auch mehrere Jahrzehnte dauern. Manche Eruptionen sind verheerend, andere eher gemäßigt. Die Heftigkeit des Ausbruchs hängt davon ab, welche Dynamik sich im Vulkan zwischen Magma, gelösten Gasen und Gestein entwickelt. Zu den stärksten Explosionen kommt es meist, wenn sich über Tausende Jahre Magma und Gas in der Kammer ansammeln und enormen Druck aufbauen. Vulkane wie der Stromboli und der Ätna in Italien wiederum erreichen alle paar Monate diesen kritischen Punkt und brechen häufig aus.

Wie es passiert

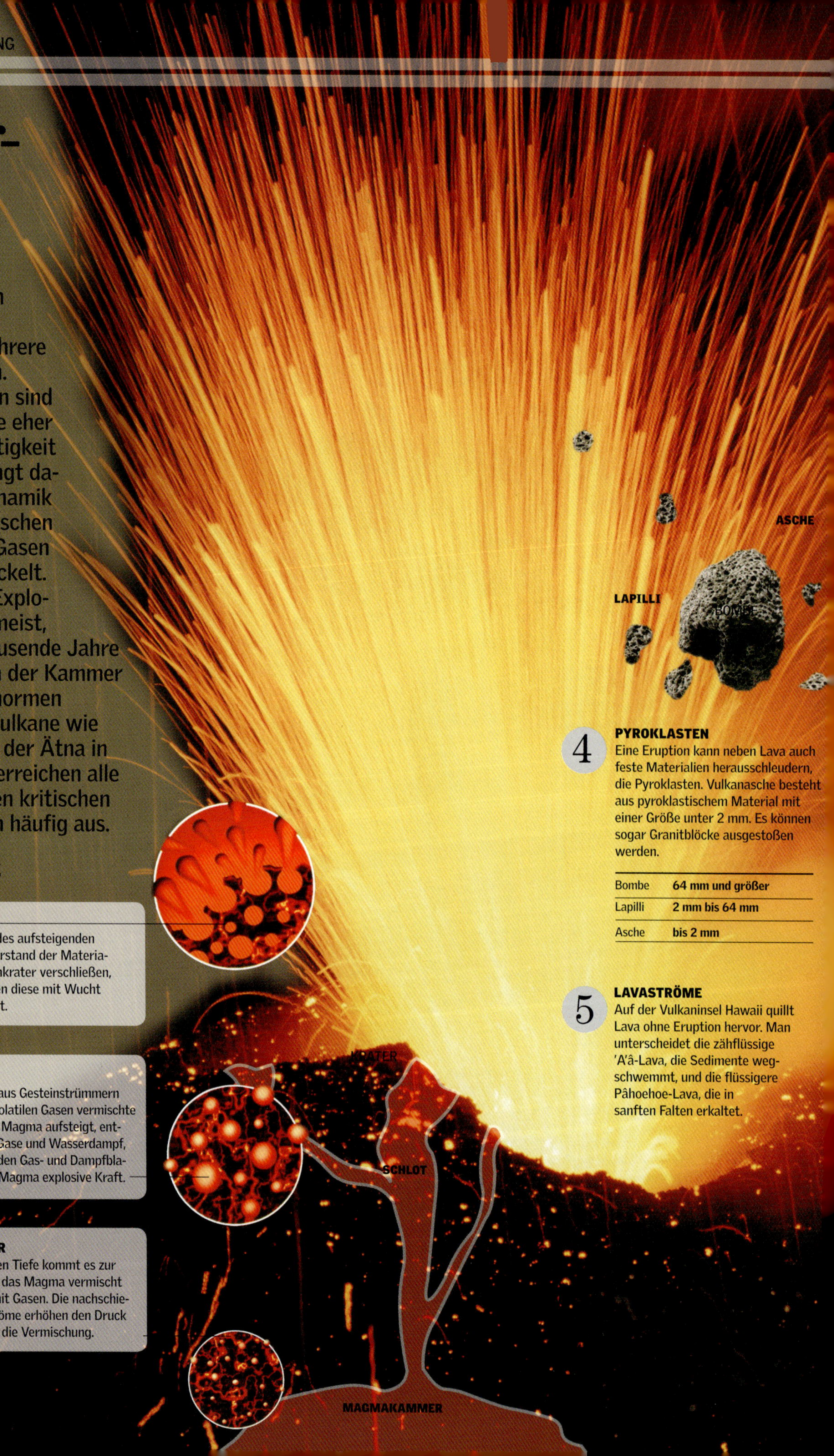

3 DER AUSTRITT
Sobald der Druck des aufsteigenden Magmas den Widerstand der Materialien, die den Vulkankrater verschließen, überwindet, werden diese mit Wucht herausgeschleudert.

2 IM SCHLOT
Eine feste Schicht aus Gesteinstrümmern blockiert das mit volatilen Gasen vermischte Magma. Wenn das Magma aufsteigt, entweichen flüchtige Gase und Wasserdampf, und die sich bildenden Gas- und Dampfblasen verleihen dem Magma explosive Kraft.

1 IN DER KAMMER
In einer bestimmten Tiefe kommt es zur Verflüssigung, und das Magma vermischt sich unter Druck mit Gasen. Die nachschiebenden Magmaströme erhöhen den Druck und beschleunigen die Vermischung.

4 PYROKLASTEN
Eine Eruption kann neben Lava auch feste Materialien herausschleudern, die Pyroklasten. Vulkanasche besteht aus pyroklastischem Material mit einer Größe unter 2 mm. Es können sogar Granitblöcke ausgestoßen werden.

Bombe	**64 mm und größer**
Lapilli	**2 mm bis 64 mm**
Asche	**bis 2 mm**

5 LAVASTRÖME
Auf der Vulkaninsel Hawaii quillt Lava ohne Eruption hervor. Man unterscheidet die zähflüssige 'A'ā-Lava, die Sedimente wegschwemmt, und die flüssigere Pāhoehoe-Lava, die in sanften Falten erkaltet.

Effusion

Leichte Eruptionen mit einer niedrigen Explosionsfrequenz. Die Lava hat einen niedrigen Gasgehalt und tritt aus Öffnungen und Spalten aus.

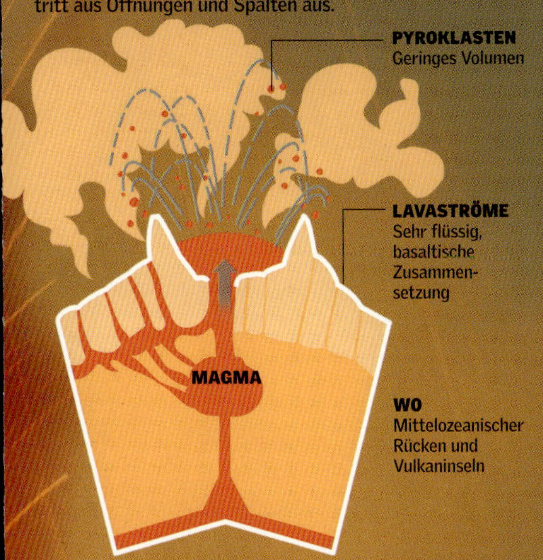

TYPEN EFFUSIVER ERUPTIONEN

HAWAIIANISCH
Vulkane wie der Mauna Loa und der Kilauea stoßen große Mengen basaltischer Lava mit niedrigem Gasanteil aus, weshalb ihre Eruptionen eher moderat sind. Manchmal schießt helle Lava als „Feuerfontäne" bis zu 100 m senkrecht in die Höhe.

SPALTEN
Die für Ozeanische Rücken typischen Spalten findet man auch an Vulkanen mit Schlackenkegeln wie dem Ätna oder im Bereich von Schildvulkanen (Hawaii). Die größte Eruption dieses Typs produzierte der Laki auf Island 1783: 12 km³ Lava flossen aus einem 25 km langen Riss.

AUS DEM WELTALL
Dieses Foto des Mount St. Augustin in Alaska wurde von dem Satelliten Landsat 5 nach dem Ausbruch am 27. März 1986 aufgenommen.

RAUCHSÄULE
11,5 km
hoch

Explosive Eruption

Die Kombination hoher Gasanteile mit zähflüssiger Lava kann zu Pyroklastenbildung führen und hohen Druck aufbauen. Man unterscheidet verschiedene Explosionstypen, je nach Größe und Volumen. Die stärksten Explosionen können mehrere Kilometer hohe Aschewolken ausstoßen.

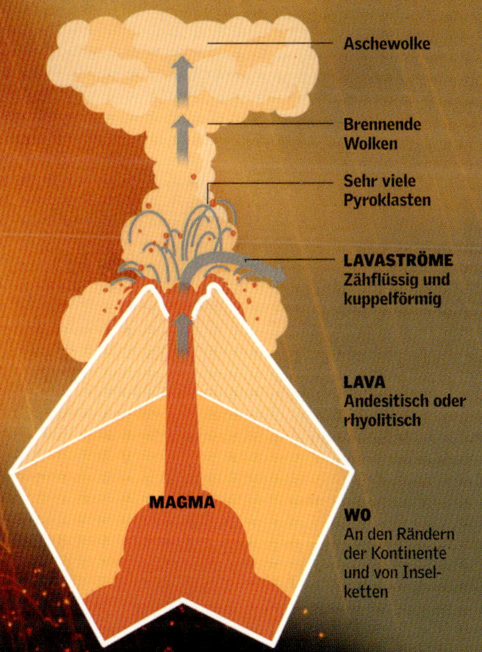

Typen explosiver Eruptionen

STROMBOLIANISCH
Der Vulkan Stromboli auf Sizilien war namengebend für diese hochfrequenten Eruptionen. Durch das relativ geringe Volumen der ausgestoßenen Pyroklasten treten diese Eruptionen ungefähr alle fünf Tage auf.

VULKANIANISCH
Benannt nach der Liparischen Insel Vulcano: Die Eruptionen schleudern mehr Material heraus und sind explosiver, aber weniger häufig. Beim Ausbruch des Nevado del Ruiz in Kolumbien 1985 wurden Zehntausende Kubikmeter Lava und Asche ausgestoßen.

VESUVIANISCH
Diese auch plinianisch genannte Eruption ist besonders heftig und stößt Rauch- und Aschewolken aus, die bis in die Stratosphäre reichen und bis zu zwei Jahre bestehen können, wie beim Krakatau 1883 in Indonesien.

PELÉANISCH
Ein Lavapfropf blockiert den Krater und lenkt die Säule nach einer mächtigen Explosion zu einer Flanke. Wie bei der Montagne Pelée auf Martinique 1902 werden ein pyroklastischer Strom und Lava ausgestoßen und rasen als brennende Wolke, die alles auf ihrem Weg vernichtet, abwärts.

VASTROM, KÎLAUEA, HAWAII

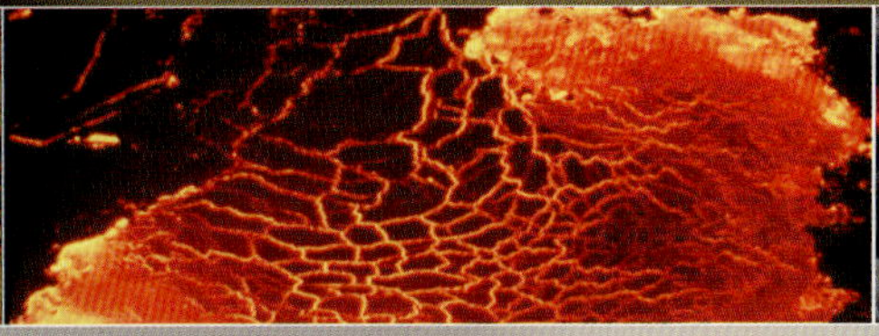
LAVASEE, MAKA-O-PUHI, HAWAII

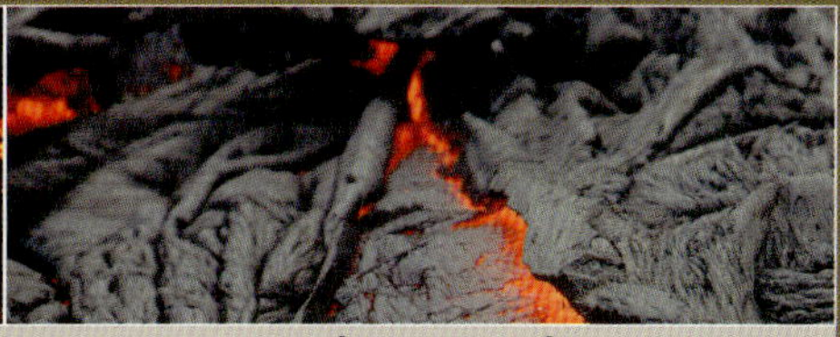
ERKALTETE LAVA (PÂHOEHOE), KÎLAUEA, HAWAII

Nachwirkungen

Durch den Ausbruch eines Vulkans wird eine Kette von Ereignissen in Gang gesetzt, die weit über die gefährlichen Lavaströme hinausgeht. Gas und Asche werden in die Atmosphäre ausgestoßen und beeinflussen das lokale, manchmal sogar das globale Klima – mit schwerwiegenden Folgen. Überlaufende Seen können Schlammlawinen, die Lahare, auslösen, die ganze Städte unter sich begraben. In Küstenregionen können Lahare zu Tsunamis führen.

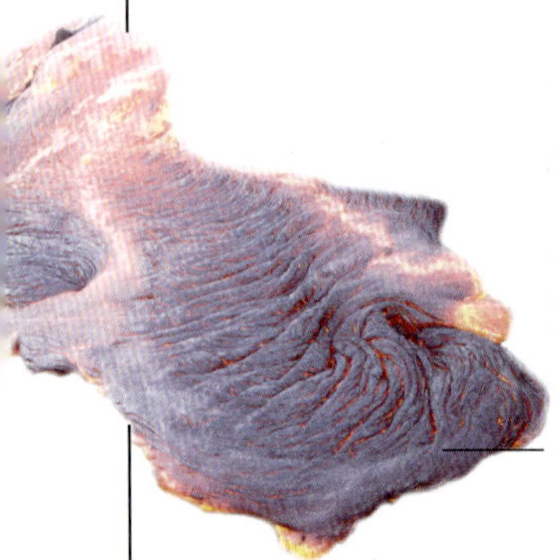

Lavaströme

Bei Vulkanen mit Caldera kann Lava geringer Viskosität ohne Eruption austreten, wie aus den Spalten des Laki in Island 1783. Niedrigviskose Lava hat die Konsistenz von flüssigem Honig, hochviskose Lava ist zäh und klebrig wie kristallisierter Honig.

LAVA IM HAWAII VOLCANOES NATIONAL PARK

SCHLACKENKEGEL

Kegel mit Wänden aus erstarrter Lava

Wenn die Lava aufsteigt, explodiert der Kegel.

ABGÜSSE VON BÄUMEN

Verbrannte Bäume unter abgekühlter Lava

Die versteinerte Baumwurzel bildet einen Minivulkan.

LAVARÖHREN

Außenschicht aus erstarrter Lava

Innen bleibt die Lava heiß und flüssig.

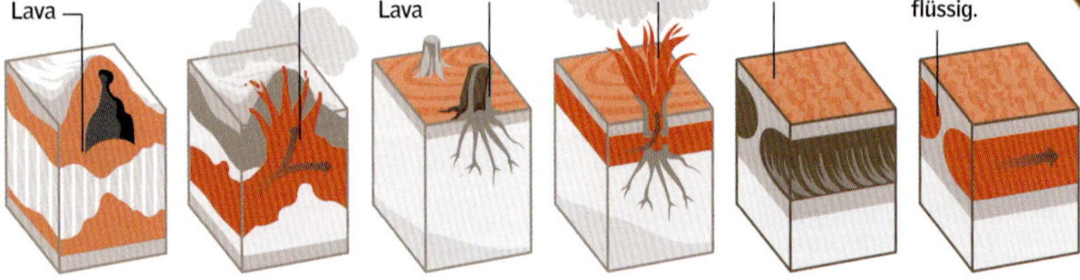

RETTUNGSAKTION IN ARMERO, KOLUMBIEN
Die Eruption des Nevado del Ruiz löste eine Schlammlawine aus. Hier wird ein in einem Lahar gefangener Junge gerettet.

SCHLAMMLAWINEN ODER LAHARE
Mit Schnee vermischter Regen, der durch die Hitze schmilzt, kann zusammen mit Erschütterungen und über die Ufer tretenden Seen Schlammlawinen auslösen. Diese Lahare sind oft verheerender als die Eruption selbst. Auf ihrem Weg ins Tal zerstören sie alles. Sie bilden sich häufig an hohen Vulkanen mit Gletschern im Gipfelbereich.

ARMERO VON OBEN
Am 13. November 1985 wurde die Stadt Armero in Kolumbien nach dem Ausbruch des Vulkans Nevado del Ruiz von einer Schlammlawine zerstört.

PYROKLASTISCHER STROM
Diese glühende Masse aus Asche, Gas und Gesteinsfragmenten schießt nach explosiven Eruptionen ins Tal. Der glühend heiße Strom verbrennt und zerstört alles, was auf seinem Weg liegt.

GESCHWINDIGKEIT	TEMPERATUR	REICHWEITE
100–212 km/h	500–1000°C	50–100 km

TÖDLICHER FLUG
Dieser Vogel fiel der Eruption des Mount St. Helens (USA) zum Opfer, die Wälder in bis zu 13 km Entfernung zerstörte. Hitze und Asche verwüsteten viele Hektar Land.

IN RHYOLITHISCHEN ERUPTIONEN

1 Leichtere Partikel trennen sich von schwereren und steigen nach oben, wo sie eine deckenartige Wolke bilden.

2 Vor der brennenden Wolke zerstört eine heiße Luftwelle den Wald.

NACHWIRKUNGEN

OPTISCHE EFFEKTE
Die Partikel der Vulkanasche verstärken die Gelb- und Rottöne. Nach dem Ausbruch des Tambora in Indonesien 1815 wurden weltweit ungewöhnlich farbintensive Sonnenaufgänge beobachtet.

ANSCHWELLENDE FLÜSSE

BEBEN
Die Bewegungen von Magma und Gas im Untergrund bauen Druck auf, der zu Bewegungen der Erdkruste führt. Die Beben sind Warnsignale einer bevorstehenden Eruption.

GRAFISCHE REKONSTRUKTION
Luftaufnahme eines kleinen Fischerdorfs auf San Vicente Island, El Salvador, das von Vulkanasche bedeckt wurde. Die Eruption forderte keine Opfer.

Wasserfontänen

Aus Geysiren entweichen stoßweise heiße Wasserstrahlen, die Dutzende Meter hoch sein können. Geysire bilden sich in Regionen der Erde, die entsprechende hydrogeologische Bedingungen bieten. In ehemals vulkanisch aktiven Gebieten sickert Wasser in noch heiße, tiefe Gesteinsschichten ein. Zwischen den Ausbrüchen können Tage oder Wochen vergehen. Die spektakulärsten Geysire findet man im Yellowstone-Nationalpark (USA) und im Norden Neuseelands.

Eruptionszyklus

Strahl aus Wasser und Dampf

5 DER ZYKLUS BEGINNT VON NEUEM
Wenn der Wasserdruck in den Kammern sinkt, lässt der Wasserstrahl nach, und der Zyklus beginnt von vorne. Erneut sammelt sich Wasser in Gesteinsspalten und durchlässigen Schichten.

EIN GEYSIR STÖSST IM DURCHSCHNITT PRO AUSBRUCH BIS ZU
30 000 Liter
WASSER AUS.

4 FONTÄNE
Das Wasser schießt in unregelmäßigen Abständen aus dem Kegel. Die Zeitintervalle zwischen den Eruptionen hängen davon ab, wie lange es dauert, bis sich die Kammern mit Wasser füllen, dieses erhitzt ist und Dampf produziert.

DIE DURCHSCHNITTLICHE HÖHE EINER GEYSIRFONTÄNE LIEGT BEI
48 m

WICHTIGE GEOTHERMISCHE FELDER

Weltweit gibt es rund 1000 Geysire, die Hälfte davon findet man im Yellowstone-Nationalpark in den USA.

GRAND PRISMATIC SPRING

Diese Quelle im Yellowstone-Nationalpark ist die größte Thermalquelle der USA und die drittgrößte der Welt. Sie misst 75 mal 115 m und liefert rund 2000 Liter Wasser pro Minute. Ihre Farbe ist sehr auffällig: rot mit Gelb- und Grüntönen.

AUSSTOSS VON
2000 Litern
WASSER PRO MINUTE

REKORDHÖHE
1904 stieß der neuseeländische Waimangu-Geysir (heute inaktiv) eine Rekordfontäne aus. 1903 starben vier Touristen, die unvorsichtigerweise zu nahe an den Geysir herantraten.

ANDERE POSTVULKANISCHE AKTIVITÄTEN

FUMAROLE
Stelle, an der ständig Wasserdampf ausgestoßen wird, da die Temperatur des Magmas bei über 100 °C liegt.

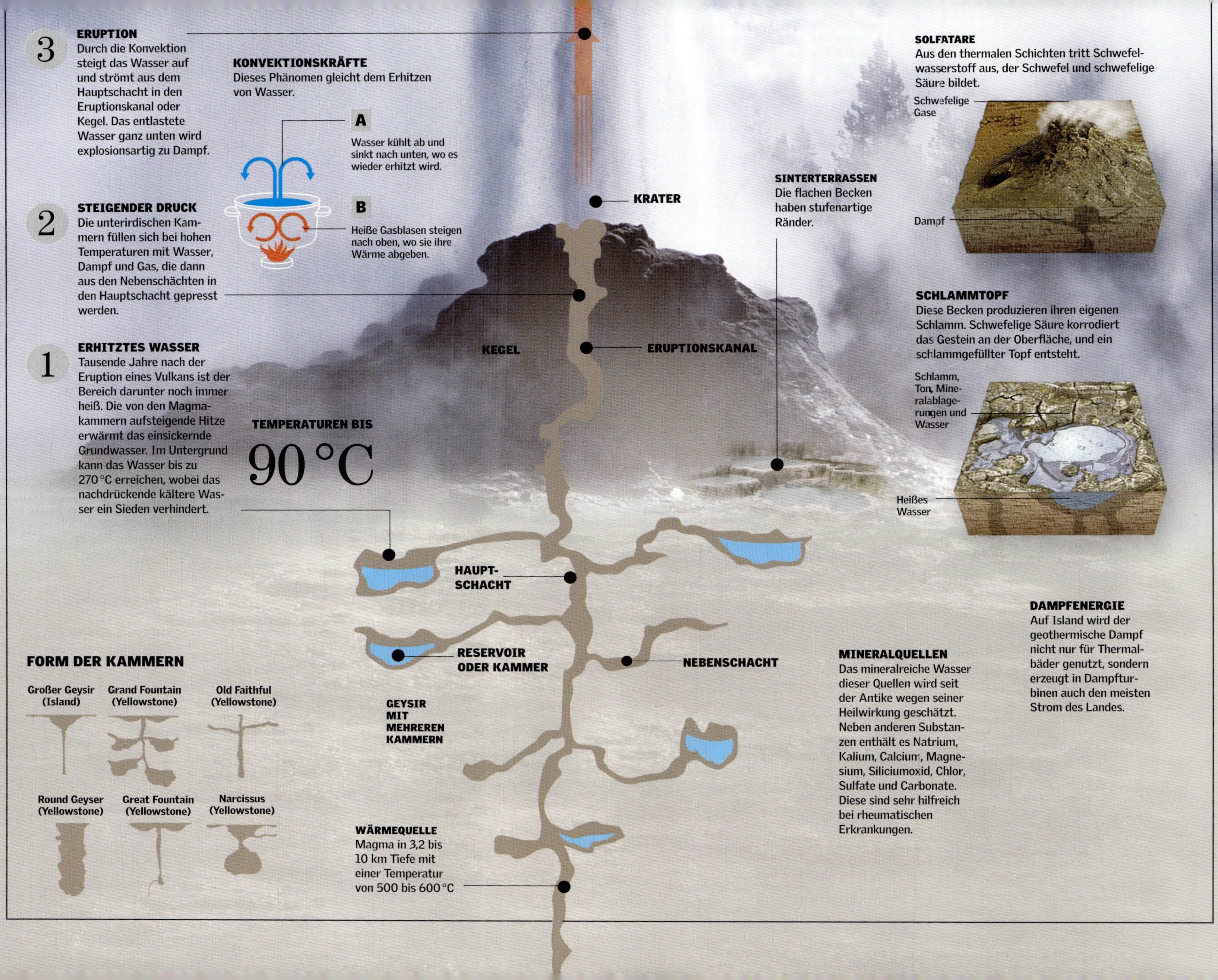
3
ERUPTION
Durch die Konvektion steigt das Wasser auf und strömt aus dem Hauptschacht in den Eruptionskanal oder Kegel. Das entlastete Wasser ganz unten wird explosionsartig zu Dampf.
KONVEKTIONSKRÄFTE
Dieses Phänomen gleicht dem Erhitzen von Wasser.
A
Wasser kühlt ab und sinkt nach unten, wo es wieder erhitzt wird.
B
Heiße Gasblasen steigen nach oben, wo sie ihre Wärme abgeben.
2
STEIGENDER DRUCK
Die unterirdischen Kammern füllen sich bei hohen Temperaturen mit Wasser, Dampf und Gas, die dann aus den Nebenschächten in den Hauptschacht gepresst werden.
1
ERHITZTES WASSER
Tausende Jahre nach der Eruption eines Vulkans ist der Bereich darunter noch immer heiß. Die von den Magmakammern aufsteigende Hitze erwärmt das einsickernde Grundwasser. Im Untergrund kann das Wasser bis zu 270 °C erreichen, wobei das nachdrückende kältere Wasser ein Sieden verhindert.
TEMPERATUREN BIS
90 °C
KRATER
KEGEL
ERUPTIONSKANAL
SINTERTERRASSEN
Die flachen Becken haben stufenartige Ränder.
SOLFATARE
Aus den thermalen Schichten tritt Schwefelwasserstoff aus, der Schwefel und schwefelige Säure bildet.
Schwefelige Gase
Dampf
SCHLAMMTOPF
Diese Becken produzieren ihren eigenen Schlamm. Schwefelige Säure korrodiert das Gestein an der Oberfläche, und ein schlammgefüllter Topf entsteht.
Schlamm, Ton, Mineralablagerungen und Wasser
Heißes Wasser
HAUPT-SCHACHT
RESERVOIR ODER KAMMER
NEBENSCHACHT
GEYSIR MIT MEHREREN KAMMERN
WÄRMEQUELLE
Magma in 3,2 bis 10 km Tiefe mit einer Temperatur von 500 bis 600 °C
FORM DER KAMMERN
Großer Geysir (Island)
Grand Fountain (Yellowstone)
Old Faithful (Yellowstone)
Round Geyser (Yellowstone)
Great Fountain (Yellowstone)
Narcissus (Yellowstone)
MINERALQUELLEN
Das mineralreiche Wasser dieser Quellen wird seit der Antike wegen seiner Heilwirkung geschätzt. Neben anderen Substanzen enthält es Natrium, Kalium, Calcium, Magnesium, Siliciumoxid, Chlor, Sulfate und Carbonate. Diese sind sehr hilfreich bei rheumatischen Erkrankungen.
DAMPFENERGIE
Auf Island wird der geothermische Dampf nicht nur für Thermalbäder genutzt, sondern erzeugt in Dampfturbinen auch den meisten Strom des Landes.

Latente Gefahr

Manche Regionen zeigen eine größere Neigung zu vulkanischer Aktivität. Meist liegen diese dort, wo tektonische Platten aneinandergrenzen, sich aufeinander zu- oder voneinander wegbewegen. Die höchste Vulkandichte findet sich in einer als „Feuerring" bekannten Pazifikregion. Auch in Afrika, im Mittelmeer und im Atlantischen Ozean gibt es Vulkane.

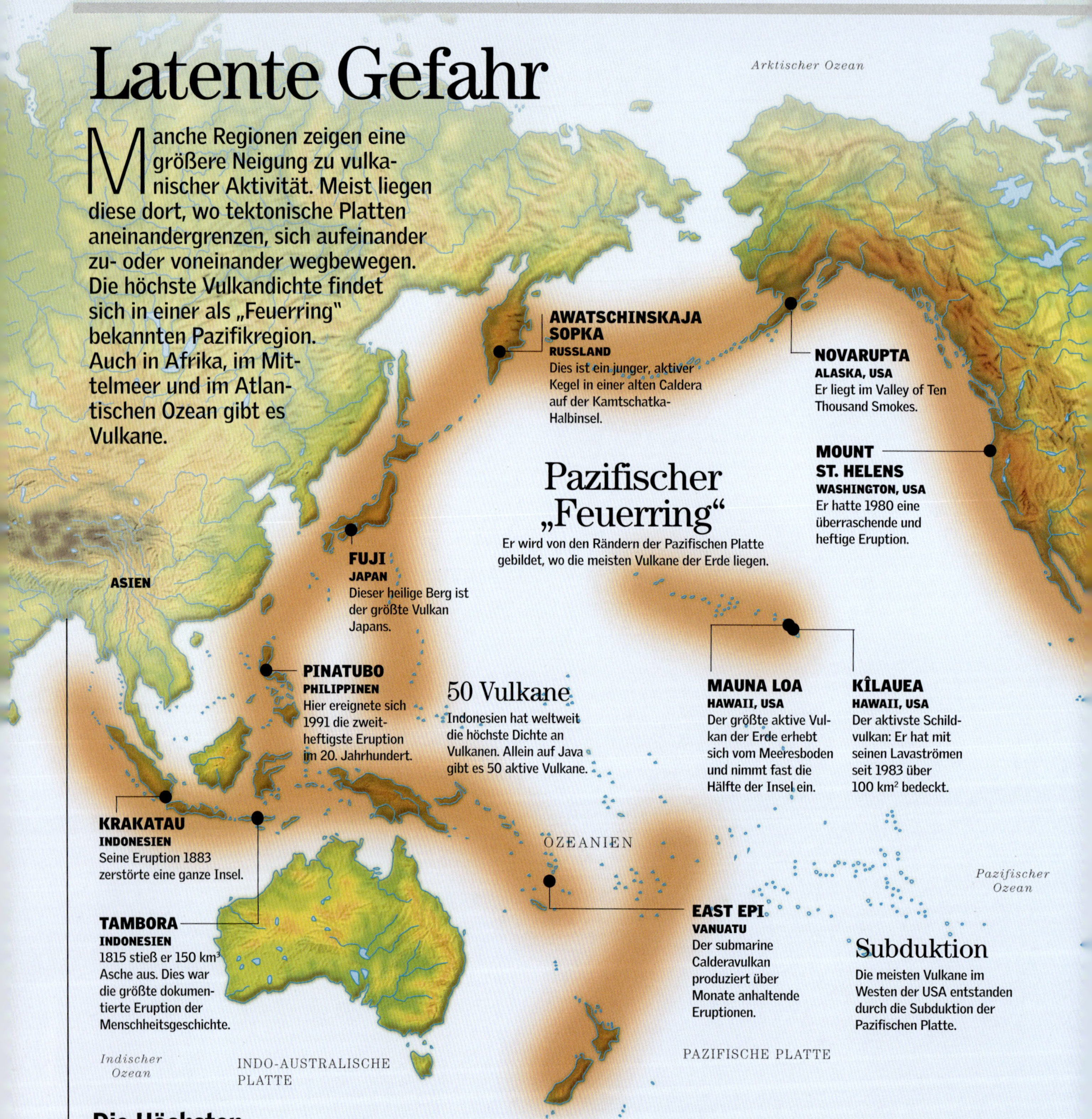

Die Höchsten

Man findet sie in der Mitte der Anden, die Teil des Pazifischen „Feuerrings" sind. Ihre größte Aktivität entfalteten sie vor 10 000 Jahren, heute sind viele erloschen oder nur noch mit Fumarolen aktiv.

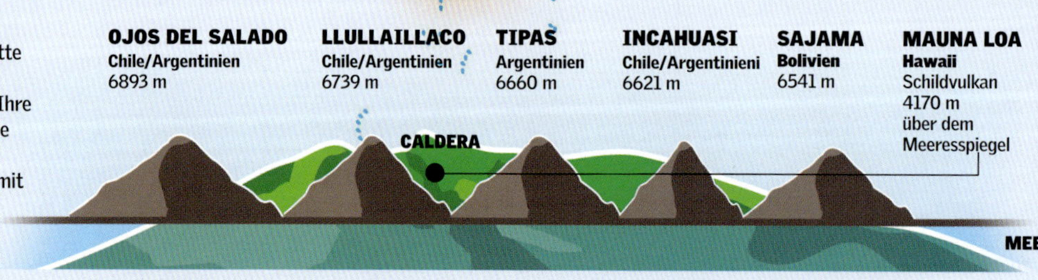

Die Liste der „Top Five" verändert sich, wenn man die Höhe der Vulkane von ihrer Basis und nicht über dem Meeresspiegel misst.

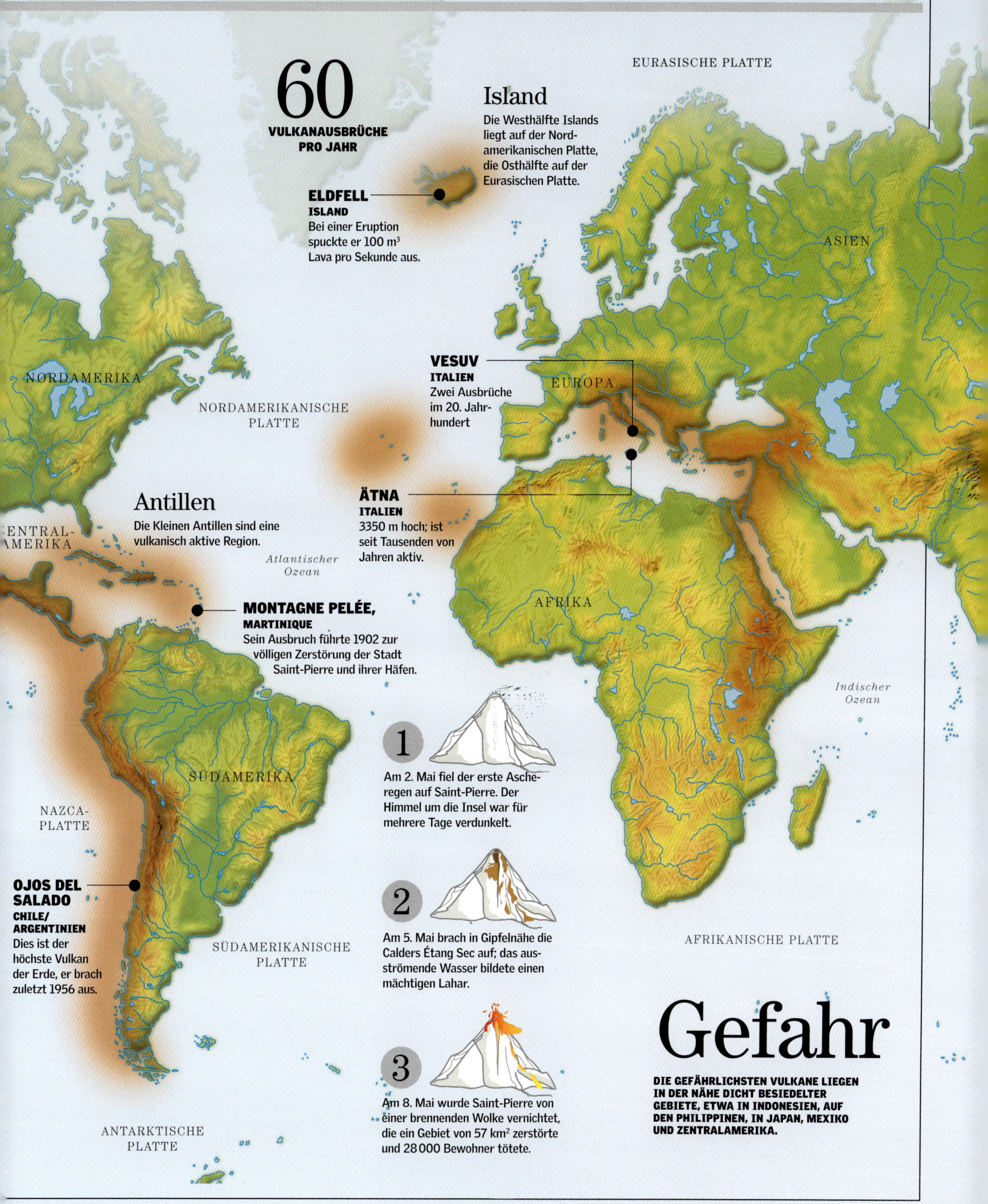

60

VULKANAUSBRÜCHE PRO JAHR

Island

Die Westhälfte Islands liegt auf der Nordamerikanischen Platte, die Osthälfte auf der Eurasischen Platte.

ELDFELL
ISLAND
Bei einer Eruption spuckte er 100 m^3 Lava pro Sekunde aus.

VESUV
ITALIEN
Zwei Ausbrüche im 20. Jahrhundert

ÄTNA
ITALIEN
3350 m hoch; ist seit Tausenden von Jahren aktiv.

Antillen

Die Kleinen Antillen sind eine vulkanisch aktive Region.

MONTAGNE PELÉE,
MARTINIQUE
Sein Ausbruch führte 1902 zur völligen Zerstörung der Stadt Saint-Pierre und ihrer Häfen.

OJOS DEL SALADO
CHILE/ ARGENTINIEN
Dies ist der höchste Vulkan der Erde, er brach zuletzt 1956 aus.

1

Am 2. Mai fiel der erste Ascheregen auf Saint-Pierre. Der Himmel um die Insel war für mehrere Tage verdunkelt.

2

Am 5. Mai brach in Gipfelnähe die Calders Étang Sec auf; das ausströmende Wasser bildete einen mächtigen Lahar.

3

Am 8. Mai wurde Saint-Pierre von einer brennenden Wolke vernichtet, die ein Gebiet von 57 km^2 zerstörte und 28 000 Bewohner tötete.

Gefahr

DIE GEFÄHRLICHSTEN VULKANE LIEGEN IN DER NÄHE DICHT BESIEDELTER GEBIETE, ETWA IN INDONESIEN, AUF DEN PHILIPPINEN, IN JAPAN, MEXIKO UND ZENTRALAMERIKA.

Historische Eruptionen

Die Lava reißt mit ihrem Strom alles mit, was auf ihrem Weg liegt. Der langsame, stetige Lavastrom zerstört ganze Städte, Dörfer und Wälder und fordert Tausende von Menschenleben. Eines der berühmtesten Beispiele war der Ausbruch des Vesuv 79 n. Chr., der die Städte Pompeji und Herculaneum auslöschte. Im 20. Jahrhundert zerstörte die Eruption der Montagne Pelée innerhalb weniger Minuten die Stadt Saint-Pierre und tötete dabei fast alle Einwohner. Vulkanaktivitäten scheinen auch eng mit Klimaveränderungen verbunden zu sein.

79 n. Chr.

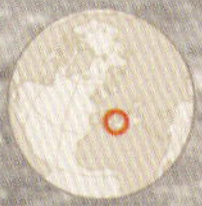

VESUV
Neapel, Italien

Volumen der ausgestoßenen Asche in m³	**keine Angaben verfügbar**
Opfer	**2200**
Eigenschaften	**aktiv**

Die Städte Pompeji und Herculaneum wurden 79 beim Ausbruch des Vesuv zerstört. Bis dahin wusste man nicht, dass es sich bei dem Berg um einen Vulkan handelte, denn er war zuvor 300 Jahre inaktiv gewesen. Es war eine der ersten dokumentierten Eruptionen: Plinius der Jüngere berichtet in einer Aufzeichnung, dass er den Berg explodieren sah. Er beschreibt die hoch über dem Vesuv aufsteigende Gas- und Aschewolke und auch, wie dick die heiße Lava herabfloss. Viele Menschen starben durch die giftigen Gase.

Vulkane und Klima

Nach einer weithin unterstützten Theorie stehen Klimaveränderungen mit Vulkanausbrüchen in Zusammenhang. Die Idee, beide Phänomene miteinander zu verbinden, beruht auf der Tatsache, dass bei explosiven Eruptionen riesige Mengen an Gasen und Partikeln in die Stratosphäre gelangen, die dort für Jahre verbleiben und sich um den Globus verteilen. Nach dem Ausbruch des Tambora 1815 kam es zu einer mit vulkanischer Aktivität verknüpften Kälteperiode. Einige Gebiete Nordamerikas und Europas erlebten einen besonders strengen Winter.

KALPANA
Nach dem Ausbruch des Kīlauea auf Hawaii 1991 rückte ein Lavastrom auf die Stadt vor und begrub alles, was auf dem Weg lag.

1783

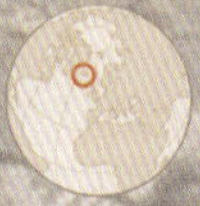

LAKI-KRATER
Island

Volumen der ausgestoßenen Asche in m³	**14 Mrd.**
Opfer	**10 000**
Eigenschaften	**sehr aktiv**

Trotz der konischen Form des Laki ergoss sich das meiste vulkanische Material aus Rissen in den Flanken des Kraters, den sogenannten Spalten. Dieser Ausbruch des Laki-Kraters gehörte zu den größten Eruptionen auf Island und schuf über eine Entfernung von 25 km mehr als 20 Spalten. Die Gase vernichteten die Weideflächen und den Viehbestand. Die anschließende Hungersnot forderte 10 000 Tote.

1815

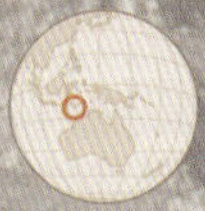

TAMBORA
Indonesien

Volumen der ausgestoßenen Asche in m³	**1 Mrd.**
Opfer	**92 000**
Eigenschaften	**Stratovulkan**

Nachdem er sieben Monate lang Rauch ausgestoßen hatte, brach der Tambora aus. Diese Katastrophe war auf dem gesamten Globus zu spüren. Die Aschewolke breitete sich über 600 km um den Vulkan aus und war so dick, dass sie die Sonne zwei Tage verhüllte. Der Ascheregen betraf ein Gebiet von 500 000 km². Die Eruption gilt als verheerendste Vulkanexplosion aller Zeiten. Über 10 000 Menschen starben direkt bei der Eruption, weitere 82 000 in der Folge an Krankheiten oder Hunger.

1883

KRAKATAU
Java, Indonesien

Volumen der ausgestoßenen Asche in m^3	**25 Mrd.**
Opfer	**36 000**
Eigenschaften	**sehr aktiv**

Der Krakatau kündigte die bevorstehende Eruption mit Dampf- und Rauchwolken an. Doch diese Warnsignale ignorierte man, sie wurden sogar zur Attraktion für Touristen. Die Explosion zerstörte dann fast zwei Drittel der Insel. Vom Vulkan ausgespuckte Steine flogen bis in 55 km Höhe über die Stratosphäre hinaus. Auf der Insel öffnete sich ein 250 m tiefer Krater mit 6,4 km Durchmesser.

1902

MONTAGNE PELÉE
Martinique, Antillen

Volumen der ausgestoßenen Asche in m^3	**keine Angaben verfügbar**
Opfer	**30 000**
Eigenschaften	**Stratovulkan**

Dieser kleine Vulkan spuckte eine brennende Wolke und ein dickes Gemisch aus Asche und Lava aus, wodurch die Hafenstadt Saint-Pierre vollständig zerstört wurde. Besonders überraschend ist, dass die Zerstörung innerhalb weniger Minuten ablief. Durch die freigesetzte Energie wurden sogar Bäume entwurzelt. Fast alle Einwohner kamen um, nur drei überlebten, weil sie im Stadtgefängnis eingeschlossen waren.

1973

ELDFELL
Heimaey, Island

Volumen der ausgestoßenen Asche in m^3	**keine Angaben verfügbar**
Opfer	**0**
Eigenschaften	**200 m hoher Schlackenkegel**

Die Lava wälzte sich voran, und es schien, als würde sie alles auf ihrem Weg verschlingen. Vulkanologen beschlossen, die Insel Heimaey südlich von Island zu evakuieren. Ein Physikprofessor schlug vor, die Lava mit Meerwasser abzukühlen und so zu verfestigen. Man setzte 47 Pumpen ein, die 6 Mio. Tonnen Wasser versprühten. Nach drei Monaten war die Lava gestoppt und der Hafen gerettet. Der Ausbruch begann am 23. Januar und dauerte bis zum 28. Juni.

1980

MOUNT ST. HELENS
Washington, USA

Volumen der ausgestoßenen Asche in m^3	**1 Mrd.**
Opfer	**57**
Eigenschaften	**aktiv**

Der Berg wird oft als Fuji des amerikanischen Kontinents bezeichnet. Bei der Explosion von 1980 rutschte der Gipfel seitlich ab, der Vulkan verlor 401 m an Höhe. Wenige Minuten nach dem Beginn des Ausbruchs flossen Lavaströme die Hänge hinab und rissen auf ihrem Weg Bäume, Häuser und Brücken mit sich. Die Eruption zerstörte ganze Wälder, und die vulkanischen Trümmer verwüsteten Ortschaften.

1944

VESUV
Neapel, Italien

Volumen der ausgestoßenen Asche in m^3	**keine Angaben verfügbar**
Opfer	**26**
Eigenschaften	**Ende eines Zyklus**

Mit diesem Ausbruch beendete der Vesuv einen Zyklus von Eruptionen, der 1631 begonnen hatte. Die Explosion richtete wie die vorherige von 1906 schwere materielle Schäden an. Durch Lawinen und Lavabomben starben dabei 26 Menschen. Die Katastrophe fiel zudem mit dem Zweiten Weltkrieg zusammen. Sie verursachte einen ähnlichen Schaden, wie der Ausbruch zu Beginn des 20. Jahrhunderts, denn die Orte Massa di Somma, Atrio del Cavallo und San Sebastiano wurden unter Lava begraben.

1982

EL CHICHÓN
Mexiko

Volumen der ausgestoßenen Asche in m^3	**keine Angaben verfügbar**
Opfer	**2000**
Eigenschaften	**aktiv**

Am 28. März, einem Sonntag, wurde dieser Vulkan nach 100 Jahren Ruhe wieder aktiv und brach dann am 4. April aus. Die Eruption forderte in der Umgebung rund 2000 Todesopfer und zerstörte neun Ortschaften. Dies war die schlimmste Vulkankatastrophe in der Geschichte Mexikos.

Erdbeben

Erdbeben erschüttern den Boden in alle Richtungen, wobei die Auswirkungen eines Bebens von dessen Intensität, Tiefe und Entfernung vom Ausgangspunkt abhängen. Oft sind die Wellen so stark, dass sich die Erde wölbt und Gebäude zum Einsturz bringt. In Gebirgsregionen können Erdbeben Erdrutsche und Schlammlawinen auslösen. In den Ozeanen können

LOMA PRIETA
Am 18. Oktober 1989 richtete ein Erdbeben der Stärke 7,0 auf der Richterskala mit dem Epizentrum in Loma Prieta, 84 km südlich von San Francisco, schwere Schäden an. Sogar ein Teilstück der Bay Bridge brach dabei ein.

132 Tiefer Bruch
134 Elastische Wellen
136 Messung von Erdbeben
138 Tsunamis
140 Ursache und Wirkung
142 Risikogebiete
144 Historische Erdbeben

sich dadurch Tsunamis bilden. Diese Riesenwellen treffen mit solcher Wucht auf Küsten, dass dort ganze Städte zerstört werden, wie im Dezember 2004 im Bereich des Indischen Ozeans. Thailand verzeichnete damals die höchste Zahl getöteter Touristen, die Touristengebiete wurden zu 80% zerstört.

Tiefer Bruch

Zu Erdbeben kommt es durch die permanente Bewegung tektonischer Platten, die dabei kollidieren, aneinander vorbei- oder sogar übereinandergleiten. Aus der Erdkruste dringen kaum Signale dieser Vorgänge nach außen. Im Inneren des Gesteins baut sich die Energie so lange auf, bis das Gestein unter der Spannung zerbirst. Dann wird die Energie an den schwächsten Teilen der Erdkruste freigesetzt. Der Boden wird plötzlich erschüttert, ein Erdbeben entsteht.

1 VORBEBEN
Ein schwaches Beben, das sich Tage oder sogar Jahre vor einem Erdbeben ereignet. Es kann so heftig sein, dass es geparkte Autos bewegt.

2 NACHBEBEN
Eine seismische Bewegung, die auf ein Erdbeben folgen kann. Manchmal richtet ein Nachbeben mehr Zerstörung an als das Erdbeben selbst.

ERDBEBEN PRO JAHR
Etwa alle 30 Sekunden wird die Erdkruste von einem Beben erschüttert.

MAGNITUDE	HÄUFIGKEIT
8 oder höher	1
7 bis 7,9	18
6 bis 6,9	120
5 bis 5,9	800
4 bis 4,9	6200
3 bis 3,9	49 000

EPIZENTRUM
Punkt der Erdoberfläche, der direkt über dem Herd des Bebens liegt.

HYPOZENTRUM ODER HERD
Bruchstelle, an der die Energie freigesetzt wird. Sie kann bis zu 700 km tief unter der Oberfläche liegen.

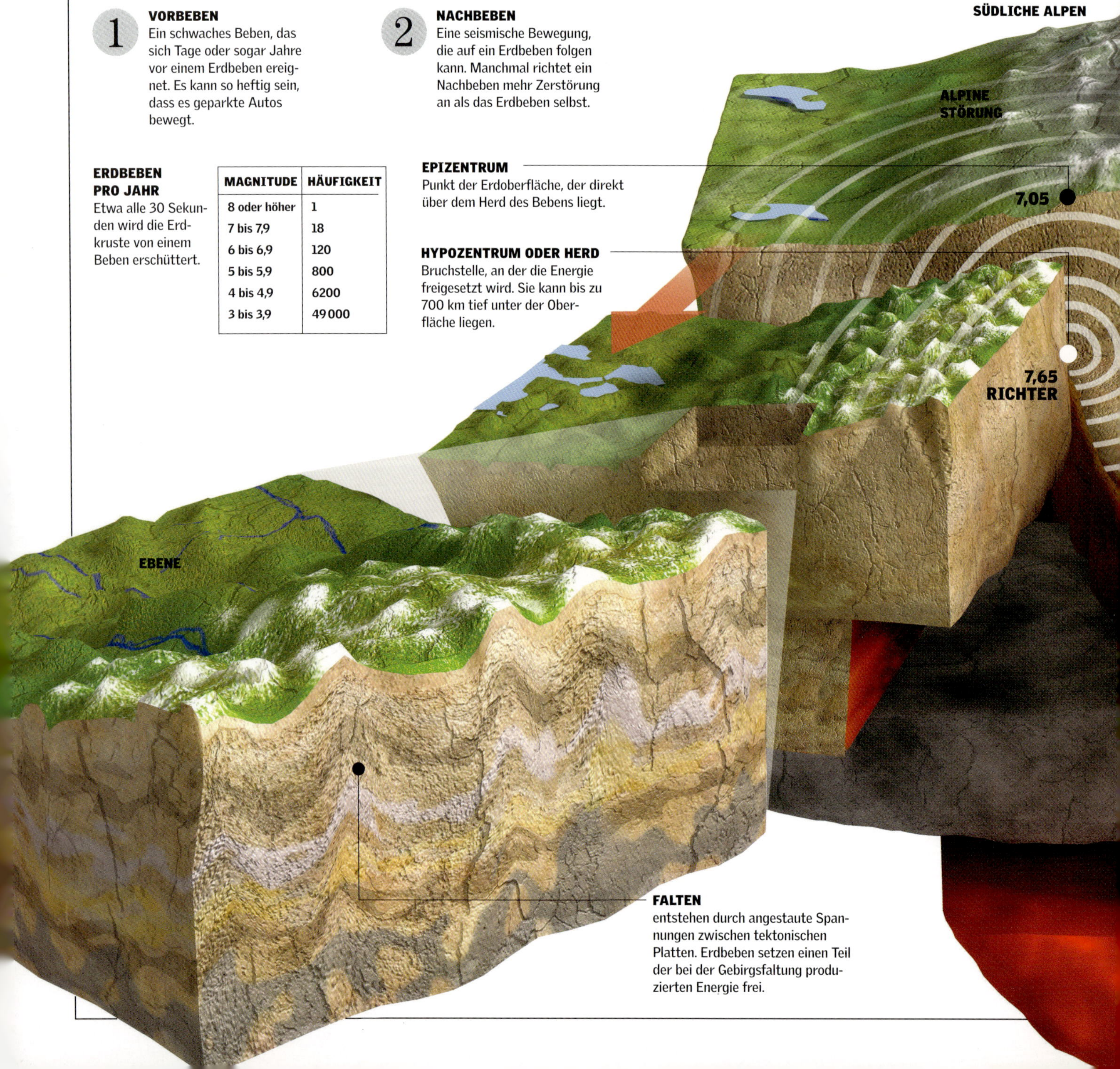

FALTEN
entstehen durch angestaute Spannungen zwischen tektonischen Platten. Erdbeben setzen einen Teil der bei der Gebirgsfaltung produzierten Energie frei.

Ursprung eines Erdbebens

1

SPANNUNGEN BAUEN SICH AUF
Die Platten bewegen sich entlang der Bruchlinie in entgegengesetzte Richtungen. Irgendwann verhaken sie sich ineinander. Die Spannungen zwischen den Platten wachsen.

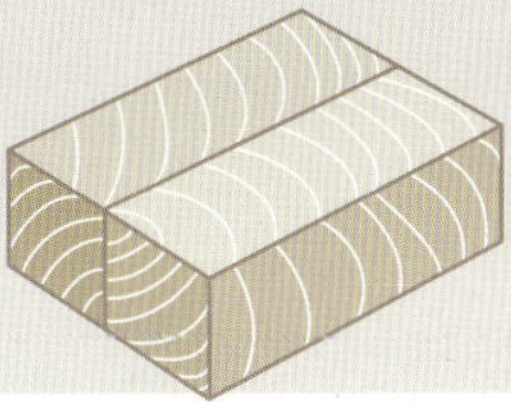

2

SPANNUNG GEGEN WIDERSTAND
Weil die Schubkräfte weiterwirken, auch wenn sich die Platten nicht bewegen, wachsen die Spannungen. Gesteinslagen an der Trennungslinie werden verformt und brechen.

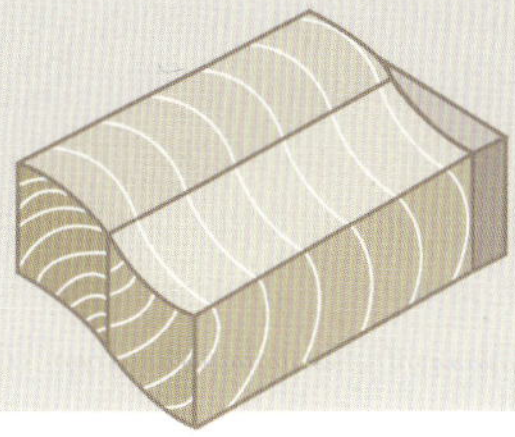

3

ERDBEBEN
Wird der Widerstand des Gesteins überwunden, bricht es und bewegt sich mit einem Ruck. Das so ausgelöste Erdbeben ist typisch für eine Transformstörung.

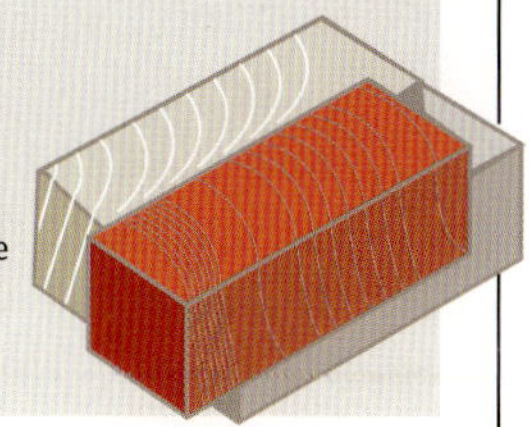

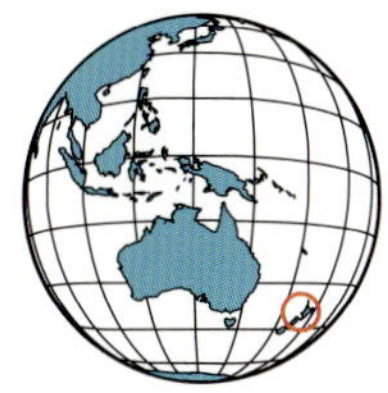

NEUSEELAND
Breite 42° S
Länge 174° O

Oberfläche	1 268 680 km²
Einwohner	4 137 000
Bevölkerungsdichte	13,63 Einwohner pro km²
Erdbeben pro Jahr (>4,0)	60–100
Erdbeben insgesamt pro Jahr	14 000

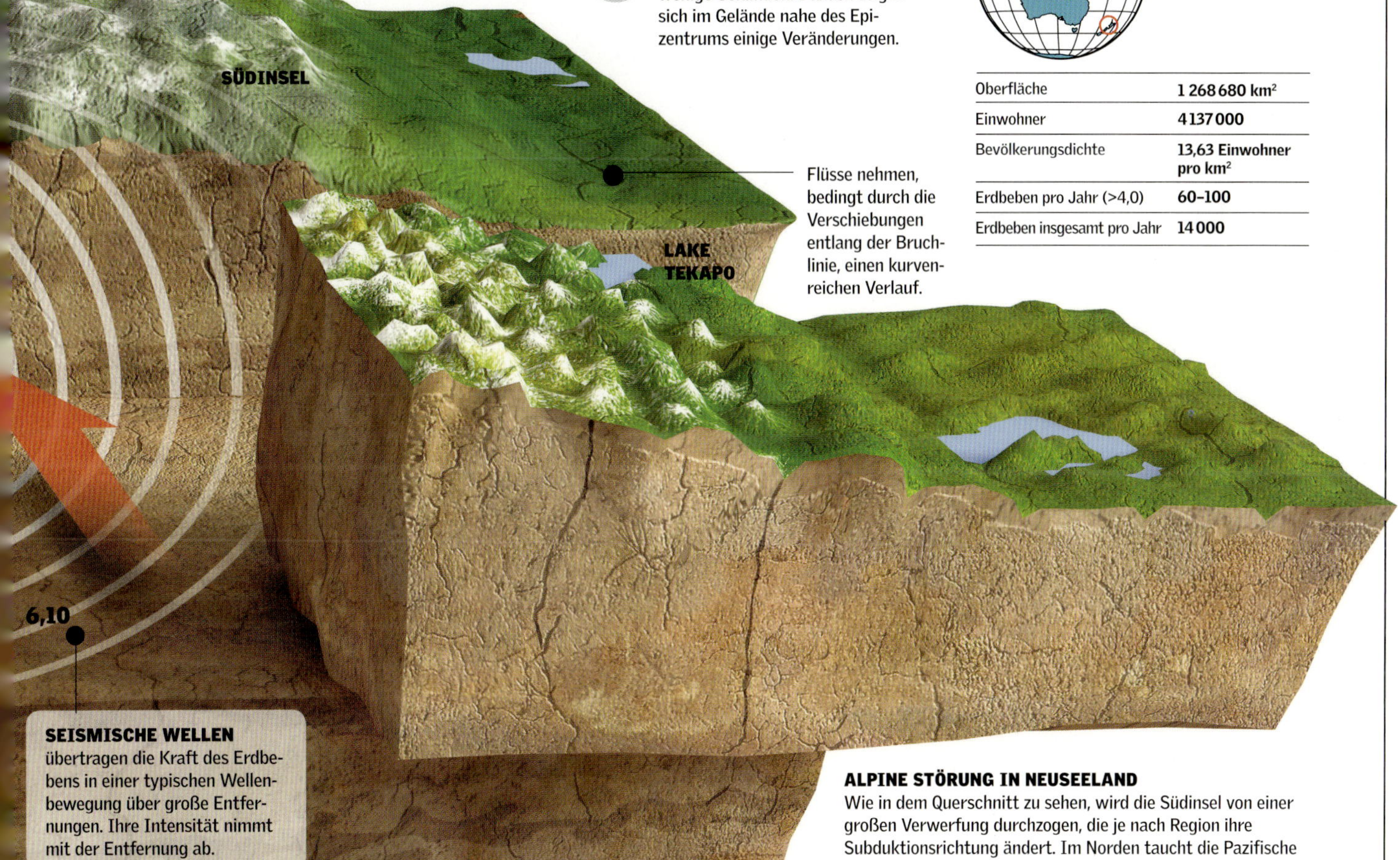

3 ERDBEBEN
Das eigentliche Beben dauert wenige Sekunden. Danach zeigen sich im Gelände nahe des Epizentrums einige Veränderungen.

Flüsse nehmen, bedingt durch die Verschiebungen entlang der Bruchlinie, einen kurvenreichen Verlauf.

SEISMISCHE WELLEN
übertragen die Kraft des Erdbebens in einer typischen Wellenbewegung über große Entfernungen. Ihre Intensität nimmt mit der Entfernung ab.

STÖRUNGSFLÄCHE
Sie ist meist gezackt und nicht gerade. Durch diese Unregelmäßigkeiten verhaken sich die tektonischen Platten bei ihrer Bewegung, was zu Erdbeben führt.

25 km
Durchschnittliche Dicke der Erdkruste unter der Insel

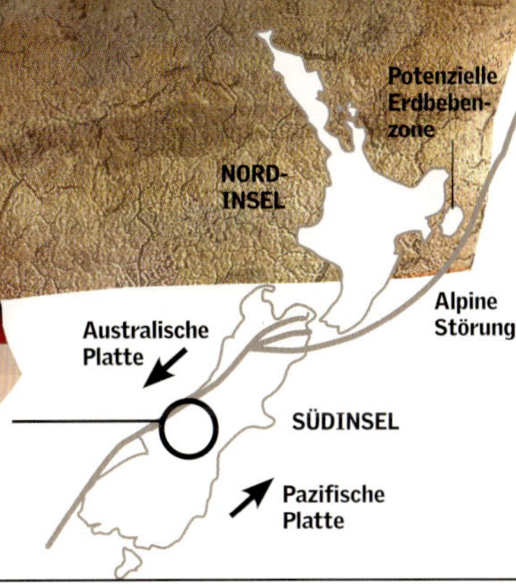

ALPINE STÖRUNG IN NEUSEELAND
Wie in dem Querschnitt zu sehen, wird die Südinsel von einer großen Verwerfung durchzogen, die je nach Region ihre Subduktionsrichtung ändert. Im Norden taucht die Pazifische Platte mit durchschnittlich 4,3 cm pro Jahr unter die Indisch-Australische Platte. Im Süden sinkt die Indisch-Australische Platte mit 3,6 cm pro Jahr unter die Pazifische Platte.

KÜNFTIGE VERFORMUNG DER INSEL

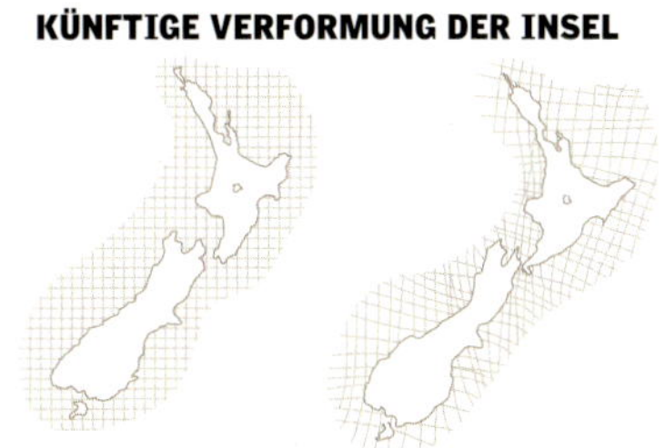

Die Ebene im Westen hat sich im Verlauf der letzten 20 Mio. Jahre fast 500 km nach Norden verschoben.

Elastische Wellen

Seismische Energie ist ein Wellenphänomen, vergleichbar dem Effekt, den ein ins Wasser geworfener Stein auslöst. Seismische Wellen breiten sich vom Hypozentrum, dem Erdbebenherd, in alle Richtungen aus. In hartem Gestein breiten sich die Wellen schneller aus als in lockerem Sediment oder Wasser. Die von diesen Wellen übertragenen Kräfte und ihre Auswirkungen können anhand vereinfachter Wellentypen genauer studiert werden.

HERD
Vom Erdbebenherd breiten sich die Schwingungen aus und erschüttern das Gestein.

3,6 km/s

S-Wellen sind nur etwa halb so schnell wie P-Wellen.

Sie breiten sich nur in Festkörpern aus, denn die durch sie verursachten Scherbewegungen wirken nicht auf Flüssigkeiten. Ihre Bewegungsrichtung ist senkrecht zur Fortpflanzungsrichtung.

Verschiedene Wellenarten

Es gibt zwei grundlegende Wellenarten: Raumwellen und Oberflächenwellen. Die Raumwellen breiten sich im Inneren der Erde aus und übertragen Vorbeben mit geringer Zerstörungskraft. Man unterscheidet dabei Primärwellen (P-Wellen) und Sekundärwellen (S-Wellen). Oberflächenwellen bewegen sich nur an der Erdoberfläche fort. Weil sie in alle Richtungen schwingen, sind sie besonders zerstörerisch.

Richtung der seismischen Wellen

Schwingung der Gesteinspartikel

6 km/s

Typische Geschwindigkeit von P-Wellen in der Kruste

P-Wellen setzen sich in allen Materialien fort. Die Wellen wandern in Richtung ihrer Ausbreitung.

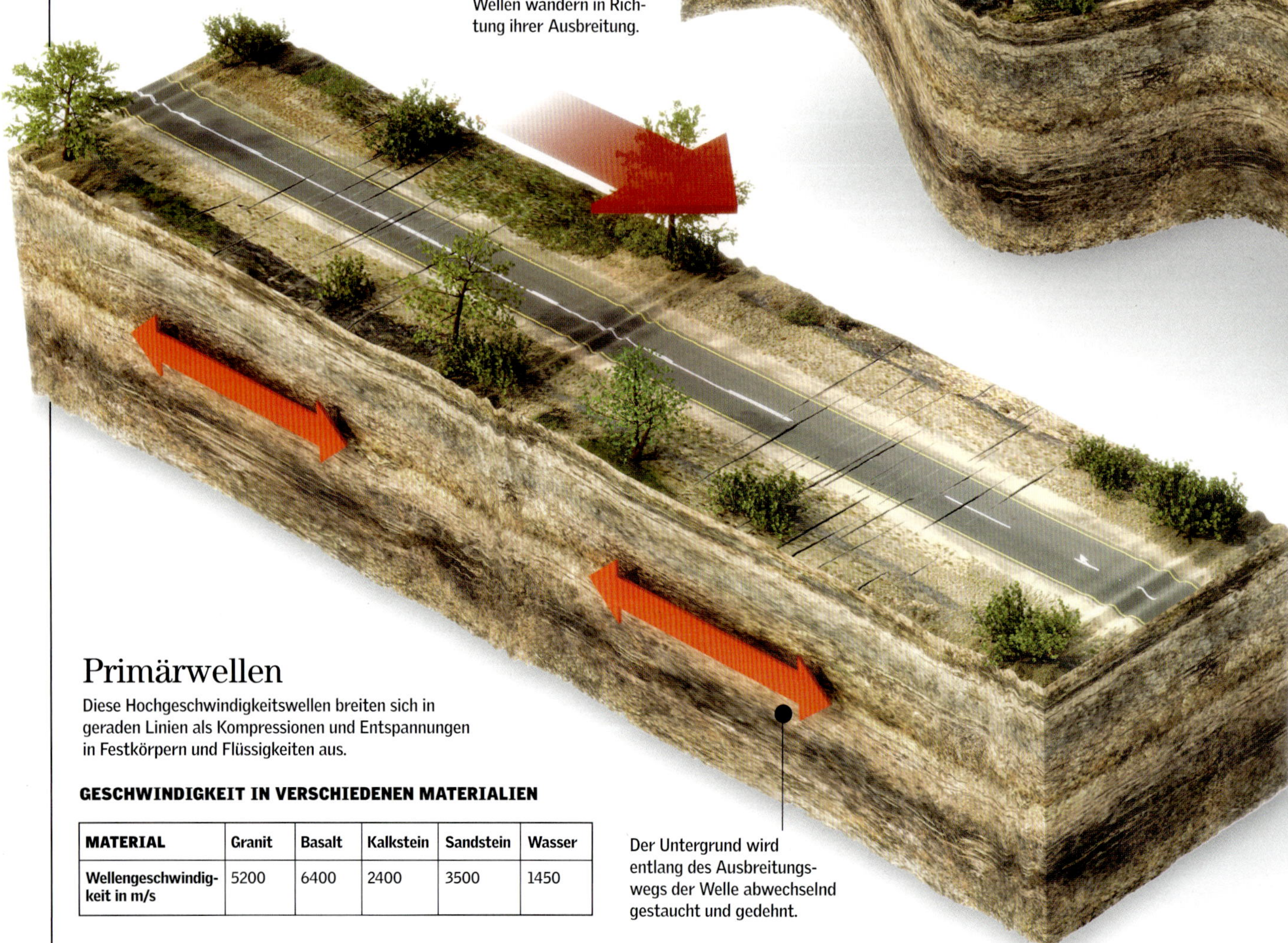

Primärwellen

Diese Hochgeschwindigkeitswellen breiten sich in geraden Linien als Kompressionen und Entspannungen in Festkörpern und Flüssigkeiten aus.

GESCHWINDIGKEIT IN VERSCHIEDENEN MATERIALIEN

MATERIAL	Granit	Basalt	Kalkstein	Sandstein	Wasser
Wellengeschwindigkeit in m/s	5200	6400	2400	3500	1450

Der Untergrund wird entlang des Ausbreitungswegs der Welle abwechselnd gestaucht und gedehnt.

Oberflächenwellen

Sie entstehen an der Erdoberfläche, nachdem P- und S-Wellen das Epizentrum erreicht haben. Die Oberflächenwellen mit ihrer niedrigeren Frequenz haben eine stärkere, zerstörerischere Wirkung auf Festkörper.

3,1 km/s
Geschwindigkeit von Oberflächenwellen im selben Medium

RAYLEIGH-WELLEN
Diese Wellen breiten sich in einer mit Ozeanwellen vergleichbaren Rollbewegung aus und verursachen Brüche im Untergrund senkrecht zu ihrer Fortbewegungsrichtung.

Der Untergrund wird elliptisch bewegt.

Diese Wellen breiten sich mit 90 % der Geschwindigkeit von S-Wellen ausschließlich an der Oberfläche aus.

LOVE-WELLEN
bewegen sich wie horizontale S-Wellen an der Erdoberfläche. Sie sind etwas langsamer und verursachen Brüche parallel zu ihrer Ausbreitungsrichtung.

Der Untergrund wird nach beiden Seiten bewegt.

Der Untergrund wird senkrecht zur Bewegungsrichtung der Welle nach beiden Seiten bewegt.

Sekundärwellen

sind Körperwellen, die das Gestein bei ihrer Ausbreitung nach oben, unten und zur Seite bewegen.

GESCHWINDIGKEIT IN VERSCHIEDENEN MATERIALIEN

MATERIAL	Granit	Basalt	Kalkstein	Sandstein
Wellengeschwindigkeit in m/s	3000	460	1350	2150

AUSBREITUNG VON P- UND S-WELLEN
Der flüssige äußere Kern der Erde absorbiert die S-Wellen, weshalb sie in einem Winkelbereich zwischen 105° und 140° vom Epizentrum aus gesehen nicht auftauchen. P-Wellen gelangen auch durch den Kern, können dabei aber abgelenkt werden.

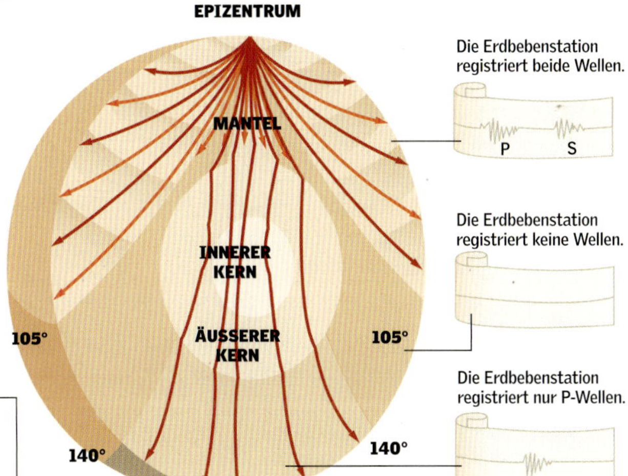

P-Wellen
S-Wellen

Arten von Erdbeben

Obwohl Erdbeben generell alle Arten von Wellen erzeugen, sind meist bestimmte Wellenarten vorherrschend. Eine Klassifikation teilt die Beben danach ein, ob vertikale oder horizontale Schwingungen die intensive Bewegung verursachen. Auch die Herdtiefe kann die Zerstörungskraft beeinflussen.

NACH DER ART DER BEWEGUNG

VERTIKAL
Beben in der Nähe des Epizentrums, wo der vertikale Bewegungsanteil größer ist als der horizontale.

OSZILLIEREND
In weichem Boden wird die horizontale Bewegung von Wellen verstärkt und zu einer sogenannten oszillierenden Bewegung.

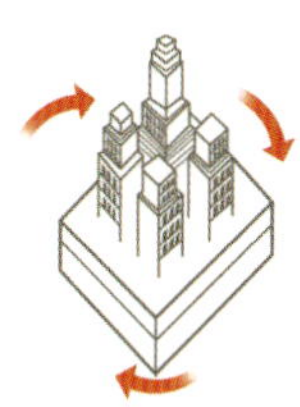

NACH HERDTIEFE

Erdbeben entstehen in Herden in einer Tiefe zwischen 5 und 700 km. 90 % bilden sich im Bereich bis 100 km Tiefe. Den Bereich zwischen 70 und 300 km bezeichnet man als Zwischenbereich. Oberflächliche Beben (mit oft größerer Magnitude) ereignen sich oberhalb dieses Bereichs, tief liegende Erdbeben darunter.

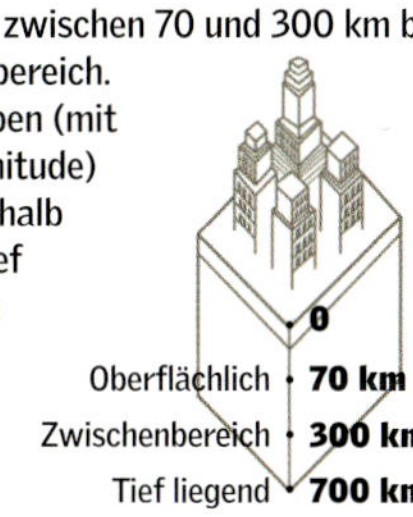

Messung von Erdbeben

Erdbeben lassen sich hinsichtlich Stärke, Dauer und Ort (Epizentrum) erfassen. Für diese Messungen wurden viele wissenschaftliche Instrumente und Vergleichsskalen entwickelt. Seismografen erfassen alle drei Parameter. Die Richterskala beschreibt die Kraft oder Intensität von Erdbeben. Die durch Erdbeben angerichteten Zerstörungen können in vielfältiger Weise bestimmt werden: Anzahl der getöteten, verletzten oder obdachlosen Menschen, Schadens- und Wiederaufbaukosten (Staat, Industrie, Versicherungen), ausgefallene Schultage und so weiter.

CHARLES RICHTER

Amerikanischer Seismologe (1900–1985); entwickelte die nach ihm benannte Magnitudenskala.

Intensität

Bezugsgröße ist die von einem Erdbeben angerichtete Verwüstung.

Modifizierte Mercalliskala

Der italienische Vulkanologe entwickelte zwischen 1883 und 1902 eine Skala zur Messung der Intensität von Erdbeben. Sie bestand zunächst aus zehn, später dann aus zwölf Punkten, die auf der Beobachtung von Auswirkungen seismischer Aktivität beruhten. Die ersten, niedrigen Stufen beziehen sich auf kaum wahrnehmbare Eindrücke. Die höheren Stufen orientieren sich an der Zerstörung von Gebäuden. Die Skala wird oft genutzt, um Schäden in verschiedenen Regionen und unterschiedlichen sozioökonomischen Bedingungen zu vergleichen.

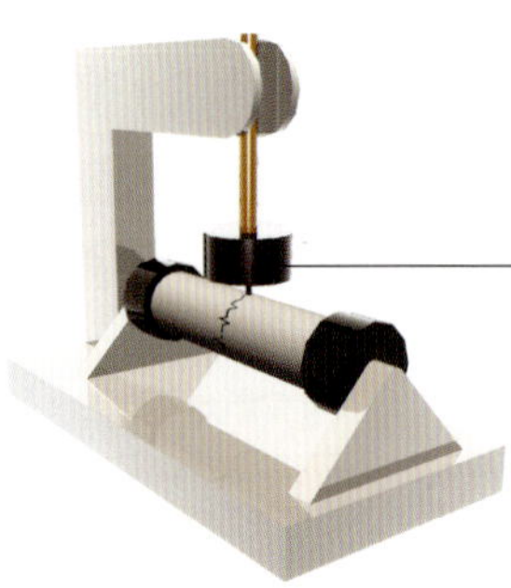

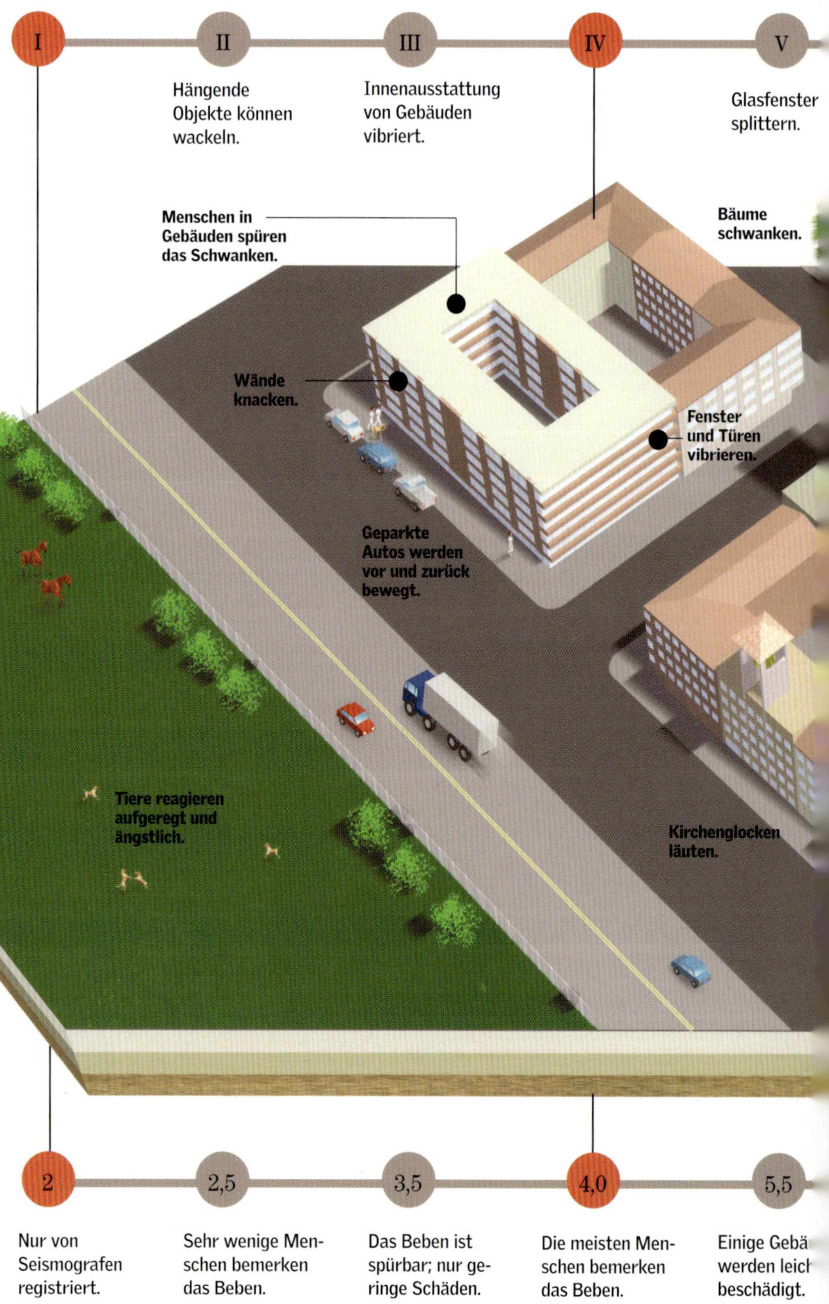

Richterskala

Der Seismologe Charles Richter konzipierte 1935 eine Skala, um die Amplitude der größten von Seismografen erfassten Wellen zu messen. Ein wichtiger Aspekt ist die logarithmische Skaleneinteilung. Mit jedem Punkt nimmt die Stärke der Bewegung um das 10-Fache, die der Energie sogar um das 30-Fache zu. Beben der Magnitude 2 oder geringer sind für Menschen nicht wahrnehmbar. Diese Skala wird weltweit am häufigsten benutzt, denn man kann damit die Stärke von Erdbeben unabhängig von deren Auswirkungen vergleichen.

Magnitude

Größe der bei einem seismischen Vorfall freigesetzten Energie

GIUSEPPE MERCALLI

Italienischer Vulkanologe (1850–1914); entwickelte die erste Skala zur Messung der Intensität von Erdbeben.

EMS-98-Skala

Seit 1998 wird dieses Protokoll in der EU und anderen Ländern, unter anderem in Nordafrika, eingesetzt. Diese Skala beschreibt die Intensität von Erdbeben speziell für den europäischen Kontext, wo hochmoderne Gebäude direkt neben alten Bauten zu finden sind. Erdbeben können dort sehr unterschiedliche Auswirkungen haben. Die Skala umfasst zwölf Punkte, die jeweils Magnitudenstärken mit entsprechenden Zerstörungsgraden verbinden.

VERWENDUNG DER SKALEN WELTWEIT

○ Richter und Mercalli — ● EMS

VI	VII	VIII	IX	X	XI	XII
Jeder kann die Schwankungen spüren.	Alle bemerken das Erdbeben. Menschen fliehen ins Freie.		Gebäude werden beschädigt. Risse bilden sich im Boden.	Eisenbahnschienen werden verdreht.		Völlige Zerstörung. Am Boden sind Wellen sichtbar.

6,0	6,5	7,0	7,5	8,0	8,5	9,0
Kann schwere Schäden verursachen.	Instabile Gebäude werden zerstört.	Kann schwere Schäden in bewohnten Gebieten anrichten.	Größeres Erdbeben mit weitreichenden Schäden.	Einstufung als schweres Beben.	Sehr große Schäden.	Sehr schweres Erdbeben; völlige Zerstörung.

Tsunamis

Erdbeben oder Vulkanausbrüche können einen Tsunami (japanisch für „Hafenwelle") auslösen. Tsunamis breiten sich mit bis zu 800 km/h sehr schnell aus. Sobald sie flachere Gewässer erreichen, nimmt die Geschwindigkeit ab, dafür steigt die Wellenhöhe an. Bei Annäherung an die Küste kann die Wasserwand bis auf 10 m Höhe anwachsen. Die Höhe hängt auch von der Küstenform und der Tiefe der Küstengewässer ab. An Land kann die Welle dann weite Gebiete überfluten und schwere Schäden anrichten. 1960 löste ein Erdbeben vor der chilenischen Küste einen Tsunami aus, der entlang eines 800 km langen Küstenstreifens in Südamerika Ansiedlungen wegschwemmte. Nach 24 Stunden erreichten die Wellen Japan und zerstörten dort Küstenorte.

Das Wort **Tsunami** kommt aus dem Japanischen.

TSU NAMI
Hafen Welle

1

DAS ERDBEBEN
Eine Bewegung des Meeresbodens schiebt enorme Wassermassen nach oben.

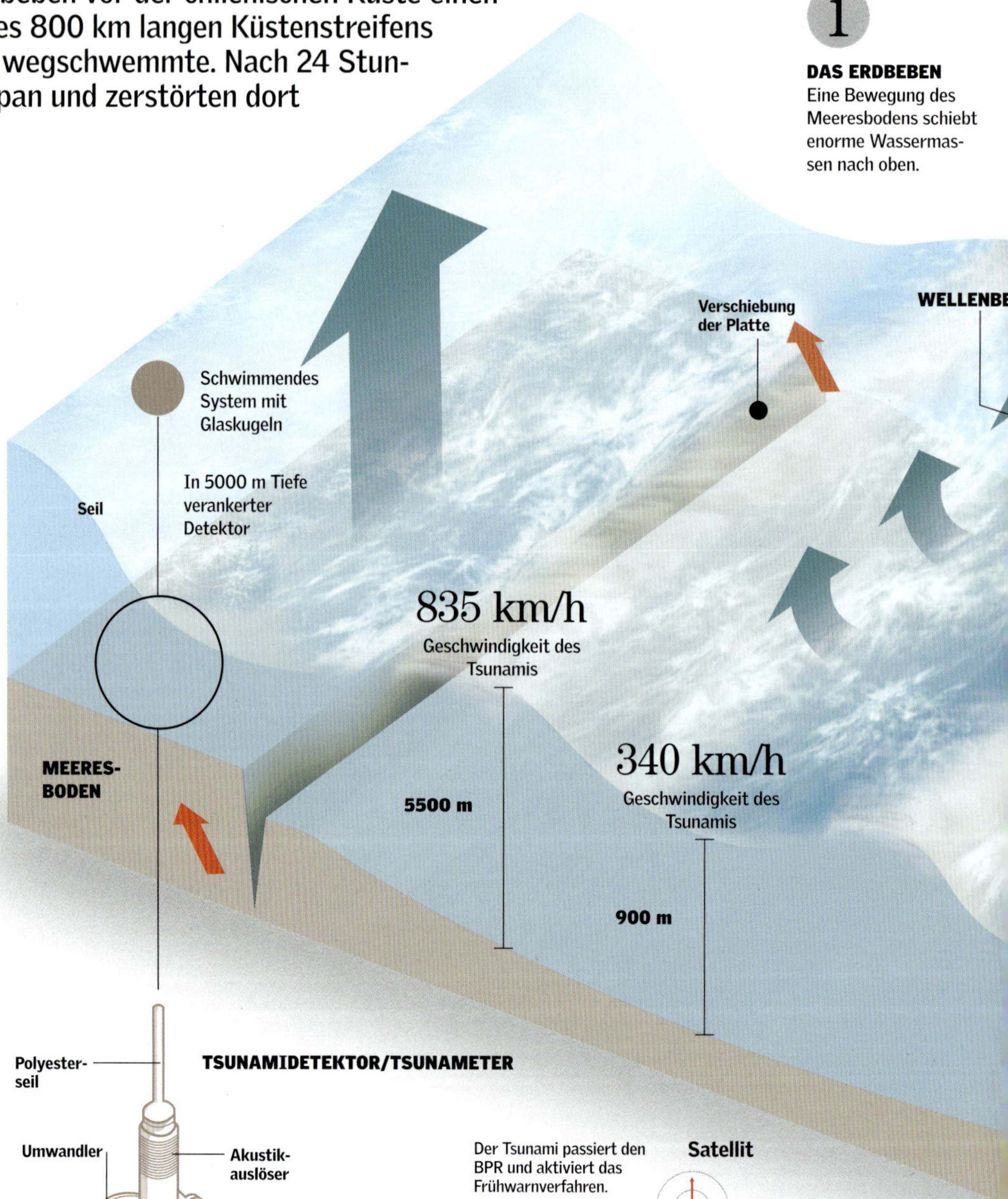

Ursachen/Auslöser

Eine Erschütterung, die Schwingungen an der Meeresoberfläche zur Folge hat, kann durch seismische Bewegungen am Meeresboden verursacht werden. Meist wird sie durch die Auf- oder Abwärtsbewegung eines Blocks der ozeanischen Kruste ausgelöst, die enorme Wassermassen bewegt. Vulkaneruptionen, Meteoriteneinschläge oder Nuklearexplosionen können ebenfalls zu Tsunamis führen.

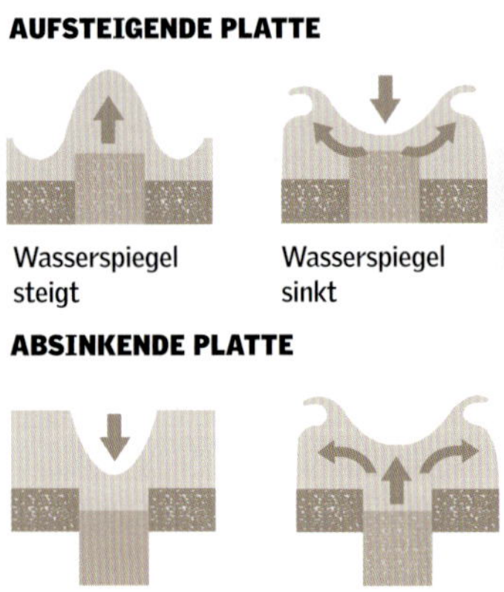

Durch den Niveauausgleich werden die Kräfte zur Wellenbildung freigesetzt.

TSUNAMIDETEKTOR/TSUNAMETER

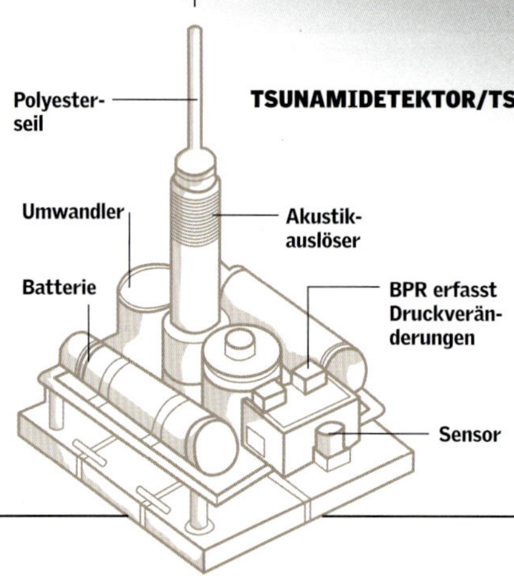

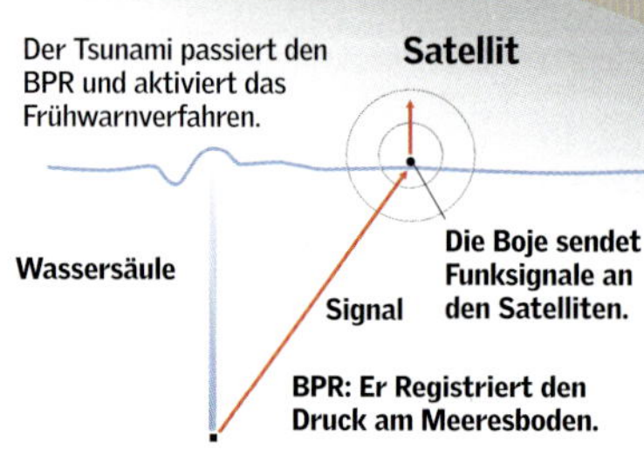

7,5

Nur Erdbeben oberhalb dieser Magnitude auf der Richterskala können einen Tsunami auslösen, der Schäden anrichtet.

WENN DIE WELLE AUF DIE KÜSTE TRIFFT

A Der Wasserspiegel sinkt ungewöhnlich tief ab. Die wachsende Welle „saugt" Wasser von der Küste weg.

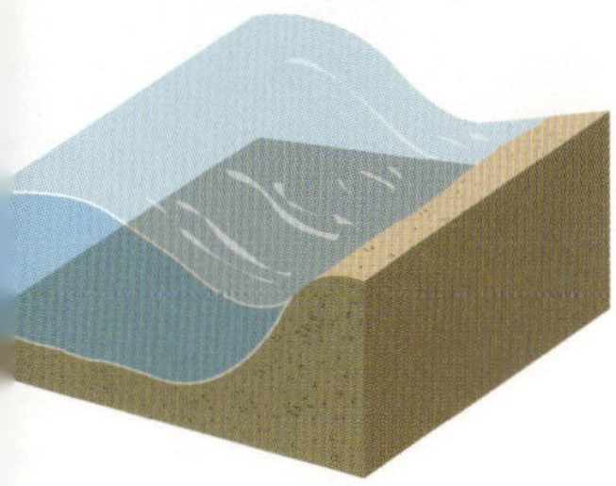

B Die Riesenwelle baut sich auf, bis sie als Wand fast senkrecht aufragt.

C Die Welle bricht sich an der Küste und setzt dabei ihre zerstörerische Energie frei. Es kann eine oder mehrere Wellen geben.

D Das Land ist überflutet. Das Wasser braucht mehrere Stunden oder sogar Tage, bis es seinen normalen Pegel wieder erreicht.

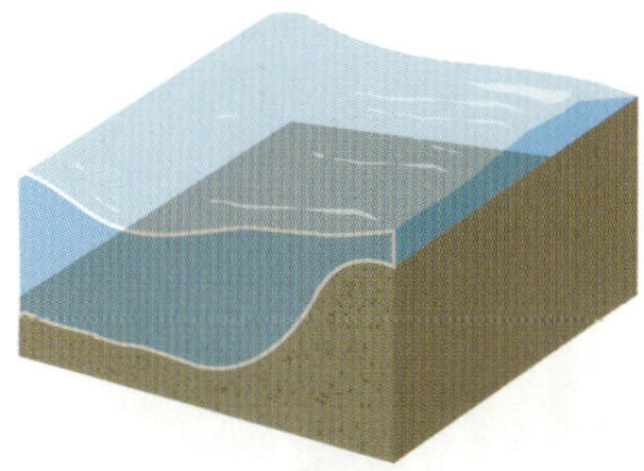

VERGLEICH DER WELLENHÖHE

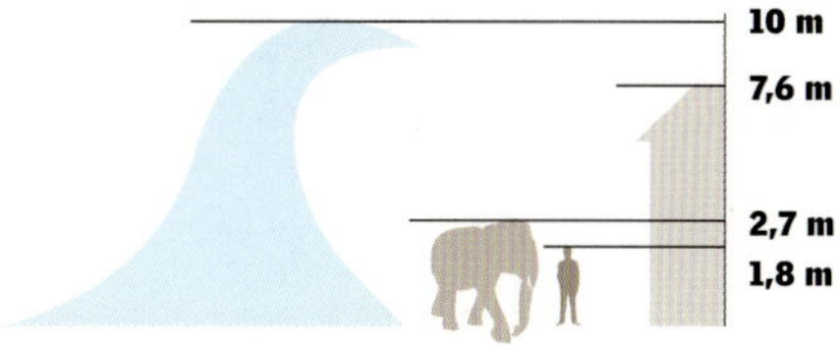

10 m

TYPISCHE HÖHE EINER GROSSEN TSUNAMIWELLE

2

DIE WELLEN BILDEN SICH

Wenn die Wassermassen zurückgehen, beginnt das Wasser zu schwingen. Die Wellen sind kaum einen halben Meter hoch, und man könnte sie mit einem Schiff queren, ohne etwas zu bemerken.

3

DIE WELLEN BREITEN SICH AUS

Wellen können sich über Tausende von Kilometern ausbreiten, ohne sich abzuschwächen. In Küstennähe, wenn das Meer flacher wird, werden die Wellen langsamer, dafür aber höher.

4

TSUNAMI

An der Küste wird der Weg der Wellen blockiert. Wie eine Rampe lenkt der Küstenstreifen die gesamte Kraft der Wellen nach oben.

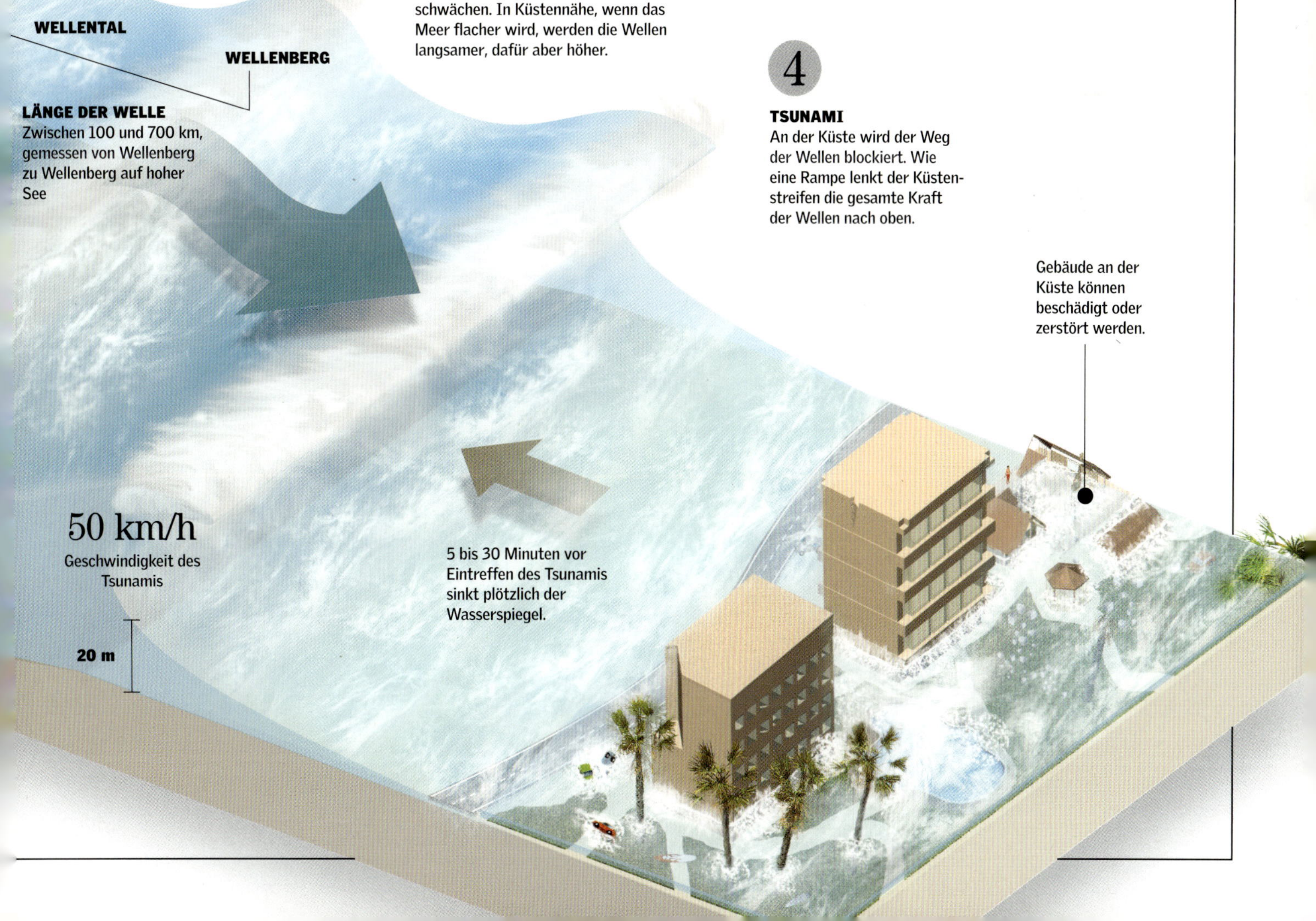

INDISCHER OZEAN

Oberfläche	73,3 Mio. km²
Anteil Erdoberfläche	14 %
Anteil Gesamtvolumen Ozeane	20 %
Länge der Plattengrenzen (beteiligt)	1200 km
Betroffene Länder 2004	21

Dauer

Das Beben dauerte zwischen 8 und 10 Minuten, eine der längsten bekannten Zeitspannen. Die Wellen brauchten 6 Stunden, um das über 8 000 km entfernte Afrika zu erreichen.

Ursache und Wirkung

Am 26. Dezember 2004 kam es zu einem Erdbeben der Stärke 9,0 auf der Richterskala, dem drittstärksten Beben seit 1900. Das Epizentrum lag 160 km vor der Westküste Sumatras in Indonesien. Dieses Beben löste einen Tsunami aus, der alle Küstenregionen des Indischen Ozeans heimsuchte. Die Inseln Sumatra und Sri Lanka waren am stärksten betroffen. Auch Indien, Thailand und die Malediven erlitten Schäden, und selbst in Afrika – in Kenia, Tansania und Somalia – gab es Tote.

7:58

Ortszeit, als der Tsunami ausgelöst wurde (00.58 Uhr Weltzeit).

DIE OPFER

Die Zahlen in dieser Karte geben die geschätzten Opferzahlen als Summe aus bestätigten Todesfällen und der Zahl der Vermissten pro Land an. Insgesamt mussten 1 600 000 Menschen evakuiert werden.

230 507

GESCHÄTZTE TOTE

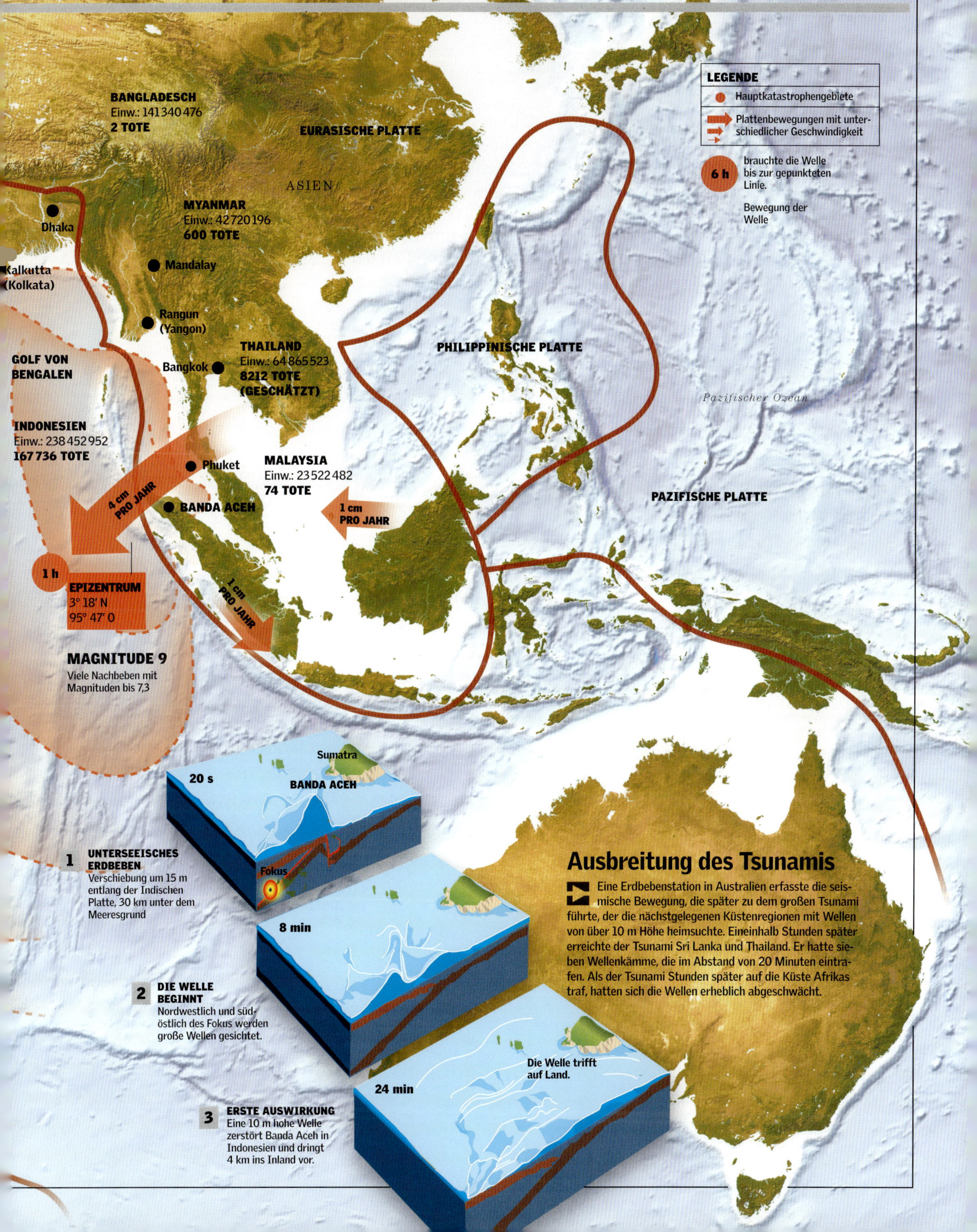

Ausbreitung des Tsunamis

Eine Erdbebenstation in Australien erfasste die seismische Bewegung, die später zu dem großen Tsunami führte, der die nächstgelegenen Küstenregionen mit Wellen von über 10 m Höhe heimsuchte. Eineinhalb Stunden später erreichte der Tsunami Sri Lanka und Thailand. Er hatte sieben Wellenkämme, die im Abstand von 20 Minuten eintrafen. Als der Tsunami Stunden später auf die Küste Afrikas traf, hatten sich die Wellen erheblich abgeschwächt.

Risikogebiete

Risikogebiete findet man überall, wo es aktive Störungen gibt. Solche Verwerfungen sind auf der Erde sehr zahlreich, sie treten häufig in der Nähe von Gebirgszügen und des Mittelozeanischen Rückens auf. Unglücklicherweise entstanden in der Nachbarschaft dieser gefährlichen Orte viele bevölkerungsreiche Zentren, die bei einem Erdbeben zum Katastrophengebiet werden. In Bereichen, in denen tektonische Platten zusammenstoßen, ist die Gefahr noch größer.

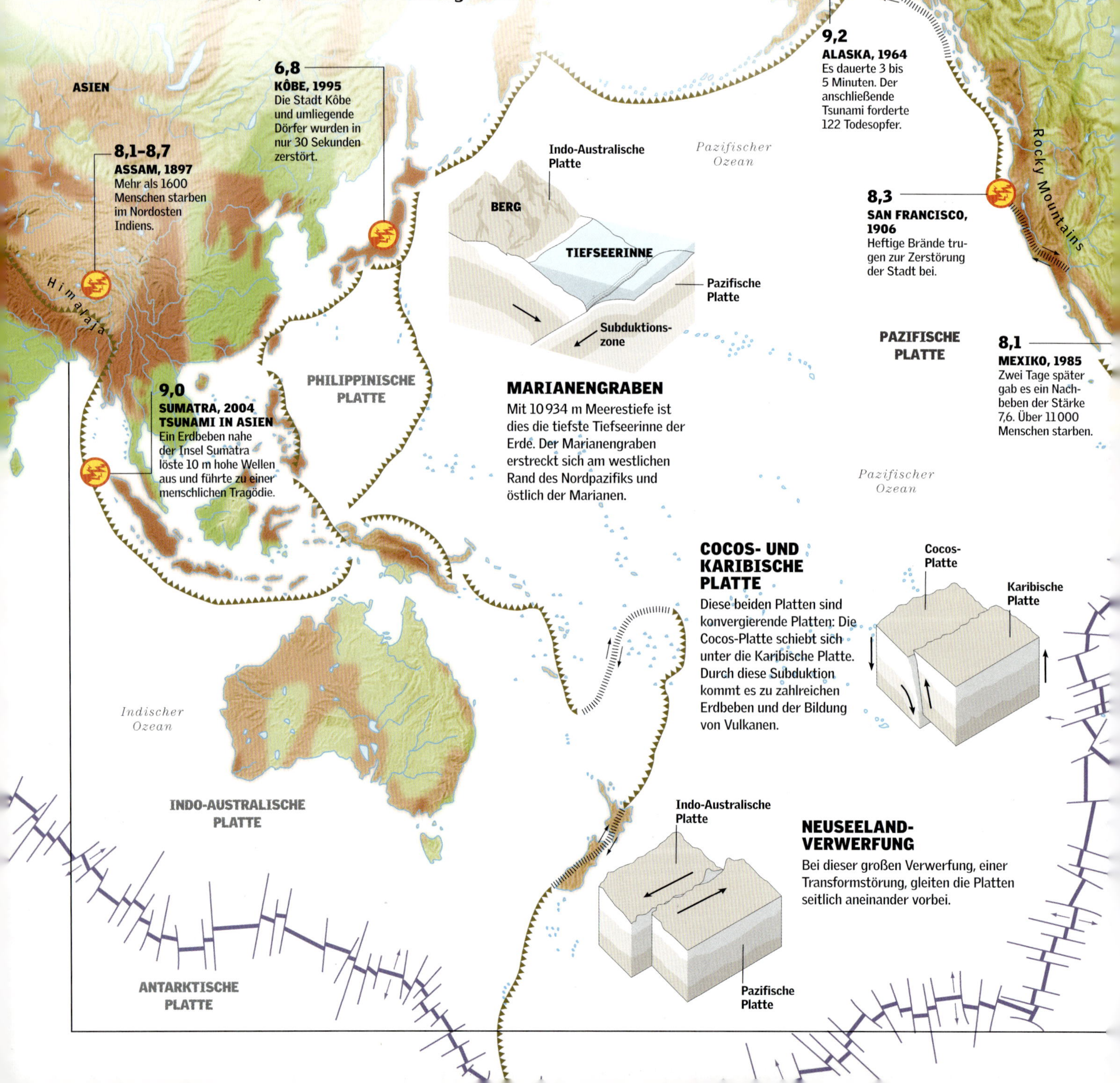

8,1–8,7
ASSAM, 1897
Mehr als 1600 Menschen starben im Nordosten Indiens.

6,8
KÔBE, 1995
Die Stadt Kôbe und umliegende Dörfer wurden in nur 30 Sekunden zerstört.

9,2
ALASKA, 1964
Es dauerte 3 bis 5 Minuten. Der anschließende Tsunami forderte 122 Todesopfer.

8,3
SAN FRANCISCO, 1906
Heftige Brände trugen zur Zerstörung der Stadt bei.

8,1
MEXIKO, 1985
Zwei Tage später gab es ein Nachbeben der Stärke 7,6. Über 11 000 Menschen starben.

9,0
SUMATRA, 2004
TSUNAMI IN ASIEN
Ein Erdbeben nahe der Insel Sumatra löste 10 m hohe Wellen aus und führte zu einer menschlichen Tragödie.

MARIANENGRABEN

Mit 10 934 m Meerestiefe ist dies die tiefste Tiefseerinne der Erde. Der Marianengraben erstreckt sich am westlichen Rand des Nordpazifiks und östlich der Marianen.

COCOS- UND KARIBISCHE PLATTE

Diese beiden Platten sind konvergierende Platten: Die Cocos-Platte schiebt sich unter die Karibische Platte. Durch diese Subduktion kommt es zu zahlreichen Erdbeben und der Bildung von Vulkanen.

NEUSEELAND-VERWERFUNG

Bei dieser großen Verwerfung, einer Transformstörung, gleiten die Platten seitlich aneinander vorbei.

Regionen mit höchstem Risiko

Erdbeben sind kaum vorhersehbar und gehören zu den zerstörerischsten Naturerscheinungen. In wenigen Sekunden verschieben sie den Untergrund und reißen ihn auf. In einem Gebiet, wo seismische Aktivität und hohe Bevölkerungsdichte zusammentreffen, verwandeln sich dabei friedliche Städte in fürchterliche Katastrophengebiete. Auf dem Land, wo Erdbeben deutlich geringere Auswirkungen haben, fordern einstürzende Gebäude die meisten Opfer.

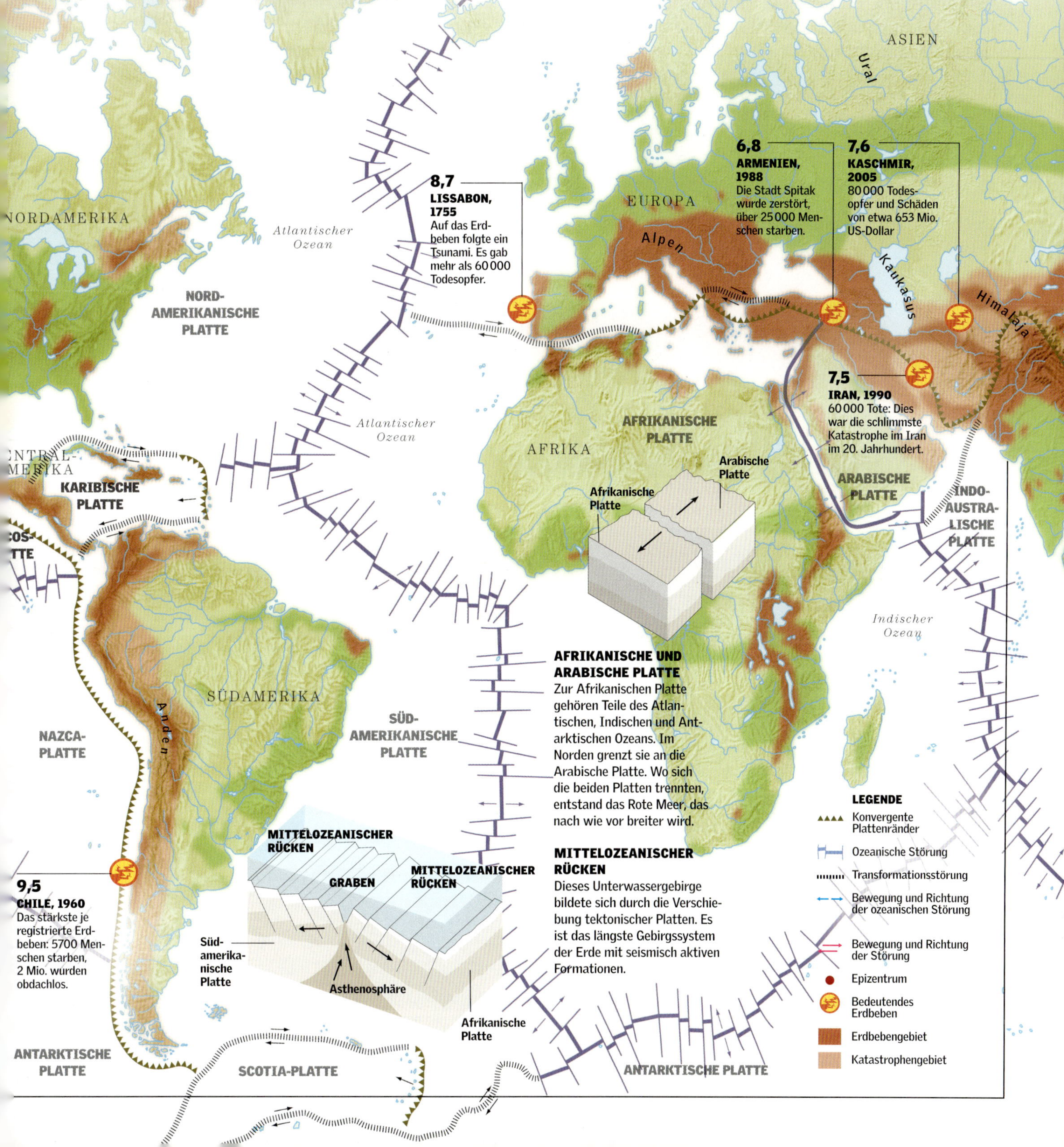

AFRIKANISCHE UND ARABISCHE PLATTE
Zur Afrikanischen Platte gehören Teile des Atlantischen, Indischen und Antarktischen Ozeans. Im Norden grenzt sie an die Arabische Platte. Wo sich die beiden Platten trennten, entstand das Rote Meer, das nach wie vor breiter wird.

MITTELOZEANISCHER RÜCKEN
Dieses Unterwassergebirge bildete sich durch die Verschiebung tektonischer Platten. Es ist das längste Gebirgssystem der Erde mit seismisch aktiven Formationen.

Historische Erdbeben

Die Erde lebt. Sie bewegt sich, verschiebt sich und wird seit Anbeginn von Erdbeben erschüttert. Erdbeben variieren von sanften Schwankungen bis hin zu heftigen, angsteinflößenden Schockwellen. Viele Erdbeben sind als schlimmste Naturkatastrophen in die Geschichte der Menschheit eingegangen. Lissabon in Portugal 1755, Valdivia in Chile 1960 und Kaschmir in Pakistan 2005 sind nur drei Beispiele für die körperlichen, materiellen und emotionalen Schäden, die ein Erdbeben in einer Bevölkerung anrichten kann.

1995

KÔBE, JAPAN

Magnitude	**6,8 (Richter)**
Todesopfer	**6433**
Materielle Schäden	**100 Mrd. US-Dollar**

Das sogenannte Hanshin-Awaji-Erdbeben traf am 17. Januar 1995 die japanische Hafenstadt Kôbe. Es forderte 6000 Todesopfer. 38 000 Menschen wurden verletzt und 319 000 mussten in über 1200 Notlagern untergebracht werden. Der Stadtbezirk Nagata wurde mit am stärksten getroffen. Fast 80 % der Opfer kamen bei den Bränden um, die im Anschluss an das Beben die alten Holzhäuser vernichteten.

1755

LISSABON, PORTUGAL

Magnitude	**8,7 (Richter)**
Todesopfer	**62 000**
Materielle Schäden	**Unbekannt**

Man feierte das Fest Allerheiligen, und um 9:20 Uhr morgens war fast die gesamte Bevölkerung Lissabons in der Kirche. Während der Messfeier bebte plötzlich die Erde. Es war eines der schlimmsten und opferreichsten Erdbeben der Geschichte. Das Beben löste einen Tsunami aus, der viele in den Hafen Geflüchtete tötete und bis Norwegen und Nordamerika spürbar war.

1906

SAN FRANCISCO, USA

Magnitude	**8,3 (Richter)**
Todesopfer	**3000**
Materielle Schäden	**5 Mrd. US-Dollar**

Die Stadt wurde von dem Erdbeben und den dadurch ausgelösten Bränden schwer getroffen. Das Beben wurde durch einen über 64 km langen Bruch in der San-Andreas-Verwerfung ausgelöst. Das größte Erdbeben in der Geschichte der USA machte 300 000 Menschen obdachlos und richtete immense Schäden an. Gebäude stürzten ein, die Brände wüteten drei Tage, und die Wasserversorgung brach zusammen.

1960

VALDIVIA, CHILE

Magnitude	**9,5 (Richter)**
Todesopfer	**5700**
Materielle Schäden	**500 Mio. US-Dollar**

Das Große Chile-Erdbeben war das stärkste Erdbeben des 20. Jahrhunderts und eines der schwersten Beben seit Menschengedenken. Die dabei erzeugten Oberflächenwellen waren so heftig, dass sie noch 60 Stunden später von Seismografen registriert wurden. Das in verschiedenen Teilen der Erde spürbare Erdbeben führte zu einem schweren Tsunami, der sich im Pazifischen Ozean ausbreitete und mehr als 60 Tote auf Hawaii forderte. Die Nachbeben hielten eine Woche an; über 5000 Menschen starben, und fast 2 Mio. wurden obdachlos.

1985

MEXIKO CITY, MEXIKO

Magnitude	**8,1 (Richter)**
Todesopfer	**11 000**
Materielle Schäden	**1 Mrd. US-Dollar**

Die Stadt bebte erstmals am 19. September. Zwei Tage später folgte ein Nachbeben der Stärke 7,6 auf der Richterskala. Die Katastrophe forderte 11 000 Tote, außerdem gab es 30 000 Verletzte und 95 000 Obdachlose. Als sich die Cocos-Platte unter die Nordamerikanische Platte schob, brach diese 20 km tief in der Erdkruste auf. Die Erschütterungen des Meeresbodens vor der südwestlichen Küste Mexikos führten zu einem Tsunami und setzten 1000-mal mehr Energie frei als eine Atombombe. Starke seismische Wellen setzten sich nach Osten bis ins 350 km entfernte Mexiko City fort.

2004

SUMATRA, INDONESIEN

Magnitude	**9,0 (Richter)**
Todesopfer	**230 507**
Materielle Schäden	**Nicht schätzbar**

Das Epizentrum des Seebebens vom 26. Dezember lag vor der indonesischen Insel Sumatra. Dieses Beben löste einen Tsunami aus, der den gesamten Indischen Ozean erfasste. Zunächst traf er auf die Inseln Sumatra und Sri Lanka, dann erreichte er die Küsten Indiens und Thailands, die Malediven und sogar Kenia und Somalia. Es war eine erschütternde menschliche Tragödie, verbunden mit unkalkulierbaren wirtschaftlichen Schäden.

2005

KASCHMIR, PAKISTAN

Magnitude	**7,6 (Richter)**
Todesopfer	**80 000**
Materielle Schäden	**653 Mio. US-Dollar**

Dieses Erdbeben war eines der schwersten auf dem indischen Subkontinent. Es ereignete sich am 8. Oktober 2005 in der Region Kashmir, im Grenzgebiet zwischen Indien und Pakistan. Das Beben begann um 9:20 Uhr, genau während der Schulstunden, weshalb viele Kinder unter den Opfern waren, die beim Einsturz ihrer Schulgebäude starben. Es war das stärkste Erdbeben in der Region seit einem Jahrhundert – 3 Mio. Menschen wurden obdachlos. In den am schwersten betroffenen Gebieten wurde der gesamte Viehbestand vernichtet, ganze Felder verschwanden unter Erde und Gestein. Das Epizentrum lag nahe Islamabad, in den Bergen des von Pakistan regierten Teils von Kaschmir.

NACH DEM HORROR Die Welt war erschüttert, als sie die schrecklichen Bilder aus Kôbe sah, der einst blühenden, nun in Trümmern liegenden japanischen Stadt am Meer.

4 DIE WELT DER PFLANZEN

148

160

Das Pflanzenreich 148

Algen und Farne 160

Samenpflanzen 170

Pilze 188

170

188

Das Pflanzenreich

Nach heutiger wissenschaftlicher Erkenntnis sind Algen, die die Ufer von Lagunen besiedelten, die Vorfahren der höheren Pflanzen. Von diesen Standorten aus entwickelten sich die ersten Landpflanzen. Die meisten mussten sich anpassen, um unterschiedliche Lebensräume erobern zu können. Dies brachte mitunter ein

PFLANZLICHES LEBEN
Blätter stellen bei Landpflanzen die Hauptorgane der Fotosynthese dar. Nachdem die Pflanzen vor mehr als 440 Mio. Jahren das Land erobert hatten, stieg die Fotosyntheserate allmählich immer weiter an.

150 Ein Leben in Stille
152 Wasserpflanzen
154 Landeroberung
156 Anatomie eines Baumes
158 Nahrungsquelle Licht

erstaunliches Größenwachstum hervor, wie beim Riesenmammutbaum (*Sequoiadendron giganteum*), der über 80 m Höhe und an der Basis einen Durchmesser von 30 m erreichen kann. Pflanzen wachsen, indem sich ihre Zellen vervielfältigen und ausdehnen. Viele schaffen 1 cm pro Tag und erzeugen dabei so starken Druck, dass sie Risse in Asphalt sprengen.

Ein Leben in Stille

Das Reich der Pflanzen umfasst mit mehr als 300 000 Arten eine Fülle unterschiedlicher Lebensformen. Eines ihrer hervorstechendsten Merkmale ist der Besitz von Chloroplasten. Sie enthalten Chlorophyll, ein Pigment, mit dessen Hilfe Pflanzen Sonnenenergie in chemische Energie umwandeln können. Diese nutzen sie für die Nahrungsproduktion. Pflanzen müssen sich an ein Substrat (normalerweise der Erdboden) anheften, aus dem sie Wasser und Nährstoffe beziehen; dadurch sind sie jedoch unfähig, sich von Ort zu Ort zu bewegen. Algen und Pilze wurden früher dem Pflanzenreich zugerechnet, gelten heute jedoch als eigenständige Reiche: „Protisten" und „Fungi".

MOOS
Sphagnum spec.

ROTALGEN
Rhodomela spec.

Algen

werden gemeinhin als Wasserpflanzen angesehen, aber das stimmt so nicht, denn sie besitzen weder Wurzeln noch Sprossachsen. Da sie im Wasser leben (Salz- oder Süßwasser), benötigen sie kein Substrat. Manche Arten sind mikroskopisch klein, andere bilden riesige Formationen im Meer. Algen werden nach ihrer Farbe und ihren Pigmenten in Klassen eingeteilt. Grünalgen besitzen wie die Pflanzen Chloroplasten und speichern Stärkekörner im Zytoplasma als Energiereserve.

Moose

Dazu gehören Laub-, Horn- und Lebermoose. Moose haben keine Wurzeln, sondern Rhizoide. Obwohl sie mit ihrer gesamten Oberfläche Wasser aufnehmen können, sind sie nicht dafür ausgestattet, lange Dürrezeiten zu überstehen. Während einer Trockenperiode gehen Moose in einen Ruhezustand über. Da sie kein Adersystem besitzen, um Nährstoffe zu verteilen, können sie nicht viel länger als 1 cm werden. Für die Fortpflanzung sind sie auf die Nähe von Wasser angewiesen.

Pflanzen

Das Pflanzenreich (Planta) besteht aus Organismen, zu deren charakteristischen Merkmalen der Besitz von Chlorophyll zählt. Mithilfe dieses Pigments können sie Sonnenenergie in chemische Energie umwandeln, die sie für die Synthese von Kohlenhydraten aus Wasser und Kohlendioxid benötigen. Diese Fähigkeit nennt man „Autotrophie". Alle Pflanzen, ob groß oder klein, spielen eine wichtige Rolle als Nahrungslieferanten für andere Lebewesen. Pflanzen sind ortsgebunden, aber ihre Gameten, Sporen (Zellen, die zur ungeschlechtlichen Vermehrung und Verbreitung dienen) und Samen können sich fortbewegen, vor allem mithilfe von Wasser oder Wind.

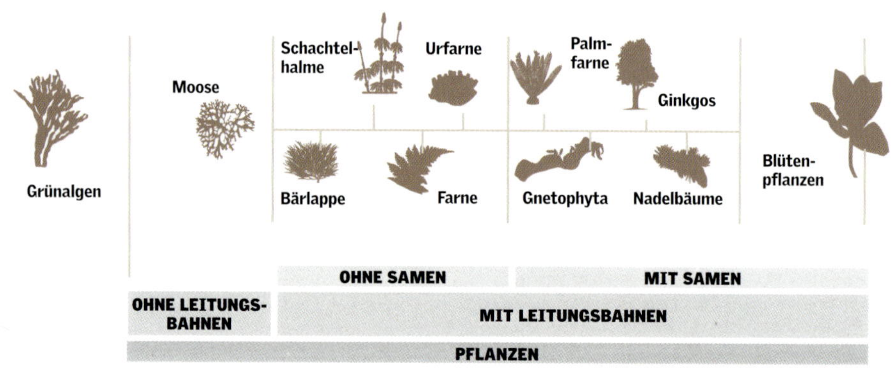

FARN
Osmunda spec.

FARNE
bilden die vielfältigste Gruppe innerhalb der Gefäßpflanzen. Ihre Ursprünge reichen bis ins Devon zurück.

MOOSFARNE
haben schuppenartige Blätter, von denen manche zu einem Stachel zusammengefasst sind.

URFARNE
sind sehr einfach gebaute Pflanzen: Wurzeln und echte Blätter fehlen, allerdings besitzen sie einen Stängel mit Leitungsbahnen.

SCHACHTELHALME
haben wurzelartige Rhizome, mehrgliedrige Sprosse und echte Blätter. Diese sind meist klein und sitzen in Wirteln am Stängel.

Ohne Samen

Farne sind heutzutage die häufigsten samenlosen Pflanzen. Vermutlich entstanden viele Arten bereits im Devon und erreichten ihre Hauptblütezeit im Karbon. Ihre Gewebe sind einfacher gestaltet als die der Samenpflanzen; ihre grünen Stängel bilden eine große Oberfläche aus, die der Fotosynthese dient. Farne benötigen Wasser, um sich mithilfe von Sporen fortzupflanzen. Diese Sporen werden in Sporenbehältern, den sogenannten „Sporangien", gebildet, die an besonderen, als Sporophylle bezeichneten Blättern wachsen.

PALMFARNE
sind tropische, palmenartige Pflanzen. Ihre Vermehrung erfolgt ähnlich wie bei den Kiefern, allerdings sind sie diözisch, das heißt, jede Pflanze trägt nur Blüten eines Geschlechts.

GINKGOS
In dieser Gruppe gibt es nur noch eine Spezies, die somit die älteste unter allen rezenten Baumarten darstellt.

NADELBÄUME
oder Koniferen sind die formenreichste Artengruppe der Samenpflanzen. Ihre Samenanlagen entwickeln sich in „Zapfen". Die meisten Nadelhölzer sind immergrün.

GNETOPHYTA
Diese zu den Nacktsamern zählenden Pflanzen haben ein Gefäßsystem, das dem der Bedecktsamer ähnelt.

Gymnospermae

Das griechische Wort bedeutet „Nacktsamer". Bei diesen Gefäßpflanzen sind die Samenanlagen nicht in einem Fruchtknoten eingeschlossen, sondern liegen frei. Ursprünglich waren Ginkgos (Ginkgophyta) und Palmfarne (Cycadophyta) die artenreichsten Gruppen, heute sind es die Nadelhölzer (Coniferopsida), zu denen beispielsweise Kiefern, Lärchen, Zypressen und Tannen gehören. Koniferen sind monözisch, das heißt, dieselbe Pflanze trägt sowohl männliche als auch weibliche Blüten. Ihre Samen sitzen zwischen den Schuppen der als Zapfen bezeichneten Blütenstände.

SITKA-FICHTE
Picea sitchensis

Pilze

gehören nicht zu den Pflanzen, sondern bilden ein selbstständiges Reich. Sie unterscheiden sich vor allem dadurch, dass sie keine Fotosynthese betreiben und Energie in Form von Glykogen und nicht als Stärke speichern. Pilze sind heterotroph (sie beziehen ihre Nahrung von anderen Organismen) und nehmen Nährstoffe durch Absorption auf. Sie können entweder parasitisch leben oder sich von totem organischem Material ernähren. Manche Spezies sind mikroskopisch klein, andere groß und auffallend. Ihr Körper besteht aus einem Myzel, das sich aus fadenförmigen, Hyphen genannten Zellen zusammensetzt. Manche Pilze bilden Fruchtkörper aus.

ZWEISPORIGER EGERLING
Agaricus bisporus

ORCHIDEE
Cattleya trianae

WEIZEN
Triticum spec.

ORCHIDEEN
haben viele Blütenblätter, wobei die genaue Anzahl immer ein Vielfaches von drei bildet. Sie gehören zusammen mit den Süßgräsern zur Gruppe der Einkeimblättrigen (Monokotyledonen).

Angiospermen

Die Bedecktsamer besitzen Samen, Blüten und Früchte. Zu ihnen gehören mehr als 250 000 Spezies, die mit Ausnahme der Antarktis jeden Lebensraum erobert haben. Sie vermehren sich geschlechtlich durch Blüten, die sich später in Samen tragende Früchte umwandeln. Angiospermen haben ein effizientes Gefäßsystem, mit dem sie Wasser (über das Xylem) und Nährstoffe (über das Phloem) transportieren. Sie bilden innerhalb des Pflanzenreichs eine eigene Klasse, zu der Pflanzen mit auffälligen Blüten, Getreidearten wie Reis oder Weizen, andere Feldfrüchte wie Baumwolle, Tabak und Kaffee sowie Laubbäume wie Eiche, Kirsche und Kastanie gehören.

GETREIDE
gehört zu den Monokotyledonen. Die Samen weisen nur ein Keimblatt (Kotyledone) auf, die voll entwickelten Blätter haben parallele Adern.

Wasserpflanzen

Wasserpflanzen sind speziell an das Leben in Teichen, Seen, Bächen und Flüssen angepasst – Standorte, an denen andere Landpflanzen nicht wachsen können. Obwohl sie zu vielen verschiedenen Familien gehören, zeigen sie ähnliche Anpassungen und sind daher ein gutes Beispiel für adaptive Konvergenz. Es gibt Pflanzen, die unter Wasser leben, und solche, die schwimmen. Manche halten sich mithilfe von Wurzeln am Boden fest. Schwimmfähige Pflanzen haben Blätter über und unter der Wasseroberfläche, während bei heliophilen Arten nur die Wurzeln unter Wasser sind.

Eine lebenswichtige Rolle

Wasserpflanzen spielen als Nahrungsquelle und Unterschlupf eine wichtige Rolle im Ökosystem, und zwar nicht nur für Krebse, Insekten und Würmer, sondern auch für Fische, Vögel und Säugetiere. Außerdem tragen sie erheblich dazu bei, Sonnenenergie in organisches Material umzuwandeln, von dem viele Organismen abhängig sind.

Wasserpflanzen mit Wurzeln

Diese Arten findet man häufig in stehenden oder langsam fließenden Gewässern. Sie sind mittels Rhizomen am Boden befestigt und haben gestielte Blätter (Blätter, die mit einem Stiel am Spross ansetzen), die an der Wasseroberfläche schwimmen. Bei manchen Arten sind die Blätter vollständig unter Wasser, bei anderen treiben sie auf der Oberfläche, bei wieder anderen ragen sie aus dem Wasser heraus. Im Fall der Schwimmblätter ist die Oberseite anders beschaffen als die Unterseite, die mit dem Wasser in Kontakt steht.

SCHWIMMBLÄTTER
Die Rhizome verankern die Pflanze. Die Blätter sitzen an langen Stielen, und die Blattflächen schwimmen auf dem Wasser.

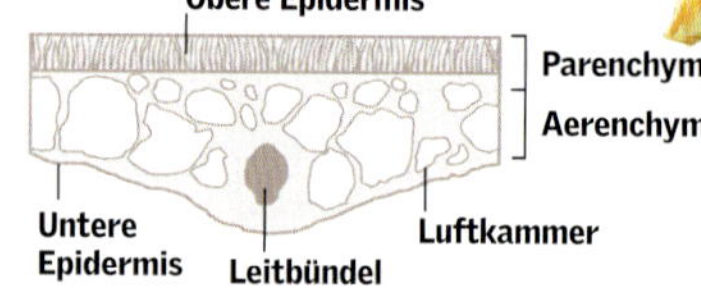

BRASILIANISCHES TAUSENDBLATT
Myriophyllum aquaticum
Diese Pflanze kommt in tropischen und subtropischen Regionen vor und ist sehr effizient darin, Wasser mit Sauerstoff anzureichern.

SANTA-CRUZ-RIESENSEEROSE
Victoria cruziana
Die Art bevorzugt tiefe, ruhige Gewässer. Die Blätter können einen Durchmesser von 2 m erreichen.

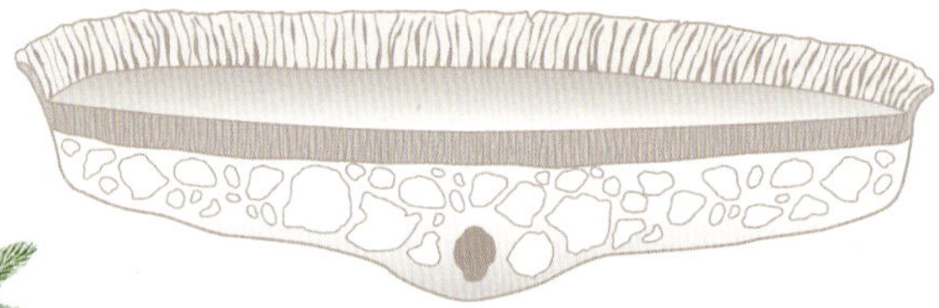

EUROPÄISCHE SEEKANNE
Nymphoides peltata
Den ganzen Sommer über bringt die Pflanze kleine, faltige gelbe Blüten hervor.

Unter Wasser lebende Pflanzen mit Wurzeln

Die gesamte Pflanze lebt unter Wasser. Das zierliche Wurzelsystem dient nur zur Verankerung, während die Aufnahme von Wasser, Kohlendioxid und Mineralien über den Stängel erfolgt, der kein spezielles Stützgewebe besitzt, da das Wasser diese Funktion übernimmt. Man findet diese Arten meist in Fließgewässern.

HORNBLATT
Ceratophyllum spec.
Die Pflanze besitzt eine Vielzahl winziger Blättchen, die an jedem Stängel eine zapfenförmige Struktur bilden.

DICHTBLÄTTRIGES LAICHKRAUT
Groenlandia densa
Es findet sich in flachen Mulden klarer Fließgewässer.

Als Produkt der Fotosynthese setzen die Pflanzen Sauerstoff frei.

Aquatisch, aber modern

Die Evolutionsgeschichte der Pflanzen begann in wässrigem Milieu. Erst später eroberten sie das Land mithilfe verschiedener Strukturen wie Wurzeln. Dennoch sind heutige Wasserpflanzen keine ursprüngliche Gruppe, sondern Landpflanzen, die wieder ins Wasser zurückgekehrt sind und hoch spezialisierte Gewebe und Organe entwickelt haben, wie etwa Luftkammern, die es ihnen ermöglichen, auf dem Wasser zu treiben.

Aerenchym

Dieses Gewebe findet man vor allem in Wasserorganismen. Es zeichnet sich durch große Interzellularräume aus, die den Austausch von Gasen ermöglichen.

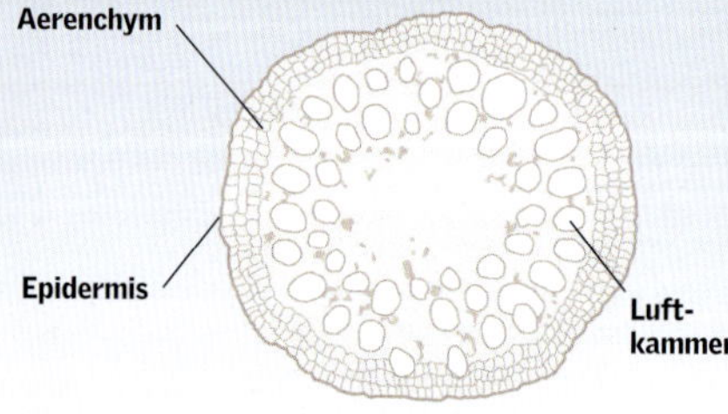

Unter Wasser benötigen Sprossachsen kein Stützsystem, da das Wasser diese Aufgabe übernimmt. Der begrenzende Faktor ist der Sauerstoff, der über das Aerenchym in der Pflanze verteilt wird.

300 **ARTEN VON WASSERPFLANZEN KENNT MAN HEUTZUTAGE.**

Amphibische oder Sumpfpflanzen

Diese Arten leben an den Rändern von Teichen, Flüssen und Sümpfen; außerdem findet man sie in Salzmarschen, die regelmäßig von der Flut oder von Flüssen überschwemmt werden. Amphibische Pflanzen bilden einen Übergang zwischen Wasser- und Landpflanzen. Ihr begrenzender Faktor ist die Verfügbarkeit von Sauerstoff, daher besitzen sie ein gut entwickeltes Aerenchym.

ROHRKOLBEN
Typha spec.
wachsen auf feuchtem Boden, am Ufer von Seen und in Sumpfgebieten. Sie kommen sowohl in gemäßigten als auch in tropischen Regionen vor.

GEWÖHNLICHES PFEILKRAUT
Sagittaria sagittifolia
Im Sommer bildet es Blüten mit drei weißen Blütenblättern und rotvioletten Staubgefäßen aus.

LACHENALIE
Lachenalia viridiflora
Die attraktive Pflanze bringt eine große Anzahl von Blüten hervor.

VOGELKNÖTERICH
Polygonum spec.
Die Wasserpflanze wächst in Sümpfen und Mooren.

GEMEINER WASSERSCHLAUCH
Utricularia vulgaris
Diese fleischfressenden Pflanzen ergänzen ihre Nahrung durch kleine Wassertiere.

Pneumatophoren

sind schwimmende Wurzeln (Atemwurzeln), die am Gasaustausch mitwirken. Sie nehmen Sauerstoff von der Wasseroberfläche auf, der dann über die Interzellularräume in die restlichen Gewebe der Pflanze transportiert wird. Manche Pflanzen weisen eine besondere Anpassung auf: Luftsäckchen, die Sauerstoff für Perioden speichern, in denen die Pflanze vollkommen untergetaucht ist.

Untergetaucht oder frei schwimmend

Manche Unterwasserpflanzen haben keine Wurzeln, dafür aber gut entwickelte Sprossachsen und unterteilte Blätter. Andere weisen eine Rosettenform auf und besitzen Schwimmblätter sowie voll ausgebildete Wurzeln mit einer Wurzelhaube, jedoch ohne absorbierende Haare. Die Wurzeln ermöglichen es der Pflanze, gut ausbalanciert im Wasser zu stehen.

WASSERSCHRAUBE
Vallisneria spec.
Diese beliebte Aquarienpflanze produziert reichlich Sauerstoff; sie kommt frei lebend in Teichen vor.

Landeroberung

Der Schritt der Pflanzen vom flachen Wasser auf das trockene Land ist mit einer Reihe evolutiver Ereignisse verbunden. Veränderungen in ihrer genetischen Ausstattung befähigten die Pflanzen, mit den neuen und teilweise extremen Bedingungen auf der Erdoberfläche zurechtzukommen. So sind sie auf dem Land dem Sonnenlicht direkt ausgesetzt, was die Transpiration verstärkt und den Wasserverlust erhöht. Dieses Problem musste gelöst werden, bevor sich Pflanzen an Land ausbreiten konnten.

Grundlegende Veränderungen

Zu den wichtigsten Anpassungen, um verschiedene Lebensräume an Land besiedeln zu können, zählen die Wurzeln. Mithilfe ihres Wurzelsystems verankern sich die Pflanzen im Boden; außerdem dient es als Leitungsbahn für Wasser und Mineralien. Ähnlich entscheidend war die Entwicklung einer Kutikula (äußere Schutzschicht), die die gesamte Oberfläche der Pflanze überzieht. Diese wasserundurchlässige Schicht wird von den Zellen der Epidermis gebildet. Sie schützt die Pflanze vor der Hitze der Sonnenstrahlen und vor Wasserverlust durch den Wind und ist von winzigen Poren durchzogen, über die der Gasaustausch stattfindet.

Grüne Revolution

Bei den Landpflanzen bilden die Blätter die wichtigsten Organe für die Fotosynthese. Nachdem die Pflanzen vor mehr als 440 Mio. Jahren das Land erobert hatten, nahm die Fotosyntheserate allmählich zu. Diese Erhöhung ist wahrscheinlich eine Ursache dafür, dass die Kohlendioxidkonzentration in der Atmosphäre und in der Folge auch die Durchschnittstemperatur der Erde abnahm.

50 000

SPEZIES VON PILZEN EXISTIEREN NEBEN DEN LANDPFLANZEN.

ECHTER WURMFARN
Dryopteris filix-mas
Diese Gefäßpflanzen benötigen Wasser für die Vermehrung.

MOOS
Sphagnum spec.
Moose zählen zu den am einfachsten gebauten Landpflanzen.

Epiphyten

wachsen auf anderen Pflanzen oder stützenden Oberflächen. Ihre Anatomie zeigt sekundäre Anpassungen, die es ihnen ermöglichen, ein Leben ohne Kontakt mit dem Boden zu führen.

Gräser

nutzen die Sommerzeit, wenn die Tage länger sind, für Wachstum und Fortpflanzung. Ihre Stängel weisen keine verstärkenden Gewebe auf, die es ihnen ermöglichen würden, aufrecht zu stehen.

GÄNSEDISTEL
Sonchus acaulis
Diese Pflanzen haben keinen Stängel.

DUFTVEILCHEN
Viola odorata
Die Frühlingsblüten dieser Art verströmen einen angenehmen Duft.

Riesen

Bäume lassen sich an ihren verholzten Stämmen erkennen. Wenn ein Baum aus einem zarten Schössling heranwächst, entwickelt er ein Gewebe, das ihm Standfestigkeit verleiht – er kann so über 100 m hoch werden. Bäume sind Bestandteil der wichtigsten terrestrischen Ökosysteme.

10 Meter

SIND EINIGE RIESENMAMMUTBÄUME HOCH.

KASTANIE
Castanea species

WALNUSS
Juglans spec.

BUCHE
Fagus spec.

AHORN
Acer spec.

EICHE
Quercus spec.

LINDE
Tilia spec.

Anatomie eines Baumes

Die Eiche gilt zweifellos als der König unter den Bäumen der nördlichen Hemisphäre. Sie ist an den gelappten Blättern und an der mit einer Kappe versehenen Eichel zu erkennen, einer Nussfrucht, die bei allen Arten der Gattung Quercus vorkommt. Der Hauptstamm wächst aufrecht und verzweigt sich zur Spitze hin in eine mächtige Krone. Zu den Eichen gehören viele Arten von Laubbäumen. Unter optimalen Bedingungen können sie eine Höhe von mehr als 40 m und ein Alter von über 600 Jahren erreichen.

Die Blätter produzieren mithilfe der Fotosynthese Zucker aus CO_2 und Wasser.

Die Transpiration (Verlust von Wasserdampf) der Blätter zieht den Xylemsaft nach oben.

Blüten

Die Eiche bringt hängende männliche Blüten hervor, während die kleineren weiblichen unter den Blättern verborgen sind.

Knospen

werden von schützenden Schuppen umhüllt, die im Frühling abfallen. Aus den Knospen wachsen neue Blätter und Zweige heran.

KLIMA

Bäume wachsen überall, wo es ausreichend Wasser im Boden gibt.

Stamm
Der mächtige Stamm wächst gerade in die Höhe. An der Spitze weitet er sich zur Krone mit vielen Ästen, die gebogen oder verdreht sein können.
Wachstumsringe
Spechte klopfen mit dem Schnabel Löcher in den Stamm auf ihrer Suche nach Insekten.
FRÜHLING
Sobald die ersten Blätter erscheinen, beginnt der Zyklus.
SOMMER
Die Eiche blüht. Der Stamm wächst in die Höhe und in die Breite.
HERBST
Niedrige Temperaturen schwächen die Zweige.
WINTER
Die Blätter fallen ab, der Baum hält Winterruhe bis zum Frühjahr.
SOMMER
Die Blätter betreiben Fotosynthese und erzeugen Kohlenhydrate, die dem restlichen Baum zugutekommen.
HERBST
Die Zellen am Ende der Blattstiele schrumpfen.
WINTER
Die Blätter fallen ab, der Baum durchläuft eine Ruhezeit.
FRÜHLING
Neue Blätter entstehen anstelle der alten.
Blätter
Die einfachen Laubblätter sitzen wechselständig am Zweig. Sie sind auf jeder Seite der Hauptader in mehrere Lappen unterteilt.
600 Jahre
DURCHSCHNITTSALTER EINER EICHE
Anfänge
Im ersten Lebensjahr wachsen die Wurzeln einer Eiche durchschnittlich 1,5 m.
Über das Xylem werden Wasser und Mineralien von den Wurzeln aus im gesamten Baum verteilt.
Das Phloem transportiert Zucker von den Blättern in den restlichen Baum.
Eichenprodukte
Die Rinde enthält reichlich Tannin, das zum Gerben von Leder und als Adstringens eingesetzt wird.
ENERGIEQUELLE
Mithilfe des Chlorophylls wird die Energie des Sonnenlichts eingefangen und dazu verwendet, Wasser und Kohlendioxid in Zucker zu verwandeln.
OBERFLÄCHE
Mose nutzen die Rinde von Eichen als Feuchtigkeitsquelle.
Reste des Fruchtblatts (weibliche Fortpflanzungsorgane)
Hartschalige Nussfrucht, die bei der Reife nicht aufplatzt.
Eicheln
sind der Länge nach dunkel gestreift. Der „Hut" weist flache Schuppen auf.
Samen
Manche Arten haben süß, andere bitter schmeckende Samen.
Absorption von Wasser und Mineralien
Wurzeln
wachsen seitlich und bilden ein großes Wurzelsystem.

Nahrungsquelle Licht

Ein besonderes Merkmal der Pflanzen ist ihre Fähigkeit, mithilfe des Sonnenlichts aus dem Kohlendioxid der Luft und Wasser ihre eigene Nahrung zu synthetisieren. Dieser als Fotosynthese bezeichnete Prozess findet in den Chloroplasten statt, Zellorganellen, die mit den notwendigen Enzymen ausgestattet sind, um Sonnenenergie in chemische Energie umzuwandeln. Jede Pflanzenzelle kann zwischen 20 und 100 ovale Chloroplasten besitzen, die sich selbst reproduzieren können. Daher wird vermutet, dass sie vormals eigenständige Organismen waren, die zu einer symbiotischen Lebensweise übergegangen sind und damit die erste Pflanzenzelle gebildet haben.

Warum Grün?

Blätter absorbieren Energie aus dem Spektrum des sichtbaren Lichts, das sich aus verschiedenen Farben zusammensetzt. Sie reflektieren ausschließlich grünes Licht.

Blätter

bestehen aus mehreren unterschiedlichen Gewebetypen. Zum Teil dienen sie als Stütz-, zum Teil als Füllmaterial.

Algen

vollziehen die Fotosynthese unter Wasser. Zusammen mit den Wasserpflanzen liefern sie den Großteil des Sauerstoffs in der Atmosphäre.

O_2 **WIRD VON PFLANZEN IN DIE ERDATMOSPHÄRE ABGEGEBEN.**

Pflanzenzellen

haben drei Charakteristika, die sie von tierischen Zellen unterscheiden: eine Zellwand, die zu 40 % aus Zellulose besteht, eine große, mit Wasser, Mineralien und Spurenelementen gefüllte Vakuole sowie Chloroplasten, die Chlorophyll enthalten. Gemeinsam ist beiden der Besitz eines echten Zellkerns.

WASSER
Fotosynthese erfordert einen konstanten Nachschub an Wasser, das über die Wurzeln und Sprossachse zu den Blättern gelangt.

CHLOROPHYLL
ist das am häufigsten vorhandene Pigment in den Blättern.

Pflanzengewebe

Die relative Festigkeit von pflanzlichem Gewebe wird durch Zellulose erreicht, ein Polysaccharid, das von der pflanzlichen Zellwand gebildet wird. Es besteht aus Tausenden von Glukoseeinheiten und lässt sich in Wasser so gut wie nicht lösen.

KOHLENDIOXID
wird von den Pflanzenzellen absorbiert und im Lauf der Fotosynthese in Zucker verwandelt.

SAUERSTOFF
ist ein Abfallprodukt der Fotosynthese. Er verlässt die Oberfläche der Blätter durch die Stomata (zweizellige Poren).

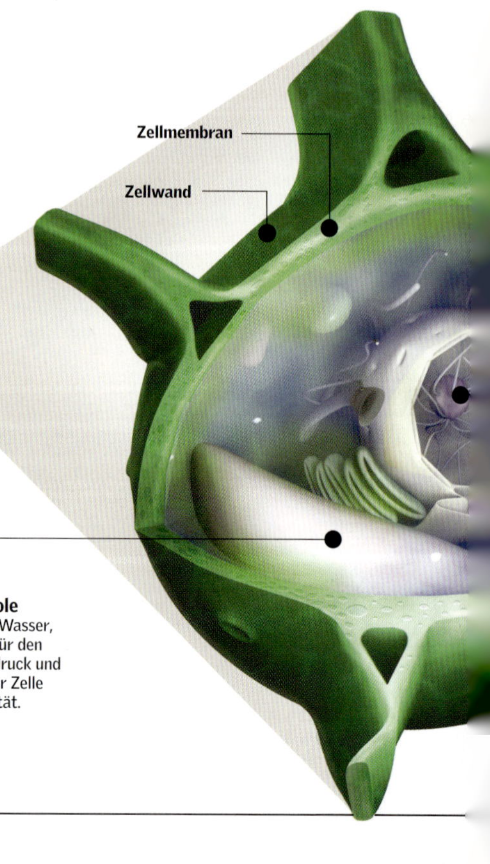

Vakuole
liefert Wasser, sorgt für den Innendruck und gibt der Zelle Stabilität.

Phasen des Prozesses

Fotosynthese findet in zwei Schritten statt. Der erste, Fotosystem II genannte Schritt, hängt direkt von der einfallenden Lichtmenge ab, die das Chlorophyll anregt, Elektronen abzuspalten. Die dabei entstehenden Lücken werden von Elektronen aus dem Wassermolekül ersetzt, das zerfällt und Sauerstoff sowie Protonen (2H⁺) freisetzt.

1 Die Bildung von ATP wird angeregt durch den Einbau von Elektronen in Rezeptormoleküle im Rahmen einer Oxidations- und Reduktionskette.

2 Im Fotosystem I wird Lichtenergie absorbiert, und Elektronen werden an andere Rezeptoren abgegeben; dabei wird NADPH aus NADP+ gebildet.

3 ATP und NADPH stellen den Nettoertrag des Systems dar – neben dem freigesetzten Sauerstoff. In dem Prozess werden zwei Wassermoleküle abgespalten, aber eines wird bei der Bildung von ATP regeneriert.

ATP = Adenosintriphosphat
ADP = Adenosindiphosphat
NADP = Nicotinamidadenindinukleotidphosphat
NADPH = reduziertes Nicotinamidadenindinukleotidphosphat

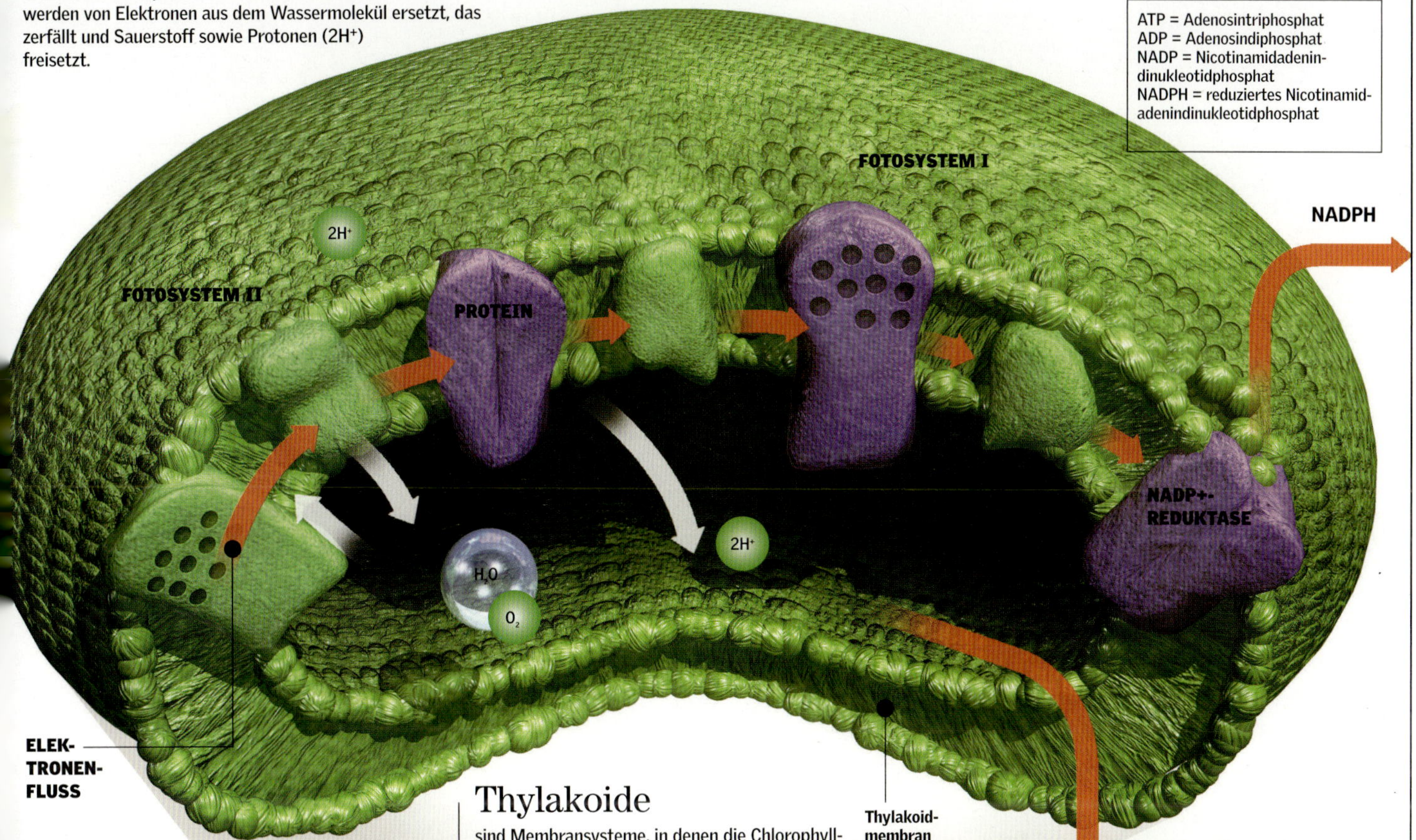

4 Im Fotosystem I wird ATP aus ADP synthetisiert, da es einen Überschuss an freien Elektronen gibt.

Thylakoide

sind Membransysteme, in denen die Chlorophyllmoleküle sitzen. In ihrem Inneren wird während der lichtabhängigen Phase der Fotosynthese ADP zu ATP umgewandelt. Geldrollenartig aufeinandergestapelte Thylakoide bilden eine Struktur, die als „Grana" bezeichnet wird.

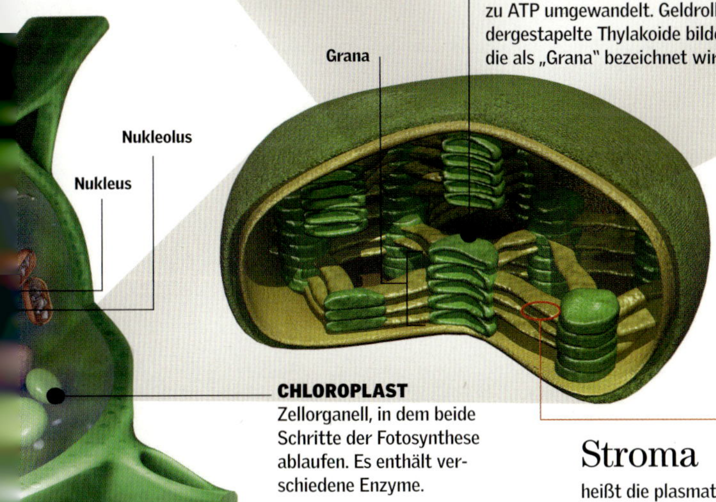

CHLOROPLAST
Zellorganell, in dem beide Schritte der Fotosynthese ablaufen. Es enthält verschiedene Enzyme.

Stroma

heißt die plasmatische Phase im Inneren des Chloroplasten.

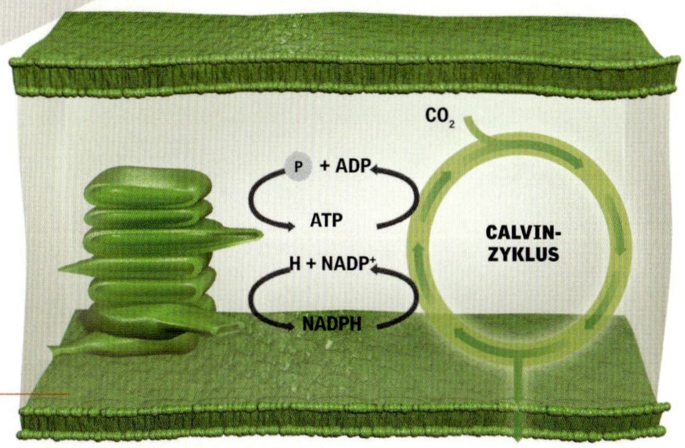

Dunkelreaktion

Dieser Schritt ist nicht direkt vom Licht abhängig – er findet im Stroma des Chloroplasten statt. Energie in Form von ATP und NADPH, die während der lichtabhängigen Reaktion gewonnen wurde, wird verwendet, um in einem „Calvin-Zyklus" genannten Prozess Kohlendioxid zu Glukose zu reduzieren. Schließlich wird Glycerinaldehyd-3-phosphat gebildet, das die Pflanzenzelle zur Synthese von Zuckern verwendet.

ENDPRODUKTE
befähigen die Pflanze, Kohlenhydrate, Fettsäuren und Aminosäuren zu synthetisieren.

Kohlenstoff

GRUNDSTOFF ALLEN ORGANISCHEN MATERIALS

Algen und Farne

Algen gehören nicht zum Reich der Pflanzen. Da sie im Wasser leben, benötigen sie weder Wurzeln noch eine Sprossachse, um Wasser aufnehmen zu können. Algen wachsen am Meeresgrund oder auf der Oberfläche von Felsen in Flüssen, Seen und Meeren. Ihre Farbe und ihre Form können äußerst unterschiedlich sein. Die

KIESELALGEN
Der wissenschaftliche Name dieser einzelligen Alge lautet *Biddulphia laevis*. Man findet sie für gewöhnlich nahe der Oberfläche sehr flacher Gewässer.

162 Farben des Lebens
164 Vermehrung von Algen
166 Terrestrische und marine Algen
168 Sporen

jährliche Erntemenge von Algen in der ganzen Welt wird auf mehr als 1 Mio. Tonnen Trockengewicht geschätzt, davon entfallen über 80% auf asiatische Länder (vor allem Japan und China). Algen werden in der Landwirtschaft und in der Nahrungsmittelindustrie, ferner als Rohstoffe für Pharmaka, Präservative und Arzneimittel verwendet.

Farben des Lebens

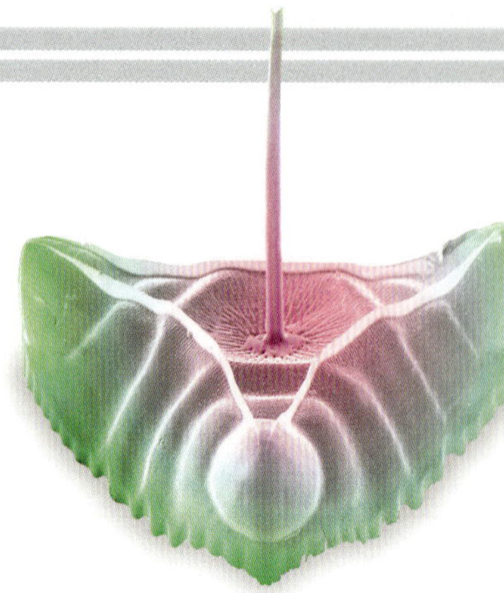

Algen sind lebende Organismen, die ihre Nahrung mithilfe der Fotosynthese selbst herstellen. Ihre Farbe ist mit diesem Prozess korreliert und wird auch zur systematischen Klassifizierung herangezogen. Zudem werden Algen nach der Anzahl ihrer Zellen unterteilt. Es gibt viele einzellige Arten, von denen manche Kolonien bilden, aber auch vielzellige Spezies. Einige Braunalgen können eine Länge von über 45 m erreichen.

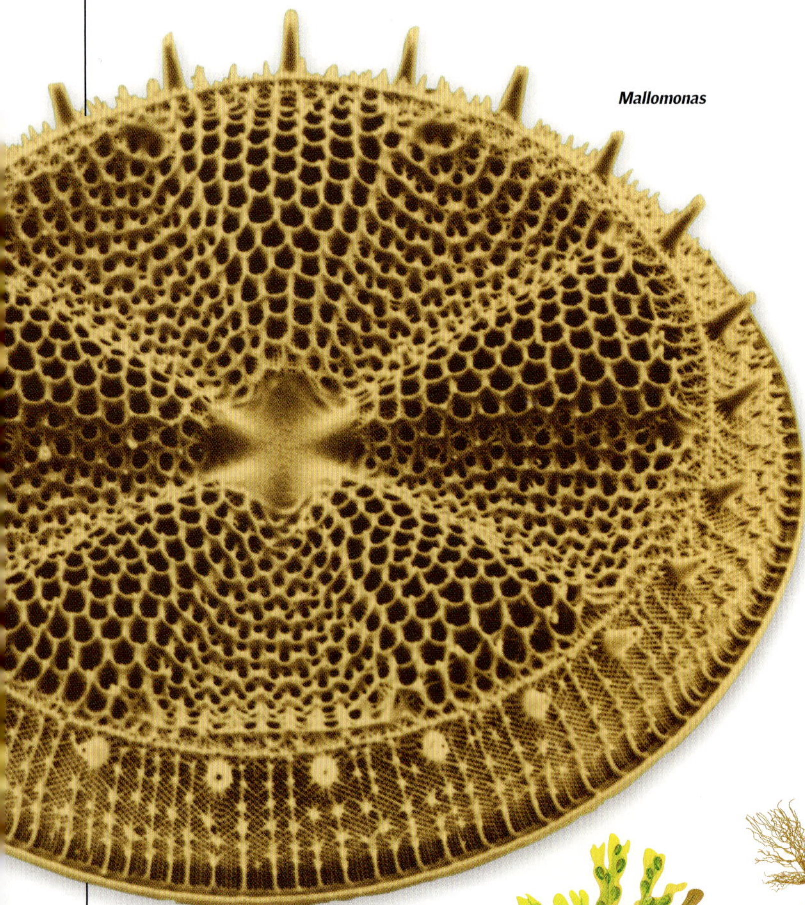

Mallomonas

Einzellige Organismen

besitzen häufig Geißeln (Flagellen), mit deren Hilfe sie sich im Wasser fortbewegen. Viele können feste Partikel mittels Phagozytose aufnehmen. Zu den einzelligen Algen zählen sehr unterschiedliche Gruppen. Diatomeen haben eine schützende Zellhülle aus Siliciumdioxid. Manche einzelligen Algen, besonders Rotalgen, können sehr hohe Temperaturen aushalten. Einzigartig unter den Eukaryoten sind etwa solche Rotalgen, die in den Schloten von heißen Quellen leben.

GROSSE OPPORTUNISTEN

Einzellige Algen leben nahe der Oberfläche von Gewässern. Wenn sie eine Zone mit ausreichend Licht und den notwendigen Nährstoffen finden, vermehren sie sich asexuell und besiedeln auf diese Weise in kürzester Zeit das gesamte Gebiet.

Fucus vesiculosus

Dictyota dichotoma f. *implexa*

1

Phaeophyta

Zu den Braunalgen gehören etwa 1500 Arten. Sie bewohnen die gemäßigten Regionen und die Felsküsten der kältesten Meere der Erde. Ihre Farbe rührt von dem Pigment Fucoxanthin her, einem Xanthophyll, das die grüne Farbe des Chlorophylls überdeckt.

Dictyota dichotoma (Hudson) *J.V. Lamouroux*

Cystoseira amantacea var. *stricta*

Ectocarpus siliculosus

Vielzellige Organismen

Zu dieser Algengruppe gehören vielzellige Strukturen. Sie bilden Kolonien aus beweglichen, einzelligen Algen, die sich mehr oder weniger regelmäßig in einer gemeinsamen Schleimkapsel zusammenschließen. Sie können auch fadenförmig mit Verzweigungen oder als unregelmäßiger Haufen aus Zellschichten angeordnet sein, die einen besonderen Grad zellulärer Differenzierung aufweisen und zusammen als „Thallus" bezeichnet werden.

Micrasterias rotata

Scenedesmus quadricauda

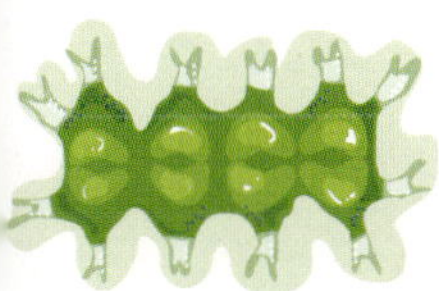

Micrasteria staurastrum

Acetabularia crenulata

Pinnularia borealis

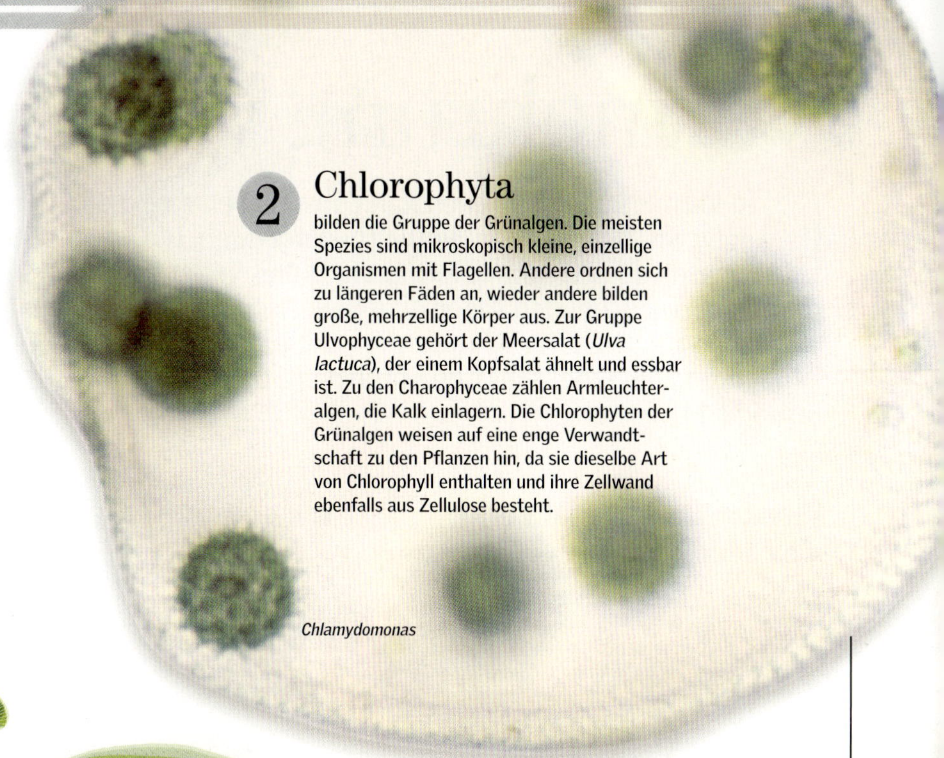

Chlamydomonas

2 Chlorophyta

bilden die Gruppe der Grünalgen. Die meisten Spezies sind mikroskopisch kleine, einzellige Organismen mit Flagellen. Andere ordnen sich zu längeren Fäden an, wieder andere bilden große, mehrzellige Körper aus. Zur Gruppe Ulvophyceae gehört der Meersalat (*Ulva lactuca*), der einem Kopfsalat ähnelt und essbar ist. Zu den Charophyceae zählen Armleuchteralgen, die Kalk einlagern. Die Chlorophyten der Grünalgen weisen auf eine enge Verwandtschaft zu den Pflanzen hin, da sie dieselbe Art von Chlorophyll enthalten und ihre Zellwand ebenfalls aus Zellulose besteht.

6000

VERSCHIEDENE ARTEN wurden bis heute in die Gruppe der Grünalgen eingeordnet.

3 Rhodophyta

Rotalgen sind durch ihre Phykoerythrin-Pigmente gekennzeichnet, die ihnen ihre charakteristische rote Farbe verleihen und das Grün des Chlorophylls überdecken. Die meisten Rotalgen wachsen in der Gezeitenzone tropischer und subtropischer Meere. Sie kommen in allen Ozeanen vor und gedeihen besonders gut in schattigen Zonen und warmem, ruhigem Wasser.

Knorpeltang

Hypoglossum hypoglossoides

Bangia atropurpurea

Nitophyllum punctatum

Halymenia floresia

Apoglossum ruscifolium

Vermehrung von Algen

Die Vermehrung von Algen kann abwechselnd sexuell oder asexuell erfolgen, abhängig von der jeweiligen Spezies und den Umweltbedingungen. Die vegetative Vermehrung erfolgt durch Teilung oder über die Produktion von Sporen. Dabei findet kein Austausch von genetischem Material statt – die daraus hervorgehenden Algen sind genetisch mit dem Original identisch (Klone). Bei der sexuellen Fortpflanzung führt die Verschmelzung der Gameten (Geschlechtszellen) zu einer Zygote, aus der sich eine Alge mit neuen Eigenschaften entwickelt. Dadurch wird eine verbesserte Anpassung an die Umwelt ermöglicht.

Asexuelle Vermehrung

Bei der asexuellen Vermehrung findet keine Befruchtung statt; sie kann auf zwei unterschiedlichen Wegen erfolgen: Bei der Teilung lösen sich Bruchstücke der Alge vom Thallus und wachsen, da die Alge keine spezialisierten Organe besitzt, so lange weiter, wie es die Umweltbedingungen erlauben. Im zweiten Fall erfolgt die Vermehrung über Sporen, besondere, aus einer normalen Zelle gebildete Fortpflanzungszellen. Manche besitzen eine oder zwei Geißeln oder Flagellen, die für den Antrieb im Wasser sorgen. Sobald die Umweltbedingungen es zulassen, beginnt die Entwicklung der Spore zu einer neuen Alge.

ZOOSPORE
Ein Gebilde, das auf asexuellem Weg ein neues Individuum erzeugen kann.

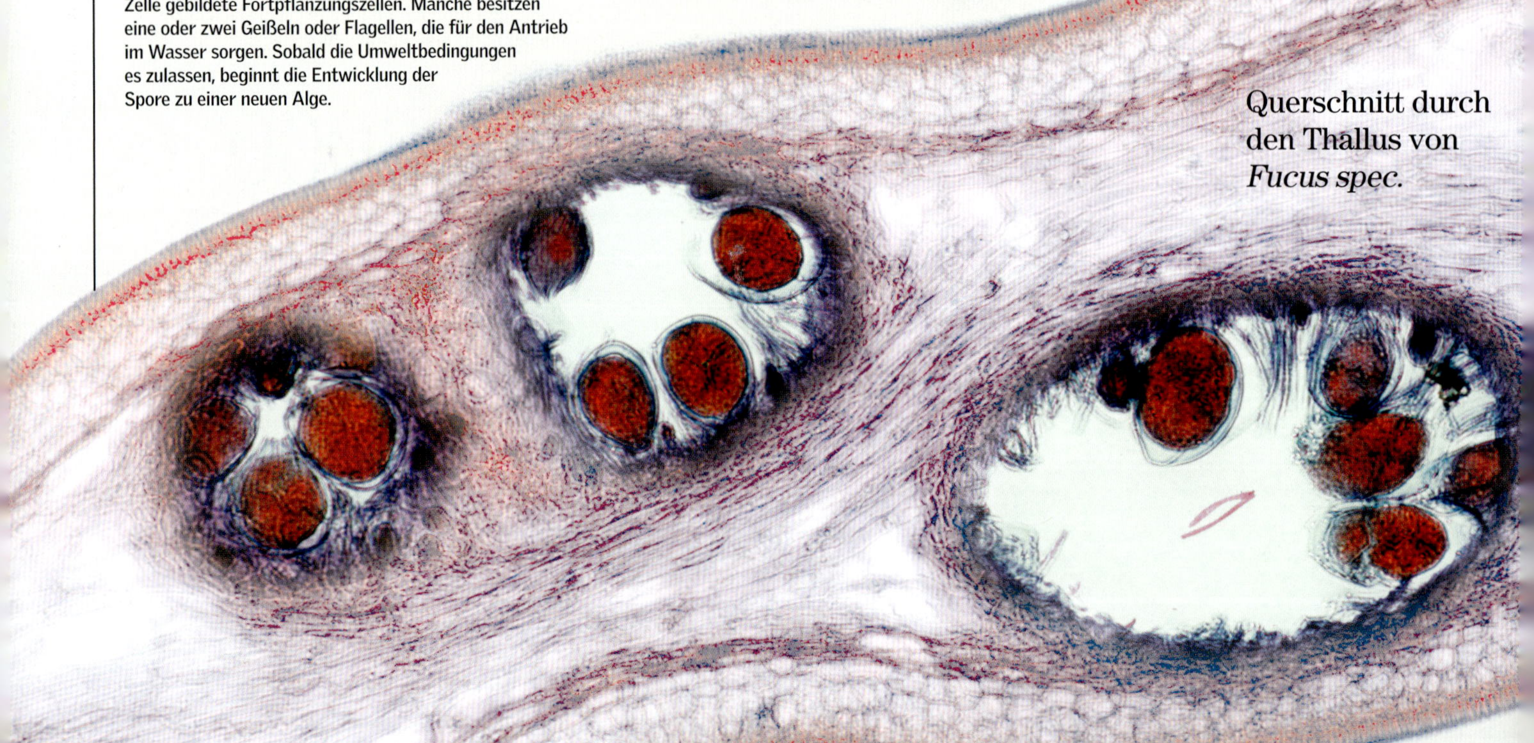

Querschnitt durch den Thallus von *Fucus spec.*

EIN NEUER ZYKLUS
Sobald der jugendliche Thallus das Reifestadium erreicht, produziert er Sporen.

3 Neuer Thallus

Nach der Befruchtung entsteht die Zygote, aus der nach mehreren Teilungen der Embryo hervorgeht, ein Zellhaufen, der sich an einem Felsen anheftet und zum Thallus von *Fucus spec.* heranwächst. Der Thallus erinnert an die Sprossachse einer höheren Pflanze und enthält Strukturen, die Blättern ähneln.

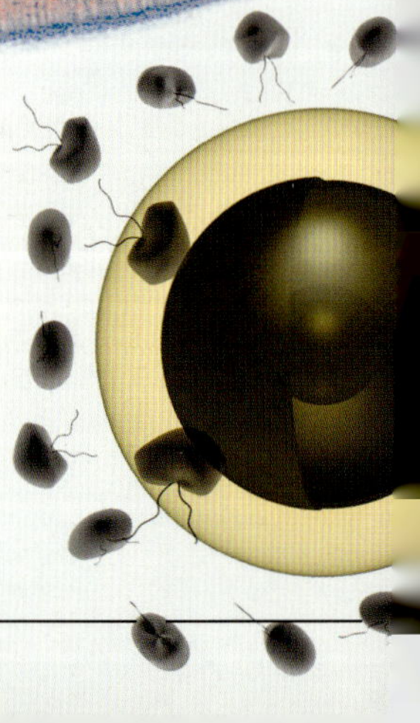

Sexuelle Fortpflanzung

Bei allen mikroskopisch kleinen Algenarten kommen Sporophyten vor, in denen Sporen gebildet werden. Aus diesen entwickeln sich sogenannte Gametophyten, die ihrerseits männliche, weibliche oder zweigeschlechtliche Zellen produzieren. Während der Befruchtung verschmelzen die männlichen Gameten aus den Antheridien mit den weiblichen aus den Oogonien; dabei entsteht eine Zygote, die zu einem neuen Thallus heranwächst. Gametophyten und Sporophyten können sich morphologisch unterscheiden. Bei gleichem Aussehen nennt man sie „isomorph", bei unterschiedlichem „heteromorph".

MÄNNLICHER *FUCUS*
Die männliche Alge besitzt Fruchtkörper (Rezeptakel), in denen die Antheridien gebildet werden.

1a Antheridium

Das männliche Gametangium (Organell, das Gameten produziert). Die hier gebildeten Antherozoiden haben zwei Geißeln und sind wesentlich kleiner als die Eizelle (der weibliche Gamet). Sie schwimmen, bis sie auf eine Eizelle treffen, und umkreisen sie dann.

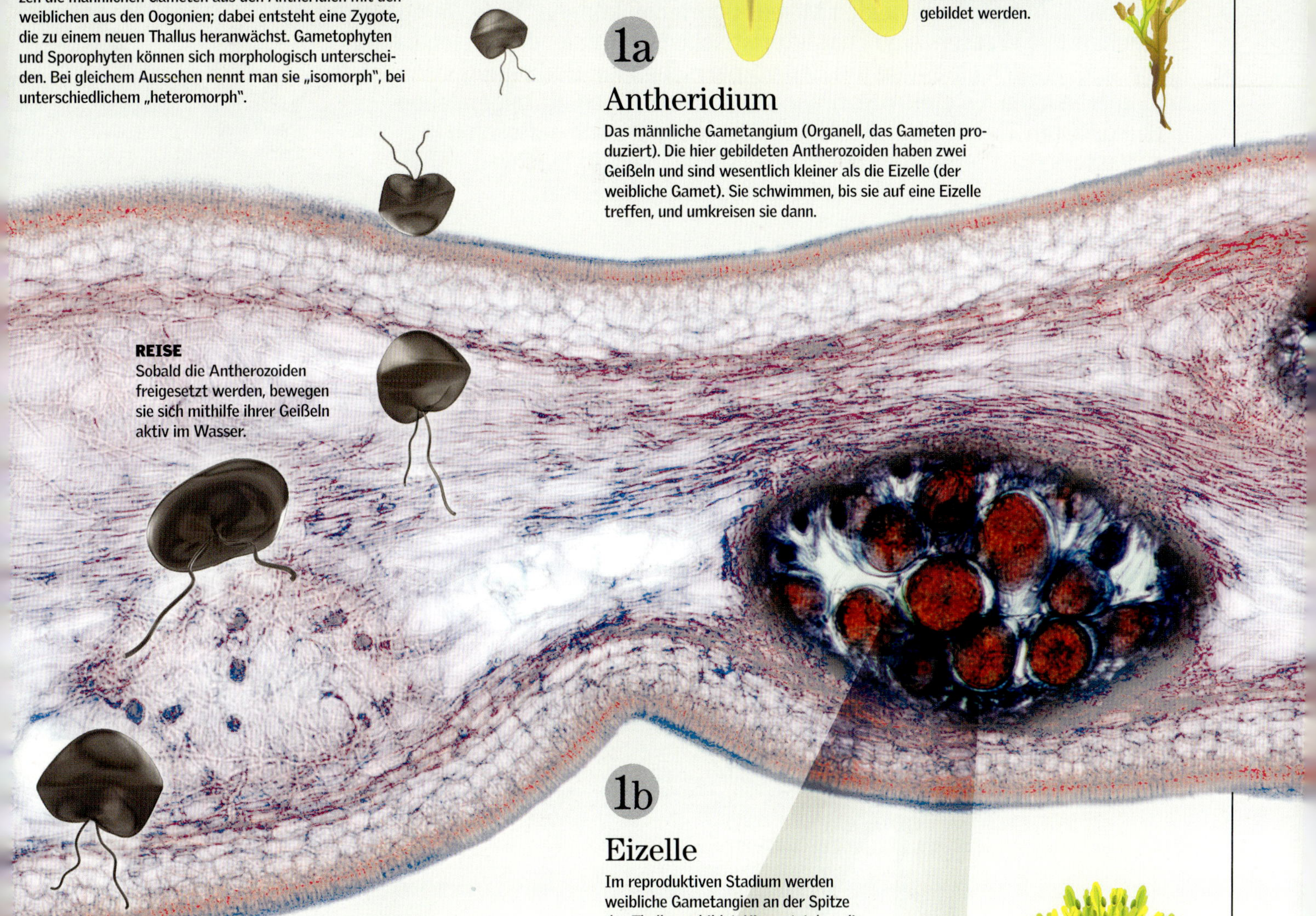

REISE
Sobald die Antherozoiden freigesetzt werden, bewegen sie sich mithilfe ihrer Geißeln aktiv im Wasser.

1b Eizelle

Im reproduktiven Stadium werden weibliche Gametangien an der Spitze des Thallus gebildet. Hier entstehen die weiblichen Geschlechtszellen (Eier).

ÖFFNEN
Das Konzeptakel mit dem Ei öffnet sich.

2 Befruchtung

Sowohl die Befruchtung als auch die asexuelle Fortpflanzung sind natürliche Vermehrungswege für diese Spezies. Algen bilden mittels Reproduktion neue Individuen, die ihnen sehr ähnlich sind. Sobald ein Antherozoid in die Eizelle eindringt, wird diese befruchtet und verwandelt sich in die Zygote.

KONTAKTAUFNAHME
Die Aussendung der Antherozoiden fällt zusammen mit der Öffnung der weiblichen Gametangien.

WEIBLICHER *FUCUS*
Die Rezeptakel geben ein grünliches, gelatineartiges Gebilde ab, das aus weiblichen Gameten besteht. Sie werden freigesetzt, sobald ihr Behältnis zerfällt.

Terrestrische und marine Algen

Solange es genügend Wasser gibt, ist das Überleben einer Alge gesichert. Algen kommen sowohl im Salz- als auch im Süßwasser vor, allerdings gibt es nur wenige Arten, die in beiden Milieus überleben können. Tiefe, Temperatur und Salzgehalt des Wassers sind charakteristische Merkmale, die entscheidend dafür sind, ob sich eine Alge mit den vorherrschenden Bedingungen arrangieren kann. Es gibt rote, braune und grüne Algen. Rotalgen leben in den größten Tiefen. Manche Algenarten können auch außerhalb des Wassers existieren, aber man findet sie niemals an feuchten Standorten wie Sümpfen oder auf Steinmauern und Felsen.

1

Tiefe

Marine Algen gibt es an Standorten, die das Sonnenlicht noch erreicht – ab einer Tiefe von 200 bis 400 m wird es vollständig absorbiert. Grün- und Braunalgen findet man normalerweise in Ufernähe und auch in stehenden Süßgewässern. Grün-, Braun- und Rotalgen können zudem in tieferem Wasser in größerer Entfernung von der Küste vorkommen, wobei Rotalgen den Tiefenrekord halten. Jede Zone markiert einen bestimmten Lebensraum mit einer charakteristischen Zusammensetzung von Fauna und Flora.

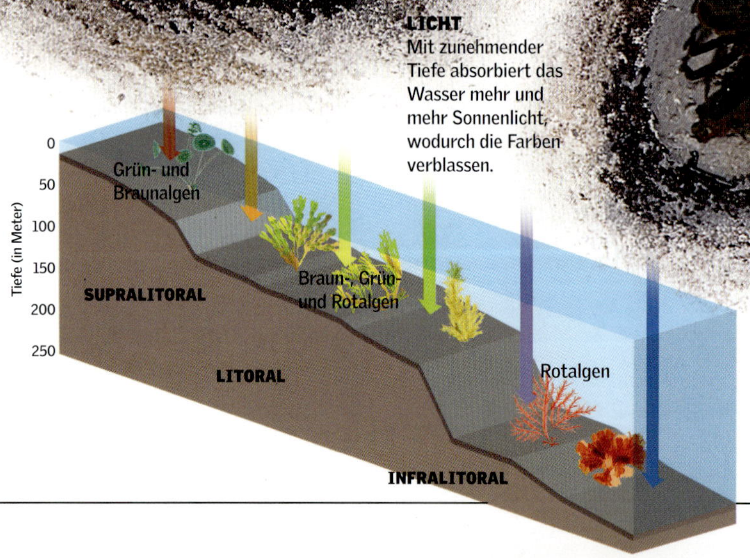

7000

ARTEN VON GRÜNALGEN
gibt es, die ganz unterschiedliche Merkmale aufweisen. Die Mehrheit lebt im Meer, die meisten können jedoch auch im Süßwasser überleben.

2 Salzgehalt

Das Wasser, das unsere Erde bedeckt, wird nach zwei Arten unterschieden: Salzwasser füllt die Ozeane und Meere, Süßwasser die Flüsse und Seen. Meerwasser weist eine Konzentration an gelöstem Salz auf, die je nach Meeresregion schwankt. Der Salzgehalt von Binnengewässern kann sehr stark variieren, was unterschiedliche Auswirkungen für die jeweiligen Lebewesen hat.

SALZWASSER

Salz	%
HCO_3^-	0,4
Ca^{2+}	1,2
Mg^{2+}	3,7
Na^+	30,6
K^+	1,1
Cl^-	55,1
SO_4^{2-}	7,7

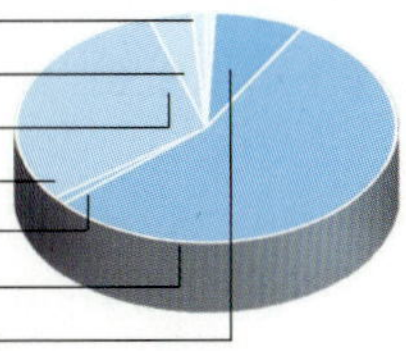

SÜSSWASSER

Salz	%
Ca^{2+}	17
Mg^{2+}	3,4
Na^+	3,0
K^+	1,8
Cl^-	3,3
SO_4^{2-}	8,2
HCO_3^-	63,5

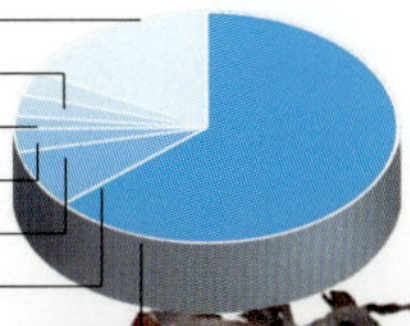

3 Wassertemperatur

Die Temperatur, die unter anderem von der geografischen Breite und den Strömungen abhängt, spielt für die Verbreitung der Algen eine wichtige Rolle. Die Energie der Sonnenstrahlen, die auf die Meere treffen, ändert sich mit dem Einfallswinkel, doch Strömungen und Gezeiten verteilen diese Energie. Die Meerestemperatur richtet sich auch nach der Tiefe – mit zunehmender Tiefe nimmt sie ab.

Sporen

Farne zählen zu den ältesten Pflanzen, sie besiedelten bereits vor 400 Mio. Jahren die Oberfläche der Erde. An der Unterseite ihrer Blätter sitzen sogenannte Sori, Gruppen von Sporangien, in denen die Sporen heranreifen. Sobald sie austrocknen, werden die Sporen in die Luft abgegeben. Kommen diese dann mit dem Boden in Kontakt, wachsen sie zum Gametophyten heran. Bei Regen oder starker Feuchtigkeit können die männlichen Geschlechtszellen des Gametophyten zu den weiblichen Gameten schwimmen und diese befruchten. Aus der entstehenden Zygote bildet sich der Sporophyt.

SPIRALIGE VERNATION
Die Art und Weise, wie Farnwedel in der Knospe von der Spitze zur Basis hin eingerollt sind.

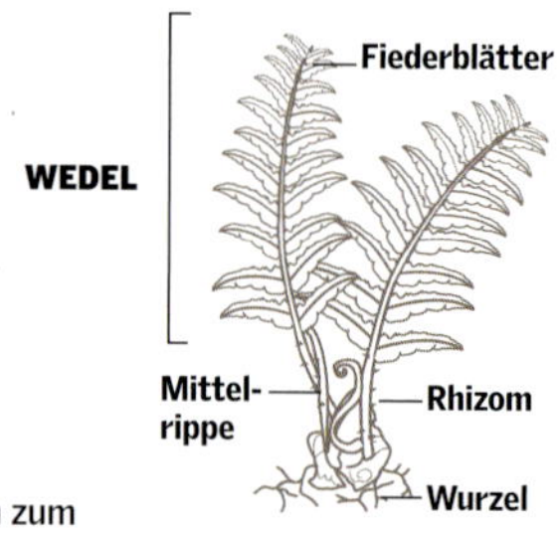

1 Geburt

Die Zygote entwickelt sich zum sogenannten Sporophyt. Dieser ist mit bloßem Auge sichtbar und ähnelt im Aussehen mitunter einem gesägten Blatt.

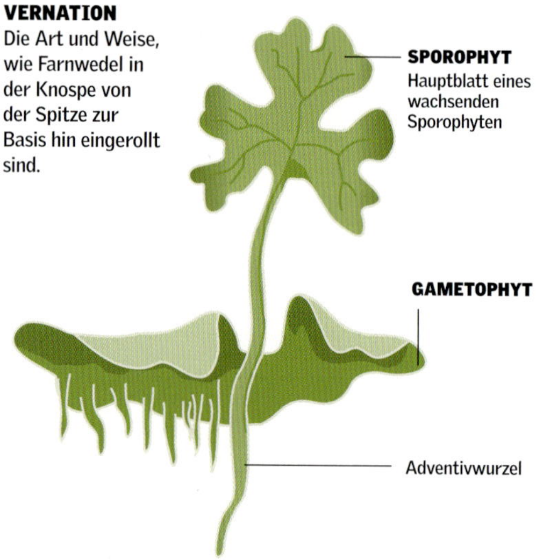

2 Reife

Wenn der Sporophyt voll entwickelt ist, bringt er eine große Zahl von Sporangien hervor, die sich an der Unterseite der Fiederblätter zu Sori gruppieren.

5 Befruchtung

Männliche und weibliche Organe entstehen im Prothallium. Sobald ausreichend Wasser vorhanden ist, schwimmen die männlichen Gameten zur Eizelle und befruchten sie.

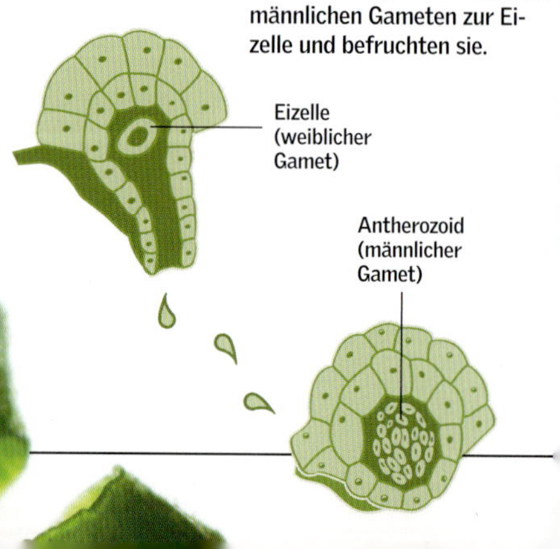

12 000

Arten von Farnen sind heutzutage bekannt.

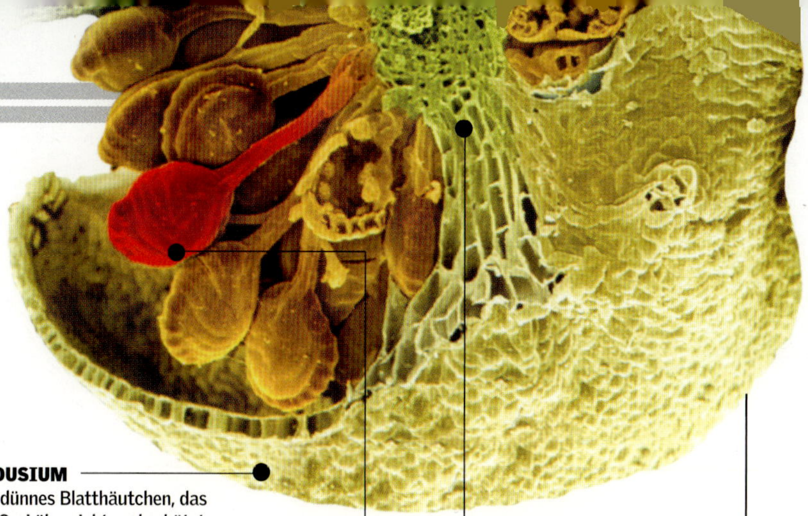

3 Freisetzung der Sporen

Wenn die Sporangien verwelken und austrocknen, schleudern sie katapultartig die Sporen in die Luft.

300 Mio.

Die Anzahl der Sporen, die ein Farnwedel produzieren kann. Ihr Gesamtgewicht beträgt etwa 1 g.

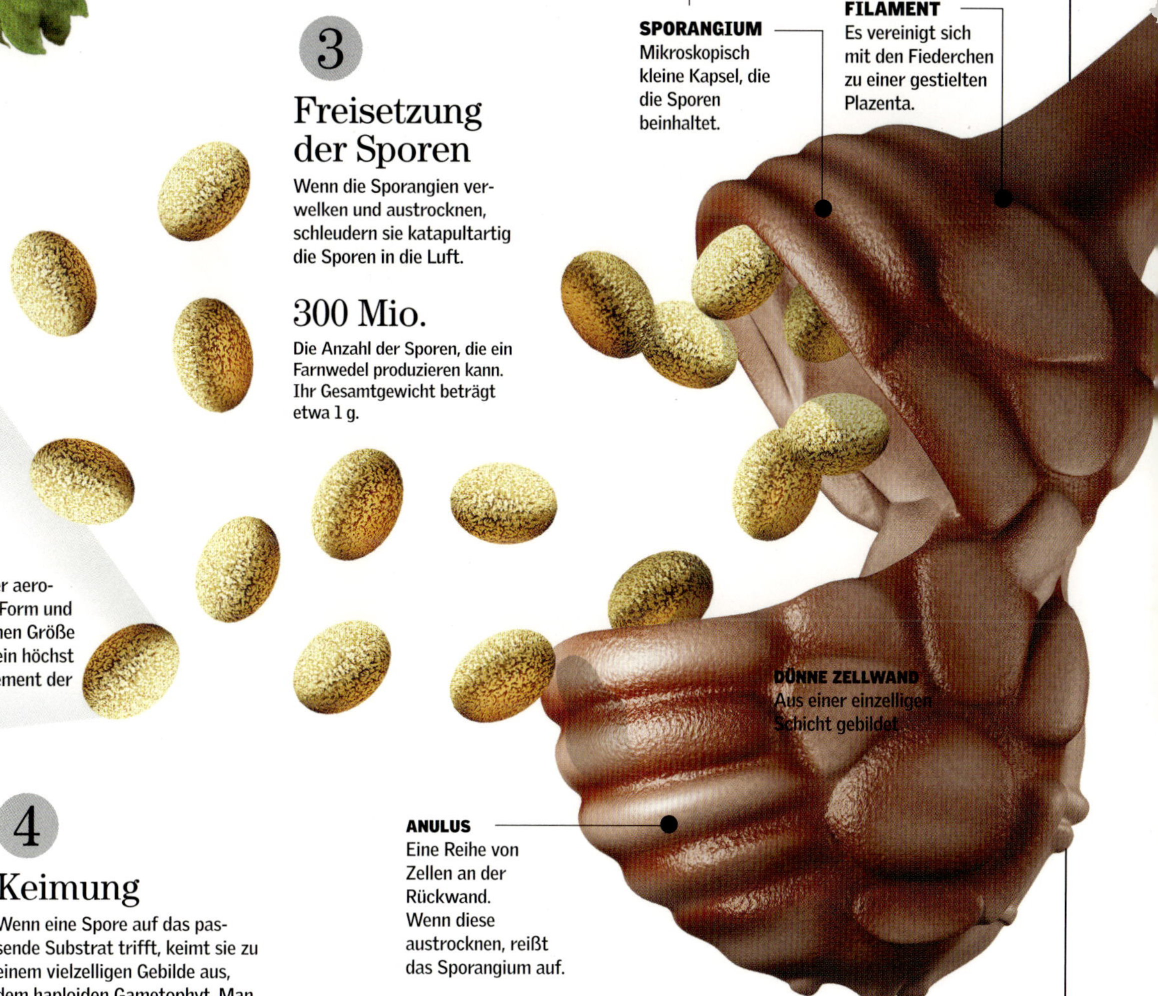

4 Keimung

Wenn eine Spore auf das passende Substrat trifft, keimt sie zu einem vielzelligen Gebilde aus, dem haploiden Gametophyt. Man bezeichnet ihn als Prothallium.

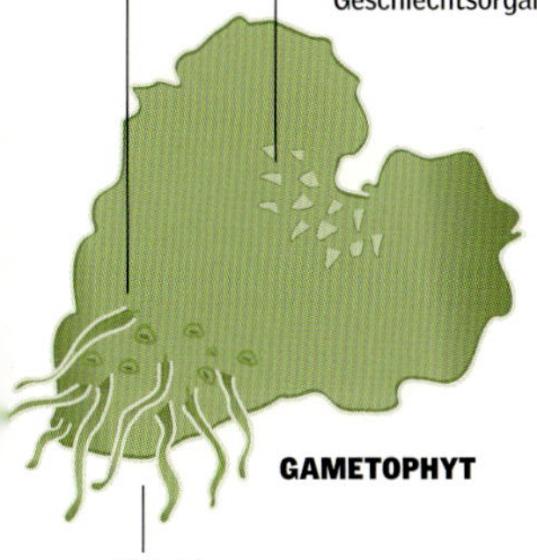

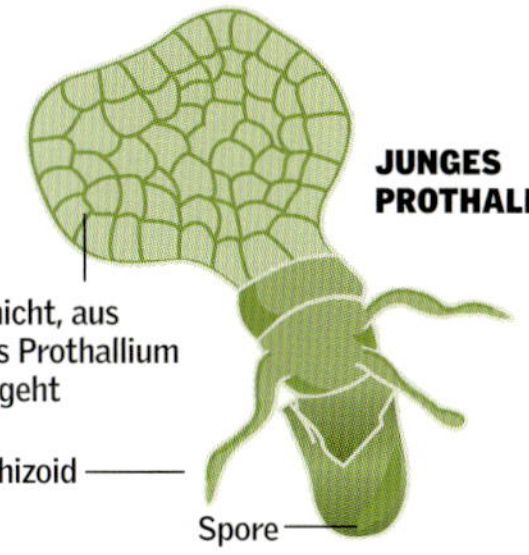

WIE EIN LEPTOSPORANGIUM GEBILDET WIRD:

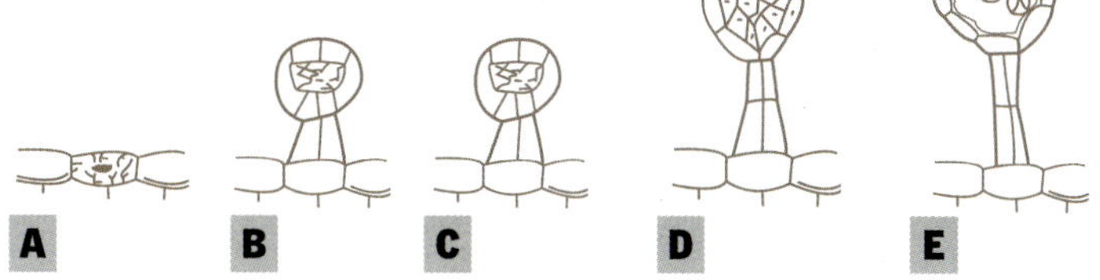

A Es beginnt mit einer einzelnen Initialzelle der Epidermis.

B Aus der Zelle wächst ein dünner Stiel.

C Der Stiel teilt sich in vier Initialzellen und kleine Sporophyten.

D Die Wand des reifen Sporangiums wird aus einer einzelligen Schicht gebildet.

E Durch Meiose entsteht eine bestimmte Anzahl von Sporen.

Samenpflanzen

Im Gegensatz zu den Tieren ist es Pflanzen nur sehr beschränkt möglich, aktiv günstige Lebens- und Wachstumsbedingungen zu suchen. Folglich haben sie verschiedene Wege entwickelt, sich mittels Samen fortzupflanzen und ihre Population zu vergrößern. Um erfolgreich auszukeimen, muss der Samen zur richtigen Zeit auf das geeignete

POLLEN ERREICHEN DIE NARBE
Das ist der erste Schritt auf dem Weg zum Samen. Auf diesem fantastischen Bild sieht man Pollenkörner auf der Narbe der Echten Arnika (*Arnica montana*).

172 Samen – hin und her
176 Sprossachse
178 Energielieferanten
180 Funktionelle Schönheit
182 Bestäubung
184 Fruchtentwicklung
186 Nadelbäume

Substrat treffen. Jede Spezies erreicht ihr Ziel auf andere Weise. Manche Arten produzieren eine riesige Zahl von Samen; andere umhüllen den Samen mit einer harten Schale, die durch Regen und Winterkälte aufweicht, sodass er im Frühling auskeimen kann. Im folgenden Kapitel erfahren Sie, wie dieser Prozess Schritt für Schritt abläuft.

Samen – hin und her

Die Vermehrung durch Samen ist einer der augenfälligsten evolutiven Vorteile, den die Pflanzen mit Eroberung des Landes erworben haben. Der Samen schützt den Embryo der künftigen Pflanze mit einer festen Wand. Der Embryo ist außerdem von Gewebe umhüllt, das ausreichend Nährstoffe für seine Entwicklung bereitstellt. Optimale Temperaturen sowie eine adäquate Menge an Wasser und Luft sind die entscheidenden Faktoren, die für den Beginn jenes beeindruckenden Entwicklungszyklus sorgen, an dessen Ende eine neue Generation von Samen steht.

1 AUSKEIMUNG DER SAMEN
Samen, wie diejenigen von Getreide oder Klatschmohn (*Papaver rhoeas*), geben ihren Ruhezustand auf, sobald sie Wasser aufnehmen und ausreichend Licht und Luft erhalten. Ihre Schutzhülle bricht auf, und der Embryo wächst dank der in den Keimblättern (Kotyledonen) gespeicherten Nährstoffe schnell heran.

2 TROPISMUS
Aufgrund der Schwerkraft lagern sich Amyloplasten immer im unteren Abschnitt der Zellen an. Sie lösen einen Reiz aus, der das Wachstum der Wurzel positiv oder negativ zur Schwerkraft auslöst (Geo- oder Gravitropismus).

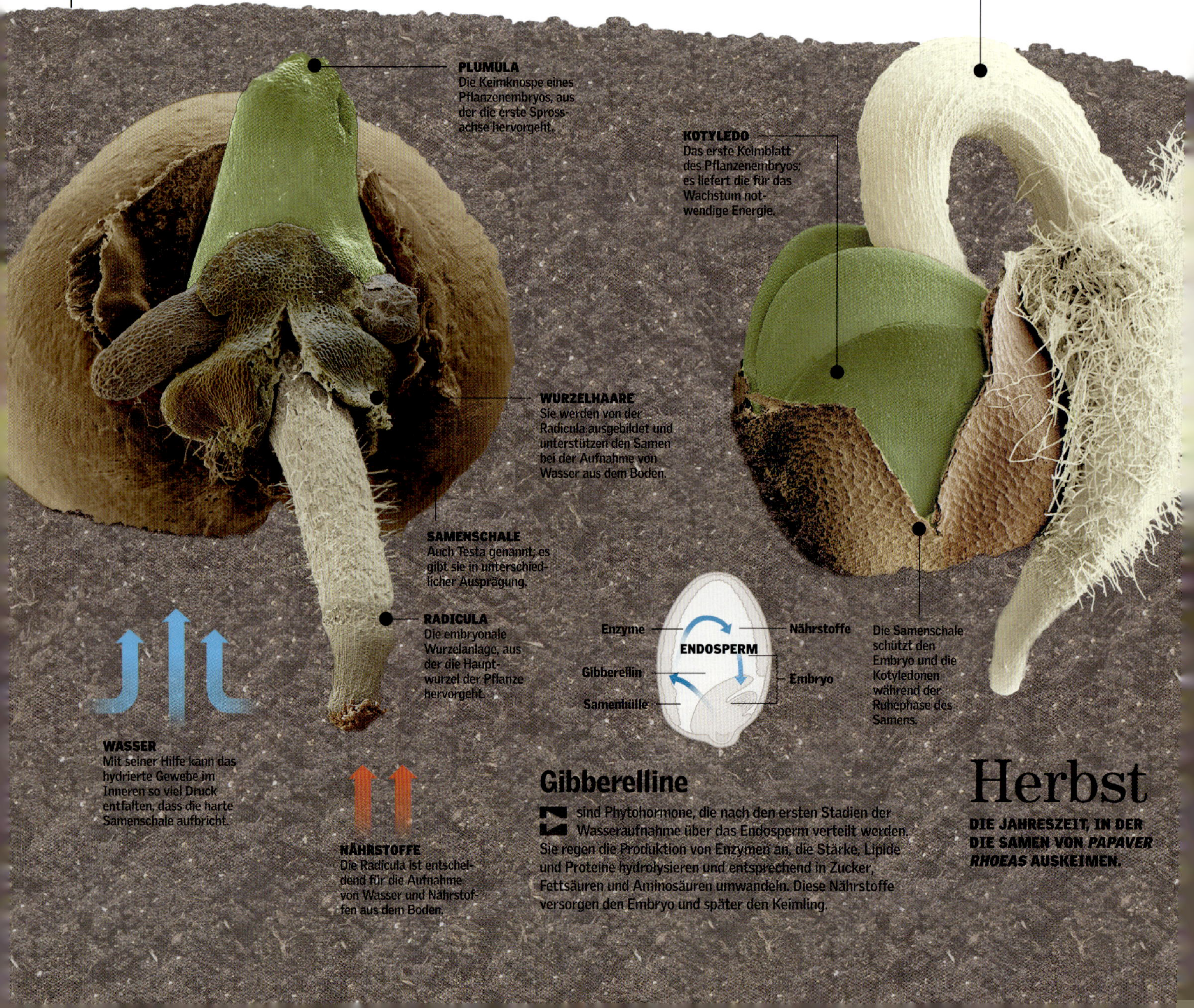

Gibberelline

sind Phytohormone, die nach den ersten Stadien der Wasseraufnahme über das Endosperm verteilt werden. Sie regen die Produktion von Enzymen an, die Stärke, Lipide und Proteine hydrolysieren und entsprechend in Zucker, Fettsäuren und Aminosäuren umwandeln. Diese Nährstoffe versorgen den Embryo und später den Keimling.

Herbst

DIE JAHRESZEIT, IN DER DIE SAMEN VON *PAPAVER RHOEAS* AUSKEIMEN.

3 WACHSTUM

Der Keimling wächst und bricht schließlich durch die Oberfläche ans Licht, sodass er in der Lage ist, Fotosynthese zu betreiben. Damit kann er sich selbst mit Nährstoffen versorgen und ist nicht länger darauf angewiesen, was ihm die Keimblätter zur Verfügung stellen.

4 VEGETATIVES WACHSTUM

Die ersten echten Blätter entfalten sich oberhalb der Keimblätter. Die Sprossachse bildet sich aus einem speziellen Gewebe, dem Meristem, das auf den Vegetationskegel (Apex) an der Spitze des Sprosses konzentriert ist. Kontinuierliches Wachstum führt schließlich zur Struktur der erwachsenen Pflanze, die ihre eigenen reproduktiven Organe entwickelt.

5 ENTSTEHUNG DER BLÜTENTEILE

Die Spitzenknospe beginnt, fertile (Gynäzeum und Andrözeum) und sterile (Kron- und Kelchblätter) Strukturen auszubilden, und die Blütenknospe formt sich heraus.

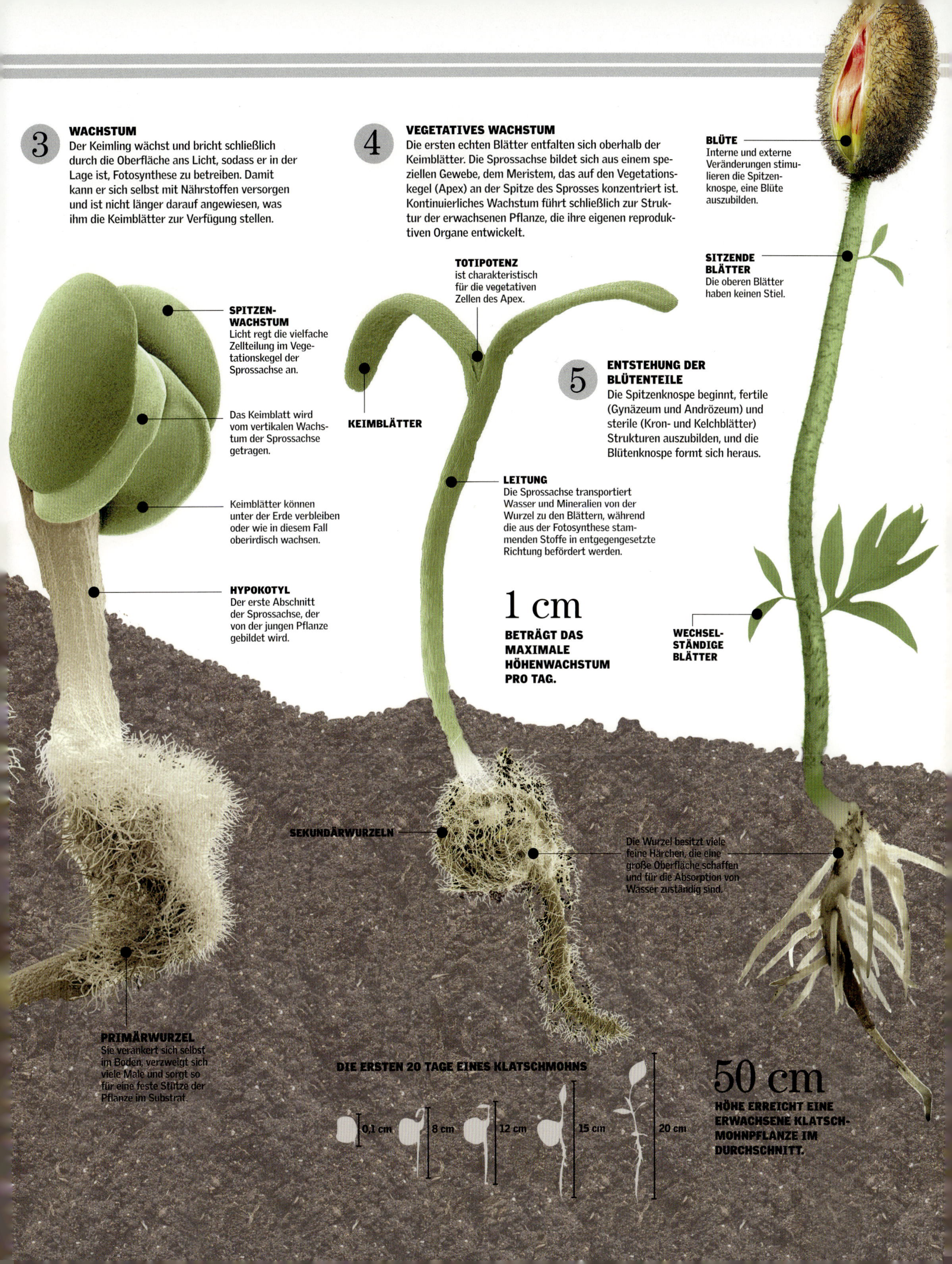

6 BLÜTE

Sobald sich die Knospe öffnet, beginnen die Blütenteile, sich zu entfalten. Sie sind in Wirteln oder Kreisen angeordnet. Der äußere Wirtel, die Blumenkrone, besteht aus den Blütenblättern, die beiden inneren Wirtel enthalten die fertilen Teile der Blüte – Andrözeum und Gynäzeum.

ANTHESE
Die Blütenknospe öffnet sich, und die Blüte beginnt.

ANDRÖZEUM
Hier werden die männlichen Gameten produziert.

Bienen landen auf Blüten, um nach Nektar zu suchen, und nehmen auf ihrem Weiterflug Pollenkörner mit, die in ihren Härchen hängenbleiben.

POLLENKÖRNER

7 BESTÄUBUNG

Der Mechanismus, mit dessen Hilfe Blütenpflanzen sich fortpflanzen, umfasst die Aussendung von Pollen (Blütenstaub).

WECHSEL-STÄNDIGE BLÄTTER

WINDBESTÄUBUNG
Wind ist ideal, um Pollenkörner über größere Entfernungen zu transportieren.

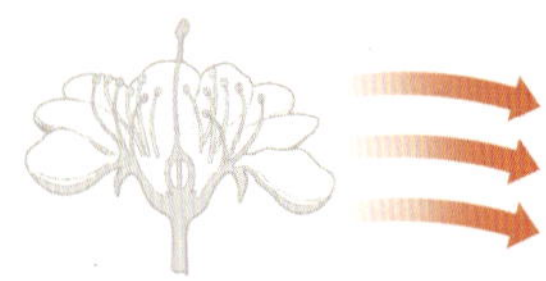

GETEILTE BLÄTTER
Die Blätter sind stark zerschlitzt; in ihnen findet Fotosynthese statt.

10 cm

IST DIE DURCHSCHNITTLICHE GRÖSSE EINER BLÜTE.

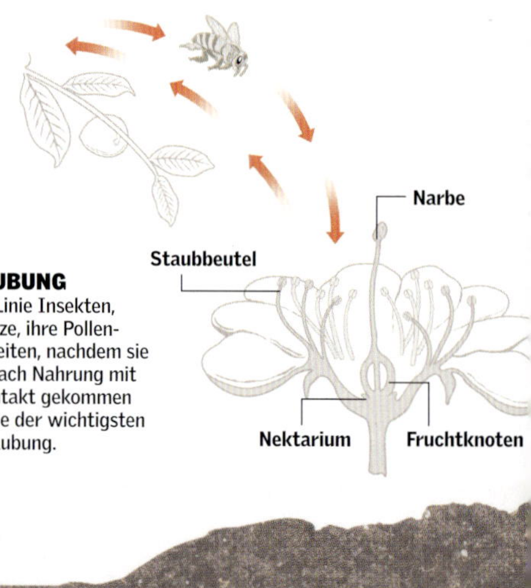

TIERBESTÄUBUNG
Tiere, in erster Linie Insekten, helfen der Pflanze, ihre Pollenkörner zu verbreiten, nachdem sie auf der Suche nach Nahrung mit der Blüte in Kontakt gekommen sind. Dies ist eine der wichtigsten Arten der Bestäubung.

Die Wasser absorbierenden Wurzelhärchen werden durch Abnutzung zerstört und deshalb ständig erneuert.

8 FRUCHT
Die Samen entwickeln sich im Inneren der Frucht. Jedes Samenkorn kann einen neuen Keimling hervorbringen.

9 REIFE FRUCHT
Die Früchte streuen die Samen aus. Klatschmohn hat trockene Früchte, die sich öffnen, sobald sie reif sind. Dies erleichtert die Verbreitung der Samen durch die Luft.

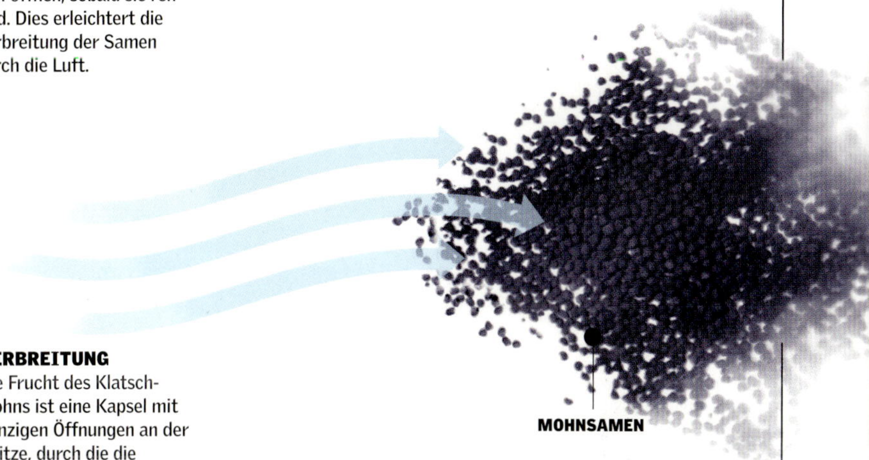

10 VERBREITUNG
Die Frucht des Klatschmohns ist eine Kapsel mit winzigen Öffnungen an der Spitze, durch die die Samen ins Freie gelangen.

11 Jeder Samen, der mithilfe von Wind, Wasser oder einem Tier verbreitet wird, kann bei passenden Umweltbedingungen auskeimen und zu einer neuen Pflanze heranwachsen.

3000
SAMENKÖRNER KÖNNEN IN EINER REIFEN SAMENKAPSEL DES KLATSCHMOHNS ENTHALTEN SEIN.

Etwas Gemeinsames

Wenn ein Samen die entsprechenden Voraussetzungen vorfindet, startet der Lebenszyklus aufs Neue. Obwohl jede Blütenpflanzen-Spezies ihren eigenen, ganz besonderen Lebenszyklus aufweist, sind die verschiedenen hier aufgeführten Stadien im Allgemeinen typisch für die Angiospermen.

Sprossachse

Sprossachsen gibt es in einer großen Farben- und Formenvielfalt. Sie tragen die Blätter und Blüten einer Pflanze, verhindern, dass diese vom Wind umgeknickt wird, und bestimmen ihre Höhe. Außerdem ist die Sprossachse auch für die Verteilung von Wasser und Mineralien zuständig, die über die Wurzeln aufgenommen werden. Dafür besitzt sie besondere Gefäße, durch die Wasser und Nährstoffe zirkulieren können. Bei Bäumen und Sträuchern sind die Sprossachsen verholzt und bieten dadurch eine effektive Stütze.

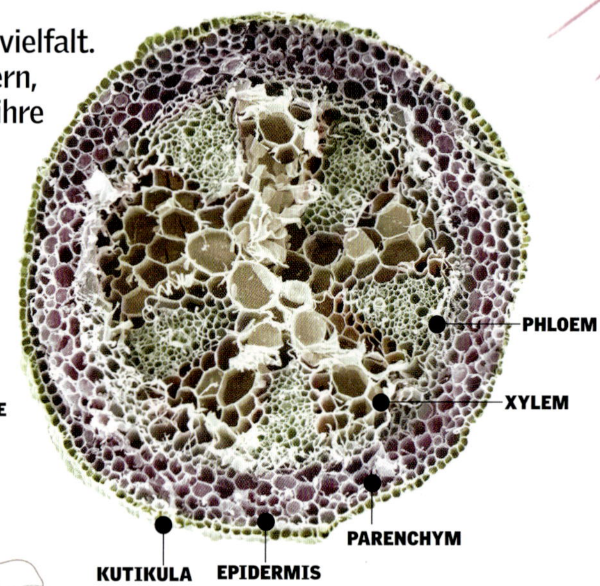

QUERSCHNITT DURCH EINE JUNGE SPROSSACHSE

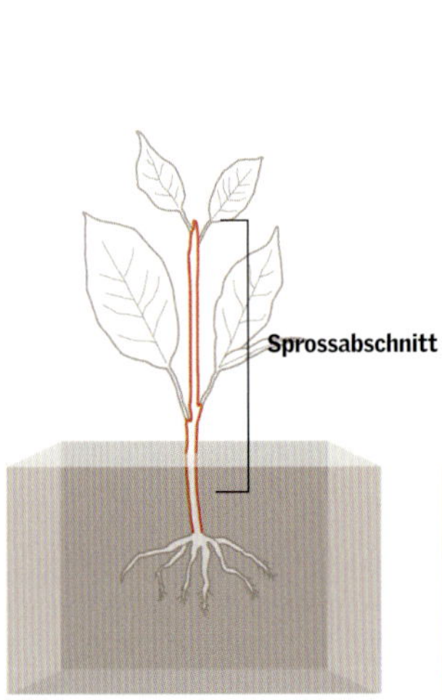

IN DER LUFT
Die Sprossachse ist normalerweise verzweigt, wie bei Bäumen und Sträuchern.

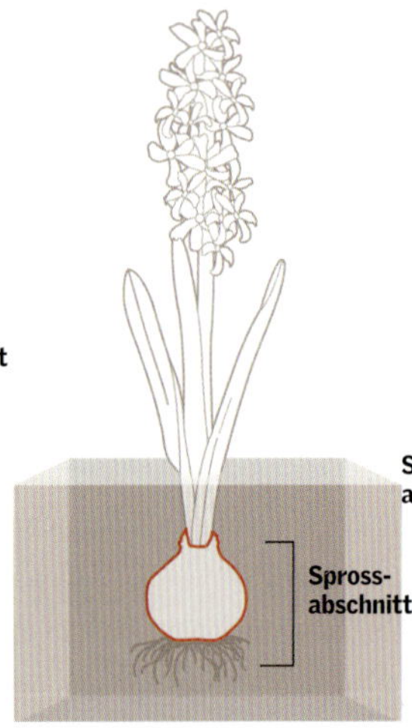

IM BODEN
Bestimmte Sprossachsen haben ungewöhnliche charakteristische Merkmale.

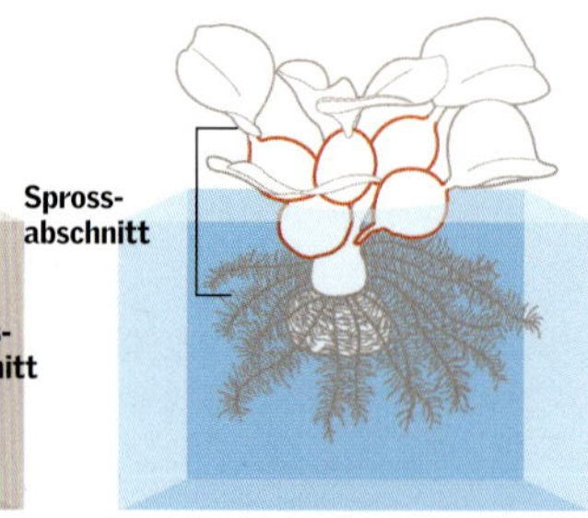

IM WASSER
Die Sprossachse einer Wasserpflanze kann sich unter Wasser befinden.

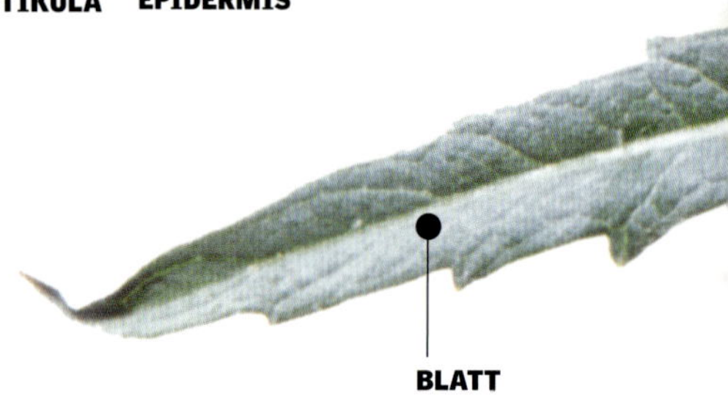

Entwicklung von Sprossachsen in unterschiedlichen Medien

Sprossachsen differieren in Bezug auf Größe und Form sehr stark, was unterschiedliche Anpassungen an die jeweiligen Umweltbedingungen widerspiegelt. Palmen und Weizen sind zwei sehr gute Beispiele dafür, welch unterschiedliche Ausprägungen Sprossachsen im Laufe der Evolution erfahren haben. Palmen sind die größten nicht verholzten Pflanzen. Sie wachsen so hoch, weil sie mit vielen anderen Pflanzen um das Sonnenlicht konkurrieren müssen. Im Gegensatz dazu kommt Weizen typischerweise in Regionen mit kaltem Klima und einer kurzen Wachstumsperiode vor. Sein Stängel ist eher kurz, dadurch kann er den Angriff von Winden und den Verlust der Blätter überleben.

TRIEBE wachsen aus den Augen.

SPROSSKNOLLE
Ein unterirdischer, verdickter Sprossabschnitt, der hauptsächlich aus mit Stärke gefüllten, parenchymatischen Zellen besteht. Die kleinen Einbuchtungen der Kartoffel (Augen) sind Achselknospen. Bei der Zwiebel, ebenfalls eine Pflanze mit unterirdischem Spross, wird die Stärke nicht in einer Knolle, sondern in verdickten Blättern eingelagert, die um den Spross herumwachsen.

ARTISCHOCKE
Cynara cardunculus

KARTOFFEL
Solanum tuberosum

AUGEN
sind Achselknospen, die in einem spiralförmigen Muster entlang der Knolle angeordnet sind.

Zirkulation

Die Sprossachse stellt die Verbindung dar zwischen den Wurzeln, die Wasser und Mineralien absorbieren, und den Blättern, die Nährstoffe produzieren; dementsprechend ist ihr Gewebe von Leitungsbahnen durchzogen, die mit Blättern und Wurzeln korrespondieren und als Transportsystem dienen. Die Sprossachse und ihre Verzweigungen tragen die Blätter, sodass diese Licht aufnehmen können, sowie Blüten und Früchte. Manche Sprossen besitzen chlorophyllhaltige Zellen und können Fotosynthese betreiben, andere weisen spezialisierte Zellen auf, die Stärke und andere Nährstoffe einlagern.

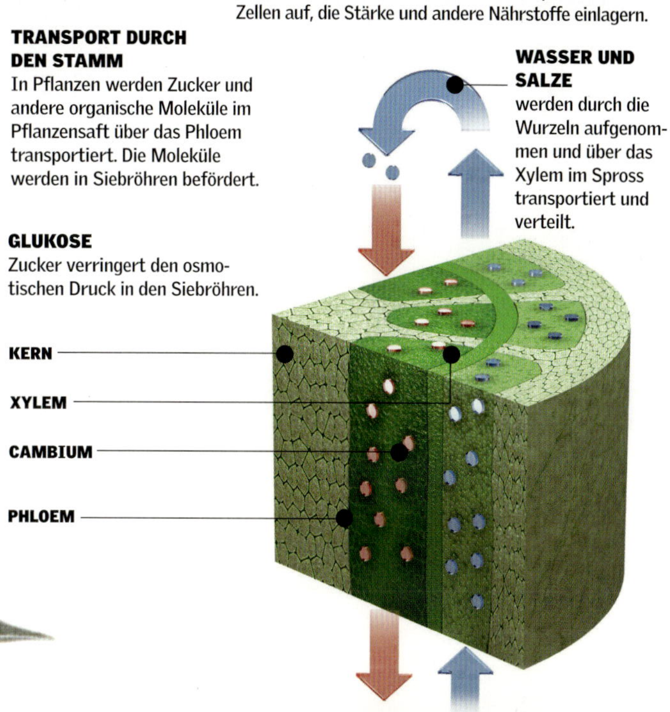

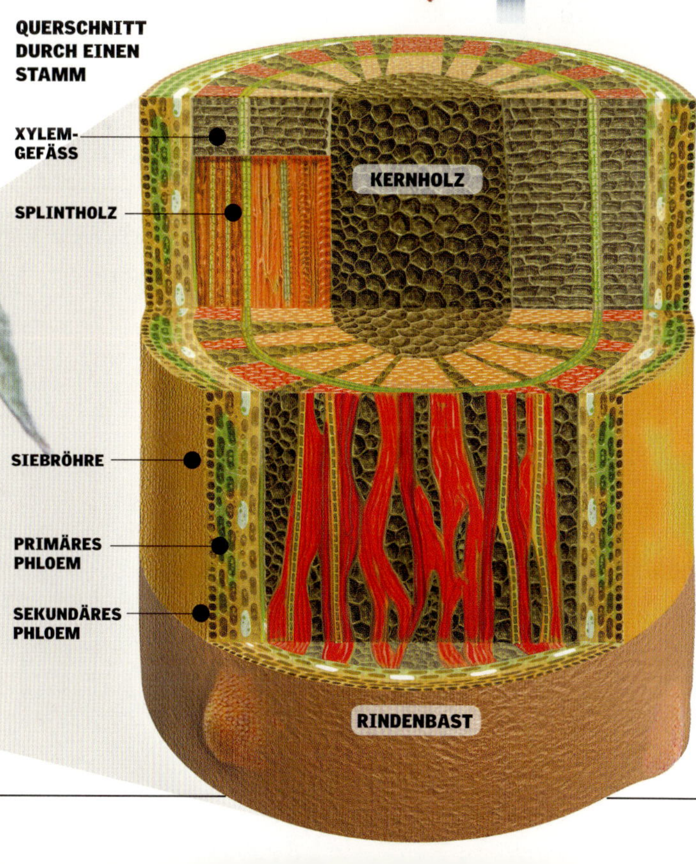

Energielieferanten

Die Hauptaufgabe der Blätter besteht in der Durchführung der Fotosynthese. Ihre Form ist darauf ausgerichtet, Lichtenergie einzufangen und in chemische Energie umzuwandeln. Dementsprechend haben sie eine große, dem Sonnenlicht ausgesetzte Oberfläche, sind aber nur verhältnismäßig dünn und von geringem Volumen. Allerdings gibt es jede Menge Abweichungen von diesem Grundmuster, die sich in Verbindung mit unterschiedlichen klimatischen Verhältnissen herausgebildet haben.

Einfache Blätter

Bei vielen Monokotyledonen sind die Blätter ungeteilt. Manchmal weisen sie gelappte oder gekerbte Ränder auf, aber diese Einbuchtungen reichen meist nicht bis zur Mittelrippe des Blattes.

Zusammengesetzte Blätter

Wenn das Blatt von der Hauptrippe ausgehend untertei ist, bildet es getrennte Blättchen aus. Ein zusammengesetztes Blatt wird als fingerförmig bezeichnet, wenn die Blättchen wie Finger angeordnet sind, und als fieder förmig, wenn sie wie die Äste einer Feder abstehen.

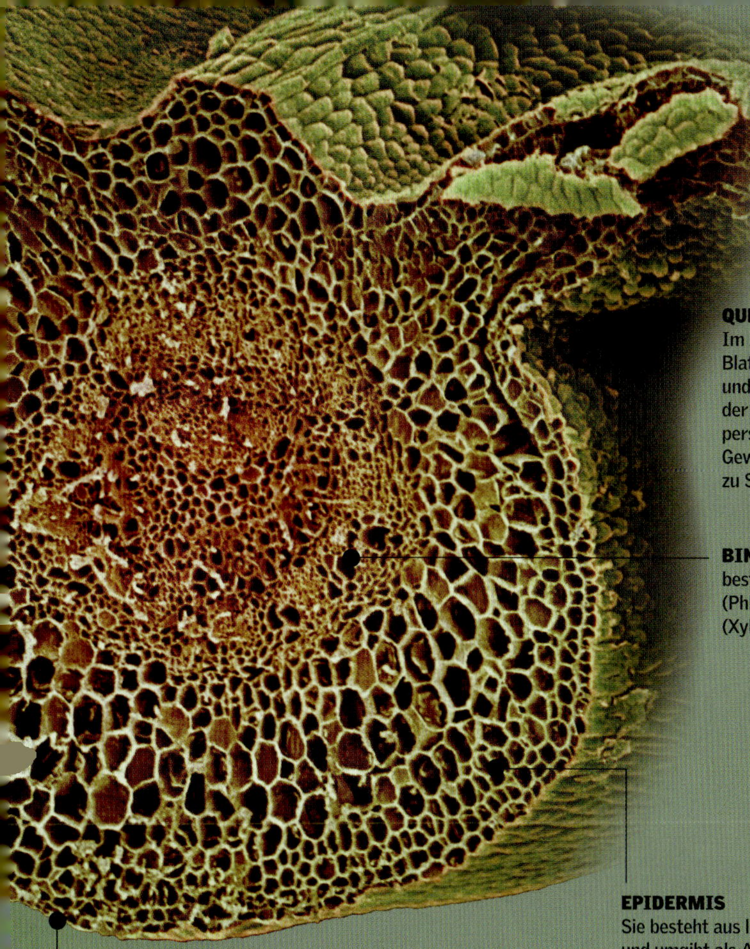

QUERSCHNITT
Im Allgemeinen besitzt ein Blatt den gleichen Aufbau und dieselben Gewebe wie der Rest des Pflanzenkörpers. Die Anordnung der Gewebe variiert von Spezies zu Spezies.

BINDEGEWEBE
besteht aus lebenden (Phloem) und toten (Xylem) Zellen.

EPIDERMIS
Sie besteht aus lebenden Zellen und umgibt als Abschlussgewebe alle Teile des Blattes sowie der gesamten Pflanze. Sie scheidet nach außen eine Wachsschicht ab, die Kutikula.

MESENCHYM
wird von lebenden Zellen gebildet. Es gibt dem Blatt Form und Struktur und enthält normalerweise Chloroplasten.

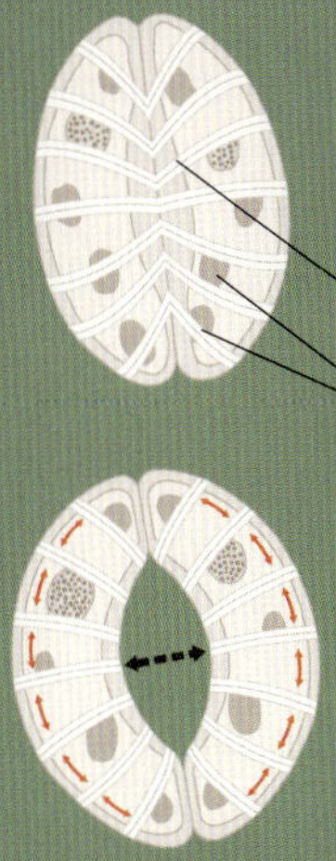

1 Der Spaltöffnungsapparat ist geschlossen. Kein Gas kann in das Blattgewebe eindringen oder aus ihm entweichen. Dies verhindert eine zu starke Transpiration, die der Pflanze schaden könnte.

2 Der Spaltöffnungsapparat steht offen. Die Schließzellen verformen sich aufgrund des erhöhten Innendrucks und der unterschiedlich starken Zellwand und geben einen Spalt frei, durch den der Gasaustausch stattfindet.

PFLANZEN UND IHRE UMGEBUNG
Der Austausch von Kohlendioxid und Wasserdampf zwischen der Pflanze und ihrer Umgebung ist entscheidend für den Prozess der Fotosynthese. Er kann durch interne und externe Faktoren beeinflusst werden, wie etwa Veränderungen von Lichtintensität, Temperatur oder Luftfeuchtigkeit. Als Antwort auf diese Reize können die Spaltöffnungen aufgehen oder sich schließen.

Modifikation und ihre Vorteile

Nadelbäume (Koniferen) weisen hinsichtlich ihrer Blätter eine interessante Modifikation auf. Bei diesen nacktsamigen Pflanzen führte die Evolution zu einer starken Reduktion der Blattspreite. Dies verschafft ihnen deutliche Vorteile gegenüber Pflanzen mit großer Blattoberfläche: weniger Luftwiderstand, eine geringere Transpiration in trockenen Gebieten und keine so extremen Gewichtsbelastungen, etwa als Folge von starkem Schneefall.

LEITBÜNDEL
gebildet aus Phloem und Xylem.

HARZ
zirkuliert durch die Harzkanäle und verhindert das Einfrieren des Gewebes.

EPIDERMIS
Zellen mit verdickter Wand, die eine Kutikula abscheiden.

KONIFEREN
Nadelförmige, zumeist ovale oder dreieckige Blätter sind das charakteristischste Merkmal der Koniferen. Die Hypodermis, die von der Epidermis umschlossen wird, ist nur im Bereich der Stomata unterbrochen.

RANKEN
Die Blätter von kletternden Pflanzen wie der Weinrebe zeigen diese speziellen Modifikationen.

Funktionelle Schönheit

Blüten sind nicht nur schöne Objekte; sie sind auch der Ort, an dem sich die Fortpflanzungsorgane der Angiospermen befinden. Die meisten Arten sind Hermaphroditen, das heißt, sie enthalten sowohl den männlichen (Andrözeum) als auch den weiblichen (Gynäzeum) Fortpflanzungsapparat. Die Bestäubung wird durch externe Vermittler ausgeführt, das können Insekten, Vögel, aber auch Wind oder Wasser sein. Nach der Befruchtung produzieren die Blüten in ihren Fruchtknoten den Samen. Die einzelnen Teile der Blüte sind meist in kreis- oder spiralförmigen Mustern angeordnet.

GYNÄZEUM
Das weibliche Fortpflanzungssystem wird aus der Gesamtheit der Fruchtblätter gebildet und besteht aus Fruchtknoten, Samenanlage, Griffel und Narbe.

NARBE
Sie kann einfach oder geteilt sein und sondert eine klebrige Flüssigkeit ab, die den Pollen einfängt. Mitunter ist sie von feinen Härchen bedeckt.

Klassifizierung

Blütenpflanzen lassen sich in Dikotyledonen und Monokotyledonen unterteilen. Erstere weisen Samen mit zwei Keimblättern, Letztere mit einem Keimblatt auf. Jede Gruppe repräsentiert eine unterschiedliche evolutionäre Linie und ist charakterisiert durch die Struktur ihrer Fortpflanzungsorgane. Keimblätter enthalten Nährstoffe, die der Embryo benötigt, bis sich seine Blätter entwickelt haben. Sobald ein Samen auskeimt, erscheint als Erstes die Wurzel. Bei den Monokotyledonen sind Spross und Wurzel von einer Membran geschützt, die bei den Dikotyledonen jedoch fehlt, sodass sich der Wurzeltrieb selbst durch den Boden kämpft.

Dikotyledonen

In dieser Pflanzengruppe sind die Blütenorgane in Wirteln zu vier oder fünf angeordnet. Die Kelchblätter sind klein und grün, die Kronblätter groß und bunt, die Laubblätter meist breitflächig. Die Leitbündel zeigen eine zylindrische Form.

BLÜTEN-DIAGRAMM

FRUCHTKNOTEN
Er findet sich im Blütenboden an der Basis des Gynäzeums innerhalb der Fruchtblätter. Der Pollenschlauch dehnt sich in den Fruchtknoten aus und dringt in die Eizelle ein.

BLÄTTER
Bei den Dikotyledonen gibt es Blätter von sehr unterschiedlicher Form; sie besitzen ein Netzwerk aus Blattnerven, die über eine Mittelrippe miteinander in Verbindung stehen.

WURZEL
Bei den Dikotyledonen dringt die Hauptwurzel als Verlängerung der Sprossachse senkrecht in den Boden ein, dann zweigen Sekundärwurzeln horizontal davon ab. Sie kann sehr tief reichen und lange überleben.

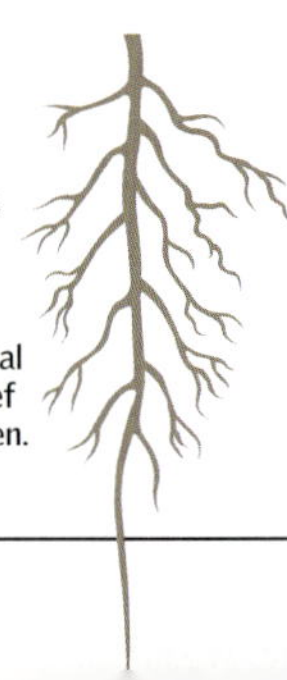

Monokotyledonen

In dieser Gruppe sind die Blütenorgane in Wirteln zu dreien angeordnet, wobei sich die Kelch- und Kronblätter im Aussehen meist nicht unterscheiden. Die Mehrheit bilden krautige Pflanzen mit verstreut in der Sprossachse liegenden Leitbündeln. Sie stellen die am höchsten entwickelte Gruppe der Angiospermen dar.

BLÜTEN-DIAGRAMM

FRUCHTBLÄTTER
sind modifizierte Laubblätter, die in ihrer Gesamtheit das Gynäzeum bilden. Sie enthalten Narbe, Griffel und Fruchtknoten. Eizellen entstehen im Fruchtknoten.

BLÄTTER
Bei den Monokotyledonen sind die Blätter überwiegend lang und schmal, haben keinen Stiel und parallel angeordnete Blattnerven.

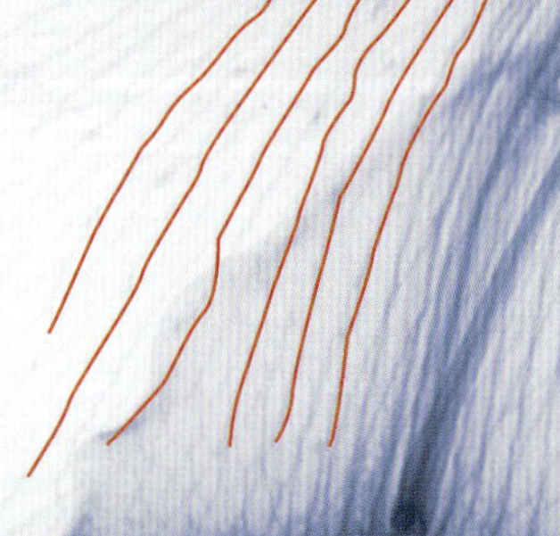

ANDRÖZEUM
Das männliche Fortpflanzungssystem wird von der Gesamtheit der Staubgefäße gebildet, die jeweils aus einem Staubbeutel (Anthere) und einem Staubfaden (Filament) bestehen. An der Basis können Drüsen sitzen, die Nektar produzieren.

Wirtel

Die meisten Blüten weisen vier Wirtel auf. Typischerweise folgen von außen nach innen: Kelch, Krone, Andrözeum (kann zweigeteilt sein) und Gynäzeum. Sind alle vier Wirtel angelegt, wird die Blüte als „vollständig" bezeichnet; fehlt dagegen mindestens einer, heißt die Blüte „unvollständig". Pflanzen mit Andrözeum und Gynäzeum in getrennten Blüten nennt man „monözisch". Wenn die Blüte weder Kelch- noch Kronblätter aufweist, wird sie als „nackt" bezeichnet.

ANTHERE
Der Staubbeutel ist ein Behälter, in dem die Pollenkörner (männliche Gameten) produziert werden.

250 000

ARTEN VON BLÜTENPFLANZEN (ANGIOSPERMEN) SIND AKTUELL BEKANNT, DAVON HABEN LEDIGLICH 1000 ARTEN WIRTSCHAFTLICHE BEDEUTUNG. MEHR ALS ZWEI DRITTEL ALLER SPEZIES SIND IN DEN TROPEN HEIMISCH.

FILAMENT
Der Staubfaden trägt den Staubbeutel.

KRONE (COROLLA)
Sie wird von den Kronblättern gebildet. Wenn diese getrennt stehen, nennt man sie Petalen, sind sie zusammengewachsen, wird die Pflanze als „gamopetal" bezeichnet.

KRONBLATT (PETALUM)
Normalerweise zeigt es eine auffällige Farbe, um Insekten oder andere Tiere anzulocken.

GRIFFEL
Manche Griffel sind kompakt, andere hohl. Ihre Zahl hängt von der Anzahl der Fruchtblätter ab. Der Pollenschlauch wächst durch den Griffel und kann etwa bei Mais eine Länge von 40 cm erreichen.

KELCH (CALYX)
Er setzt sich aus den Kelchblättern zusammen und schützt die übrigen Teile der Blüte. Zusammen mit der Krone bildet der Kelch das Perianth. Die Sepalen können getrennt oder verwachsen sein; im letzteren Fall nennt man die Pflanze „gamosepal".

KELCHBLATT (SEPALUM)
Dies ist ein modifiziertes Blatt, das die Blüte im ersten Stadium ihrer Entwicklung einhüllt und schützt. Kelchblätter halten zudem Insekten von der Nektarquelle ab, solange sie ihre bestäubende Funktion nicht erfüllen können. Sie sind normalerweise grün.

FRUCHTKNOTEN
Der Fruchtknoten befindet sich am Blütenboden an der Basis des Gynäzeums innerhalb der Fruchtblätter. Der Pollenschlauch, der den Pollen zur Eizelle befördert, wächst von der Narbe durch den Griffel bis zur Samenanlage im Fruchtknoten.

PERIGONBLATT (TEPALUM)
Bei den Monokotyledonen sind Kelch- und Kronblätter normalerweise gleich gestaltet. In diesem Fall nennt man sie Perigonblätter oder Tepalen und ihre Gesamtheit „Perianth".

WURZEL
Bei den Monokotyledonen zweigen alle Wurzeln vom selben Punkt ab und bilden somit ein dichtes Geflecht. Sie bleiben an der Oberfläche und überleben nur kurze Zeit.

Bestäubung

Die Orchidee mit dem wissenschaftlichen Namen *Ophrys apifera* (Bienenragwurz oder „Bienen-Orchidee") wird so genannt, weil ihre Blüte einer Biene sehr ähnlich sieht. Orchideenblüten sind sehr groß und meist prächtig gefärbt; sie sondern einen zuckerhaltigen Nektar ab, der von vielen Insekten geschätzt wird. Orchideen sind ein Beispiel für Arten mit Zoophilie, das heißt, ihr Überleben hängt davon ab, Vögel oder Insekten anzulocken, die den Pollen zu entfernten Pflanzen transportieren und diese befruchten.

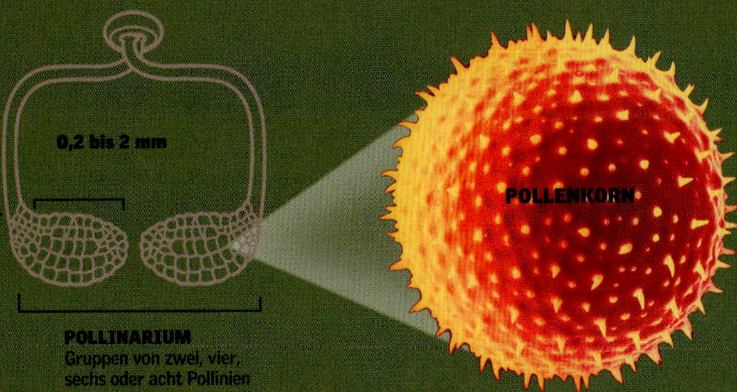

POLLINIEN
Kleine Klümpchen aus Pollenkörnern in einem Sektor der Anthere

POLLINARIUM
Gruppen von zwei, vier, sechs oder acht Pollinien

Pollen

Jedes Korn enthält einen männlichen Gameten.

12 000

Die Anzahl von Samen, die eine einzige befruchtete Orchidee produziert.

CORBICULUM
Tasche für den Transport von Pollen

FÄRBUNG
ist einer der wichtigsten Faktoren für das Anlocken von Insekten.

4 Übertragung

Die Biene verlässt die Blüte mit Orchideenpollen, der an ihrem Hinterteil klebt, und sucht die nächste Pflanze auf.

SEITENLAPPEN
Sie sind mit zarten, seidigen Härchen besetzt, die Bienen anlocken sollen.

5 Bis ans Ziel

Sobald die Biene auf einer weiteren Blüte derselben Art landet, wiederholt sie den Vorgang, begattet die Narbe (weibliche Fortpflanzungsorgane) und gibt dabei den Pollen ab, der die Samenanlage befruchtet.

TARNUNG
Manche Pflanzen, die bei der Bestäubung auf Insekten angewiesen sind, ahmen die Gestalt der jeweiligen Spezies nach, von der ihr Überleben abhängt. Jede Orchidee besitzt ihre eigene für die Bestäubung zuständige Insektenart.

Fruchtentwicklung

Sobald die Samenanlage befruchtet ist, reift der Fruchtknoten heran und entwickelt sich – zunächst um den Samen, der in seinem Inneren wächst, zu schützen, und später, um ihn zu verbreiten. Narbe und Staubblätter welken, und der Fruchtknoten wandelt sich zur Frucht. Seine Wand bildet das Fruchtgehäuse oder die Schale aus, das Perikarp. Früchte und Samen spielen eine wichtige Rolle in der menschlichen Ernährung. Das Endosperm mancher Samen ist reich an Stärke, Proteinen, Fetten und Ölen.

Einzelfrüchte

bilden sich aus einer einzigen Blüte. Darunter fallen Trocken- oder Saftfrüchte, die einen oder mehrere Samen enthalten können. Zu den Einzelfrüchten zählen Steinfrüchte, Beeren- und Kernobst.

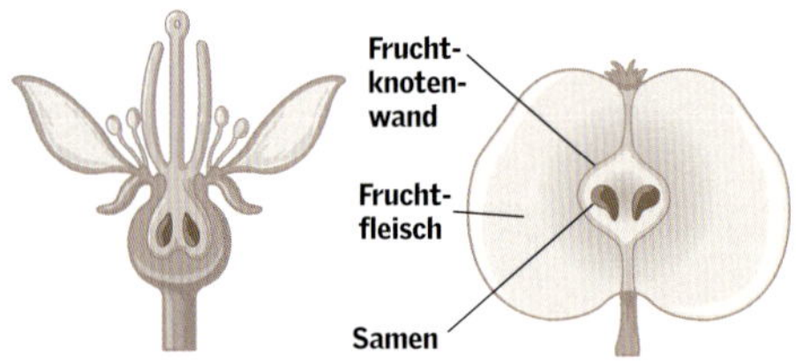

A KERNOBST
Die fleischigen Früchte entstammen einem unterständigen Fruchtknoten, der in den Blütenboden eingesenkt ist. Die übrigen Blütenteile setzen oberhalb an. Der Blütenboden verdickt sich und bildet ein essbares Mesokarp. Zum Kernobst zählen etwa Äpfel und Birnen.

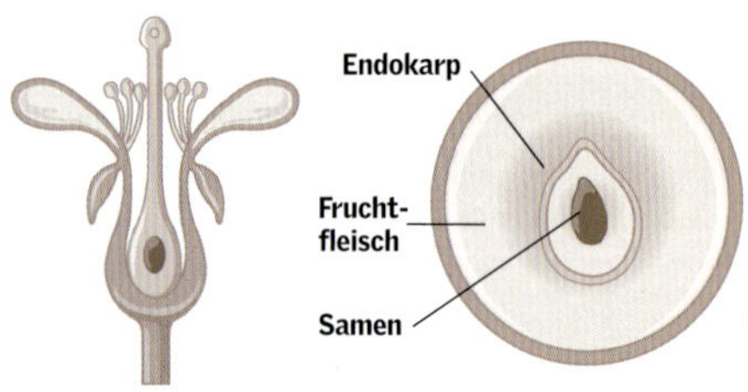

B STEINFRÜCHTE
sind fleischig, ledrig oder faserig, wobei das Endokarp den holzigen Stein bildet, der im Inneren den Samen trägt. Sie entstammen im Allgemeinen einem oberständigen Fruchtknoten, das heißt, die übrigen Blütenteile setzen unterhalb an. Ein Beispiel ist der Pfirsich.

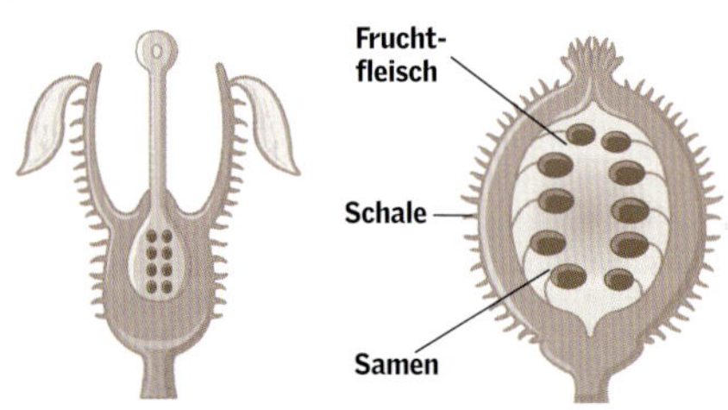

C BEERENFRÜCHTE
Wenn die Beeren reif werden, haben sie meist eine hell glänzende Farbe und ein fleischiges oder saftiges Mesokarp. Sie entstammen entweder einem ober- oder unterständigen Fruchtknoten. Ein Beispiel für eine Beerenfrucht ist die Weintraube.

ORANGEN
Wie andere Zitrusfrüchte auch entsprechen Orangen in ihrem Aufbau einer Beerenfrucht. Ihre Samen werden auf verschiedene Weise verbreitet: Entweder die Frucht verrottet, und die Samen werden freigesetzt, oder ein Tier verspeist die Frucht und scheidet die Samen mit dem Kot wieder aus.

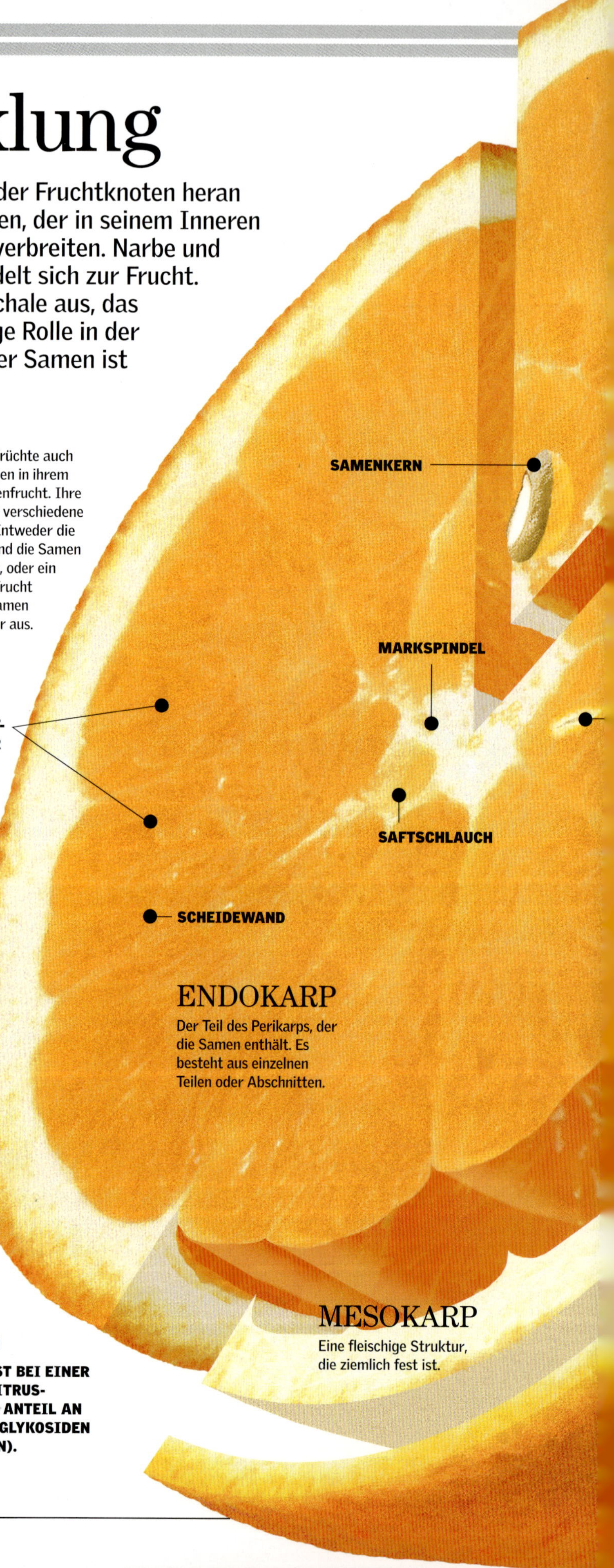

ENDOKARP
Der Teil des Perikarps, der die Samen enthält. Es besteht aus einzelnen Teilen oder Abschnitten.

MESOKARP
Eine fleischige Struktur, die ziemlich fest ist.

14%

SO GROSS IST BEI EINER UNREIFEN ZITRUSFRUCHT DER ANTEIL AN FLAVONOID-GLYKOSIDEN (HESPERIDIN).

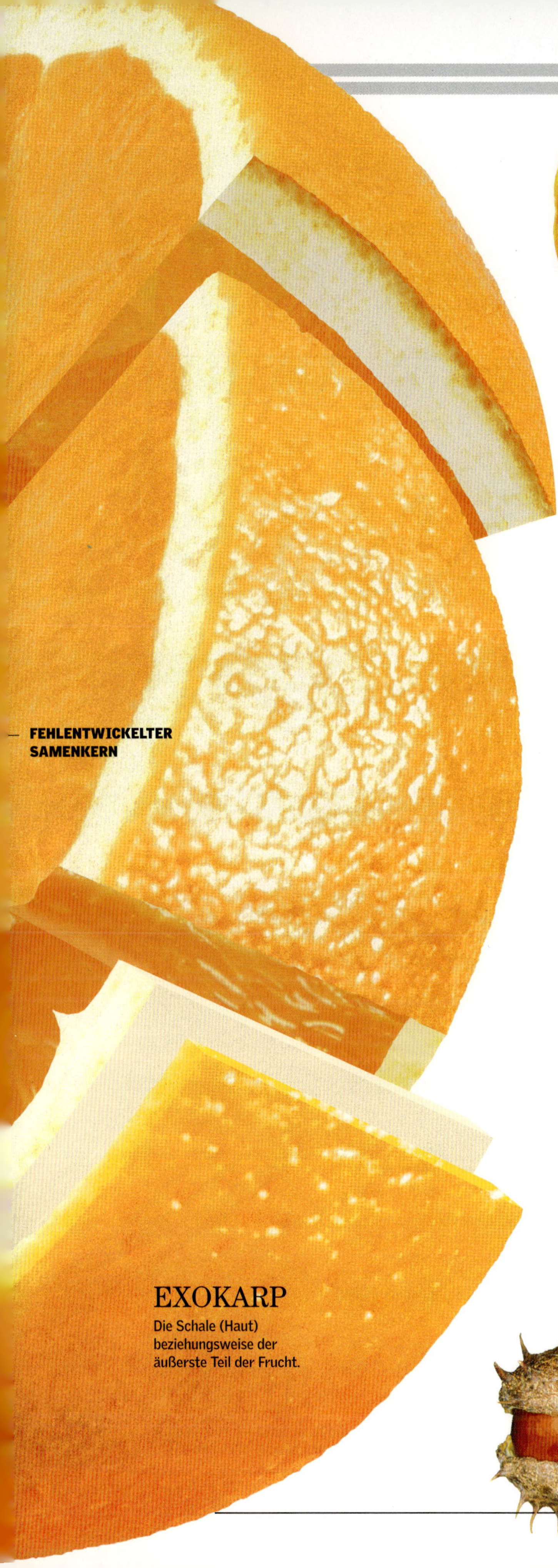

EXOKARP

Die Schale (Haut) beziehungsweise der äußerste Teil der Frucht.

Fruchtfach

Ein mit Saft (Wasser- und Zuckerreserven) gefülltes Stück, das von der Fruchtknotenwand gebildet wird.

Schale

Sie besteht aus dem Mesokarp und Exokarp der Frucht, ist weich und scheidet Öle und Säuren ab. Im Fall einer Nuss bildet das harte Endokarp die Schale.

Zusammengesetzte Früchte

entwickeln sich aus den Fruchtblättern von mehr als einer Blüte; sie bilden einen sogenannten Fruchtverband. Wenn sie heranreifen, sind sie von fleischiger Konsistenz. Ein Beispiel ist die Feige.

1 SAMMELSTEINFRUCHT
Die Frucht besteht aus zahllosen Steinfrüchten, die zusammenwachsen.

2 SYKONIUM
Der Fruchtstiel verdickt sich und bildet einen konkaven Blütenboden in Form eines Kelchs oder einer Flasche.

Trockenfrüchte

sind Früchte, bei denen das Perikarp austrocknet, während sie heranreifen. Dazu gehören Follikel (Magnolien), Hülsen (Erdnüsse, Bohnen, Erbsen), Schoten (Rettich) und die Früchte vieler anderer Spezies, darunter die Mehrheit aller Getreidearten und die Früchte von Bäumen wie Ahorn und Esche. Die meisten Springfrüchte (sie platzen auf, um die Samen freizusetzen) sind Trockenfrüchte.

Nadelbäume

Koniferen sind die typischsten Vertreter der Nacktsamer (Gymnospermae), einer Gruppe von Pflanzen, deren Samen nicht in einen Fruchtknoten eingeschlossen sind. Anhand von Fossilien ist bekannt, dass sie bereits seit mehr als 390 Mio. Jahren existieren. Ihre Blätter sind in der Regel nadelförmig und werden nicht abgeworfen. Koniferen sind Holzpflanzen. Ihre Samen bestehen aus unterschiedlichen Geweben und umhüllen den Embryo, bis er zu einer adulten Pflanze heranwächst.

Einteilung

Die Bezeichnung „conifer" wird mitunter fälschlicherweise auf die konische Form von Kiefern bezogen, bedeutet aber wörtlich „Zapfenträger". Außerdem gibt es durchaus auch andere Wuchsformen unter den Nadelbäumen.

Gutes Holz

Die überwiegende Mehrheit der Koniferen ist immergrün, und nur wenige Arten, wie die Lärche (*Larix spec.*), werfen im Herbst ihre Blätter ab. Unter den Koniferen gibt es die höchsten und langlebigsten Bäume; sie liefern den Großteil an industriell genutztem Holz. Die meisten Arten bilden im Sommer neue Triebe; sie produzieren eine harzige Substanz, die sie im Winter vor dem Frost schützt, sodass Nährstoffe auch noch bei großer Kälte durch ihre Leitungsbahnen zirkulieren können.

−10 °C

ODER WENIGER: MITTLERE DURCHSCHNITTSTEMPERATUR

Januartemperaturen in den ausgedehnten Nadelwaldgebieten der nördlichen Erdhalbkugel

Pinienzapfen

Die Zapfen selbst sind verholzt und meist auf den niedrigeren Ästen zu finden. Der weibliche Zapfen enthält die Samenanlagen, die auf den Samenschuppen sitzen. Wenn die Samenanlagen befruchtet sind, benötigen die Samen noch zwei bis drei Jahre, ehe sie im Inneren des Zapfens ausgereift sind. Der reife und von der Hülle befreite Samen wird auch als Pinienkern bezeichnet.

VERBREITUNG
Die Samenschuppen scheiden eine grünliche, gelatineartige Masse aus, in der die weiblichen Gameten enthalten sind. Sie werden freigesetzt, sobald sich der Behälter, in dem sie enthalten sind, öffnet. Ein Waldbrand kann die Fortpflanzung fördern, indem er für die Öffnung des Behälters sorgt.

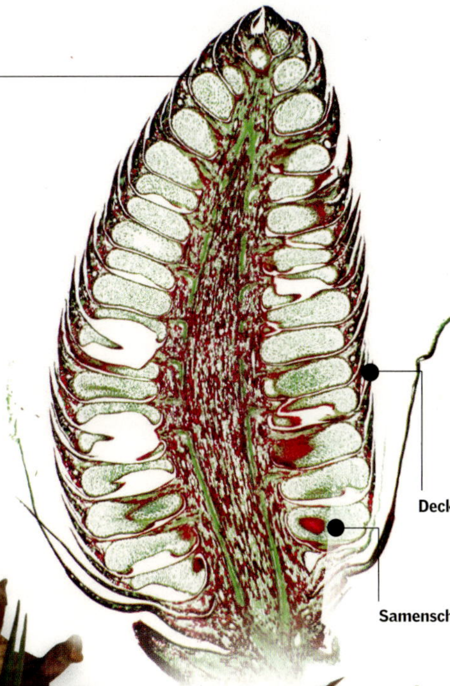

REIFER ZAPFEN
Drei Jahre nach Ausbildung eines Zapfens sind die Samen reif und können ausgestreut werden.

GESCHLOSSEN

GEÖFFNET

Piniennüsse

Sie wurden lange Zeit mit Honig und Zucker zu Gebäck verarbeitet. Im Sommer werden die geernteten Pinienzapfen in der Sonne getrocknet, worauf sie sich öffnen. Die Nüsse werden dann locker aus den Zapfen geschüttelt und eingesammelt. Nach traditioneller Methode weicht man sie in Wasser ein, um die äußere Hülle zu entfernen, und bricht sie anschließend mit zwei eng stehenden mechanischen Walzen vorsichtig auf. Zuletzt wird das Innere – der winzige Pinienkern – durch Handauslese freigelegt, wobei die feinen Häutchen vorsichtig entfernt werden.

Pilze

Fast 1 Mrd. Jahre lang war die Fähigkeit der Pilze, Substanzen abzubauen, für das Leben auf der Erde von entscheidender Bedeutung. Sie können Kohlenstoffverbindungen zersetzen und den Kohlenstoff sowie andere Elemente an ihre Umwelt abgeben, sodass andere Organismen diese wieder nutzen können.

AMANITA MUSCARIA
Der Fliegenpilz hat äußerst unangenehme psychoaktive Effekte. Abhängig von der Dosis reichen sie von Schwindelanfällen, Muskelkrämpfen und Erbrechen bis hin zu Gedächtnisverlust.

190 Eine andere Welt
192 Ernährung der Pilze
194 Krankheitserreger

Pilze arbeiten häufig mit Wurzeln zusammen und befähigen diese, Wasser und Mineralien effizienter aufzunehmen. Pilze kommen in fast jedem Lebensraum vor, besonders feuchte und dunkle Standorte lieben sie. Viele leben parasitisch, und manche sind pathogen – das heißt, sie können bei Menschen, Tieren oder Pflanzen Krankheiten auslösen.

Eine andere Welt

Lange Zeit wurden die Pilze in das Reich der Pflanzen eingeordnet. Allerdings sind sie – im Gegensatz zu diesen – heterotroph, können ihre Nahrung also nicht selbst produzieren. Manche Pilze leben eigenständig, andere sind Parasiten. Wie Tiere verwenden sie Glykogen als Energiespeicher, und ihre Zellwände bestehen aus Chitin, der gleichen Substanz, die auch im Exoskelett von Insekten enthalten ist.

Pilze: Ein seltsames Reich

Pilze können sich in allen möglichen Lebensräumen entwickeln, besonders an feuchten und schwach beleuchteten Orten und bis in Höhen von 4000 m. Sie werden in vier größere Abteilungen untergliedert sowie in eine zusätzliche Gruppe mit dem Namen „Fungi imperfecti". Letztere pflanzen sich im Allgemeinen ungeschlechtlich fort. Zurzeit fallen etwa 15 000 Spezies unter diese Kategorie, die nach neueren DNA-Analysen zu den Deuteromycota zu zählen ist.

4 bis 60 °C

DIE TEMPERATURBREITE, DIE VIELE PILZE IN FEUCHTEM KLIMA TOLERIEREN.

Chytridiomycota

Die Töpfchen- oder Flagellatenpilze sind die einzige Gruppe, die zu einem bestimmten Zeitpunkt in ihrem Zyklus bewegliche Zellen ausbildet – männliche und weibliche Gameten, die sie für die Fortpflanzung ins Wasser abgeben. Chytridiomycota leben im Wasser oder an Land, ernähren sich von Detritus oder leben als Parasiten auf anderen Organismen. Ihre Zellwand enthält Chitin.

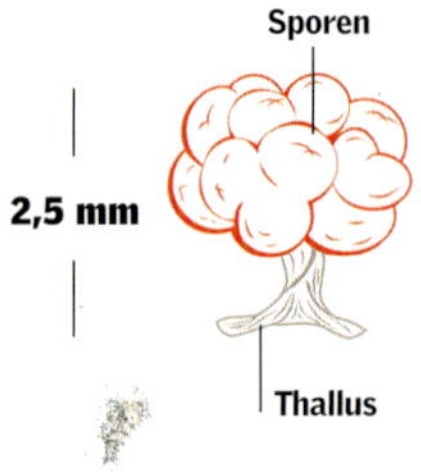

VIELFALT
Innerhalb der Chytridiomycota gibt es große anatomische Unterschiede. In der gleichen Fortpflanzungsphase können sie haploide oder diploide Sporen produzieren.

SCHLEIMPILZ
Physarum polycephalum

Deuteromycota

werden auch Fungi imperfecti genannt, da sie in ihrem Lebenszyklus keine sexuelle Fortpflanzung aufweisen. Viele Spezies leben als Parasiten auf Pflanzen, Tieren oder dem Menschen, wo sie Ringelflechte oder andere Pilzinfektionen hervorrufen können. Andere Spezies – darunter *Penicillium*, aus dem Penizillin gewonnen wird, und *Cyclospora* – haben große medizinische und wirtschaftliche Bedeutung.

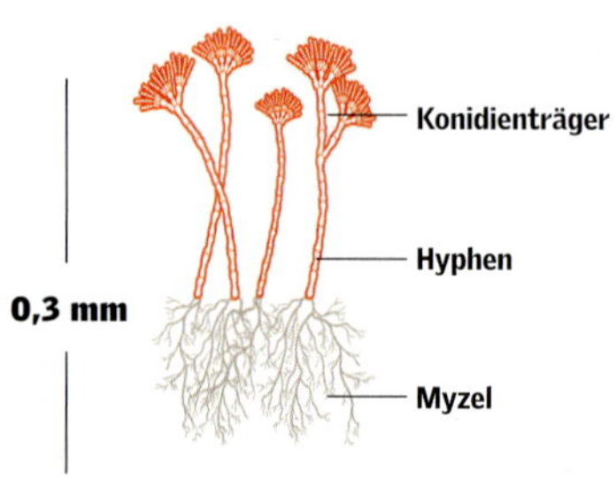

GESCHLECHT UNBEKANNT
Bei vielen Deuteromycota kommt eine bestimmte Form von ungeschlechtlichen Sporen vor, die sogenannten Konidien. Sie werden in Konidienträgern gebildet.

Basidiomycota

Die Ständerpilze, zu denen auch die Speisepilze gehören, sind die am besten erforschte Gruppe der Pilze. Ihr Fortpflanzungsorgan ist die Kappe (Hut); das Myzelgeflecht wächst im Boden oder in anderem organischen Substrat.

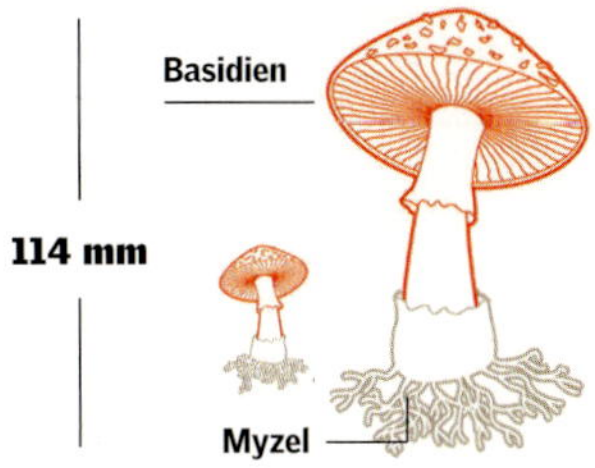

STÄNDERPILZE
Mit seiner bemerkenswerten Größe schützt der Hut die auf seiner Unterseite befindlichen Basidien, in denen die Sporen gebildet werden.

ECHTER PFIFFERLING
Cantharellus cibarius

GEMEINER BROT-SCHIMMEL
Rhizopus stolonifer

80 857 verschiedene Pilzarten

WURDEN BIS HEUTE BESTIMMT, ABER MAN VERMUTET, DASS ES ANNÄHERND 1,5 MIO. SPEZIES SIND.

Zygomycota

bilden eine Gruppe auf dem Land vorkommender Pilze. Sie vermehren sich sexuell durch Zygosporen, das sind diploide Zellen, die ihre Zellwände erst dann auflösen, wenn die Bedingungen für das Auskeimen günstig sind. Asexuelle Vermehrung kommt in dieser Gruppe ebenfalls vor. Die meisten Zygomyceten leben im Boden und ernähren sich von Pflanzen oder totem tierischem Material. Manche Spezies sind Parasiten von Pflanzen, Insekten oder kleineren Landtieren.

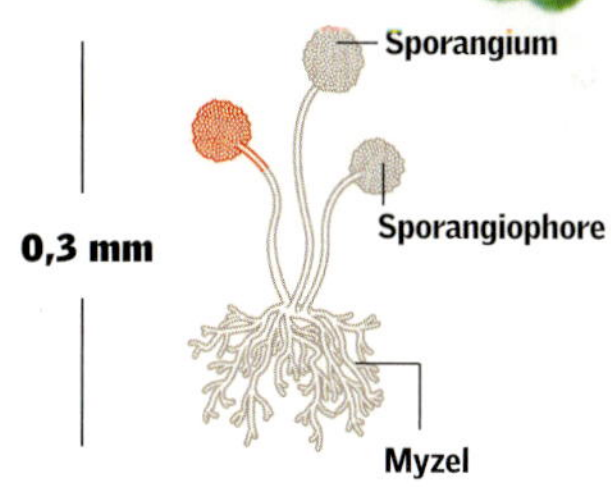

VIELE KLEINE TASCHEN
Die Sporen bilden sich, wenn zwei Gameten unterschiedlichen Geschlechts miteinander verschmelzen. Eine ungeschlechtliche Vermehrung mittels haploider Sporen, die in sogenannten Sporangien entstehen, kommt ebenfalls vor.

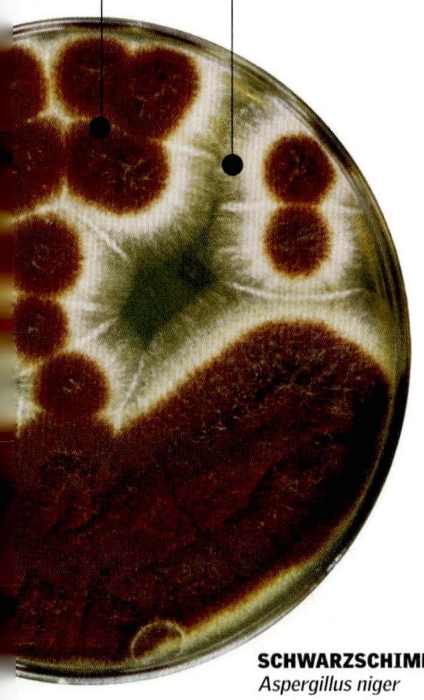

SCHWARZSCHIMMEL
Aspergillus niger

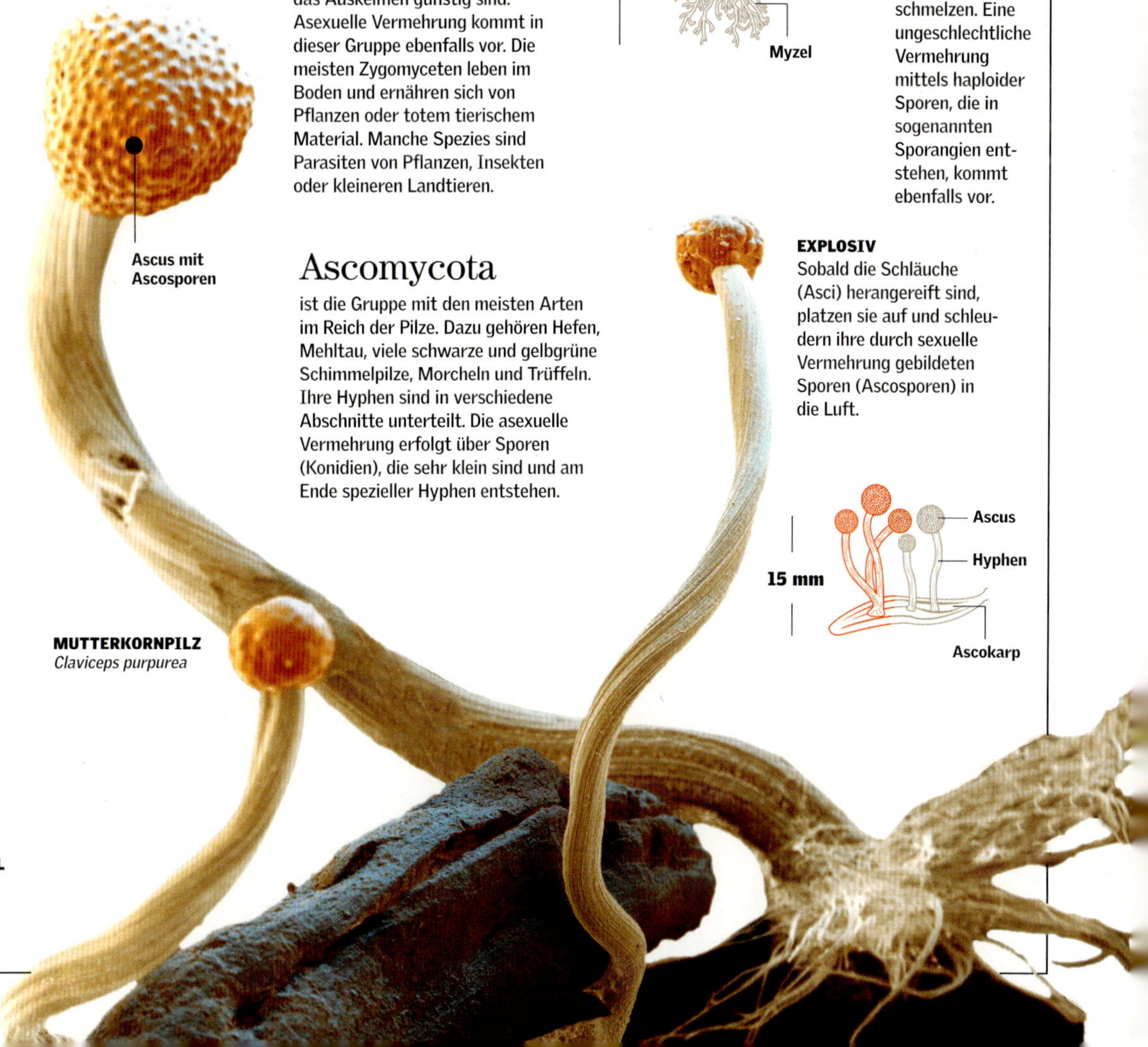

MUTTERKORNPILZ
Claviceps purpurea

Ascomycota

ist die Gruppe mit den meisten Arten im Reich der Pilze. Dazu gehören Hefen, Mehltau, viele schwarze und gelbgrüne Schimmelpilze, Morcheln und Trüffeln. Ihre Hyphen sind in verschiedene Abschnitte unterteilt. Die asexuelle Vermehrung erfolgt über Sporen (Konidien), die sehr klein sind und am Ende spezieller Hyphen entstehen.

EXPLOSIV
Sobald die Schläuche (Asci) herangereift sind, platzen sie auf und schleudern ihre durch sexuelle Vermehrung gebildeten Sporen (Ascosporen) in die Luft.

Ernährung der Pilze

Pilze können ihre Nahrung nicht in gleicher Weise aufnehmen wie Tiere. Im Gegenteil: Sie können sie erst absorbieren, nachdem sie in kleine Moleküle zerlegt worden ist. Die meisten Pilzarten ernähren sich von totem organischem Material; manche sind Parasiten, die an oder in einem Wirtsorganismus leben, andere sind Räuber. Viele Spezies gehen symbiotische Beziehungen mit Algen, Bakterien oder Pflanzen ein, die für beide Partner von Nutzen sind; sie erhalten dabei organische Nährstoffe.

HUT
Abgesehen davon, dass er leicht zu entdecken ist, enthält er die Fortpflanzungsorgane der Basidiomycota und die dort gebildeten Sporen.

Chemische Umwandlung

Organische oder anorganische Substanzen, die den Pilzen als Nährstoffe dienen, werden direkt aus der Umgebung aufgenommen. Zuerst scheidet der Pilz Verdauungsenzyme über der Nahrungsquelle aus, wodurch die Nahrungsbestandteile auf chemischem Weg in kleinere und leichter zu assimilierende Einheiten zerlegt werden. Basidiomycota werden nach ihrer Ernährungsweise klassifiziert. So besiedeln etwa verschiedene Arten unterschiedliche Abschnitte eines Baumes, je nachdem, welche Nährstoffe sie benötigen.

Pilze der Gattung *Amanita*, zu der auch der giftige Fliegenpilz, *Amanita muscaria*, gehört, weisen die typische Pilzform mit gut ausgebildetem Hut auf.

PARASITEN
Pilze wie *Ceratocystis ulmi* und *Agrocybe aegerita* (dunkle Stellen auf dem Blatt) leben auf Kosten von Pflanzen; bei starkem Befall können sie ihren Wirt sogar töten. Andere Spezies sind Parasiten an oder auf Tieren.

SAPROPHYTEN
Es gibt kein organisches Material, das von diesen Pilzen nicht aufgeschlossen und verwertet werden könnte. Sie leben meist auf den abgestorbenen Teilen von Pflanzen und verursachen daher keinen Schaden bei ihrem Wirt.

SYMBIONTEN
Während sie von der Pflanze Nährstoffe beziehen, helfen sie ihr im Gegenzug, Wasser und Mineralien aufzunehmen. Jede Spezies weist ihre eigenen Besonderheiten auf.

MYZEL
Wenn eine Pilzspore auf das geeignete Substrat trifft, beginnt sie damit, ein Netzwerk aus Hyphen auszubilden; das sind stark verzweigte Fäden, die in das umgebende Medium vordringen. Die Gesamtheit der Hyphen wird als Myzel bezeichnet. Ein Fruchtkörper mit Hut entsteht, indem sich einzelne Fäden des Myzels verdicken und in die Höhe wachsen.

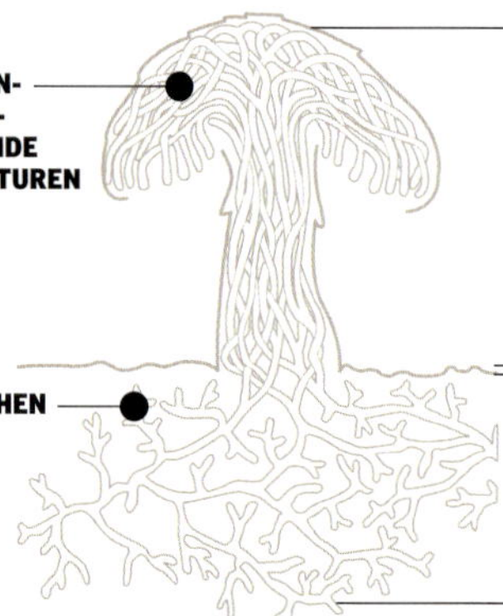

FRUCHTKÖRPER
Der Hut (auch Basidiokarpie genannt) enthält die sporenproduzierenden Basidien.

VEGETATIVES MYZEL
Es wächst unterirdisch und besteht aus einem dichten Netz fadenartiger Hyphen.

Kutikula

Die Haut oder Membran, die den Fruchtkörper (Pileus) überzieht, nennt man Kutikula. Sie kann in Farbe und Form stark variieren und von samtiger, haariger, schuppiger, fadenförmiger, faseriger, flaumiger, glatter, trockener oder schleimiger Beschaffenheit sein.

HYMENIUM
Das Hymenium (Fruchtschicht) befindet sich auf der Unterseite des Fruchtkörpers, besteht aus sehr zartem Gewebe, in denen die Sporen produziert werden, und überzieht die Fruchtkörperstruktur aus Leisten, Lamellen oder Röhren.

LAMELLEN
Innerhalb dieser Strukturen werden die Sporen produziert. Ihre Form kann je nach Spezies unterschiedlich sein.

DETAIL EINER LAMELLE

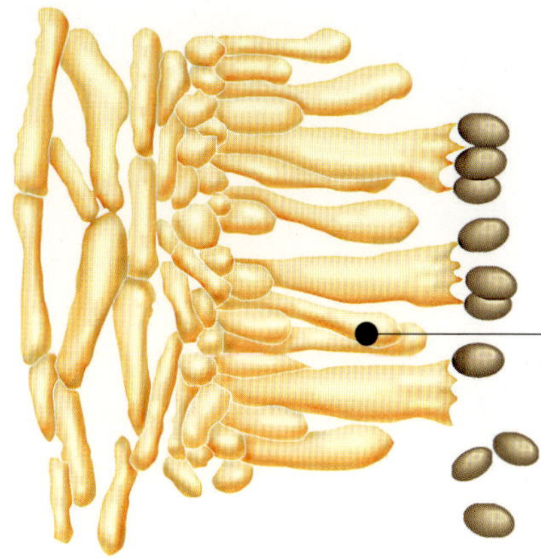

BASIDIEN
sind die Meiosporangien der Basidiomycota. Diese zarten Strukturen können ein-, zwei- oder vierzellig sein.

Lebenszyklus eines Pilzes

Pilze produzieren Sporen im Rahmen der geschlechtlichen oder ungeschlechtlichen Vermehrung. Diese dienen dazu, neue Lebensräume zu erobern oder schlechte Umweltbedingungen zu überstehen.

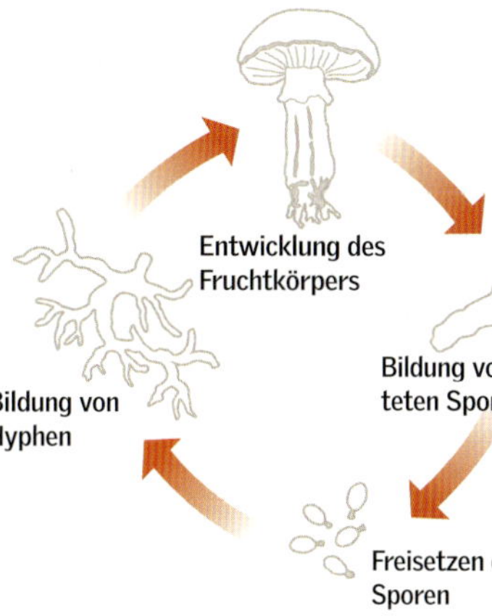

Wachstum

Zu Beginn sieht der Fruchtkörper von *Amanita muscaria* wie ein weißes Ei aus. Er wächst weiter und bricht langsam auf, während sich der Stiel entfaltet. Der Hut erscheint zunächst noch vollkommen geschlossen, öffnet sich aber in den nächsten Tagen wie ein Schirm und bekommt auch seine Farbe.

KAHLKOPF
Psilocybin spec.

VELUM
Je nach Form als Manschette oder Schleier bezeichnet, schützt das Velum Teile des Fruchtkörpers, während er heranwächst.

STIEL
Von zylindrischer Form; trägt den Fruchtkörper und liefert außerdem wichtige Hinweise zur Bestimmung der jeweiligen Spezies.

VOLVA
Sie besteht meist aus den Überresten des abgefallenen Velums und bildet eine wulstartige Hülle. Die Volva unterscheidet sich von Art zu Art.

Wussten Sie?

Pilze können eine beeindruckende Anzahl von unterschiedlichen Substanzen aufschließen. So gibt es Arten, die Petroleum, und andere, die Plastik verwerten. Pilze lieferten auch das erste Antibiotikum: Penizillin. Heutzutage sind sie eine wichtige Quelle für viele nützliche medizinische Präparate. Wissenschaftler beschäftigen sich schon lange mit der Frage, ob Petroleum verdauende Pilze eingesetzt werden können, um Ölteppiche und andere chemische Katastrophen zu beseitigen.

Strobilurus esculentus lebt auf den Zapfen von Fichten.

Krankheitserreger

Pilze, die bei Menschen, Tieren und Pflanzen Krankheiten erregen können, werden als pathogen bezeichnet. Die giftigen Substanzen, die von diesen Organismen produziert werden, haben negative Auswirkungen auf Menschen und können nachhaltige Schäden in der Landwirtschaft verursachen. Ein Grund, warum diese Pilze so gefährlich sind, ist ihre Fähigkeit, große Schwankungen bezüglich Temperatur, Feuchte und pH-Wert zu tolerieren. *Aspergillus* ist eine Gattung von Schimmelpilzen, deren Arten äußerst toxische Stoffwechselprodukte hervorbringen.

KONIDIENKETTE
Konidien sind ungeschlechtlich gebildete Sporen, die an den Enden von Hyphen entstehen. In diesem Fall gruppieren sie sich zu Ketten.

KONIDIEN
sind so winzig, dass sie sich problemlos über die Luft verbreiten.

PHIALIDEN
sind Zellen, aus denen sich die Konidien bilden.

KONIDIOPHOR
Konidientragende Hyphe; Teil des Myzels, der für die ungeschlechtliche Vermehrung zuständig ist. Hier werden Konidien (haploide Sporen) gebildet.

900
IST DIE ANZAHL DER *ASPERGILLUS*-ARTEN, DIE IN 18 GRUPPEN EINGETEILT WERDEN. VIELE DIESER SPEZIES KÖNNEN BEIM MENSCHEN KRANKHEITEN AUSLÖSEN, DARUNTER ASPERGILLOSE.

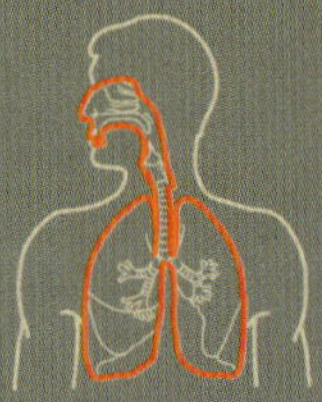

ALLERGIEAUSLÖSER
Aspergillus flavus
Diese Spezies kann allergische Reaktionen bei Menschen mit genetischer Disposition für diese Allergie auslösen. Sie ist außerdem für die Kontamination von Samen wie Erdnüssen verantwortlich und produziert Stoffwechselprodukte, sogenannte Mykotoxine, die sehr giftig sind.

SAPROPHYTEN
Aspergillus spec.
Zusätzlich zu den pathogenen Arten gibt es einige Spezies, die das organische Material von toten Insekten verwerten und so den Boden mit Nährstoffen anreichern.

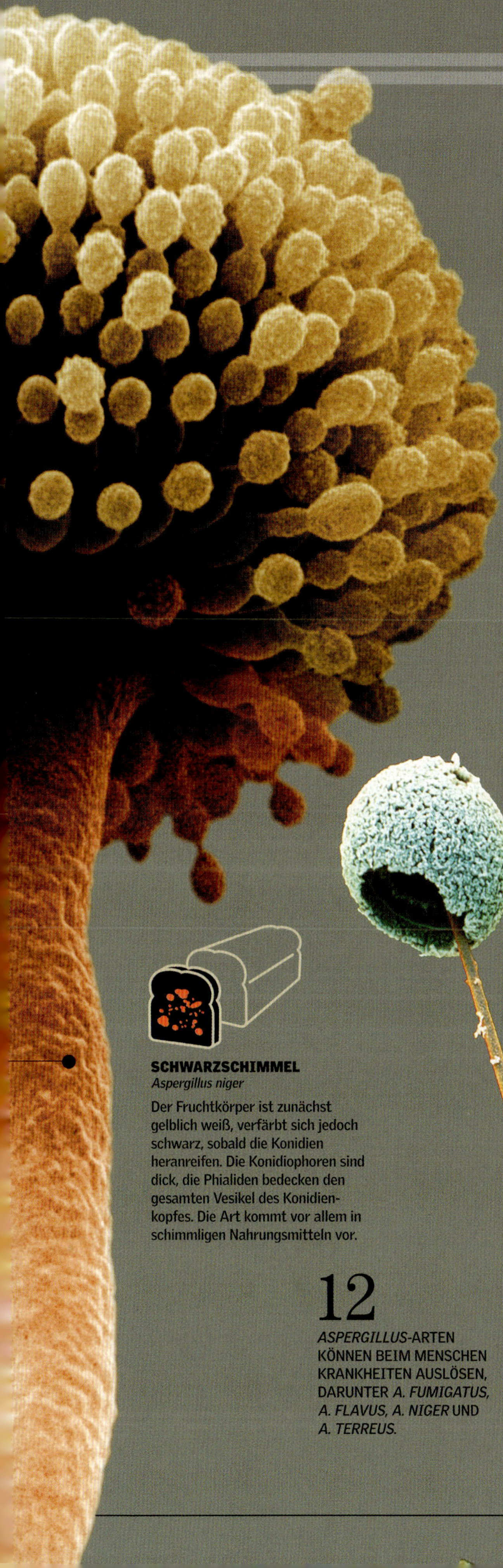

Gießkannenschimmel

Die Gattung *Aspergillus* zählt zu den Fungi imperfecti oder Deuteromycota. Sie sind charakterisiert durch Strukturen, die der ungeschlechtlichen Fortpflanzung dienen und als Konidienkopf bezeichnet werden. Der Kopf besteht aus einem Vesikel, der von einem Kranz aus kegel- bis flaschenförmigen Auswüchsen, den Phialiden, umgeben ist. An deren Ende bilden sich Ketten aus Konidien.

KONIDIENKOPF
Er hat ein grünliches Myzel und zahlreiche kurze Konidiophoren.

SCHWARZSCHIMMEL
Aspergillus niger

Der Fruchtkörper ist zunächst gelblich weiß, verfärbt sich jedoch schwarz, sobald die Konidien heranreifen. Die Konidiophoren sind dick, die Phialiden bedecken den gesamten Vesikel des Konidienkopfes. Die Art kommt vor allem in schimmligen Nahrungsmitteln vor.

12

ASPERGILLUS-ARTEN KÖNNEN BEIM MENSCHEN KRANKHEITEN AUSLÖSEN, DARUNTER *A. FUMIGATUS*, *A. FLAVUS*, *A. NIGER* UND *A. TERREUS*.

OPPORTUNISTEN
Aspergillus fumigatus

Diese pathogene Art befällt vor allem Menschen, deren Immunsystem geschwächt ist. Sie kann ernste Krankheiten verursachen.

5 WETTER UND KLIMA

198

208

Klimakunde 198
Oberflächenfaktoren 208
Meteorologische Phänomene 220
Wetterkunde 238

220

238

Klimakunde

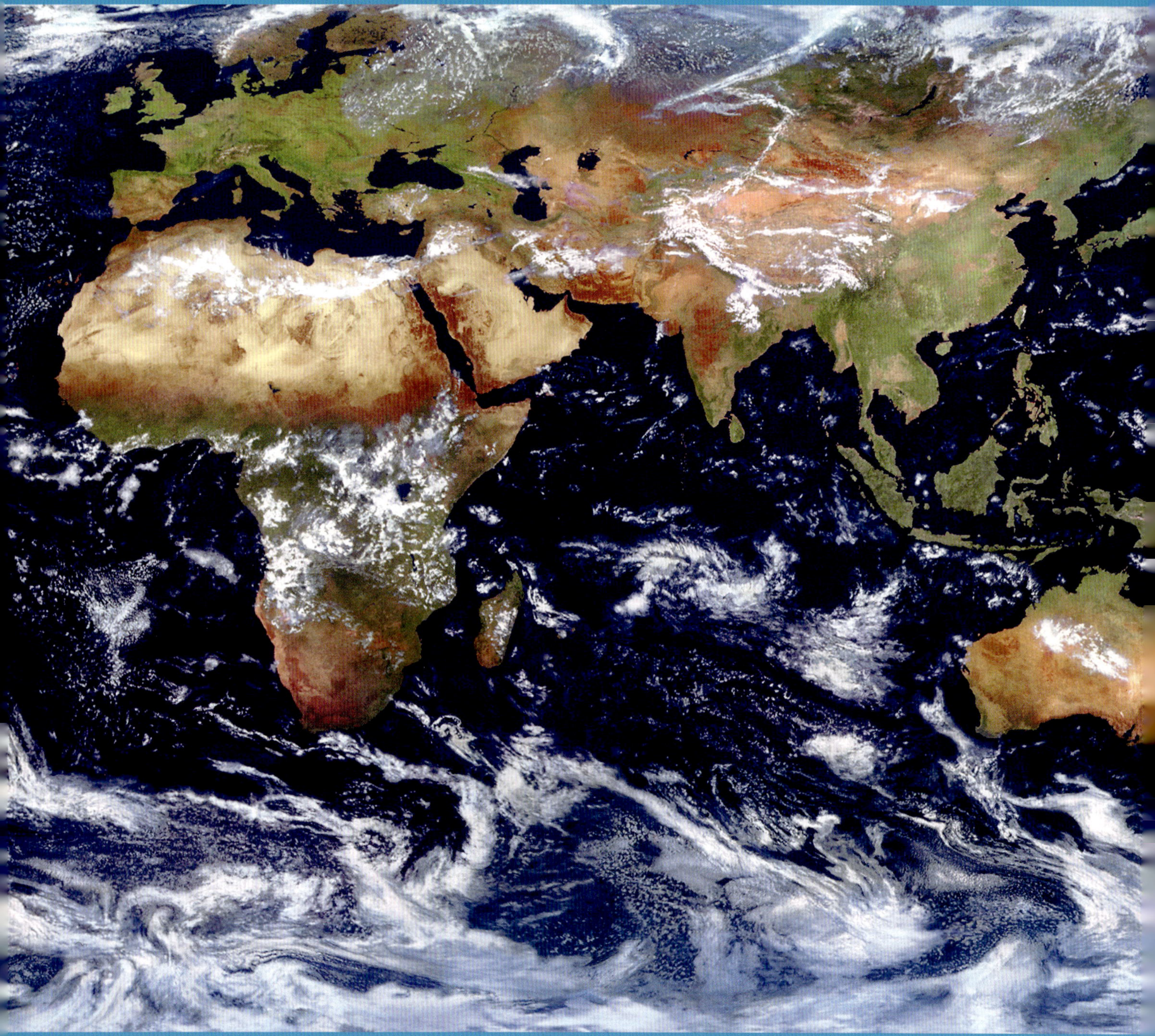

Die sich ständig bewegende Atmosphäre, die Ozeane, Kontinente und großen Eismassen sind die grundlegenden Bausteine unserer Umwelt. Alle diese Faktoren ergeben zusammen das, was man als „Klimasystem" bezeichnet. Sie stehen untereinander in ständigem Austausch, transportieren Wasser (als Flüssigkeit

SATELLITENBILD
Auf dieser Aufnahme der Erde kann man die Bewegungen von Luft und Wasser deutlich erkennen, die neben anderen Faktoren für Temperaturunterschiede verantwortlich sind.

200 Globales Gleichgewicht
202 Klimazonen
204 Dynamik der Atmosphäre
206 Kollision

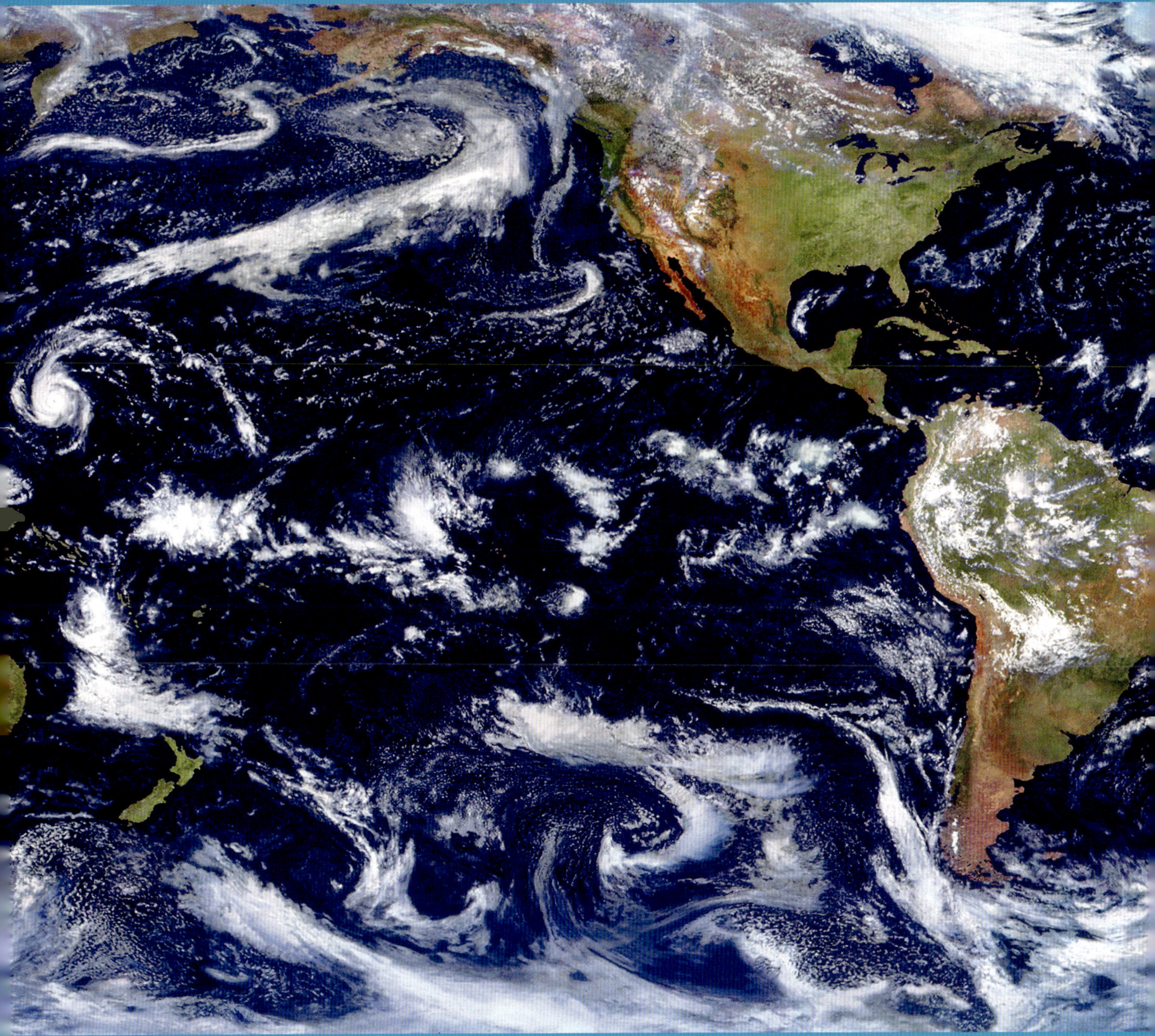

oder Gas), elektromagnetische Strahlung und Wärme. Innerhalb dieses komplexen Systems zählt die Temperatur zu den wichtigsten Variablen. Eine große Bedeutung kommt auch den Luftströmungen zu, da sie Wärme und Feuchtigkeit in der Atmosphäre befördern, sowie dem Wasser mit all seinen Zustandsänderungen (Verdampfung, Kondensation, Konvektion).

Globales Gleichgewicht

Die Sonneneinstrahlung liefert eine gewaltige Menge an Energie. Sie treibt einen außergewöhnlichen Mechanismus an, der als „Klimasystem" bezeichnet wird. Dieses komplexe System setzt sich zusammen aus Atmosphäre, Hydrosphäre, Lithosphäre, Kryosphäre und Biosphäre. Alle Komponenten stehen untereinander in ständigem Austausch von Stoffen und Energie. Wetter- und Klimaerscheinungen der Vergangenheit – aber auch der Gegenwart und der Zukunft – sind Ausdruck des Zusammenspiels all dieser Subsysteme.

WIND
Die Atmosphäre steht niemals still. Wärme setzt Luftmassen in Bewegung, was zu einer ständigen Zirkulation von Luft in der Atmosphäre führt.

Atmosphäre

Ein Teil der Energie, die von der Sonne stammt, wird von der Atmosphäre aufgenommen. Der Rest wird von der Erde absorbiert oder in Form von Wärme wieder abgegeben. Treibhausgase heizen die Atmosphäre auf, indem sie die Wärmeabstrahlung in den Weltraum verlangsamen.

Biosphäre

Lebewesen (wie Pflanzen) nehmen Einfluss auf Wetter und Klima. Sie bilden die Basis jedes Ökosystems, das Mineralien, Wasser und andere chemische Verbindungen nutzt, und geben Stoffe an andere Subsysteme weiter.

NIEDERSCHLAG
Wasserdampf kondensiert in der Atmosphäre und bildet Tröpfchen, die aufgrund der Schwerkraft an verschiedenen Stellen der Erdoberfläche als Niederschlag fallen.

VERDUNSTUNG
Die Oberflächen von Gewässern halten die Menge an Wasserdampf in der Atmosphäre innerhalb normaler Grenzen.

ungefähr 10%
beträgt die Albedo tropischer Regenwälder.

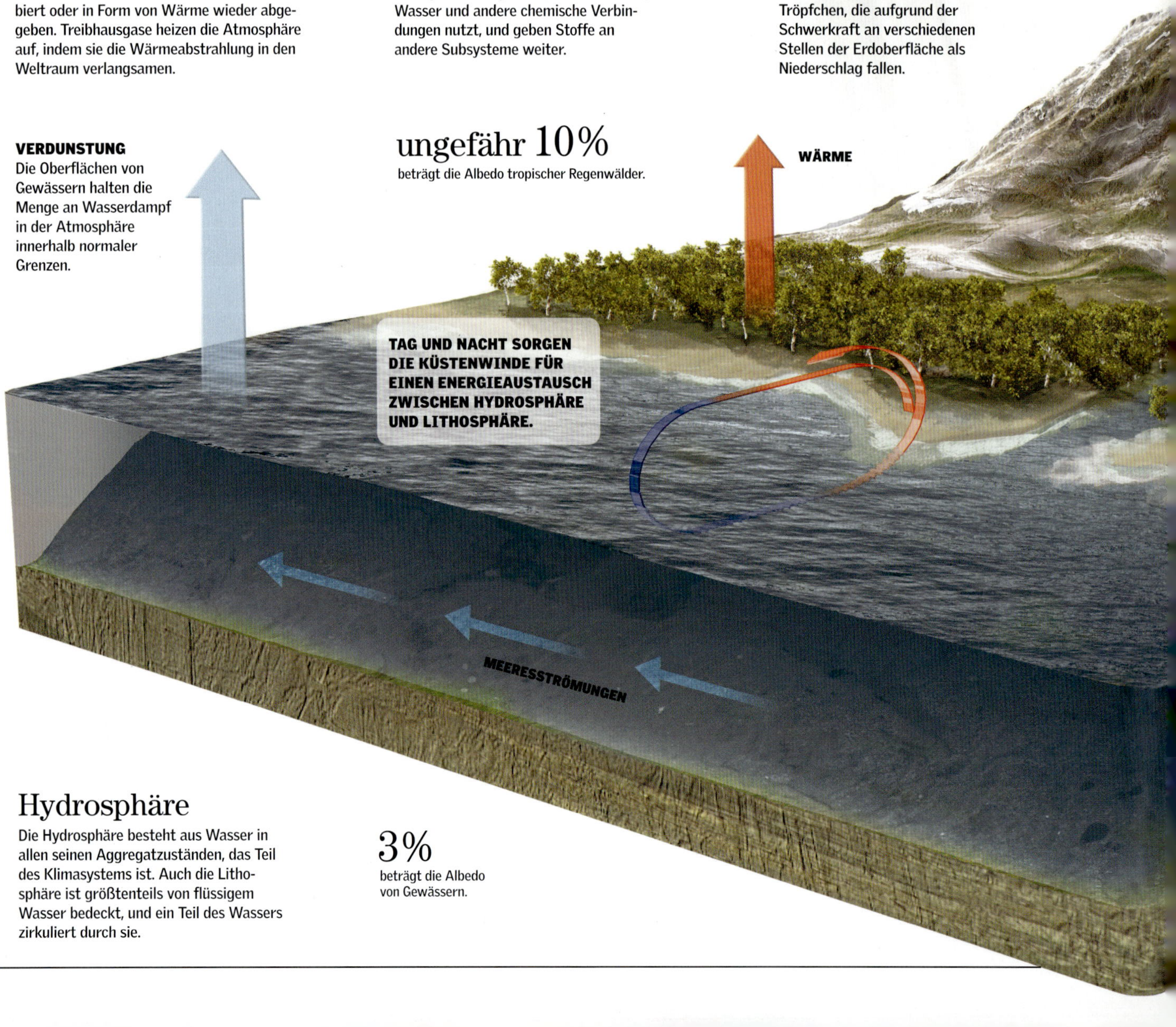

Hydrosphäre

Die Hydrosphäre besteht aus Wasser in allen seinen Aggregatzuständen, das Teil des Klimasystems ist. Auch die Lithosphäre ist größtenteils von flüssigem Wasser bedeckt, und ein Teil des Wassers zirkuliert durch sie.

3%
beträgt die Albedo von Gewässern.

SONNENEINSTRAHLUNG
Etwa 50 % der Sonneneinstrahlung erreichen die Erdoberfläche. Während ein Teil dieser Energie direkt auf verschiedene Schichten der Atmosphäre übertragen wird, verlässt der Großteil der verfügbaren Sonneneinstrahlung die Luft und zirkuliert innerhalb anderer Subsysteme. Ein Teil der Energie wird ins All zurückgestrahlt.

Sonne

ist entscheidend für alle klimatischen Prozesse. Die Erdoberfläche nimmt Strahlungsenergie auf und setzt sie in Wärme um. Ein Teil wird reflektiert. Zum Beispiel nimmt die Biosphäre mittels Fotosynthese Energie auf und verstärkt damit die Aktivitäten der Hydrosphäre.

Kryosphäre

Darunter versteht man alle von Eis bedeckten Regionen der Erde. Von Schnee und Eis bedeckte Regionen reflektieren einen Großteil des auftreffenden Lichts und spielen eine wichtige Rolle in der Zirkulation der Ozeane. Sie regulieren deren Temperatur und Salzgehalt.

80 % BETRÄGT DIE ALBEDO VON FRISCH GEFALLENEM SCHNEE.

ALBEDO
Reflexionsgrad; der Prozentsatz der Sonneneinstrahlung, der von einer Oberfläche reflektiert wird.

50 % BETRÄGT DIE ALBEDO LEICHTER BEWÖLKUNG.

Lithosphäre

Dies ist die oberste feste Schicht der Erde. Sie unterliegt einem ständigen Auf- und Umbau, verändert dadurch das Aussehen der Erdoberfläche und hat großen Einfluss auf Wetter und Klima. So kann etwa eine Gebirgskette als geografisches Hindernis fungieren und Wind sowie Feuchtigkeit abhalten.

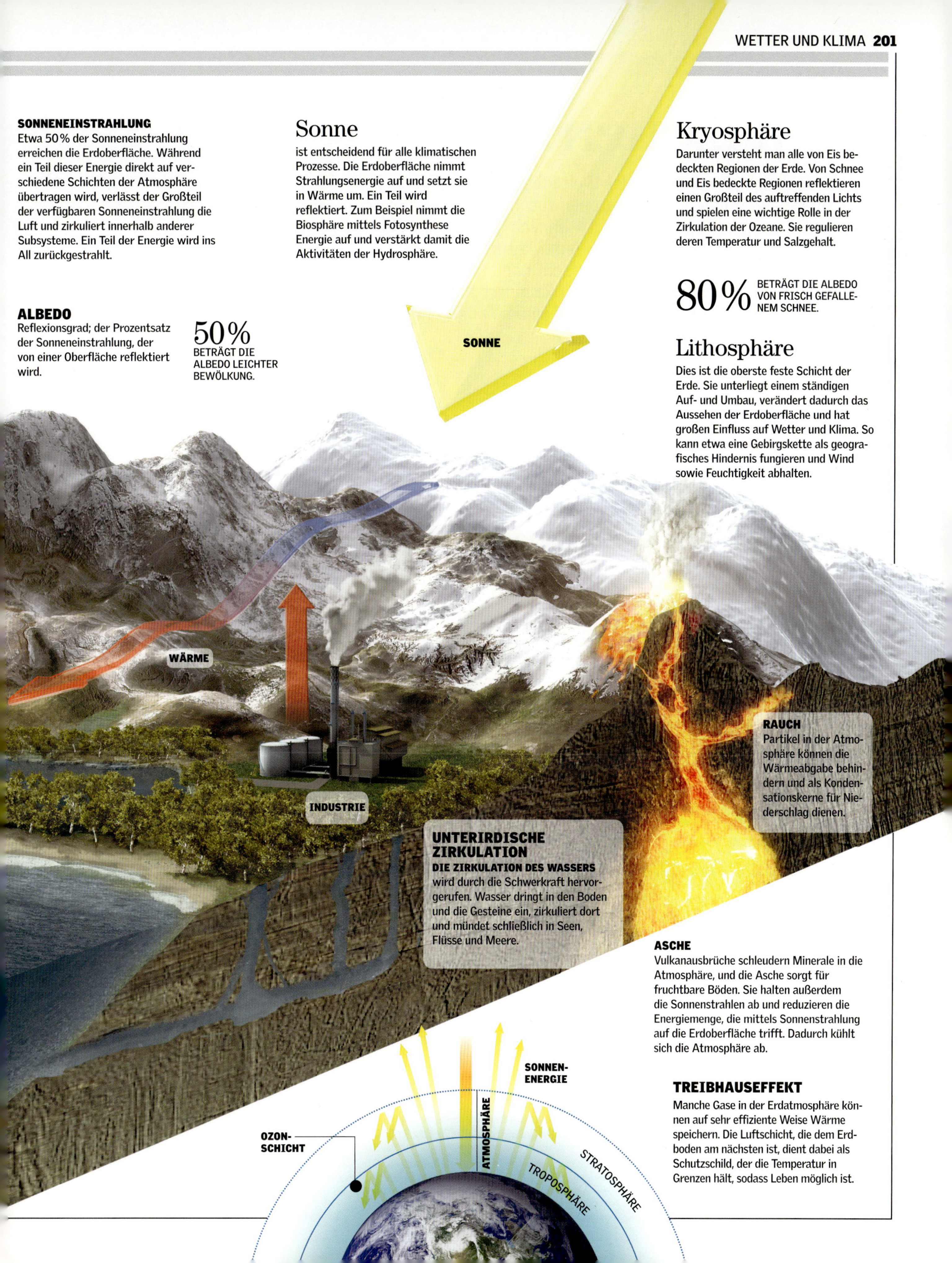

RAUCH
Partikel in der Atmosphäre können die Wärmeabgabe behindern und als Kondensationskerne für Niederschlag dienen.

UNTERIRDISCHE ZIRKULATION
DIE ZIRKULATION DES WASSERS wird durch die Schwerkraft hervorgerufen. Wasser dringt in den Boden und die Gesteine ein, zirkuliert dort und mündet schließlich in Seen, Flüsse und Meere.

ASCHE
Vulkanausbrüche schleudern Minerale in die Atmosphäre, und die Asche sorgt für fruchtbare Böden. Sie halten außerdem die Sonnenstrahlen ab und reduzieren die Energiemenge, die mittels Sonnenstrahlung auf die Erdoberfläche trifft. Dadurch kühlt sich die Atmosphäre ab.

TREIBHAUSEFFEKT
Manche Gase in der Erdatmosphäre können auf sehr effiziente Weise Wärme speichern. Die Luftschicht, die dem Erdboden am nächsten ist, dient dabei als Schutzschild, der die Temperatur in Grenzen hält, sodass Leben möglich ist.

Klimazonen

Verschiedene Regionen in der Welt können, selbst wenn sie weit auseinanderliegen, zu Klimazonen zusammengefasst werden – das heißt, es handelt sich um relativ ähnlich gestaltete Gebiete in Bezug auf klimatische Faktoren wie Temperatur, Luftdruck, Regen und Feuchtigkeit. Unter Klimatologen herrscht nach wie vor Uneinigkeit über die genaue Anzahl und die Charakteristika dieser Regionen, doch die Einteilungen auf dieser Karte werden allgemein anerkannt.

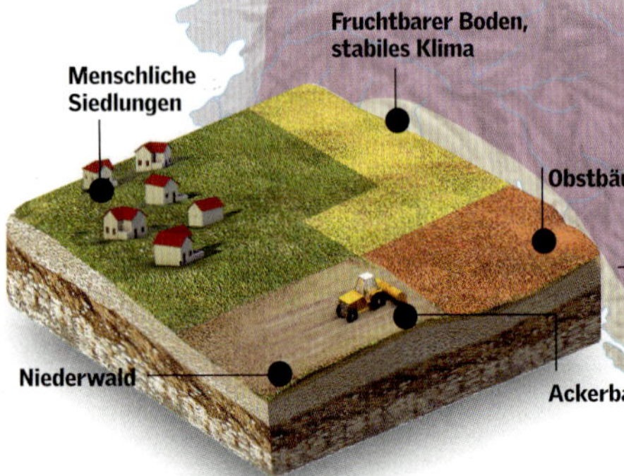

WARM-GEMÄSSIGTE KLIMATE

werden charakterisiert durch angenehme Temperaturen und mäßige Niederschläge das Jahr über. Die Winter sind mild, mit langen frostfreien Perioden. Gemäßigte Zonen sind ideal für viele landwirtschaftliche Produkte.

HOUSTON, USA
Jährliche Niederschlagsmenge 1170 mm

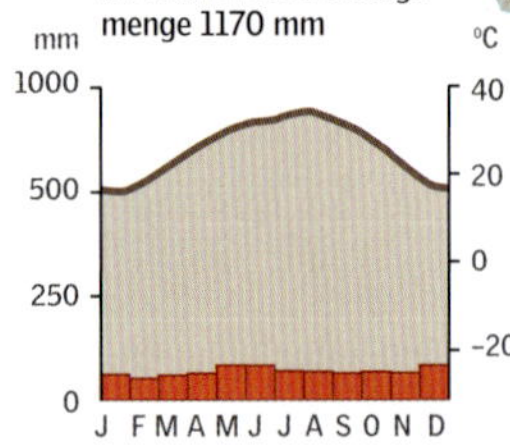

15 °C

BETRÄGT DIE DURCHSCHNITTLICHE JAHRESTEMPERATUR AUF DER ERDE.

TROPISCHE REGENKLIMATE

Hohe Temperaturen das ganze Jahr über, kombiniert mit heftigen Regenfällen, sind charakteristisch für diese Klimazone. Fast die Hälfte der Weltbevölkerung lebt in Gebieten mit tropischem Klima. Die Vegetation ist üppig, und es herrscht eine hohe Luftfeuchtigkeit, da der Wasserdampf in der Luft nicht vollständig absorbiert wird.

REGENWALD ODER DSCHUNGEL

MANAUS, BRASILIEN
Jährliche Niederschlagsmenge 1900 mm

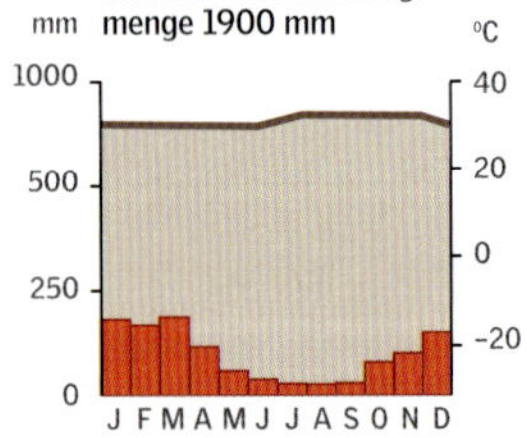

WÜSTE

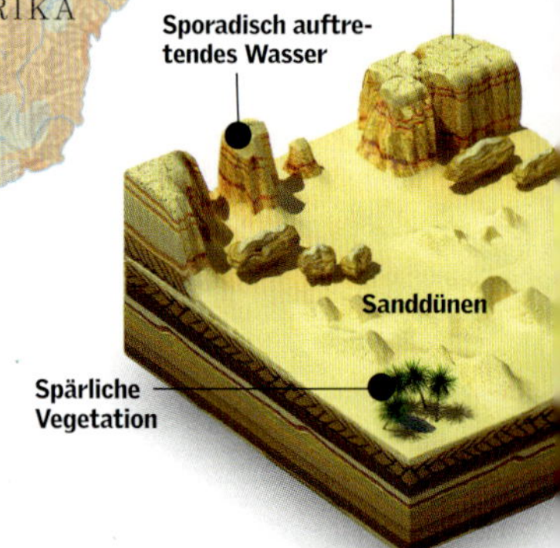

TROCKENKLIMATE

Regenmangel ist der entscheidende Faktor für trockene oder halbtrockene Klimazonen – als Ergebnis der Luftströmungen in der Atmosphäre. In diesen Regionen sinkt trockene Luft zu Boden und sorgt für einen klaren Himmel mit vielen Stunden brennender Sonne.

Temperatur und Niederschläge

Die Erdtemperatur hängt von der Sonnenenergie ab; sie ist je nach geografischer Breite unterschiedlich. An den Polen erreichen lediglich 5% der Sonneneinstrahlung die Erdoberfläche, während es am Äquator fast 75% sind. Regen ist eine Erscheinung der Atmosphäre. Wolken enthalten Millionen von Wassertröpfchen, die zusammenfließen und Tropfen bilden. Die Größe der Tropfen nimmt weiter zu, bis sie zu schwer sind, um noch länger von den Luftströmungen getragen werden zu können; dann fallen sie in Form von Regen zur Erde.

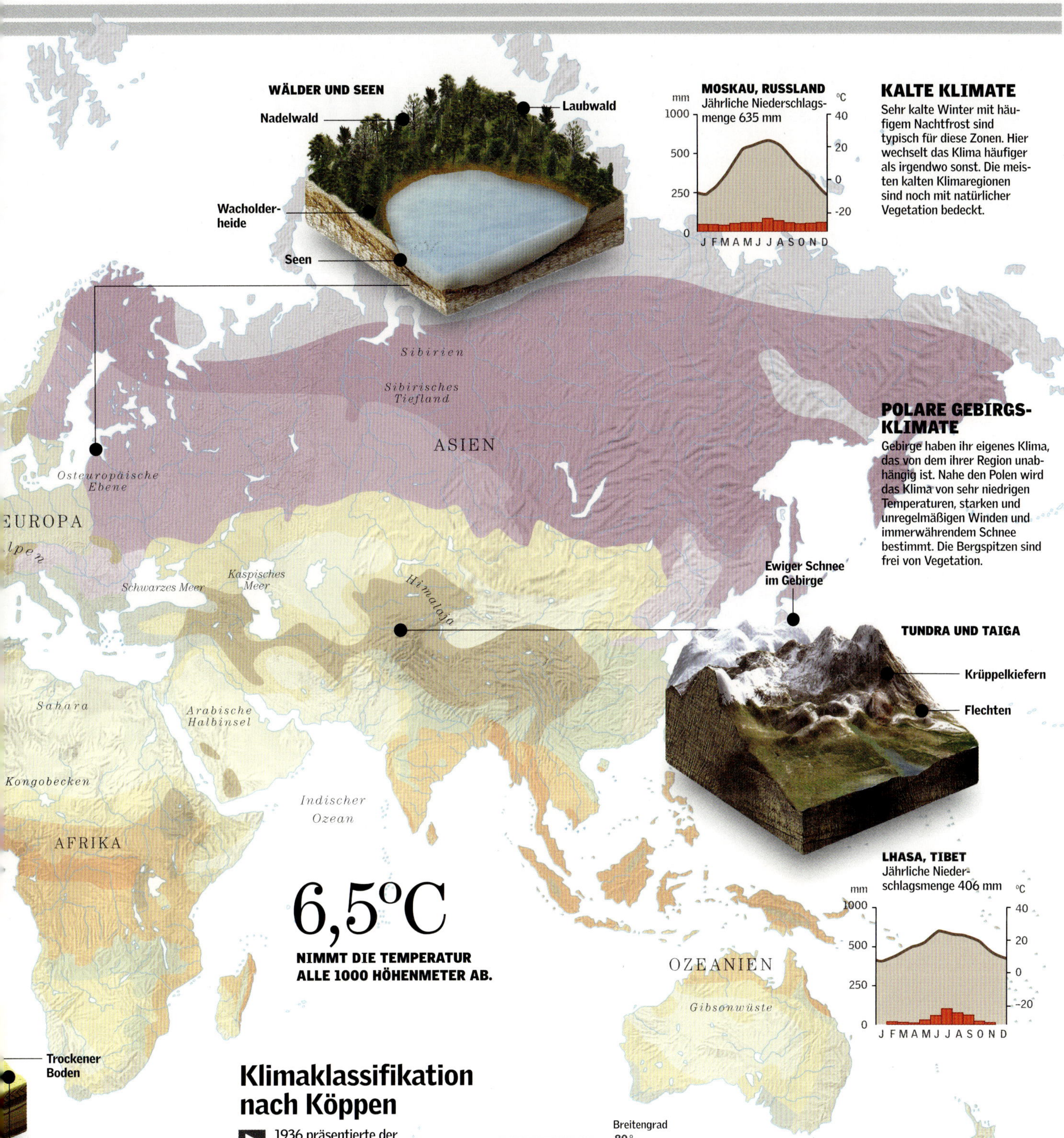

KALTE KLIMATE

Sehr kalte Winter mit häufigem Nachtfrost sind typisch für diese Zonen. Hier wechselt das Klima häufiger als irgendwo sonst. Die meisten kalten Klimaregionen sind noch mit natürlicher Vegetation bedeckt.

POLARE GEBIRGSKLIMATE

Gebirge haben ihr eigenes Klima, das von dem ihrer Region unabhängig ist. Nahe den Polen wird das Klima von sehr niedrigen Temperaturen, starken und unregelmäßigen Winden und immerwährendem Schnee bestimmt. Die Bergspitzen sind frei von Vegetation.

6,5°C

NIMMT DIE TEMPERATUR ALLE 1000 HÖHENMETER AB.

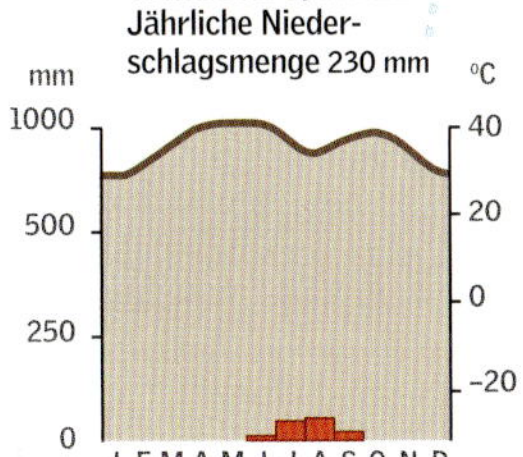

Klimaklassifikation nach Köppen

1936 präsentierte der russischstämmige Klimatologe Wladimir Köppen eine Klimaklassifikation auf der Basis von Temperatur und Niederschlag. Die Grafik (Klimarübe) zeigt die Verteilung der Klimazonen der Erde. Köppen teilte sie nicht nach der Verbindung zwischen Klimafaktoren und Vegetation ein, sondern anhand einer dreiteiligen Formel (Klimazone, -typ und -untertyp), die bestimmten Parametern an einem Ort der Erde entspricht.

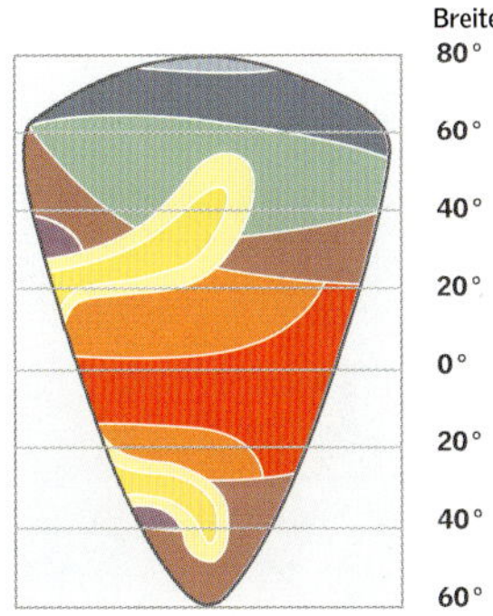

LEGENDE

- Tropische Wälder ohne Trockenzeit
- Tropische Savanne mit trockenen Wintern
- Steppen (halbtrocken)
- Wüsten (trocken)
- Gemäßigt feucht ohne Trockenzeit
- Gemäßigt mit trockenen Wintern
- Gemäßigt mit trockenen Sommern
- Tundra
- Gletscher
- Gebirgsklima
- Gemäßigt kalt kontinental (heiße Sommer)
- Gemäßigt kalt kontinental (kalte Sommer)
- Gemäßigt kalt kontinental (subarktisch)

Dynamik der Atmosphäre

Die Atmosphäre ist ein dynamisches System. Temperaturschwankungen und die Erdrotation sind für die horizontalen und vertikalen Luftbewegungen verantwortlich. Die Grafik zeigt, wie die Luft in der Atmosphäre zwischen den Polen und dem Äquator in horizontalen Bändern innerhalb verschiedener Breiten zirkuliert. Zusätzlich verändern die Eigenschaften der Erdoberfläche den Weg der Luft, indem sie Zonen von unterschiedlicher Luftdichte schaffen. Die Beziehungen, die sich zwischen diesen verschiedenen Prozessen ergeben, beeinflussen die klimatischen Verhältnisse unseres Planeten.

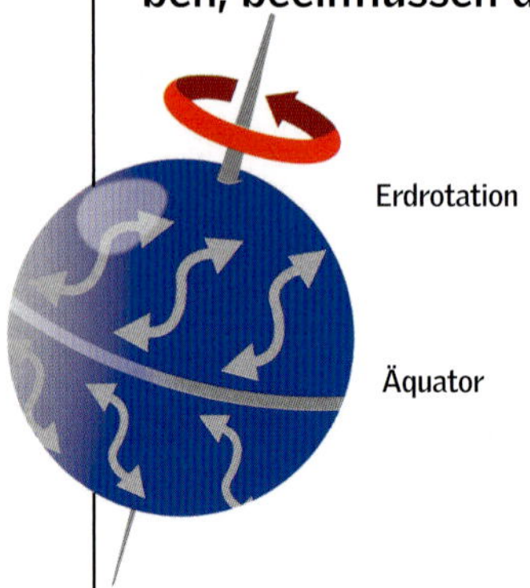

Corioliskraft

ist die scheinbare Ablenkung eines Objekts, das sich innerhalb eines rotierenden Koordinatensystems bewegt. Diese Schein- oder Trägheitskraft scheint auch die Bahn der Luftströmungen abzulenken, die über die Erdoberfläche hinweggleiten, da die Erde sich unter den Winden bewegt. Sie bewirkt auf der Nordhalbkugel eine Ablenkung nach rechts und auf der Südhalbkugel nach links. Der Effekt kann aufgrund der Rotationsgeschwindigkeit der Erde nur großräumig beobachtet werden.

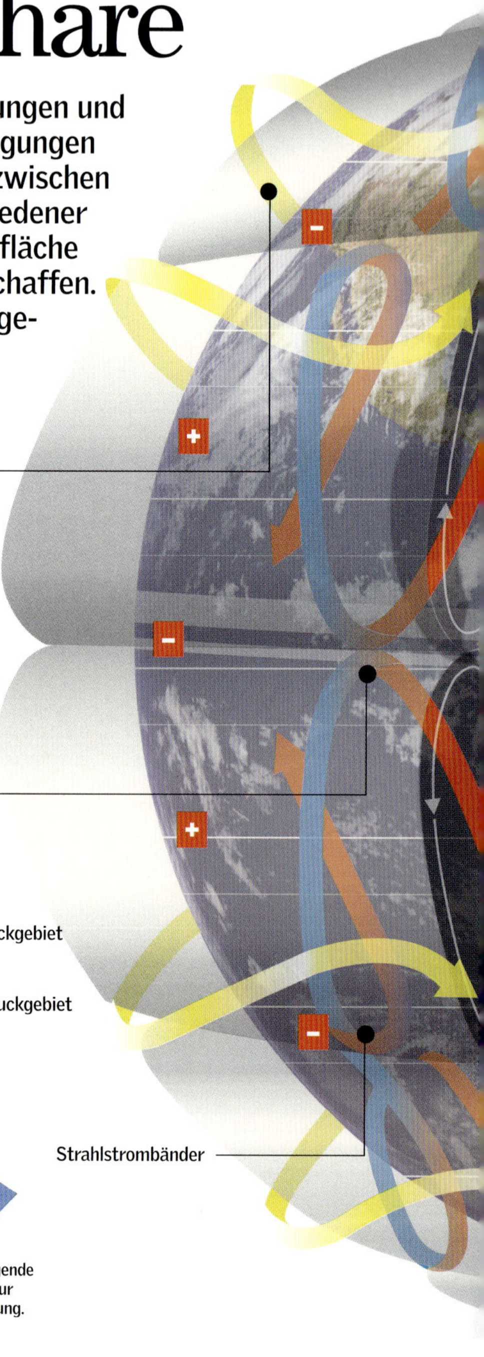

Hochdruck und Tiefdruck

Warme Luft steigt nach oben, wodurch unter ihr ein dynamisches Tiefdruckgebiet (Zyklone) entsteht. Sobald die Luft sich abkühlt und zu Boden sinkt, bildet sich ein dynamisches Hochdruckgebiet (Antizyklone). In der Grafik bewegt sich die Luft als Strömung von einer Antizyklone zu einer Zyklone. Die warme Luft wird verdrängt und nach oben gedrückt, was zur Bildung von Wolken führt.

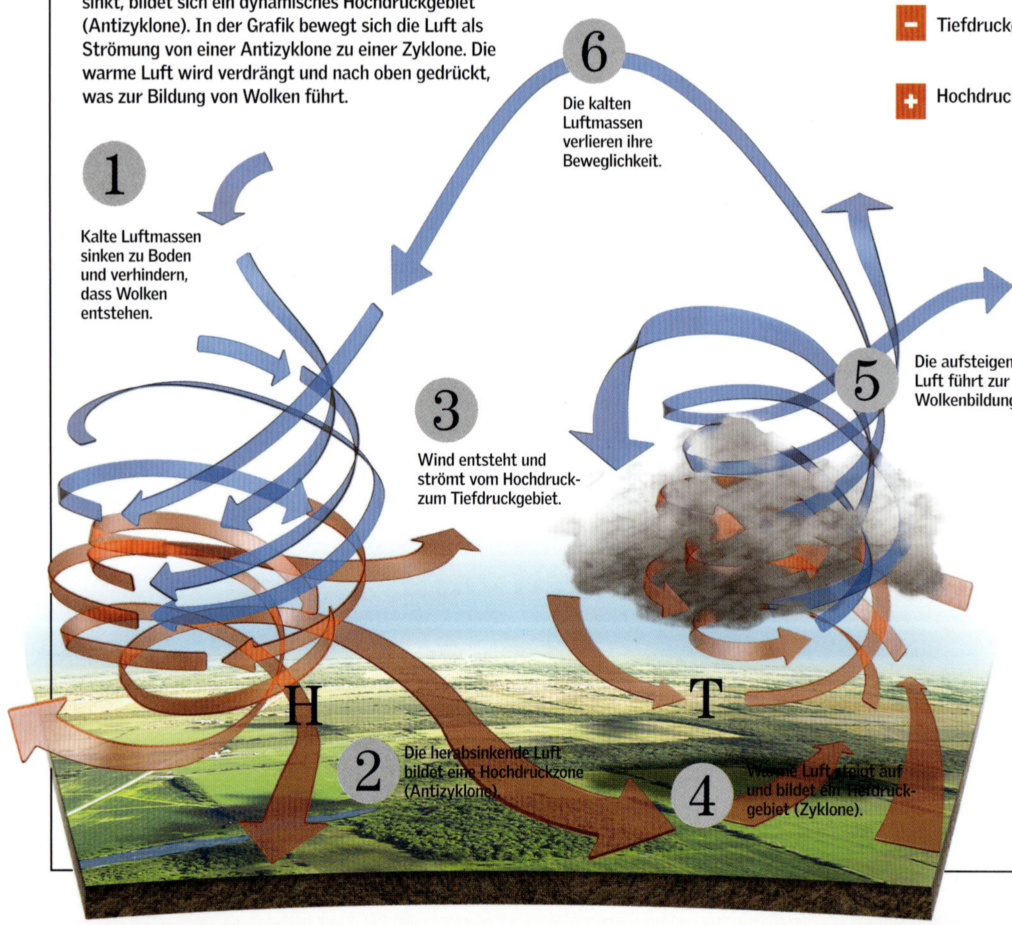

Änderungen in der Zirkulation

Unregelmäßigkeiten in der Topografie der Erdoberfläche, plötzliche Temperaturschwankungen sowie der Einfluss von Meeresströmungen können die normale Zirkulation in der Atmosphäre verändern und so Wellen in den Luftströmungen auslösen, die im Allgemeinen mit Tiefdruckzonen verbunden sind. In diesen Zonen haben auch Stürme ihren Ursprung, weshalb sie für die Wissenschaft von großem Interesse sind. Trotzdem sollten Zyklone und Antizyklone gemeinsam erforscht werden, da die Ersteren von Luftströmungen unterhalten werden, die von Letzteren stammen.

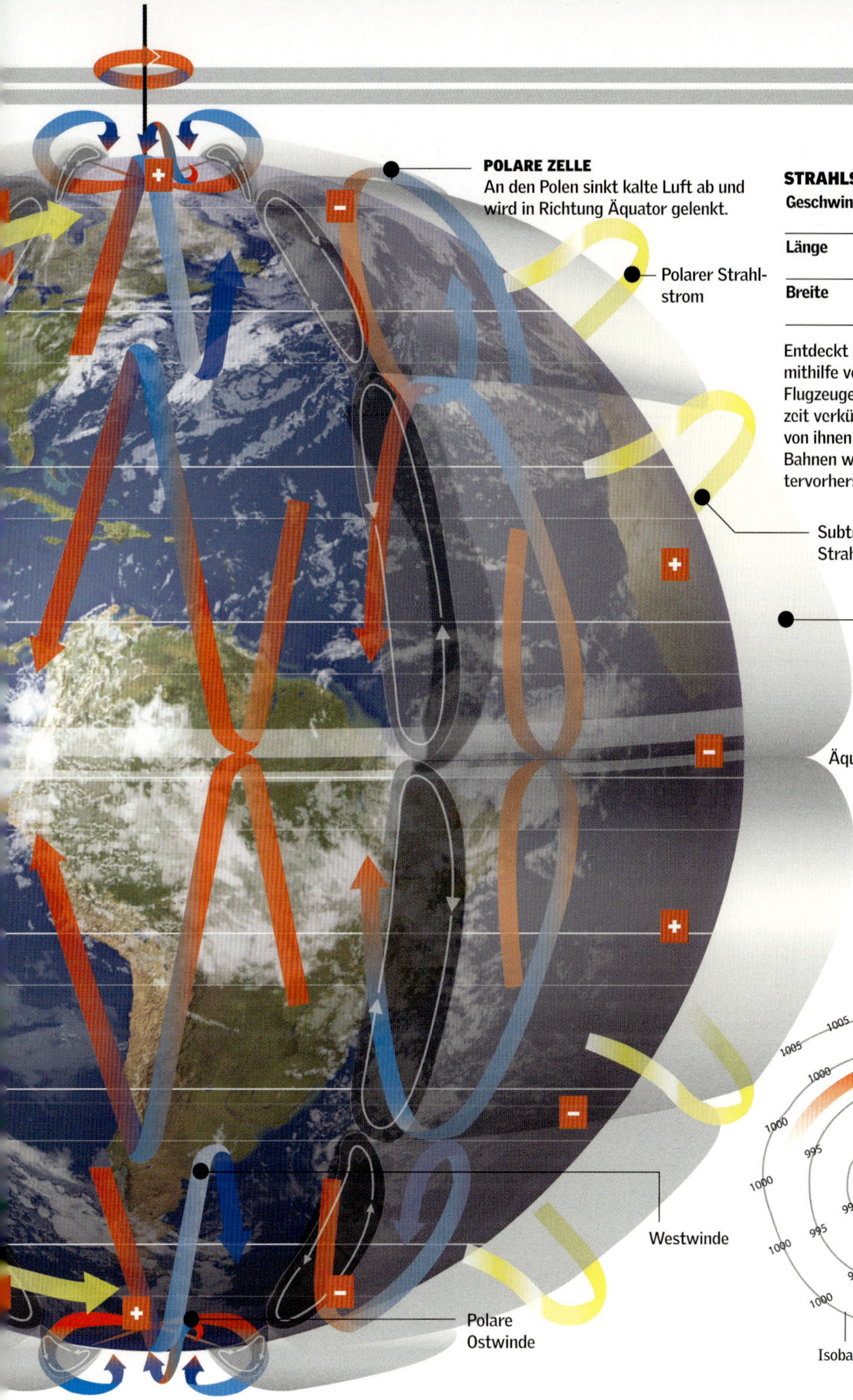

POLARE ZELLE
An den Polen sinkt kalte Luft ab und wird in Richtung Äquator gelenkt.

HADLEY-ZELLE
Am Äquator steigt warme Luft nach oben und fließt in Richtung mittlere Breiten ab, in denen der Einfallswinkel der Sonnenstrahlen im Durchschnitt niedriger als in den Tropen ist.

STRAHLSTROM (JETSTREAM)

Geschwindigkeit	90–400 km/h
Länge	1610–4830 km
Breite	1,6–4,8 km

Entdeckt im 19. Jahrhundert mithilfe von Wetterballons. Flugzeuge können ihre Flugzeit verkürzen, wenn sie sich von ihnen tragen lassen. Ihre Bahnen werden für die Wettervorhersage beobachtet.

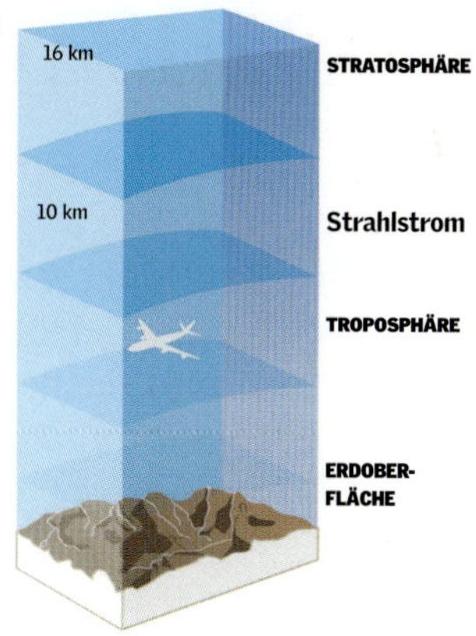

ANALYSE VON WETTERSYSTEMEN

Die durchgezogenen Linien stellen Isobaren dar (hier auf der südlichen Erdhalbkugel), imaginäre Linien, die Punkte gleichen Luftdrucks verbinden. Sie zeigen Tiefdruckgebiete – Zentren, in denen ein niedrigerer Druck als in der Umgebung herrscht – und eine Antizyklone, ein Hochdruckgebiet.

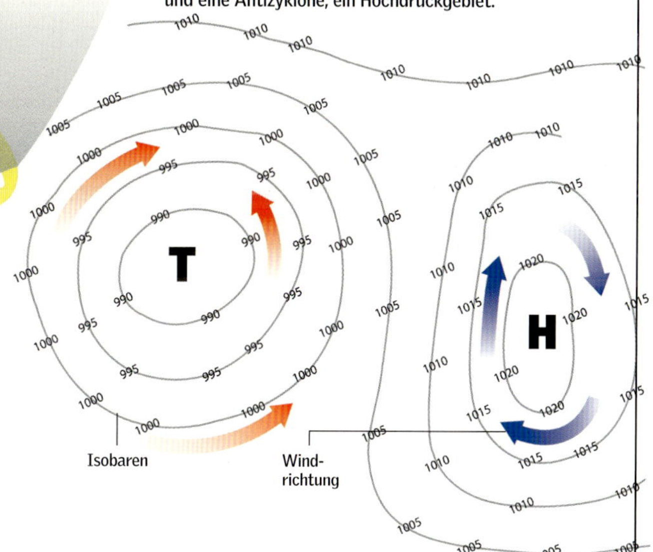

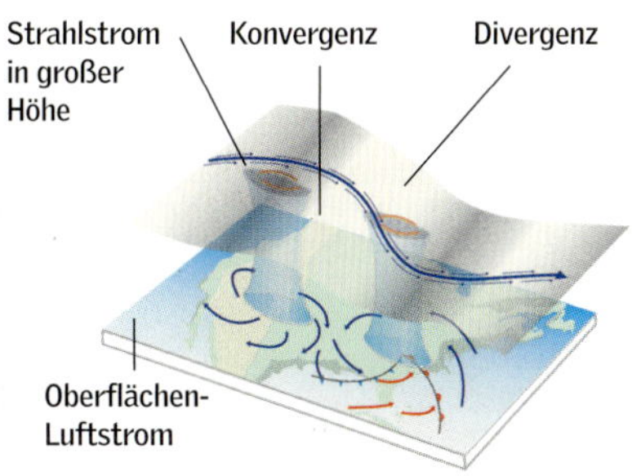

Kräfte in höheren Luftströmungen können im Zusammenspiel mit der Gestalt der Erdoberfläche dafür sorgen, dass Luftmassen ineinanderfließen oder sich trennen.

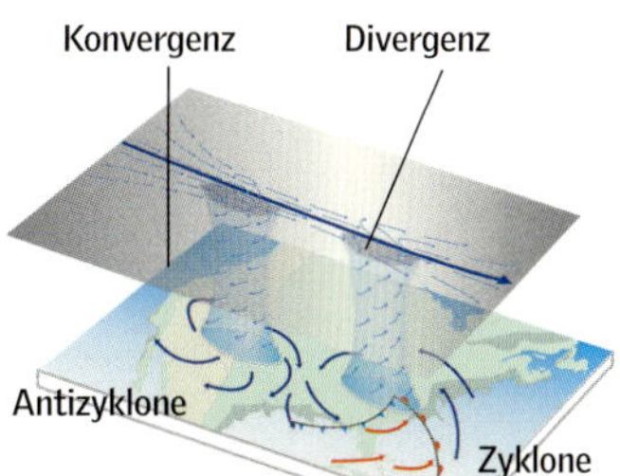

Die Wellen in höheren Luftschichten werden auf Bodenhöhe in Zyklone und Antizyklone überführt.

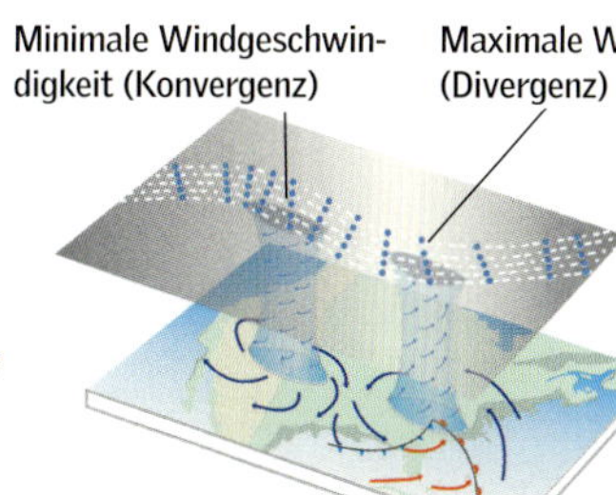

Aufgrund der unterschiedlichen Geschwindigkeiten entsteht zwischen verschiedenen Systemen eine Differenz in der Luftdichte.

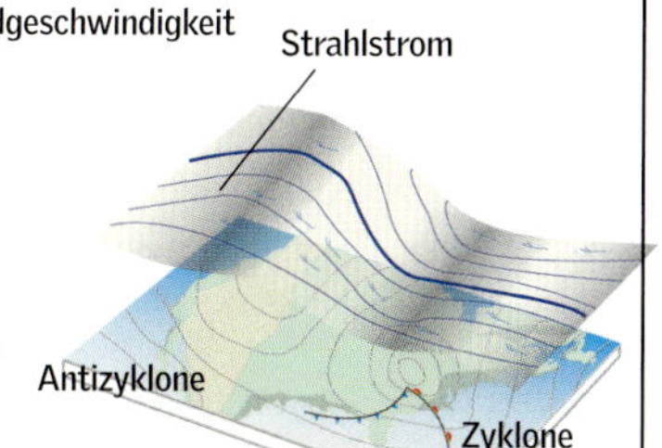

Der Strahlstrom verursacht eine Rotation der Luft, die Wirbelstärke.

Kollision

Wenn zwei Luftmassen unterschiedlicher Temperatur und Feuchtigkeit zusammenstoßen, lösen sie atmosphärische Störungen aus. Warme Luft steigt nach oben, kühlt dabei ab und führt zur Kondensation von Wasserdampf, zu Wolkenbildung und Niederschlägen. Warme, leichte Luftmassen steigen immer nach oben, während kältere und schwerere wie ein Keil wirken, sich unter die warme Luftmasse schieben und sie zwingen, noch schneller aufzusteigen. Dieser Effekt kann verschiedenartige, mitunter stürmische Wetterlagen hervorrufen.

Kaltfront

Eine Kaltfront entsteht, wenn kalte Luftströmungen mit warmer Luft zusammenstoßen. Warme Luft wird nach oben gedrängt, dabei bildet der in der Luft befindliche Wasserdampf Cumuluswolken – dichte, strahlend weiße Quellwolken. Eine Kaltfront kann einen Temperaturabfall von 5 bis 15 °C bewirken und ist durch heftige, unregelmäßige Winde gekennzeichnet. Sobald sie mit dem aufsteigenden Wasserdampf kollidieren, kann das Regen oder Schneefall auslösen. Erfolgt die Kondensation sehr schnell, sind mitunter heftige Wolkenbrüche, Schneestürme (in der kalten Jahreszeit) und Hagel die Folge. Auf der Wetterkarte symbolisieren blaue Pfeile eine Kaltfront, wobei die Spitzen ihre Bewegungsrichtung anzeigen.

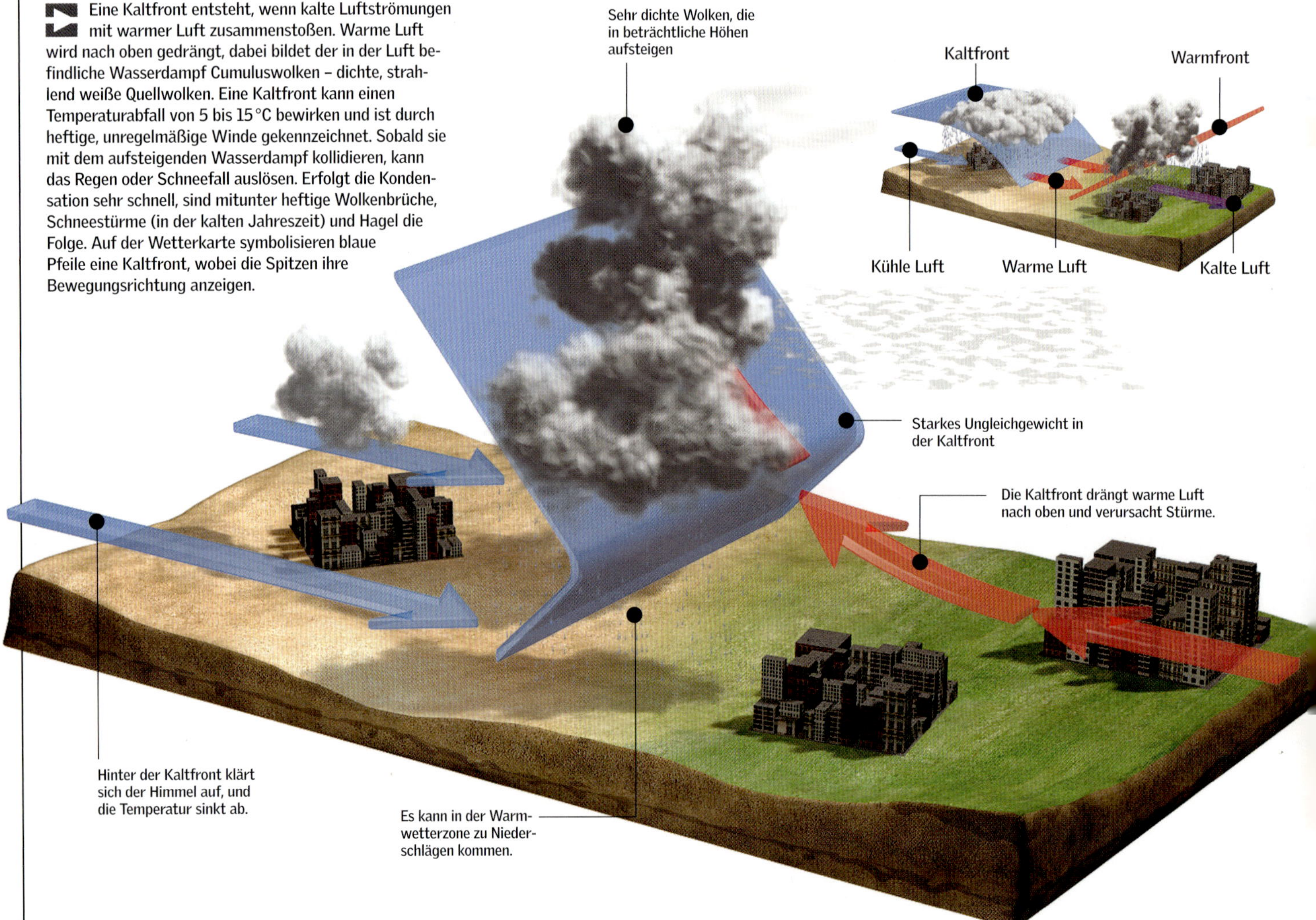

Rossby-Wellen

Großräumige, horizontal verlaufende Wellenbewegungen in der Atmosphäre, die mit dem Polarfront-Strahlstrom in Zusammenhang stehen. Sie können als breite Wellen innerhalb des Strahlstroms auftreten und die Dynamik des Klimasystems beeinflussen, da sie den Austausch von Energie zwischen niedrigeren und höheren Breiten vorantreiben und sogar die Bildung von Zyklonen auslösen können.

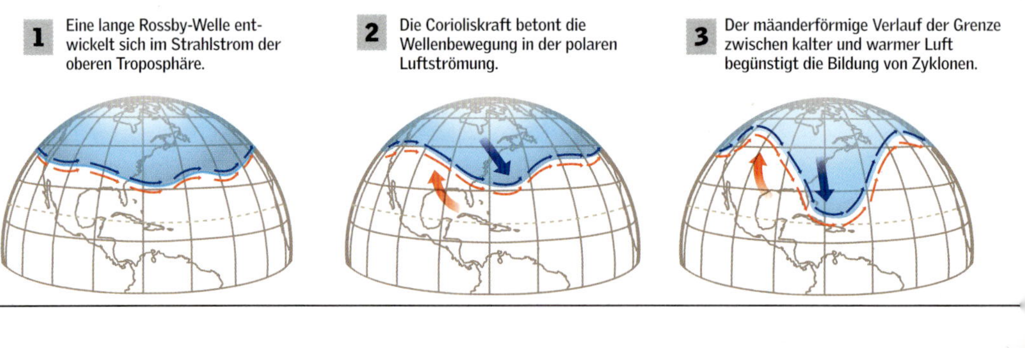

STATIONÄRE FRONT
Diese Front entsteht, wenn sich Warm- und Kaltluft nicht vorwärtsbewegen, sondern stationär sind. Eine derartige Front kann viele Tage lang bestehen bleiben; sie bringt nur Altocumuluswolken hervor. Die Temperatur bleibt ebenfalls stabil, und es gibt kaum Wind, ausgenommen einige Luftströmungen parallel zur Frontlinie. Leichte Niederschläge sind möglich.

GANZE KONTINENTE
Fronten erstrecken sich über riesige geografische Gebiete. In diesem Beispiel sorgt eine Kaltfront über Westeuropa für stürmisches Wetter. In Osteuropa erstreckt sich eine Warmfront über weite Teile Polens und bringt leichten Regen. Diese Fronten können an Kraft gewinnen oder verlieren, während sie über die Erdoberfläche dahinziehen, abhängig nur vom globalen Luftdrucksystem.

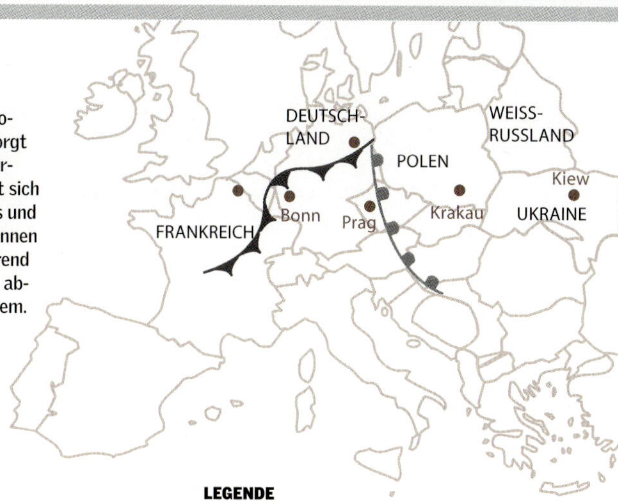

LEGENDE
Oberflächliche Kaltfront
Oberflächliche Warmfront

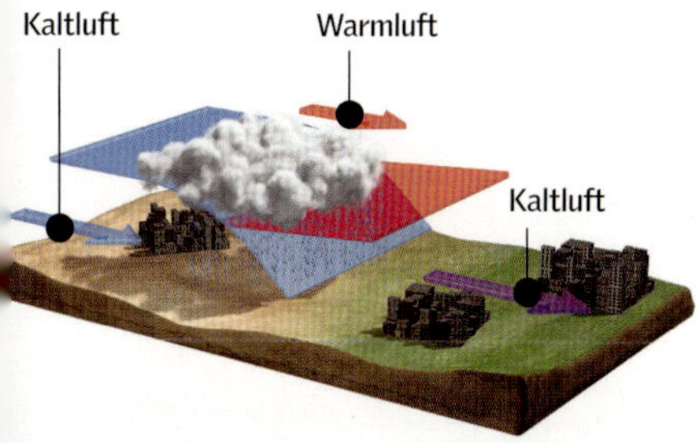

200 km

KANN EINE WARMFRONT LANG SEIN, WÄHREND EINE KALTFRONT GEWÖHNLICH 100 KM ERREICHT. IN BEIDEN FÄLLEN BETRÄGT DIE HÖHE ETWA 1 KM.

OKKLUSIONSFRONT
Wenn Kaltluft die kühlere Luft an der Oberfläche ersetzt, während warme Luftmassen darüberstehen, kommt es zu einer Kaltfrontokklusion. Eine Warmfrontokklusion entsteht, wenn kühlere Luft über der kalten aufsteigt. Diese Fronten sind mit Regen oder Schnee, Cumuluswolken, geringfügigen Temperaturschwankungen und leichten Winden assoziiert.

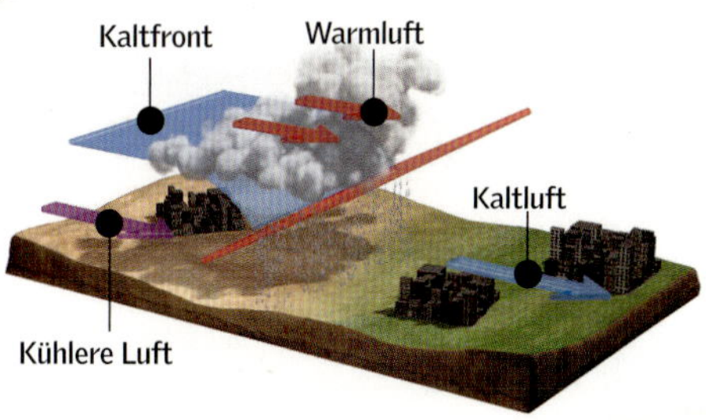

Warmfront

Sie entsteht unter dem Einfluss von Winden. Eine warme Luftmasse stößt auf eine kalte und verdrängt sie. Die Geschwindigkeit der kalten Luftmasse, die schwerer ist, nimmt in Bodennähe durch die auftretende Reibung ab. Die Warmfront steigt auf und schiebt sich über die kalten Luftmassen, was typischerweise Niederschläge in Bodenhöhe verursacht. Es kommt meist zu leichtem Regen, Schneefall oder Graupelschauern bei schwachem Wind. Erstes Anzeichen einer Warmfront sind Cirruswolken einige 1000 km vor dem Zentrum des heraufziehenden Tiefdruckgebiets. Anschließend werden Schichtwolken gebildet wie Cirrostratus, Altostratus und Nimbostratus, während der Luftdruck fällt.

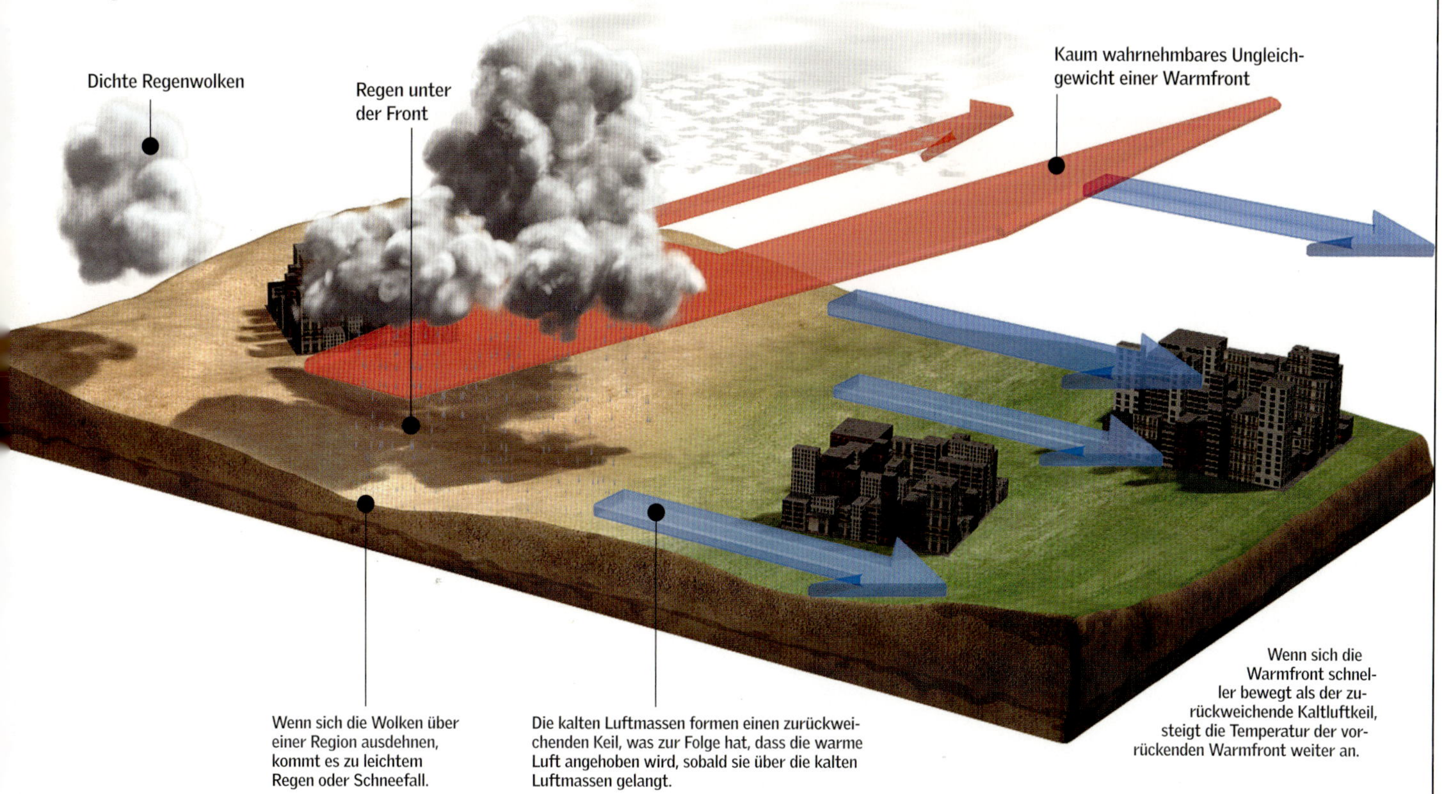

Oberflächenfaktoren

Unter den meteorologischen Erscheinungen spielt Regen eine entscheidende Rolle für das menschliche Leben. Wenn der Niederschlag ausbleibt und Wassermangel herrscht, zieht das viele Probleme nach sich wie Dürre und als Folge davon Nahrungsmangel und erhöhte Kindersterblichkeit. In Südwestasien kommt es dagegen häufig zu

ÜBERFLUTUNG
Ungewöhnliche Überflutung der Wüstenregionen Chiles verursacht durch El Niño. Nach dem Verdunsten des Wassers bleiben hexagonale Flächen von Kaliumnitrat zurück.

210 Lebendiges Wasser
212 Meeresströmungen
214 Ein Lauf voller Hindernisse
216 Land und Meer
218 Monsunwinde

tropischen Wirbelstürmen und sintflutartigen Regenfällen, wobei Millionen von Menschen ihre Häuser verlieren und in sichere Regionen umgesiedelt werden müssen; dabei besteht stets die Gefahr, an einer Infektionskrankheit wie Malaria zu erkranken. Auch Meeresströmungen wie El Niño beeinflussen das Leben und die wirtschaftliche Situation vieler Millionen Menschen.

Lebendiges Wasser

Das Wasser in Ozeanen, Flüssen und Seen, in Wolken und Regen ist ständig in Bewegung. Oberflächenwasser verdampft, Wasser aus den Wolken gelangt als Niederschlag zurück zur Erde und versickert im Boden. Dennoch ändert sich die Gesamtmenge des Wassers auf der Erde nicht. Wasserzirkulation und -rückhaltung werden vom hydrologischen Zyklus oder Wasserkreislauf gesteuert. Dieser beginnt mit der Verdampfung des Wassers auf der Erdoberfläche. Der Wasserdampf feuchtet die aufsteigende Luft an, kühlt sich ab und kondensiert zu mikroskopisch kleinen Wassertropfen. Diese wiederum fließen zusammen und bilden Wolken. Sobald die Tropfen groß genug sind, fallen sie auf die Erde zurück, je nach Temperatur der Atmosphäre in Form von Regen, Schnee oder Hagel.

1 VERDAMPFUNG
Aufgrund der Sonneneinstrahlung erwärmt sich das Wasser in den Ozeanen und steigt als Wasserdampf in die Atmosphäre. Die Luftfeuchtigkeit wird durch Wasserdampf aus Feuchtgebieten und der Vegetation noch erhöht. Es bilden sich Wolken.

TRANSPIRATION
Schwitzen ist ein natürlicher Vorgang, der die Regulation der Körpertemperatur unterstützt. Sobald diese steigt, werden die Schweißdrüsen stimuliert und sondern Schweiß ab.

10% BETRÄGT DER ANTEIL VON LEBEWESEN, VOR ALLEM PFLANZEN, IM VERGLEICH ZU WASSER IN DER ATMOSPHÄRE.

DER MENSCHLICHE KÖRPER BESTEHT ZU 65% AUS WASSER.

2 KONDENSATION
Damit Wasserdampf kondensieren kann und Wolken entstehen, muss die Luft sogenannte Kondensationskerne (Aerosole) enthalten. Sie ermöglichen es den Wassermolekülen, Wolkentröpfchen zu bilden, die ineinanderfließen.

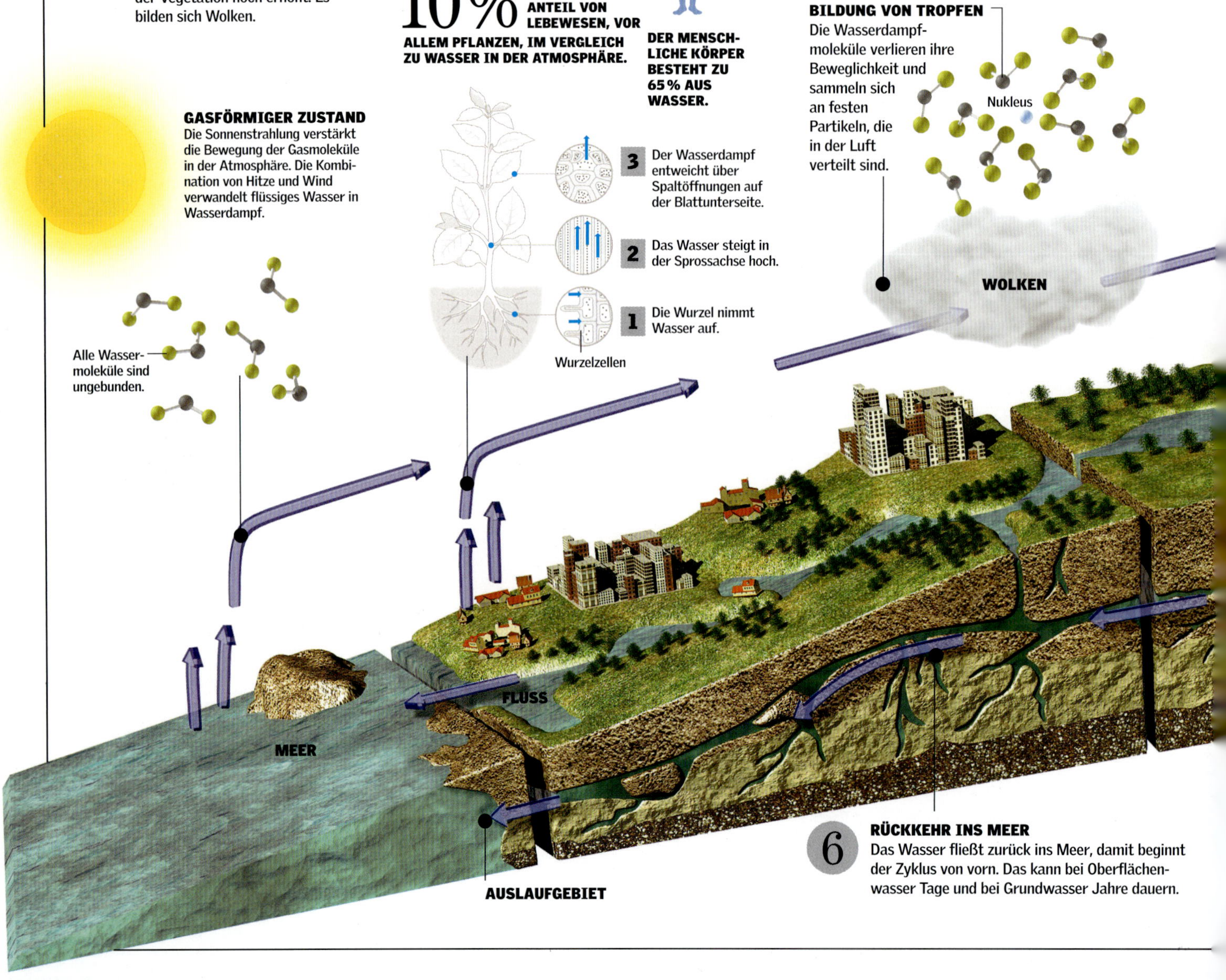

6 RÜCKKEHR INS MEER
Das Wasser fließt zurück ins Meer, damit beginnt der Zyklus von vorn. Das kann bei Oberflächenwasser Tage und bei Grundwasser Jahre dauern.

WASSERVERFÜGBARKEIT
(m^3 pro Kopf/Jahr)

- Weniger als 1700 m^3
- 1700–5000 m^3
- Mehr als 5000 m^3

ZUGANG ZU TRINKWASSER

- Weniger als 50 % der Bevölkerung

VERTEILUNG
Ein kleiner Prozentsatz ist Süßwasser, der Rest Salzwasser.

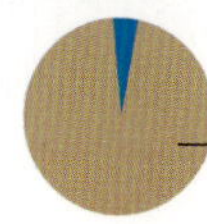

SÜSSWASSER

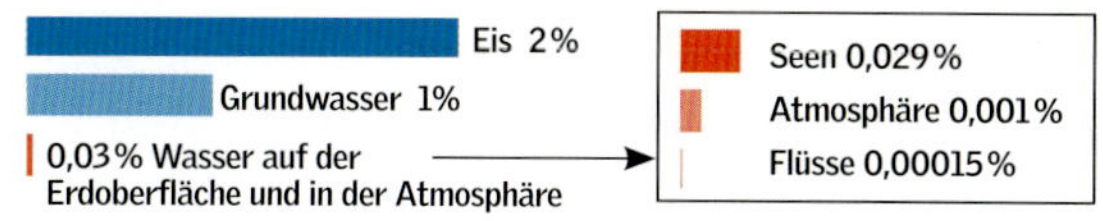

3 NIEDERSCHLAG

Wind treibt die Wolken auf das Festland zu. Wenn sich feuchte Luft abkühlt, kondensiert der Wasserdampf und fällt als Regen, Schnee oder Hagel zu Boden.

FLÜSSIGER ZUSTAND
Die Erhöhung der Temperatur führt zu einer Erhöhung der kinetischen Energie, wodurch die Wasserstoffbrücken aufgebrochen werden.

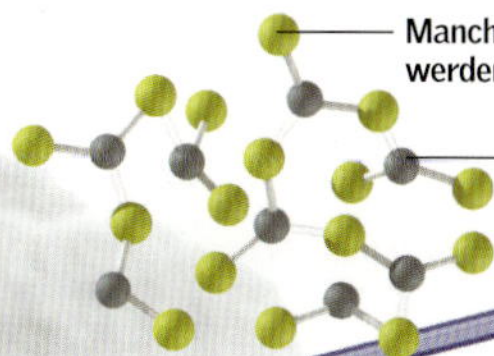

FESTER ZUSTAND
Aufgrund der hohen Zahl an Wasserstoffbrücken sind die Wassermoleküle so gut wie nicht beweglich und bilden Schneekristalle.

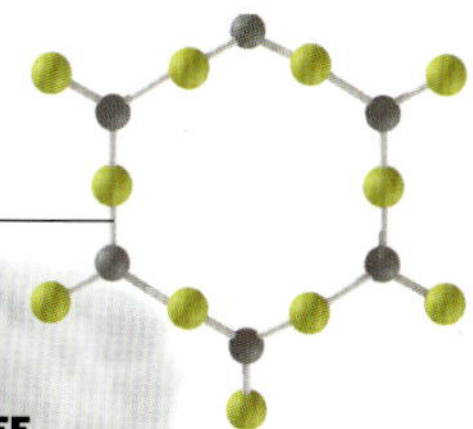

300 km^3

WASSER BETRÄGT DIE TÄGLICHE NIEDERSCHLAGSMENGE.

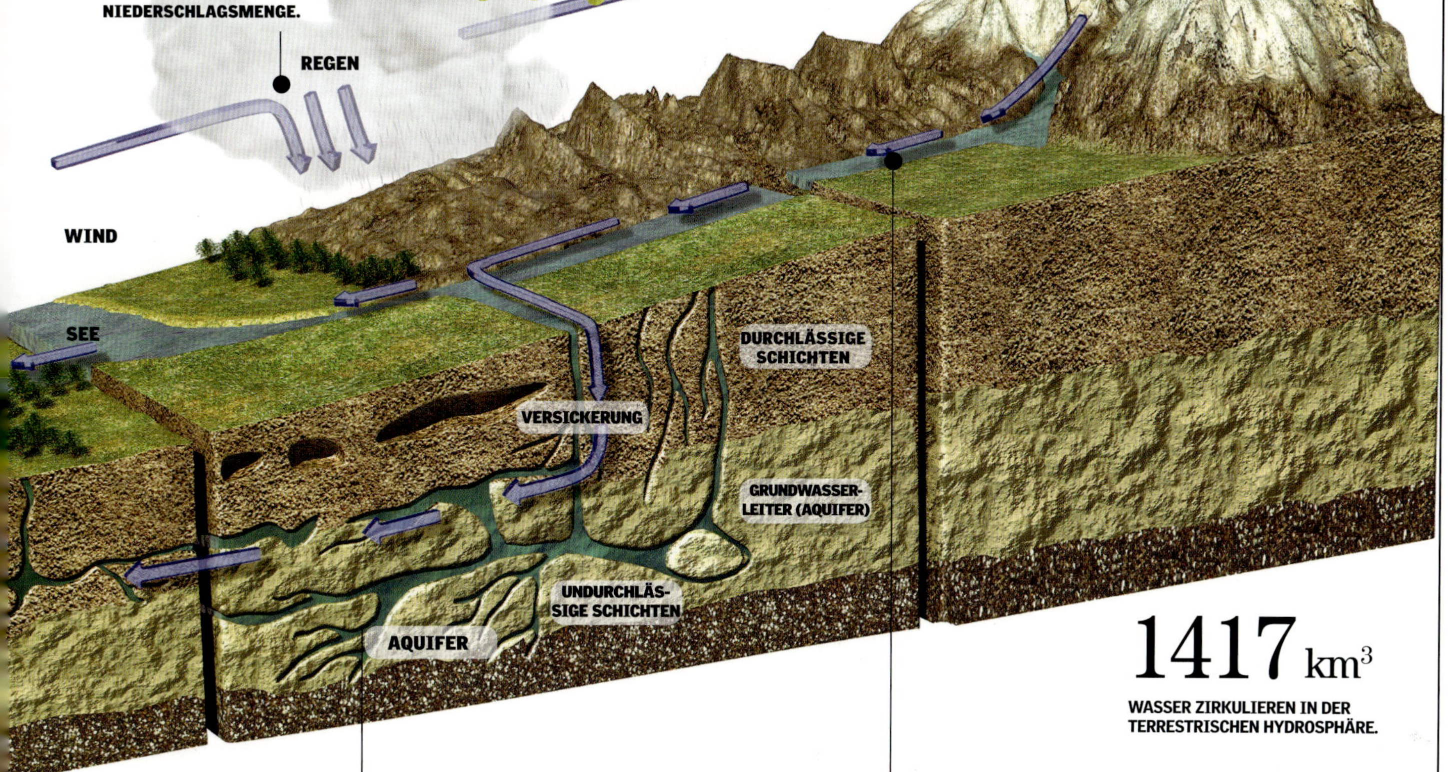

1417 km^3

WASSER ZIRKULIEREN IN DER TERRESTRISCHEN HYDROSPHÄRE.

5 GRUNDWASSERZIRKULATION

Es gibt zwei Arten, die beide von der Schwerkraft in Gang gehalten werden. Die erste findet man im Oberflächenbereich, im Karbonatgestein von Karstgebieten; bei ihr fließt Wasser nach unten ab. Die zweite kommt in Grundwasserleitern vor; dabei füllt Kapillarwasser die Poren von Gestein auf.

300 Jahre

VERBLEIBT EIN WASSERMOLEKÜL DURCHSCHNITTLICH IN DEN GRUNDWASSERLEITERN.

4 ABFLUSS

Wasser in flüssiger Form fließt an der Oberfläche einer Region über Flüsse und Täler ab. In Klimagebieten, die sich nicht durch besondere Trockenheit auszeichnen, ist dieses Phänomen die wichtigste geologische Kraft für Erosion und Wassertransport. In Trockenzeiten ist der Wasserabfluss reduziert.

Meeresströmungen

Das Wasser der Meere bewegt sich in Form von Wellen, Gezeiten und Strömungen, wobei man zwischen Oberflächen- und Tiefenströmungen unterscheidet. Oberflächenströmungen werden vom Wind verursacht und bilden große, bis zu 80 km breite Flüsse im Ozean. Ihr Einfluss auf das Klima der Erde ist enorm, da sich das Wasser in Äquatornähe aufwärmt und die Strömungen diese Wärme in die gemäßigteren Breiten tragen. Tiefenströmungen werden durch Unterschiede in der Wasserdichte ausgelöst.

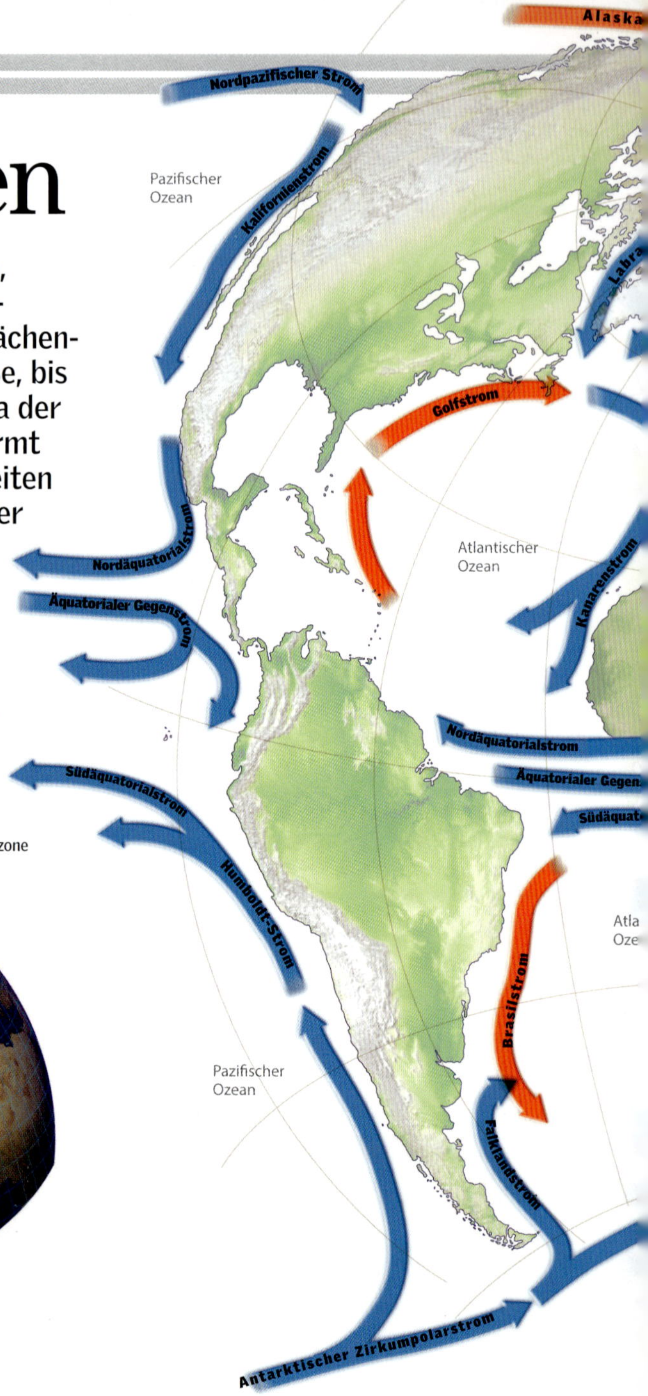

Der Einfluss des Windes

GEZEITEN UND CORIOLISKRAFT
Die Corioliskraft beeinflusst die Windrichtung und dadurch auch die Meeresströmungen.

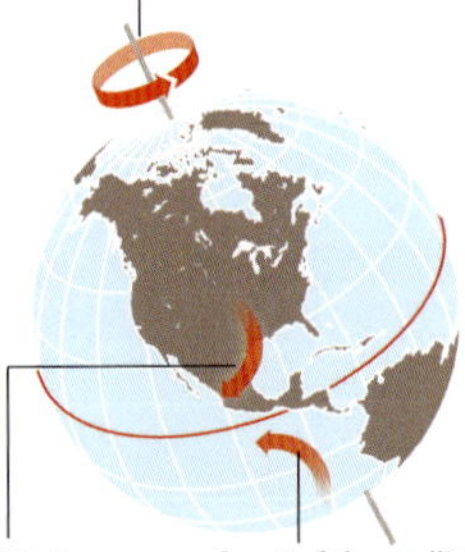

Strömungen auf der nördlichen Erdhalbkugel bewegen sich im Uhrzeigersinn.

Auf der südlichen Hemisphäre bewegen sie sich entgegen dem Uhrzeigersinn.

GEOSTROPHISCHES GLEICHGEWICHT
Die Ablenkung der Meeresströmungen durch die Corioliskraft wird durch das Druckgefälle zwischen Zyklonen und Antizyklonen ausgeglichen. Dieses Gleichgewicht zwischen Corioliskraft und Druckgradientkraft bezeichnet man als „geostrophisches Gleichgewicht".

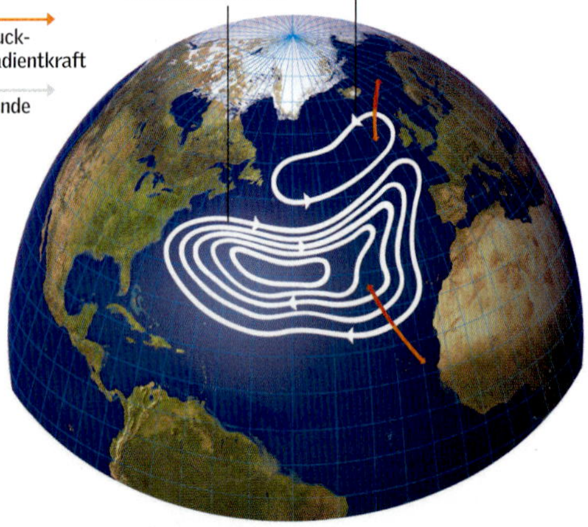

HOCHDRUCK
Subtropisches Hochdruckzentrum

TIEFDRUCK
Subpolare Tiefdruckzone

Wie Strömungen entstehen

Wind und Sonnenenergie lösen im Wasser Oberflächenströmungen aus.

1 Auf der südlichen Erdhalbkugel drücken Küstenwinde das Oberflächenwasser weg, sodass kaltes Wasser aufsteigen kann.

2 Dieser langsame Aufstieg kalten Wassers wird als Auftrieb bezeichnet. Die Bewegung wird durch den Ekman-Spiral-Effekt modifiziert.

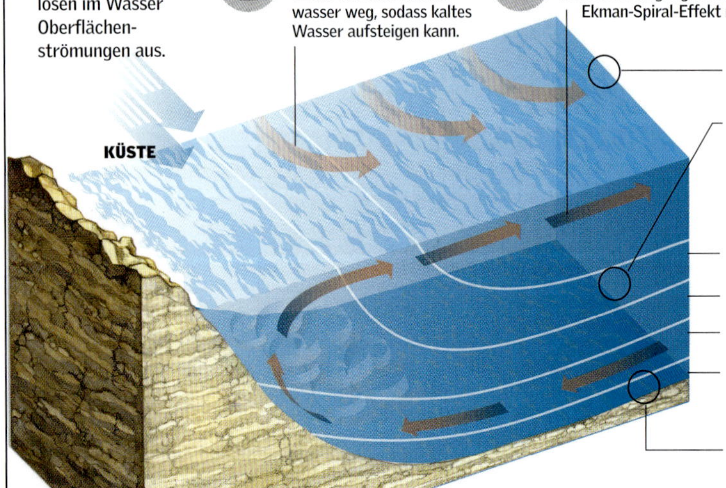

Warmes Oberflächenwasser

Wasserschichten unter der Oberfläche nehmen den Raum ein, der durch die Bewegung des Oberflächenwassers frei geworden ist.

18 °C

16 °C

14 °C

12 °C

Kaltes Tiefenwasser

EKMAN-SPIRALE
Sie erklärt, warum Oberflächenströmungen und Tiefenströmungen in entgegengesetzte Richtungen fließen.

Windenergie zieht das Wasser in Schichten mit sich, wobei aufgrund der Reibung die Geschwindigkeit an der Oberfläche höher ist als in der Tiefe.

Die Corioliskraft lenkt die Strömungsrichtung ab, dadurch fließt die Oberflächenströmung in die entgegengesetzte Richtung wie die Tiefenströmung.

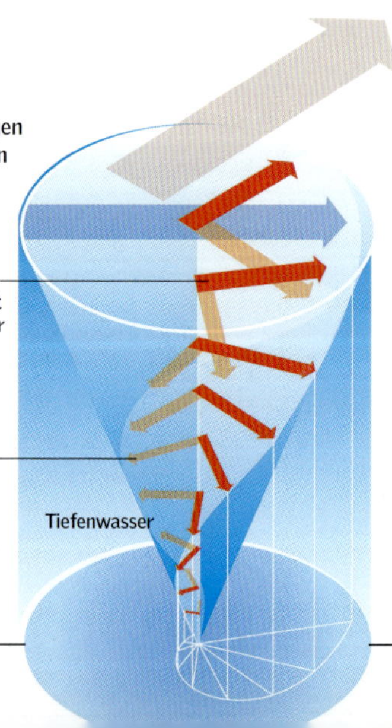

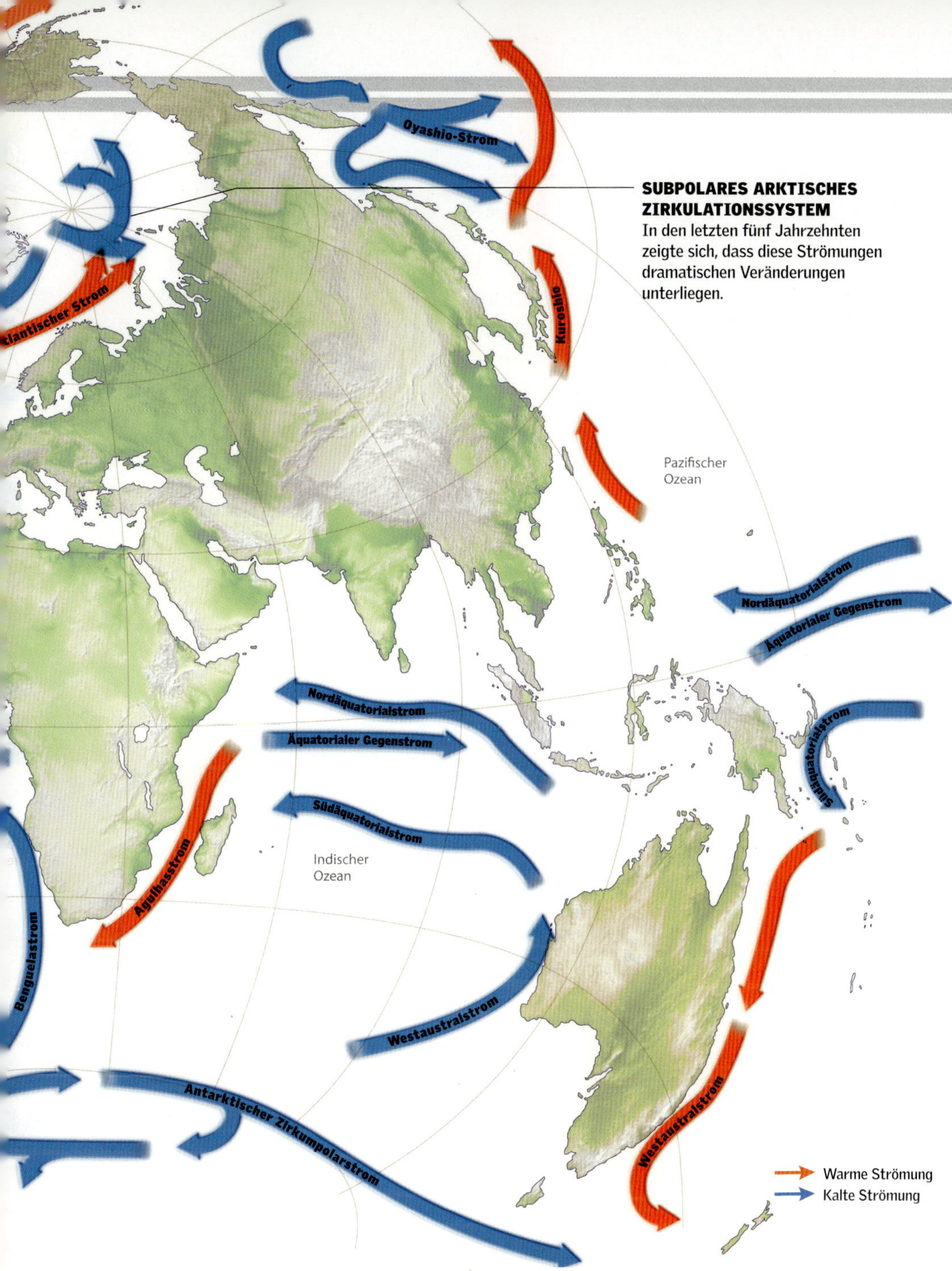

SUBPOLARES ARKTISCHES ZIRKULATIONSSYSTEM
In den letzten fünf Jahrzehnten zeigte sich, dass diese Strömungen dramatischen Veränderungen unterliegen.

TIEFENSTRÖMUNGEN
bringen Sauerstoff in tieferes Wasser und ermöglichen dadurch Leben in diesen Regionen.

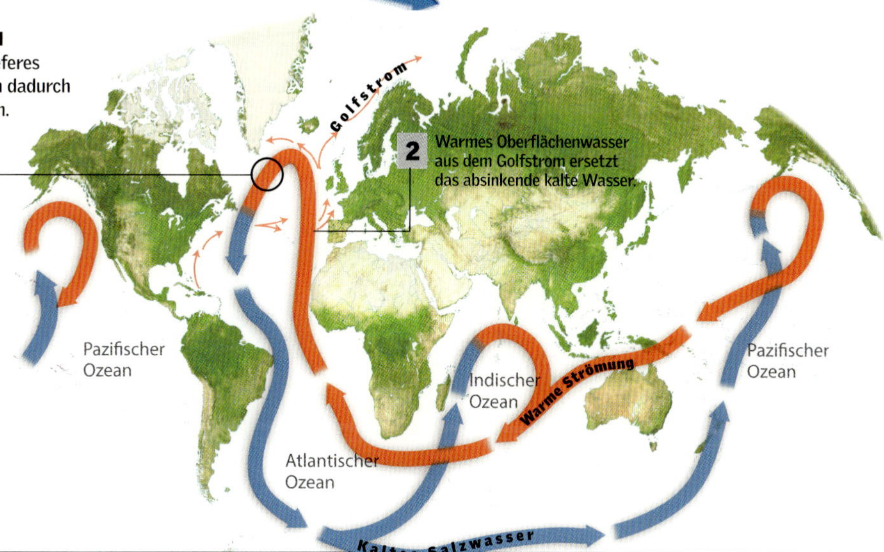

1 Nahe Grönland sinkt das Wasser des Nordatlantiks ab, kälteres und salzhaltigeres Wasser strömt nach Süden.

2 Warmes Oberflächenwasser aus dem Golfstrom ersetzt das absinkende kalte Wasser.

Meeresförderband

Warm Kalt

DIE VIER JAHRESZEITEN EINES SEES

Aufgrund der physikalischen Eigenschaften des Wassers weisen Seen und Lagunen eine besondere jahreszeitliche Zirkulation auf, die das Überleben der Organismen im Wasser sichert.

SOMMER
Stabile Sommertemperaturen verhindern, dass es im Wasserkörper des Sees zu einer vertikalen Zirkulation kommt.

Schichtbildung im Sommer

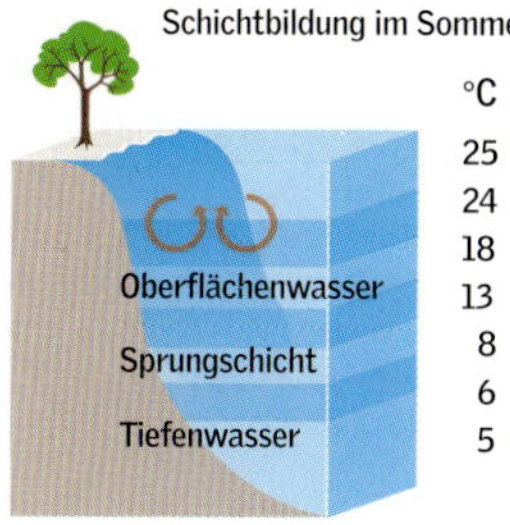

HERBST
Die Temperaturen sinken; Temperaturunterschiede bewirken eine Durchmischung von Oberflächen- und Tiefenwasser.

Durchmischung im Herbst

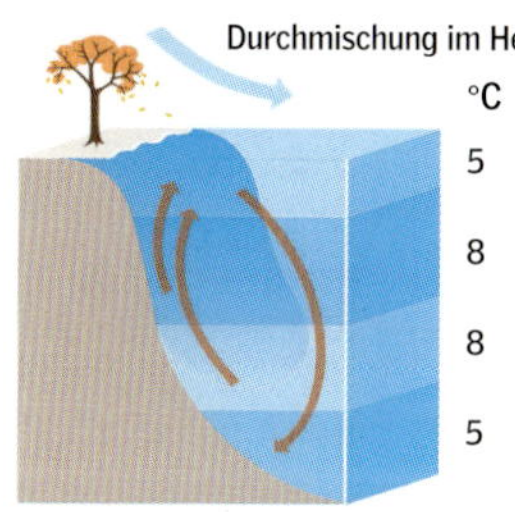

WINTER
Sobald die Wassertemperatur auf 4 °C abgefallen ist, nimmt die Dichte des Wassers zu. Es bilden sich feste Eisschichten an der Oberfläche, während des Wasser darunter flüssig bleibt.

Winterstagnation

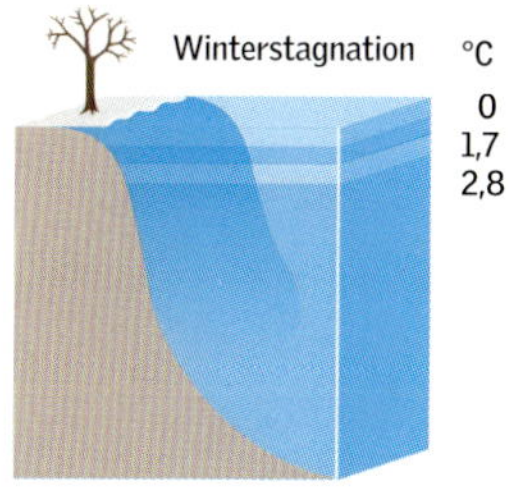

FRÜHLING
Aufgrund der Wassereigenschaften führen die steigenden Temperaturen dazu, dass es wieder zu einer vertikalen Zirkulation im See kommt.

Durchmischung im Frühling

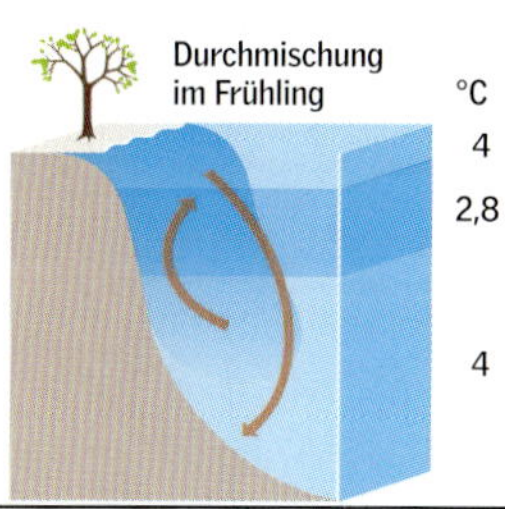

Ein Lauf voller Hindernisse

Gebirge sind geografische Besonderheiten, die großen Einfluss auf das Klima ausüben. Mit Feuchtigkeit beladene Winde kollidieren hier mit steil aufragenden Hindernissen; sie müssen enorme Steigungen bewältigen, um die Gipfel zu überwinden. Während die Luft aufsteigt, gibt sie Wasser in Form von Niederschlag auf der Windseite ab, die eine hohe Luftfeuchtigkeit und eine dichte Vegetation aufweist. Die Luft, die die windabgelegenen Hänge erreicht, ist trocken, und die dortige Vegetation besteht meist nur aus spärlich bewachsenem Grasland.

Auswirkungen der Anden

1 FEUCHTE WINDE
Über dem Meer nehmen die Winde Feuchtigkeit auf und wehen in Richtung Küstengebirge.

2 AUFSTIEG UND KONDENSATION
Zur Kondensation kommt es, wenn eine Luftmasse bis zum Sättigungspunkt abkühlt (relative Luftfeuchtigkeit 100 %). Der Taupunkt steigt, wenn die Luft beim Abkühlen gesättigt wird und gleichzeitig der Druck konstant bleibt.

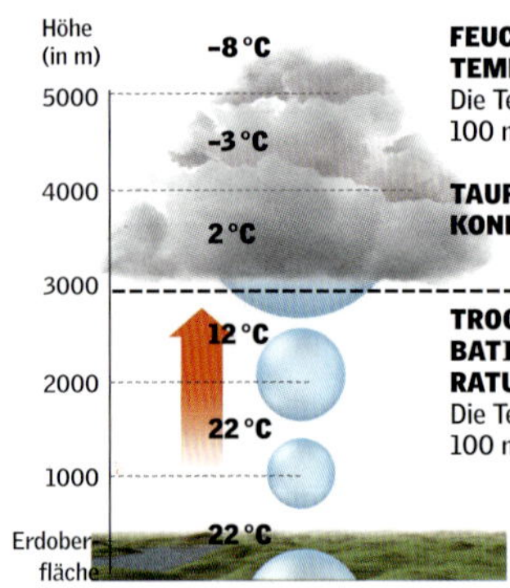

FEUCHTADIABATISCHER TEMPERATURGRADIENT
Die Temperatur nimmt alle 100 m um 0,6 °C ab.

TAUPUNKT ODER KONDENSATIONSPUNKT

TROCKENADIABATISCHER TEMPERATURGRADIENT
Die Temperatur nimmt alle 100 m um 1 °C ab.

3 NIEDERSCHLAG
Das natürliche Hindernis zwingt die Luftmassen, aufzusteigen und sich abzukühlen. Dies führt zur Bildung von Wolken und Niederschlägen.

IN DER WOLKE

TEMPERATUR	ZUSAMMENSETZUNG
-40 bis -20	Eiskristalle
-20 bis -10	Stark unterkühltes Wasser
-10 bis 0	Wolkentröpfchen
Über 0	Regentropfen

HOHER VERSCHMUTZUNGSGRAD IN SANTIAGO
Die Hauptstadt Santiago hat als am stärksten industrialisierte und verstädterte Metropole Chiles mit massiver Umweltverschmutzung zu kämpfen. Hinzu kommt die besondere Lage in einem Tal, dessen Charakteristika nicht dazu beitragen, die von Fabriken und Automobilen verschmutzte Luft rasch abzutransportieren.

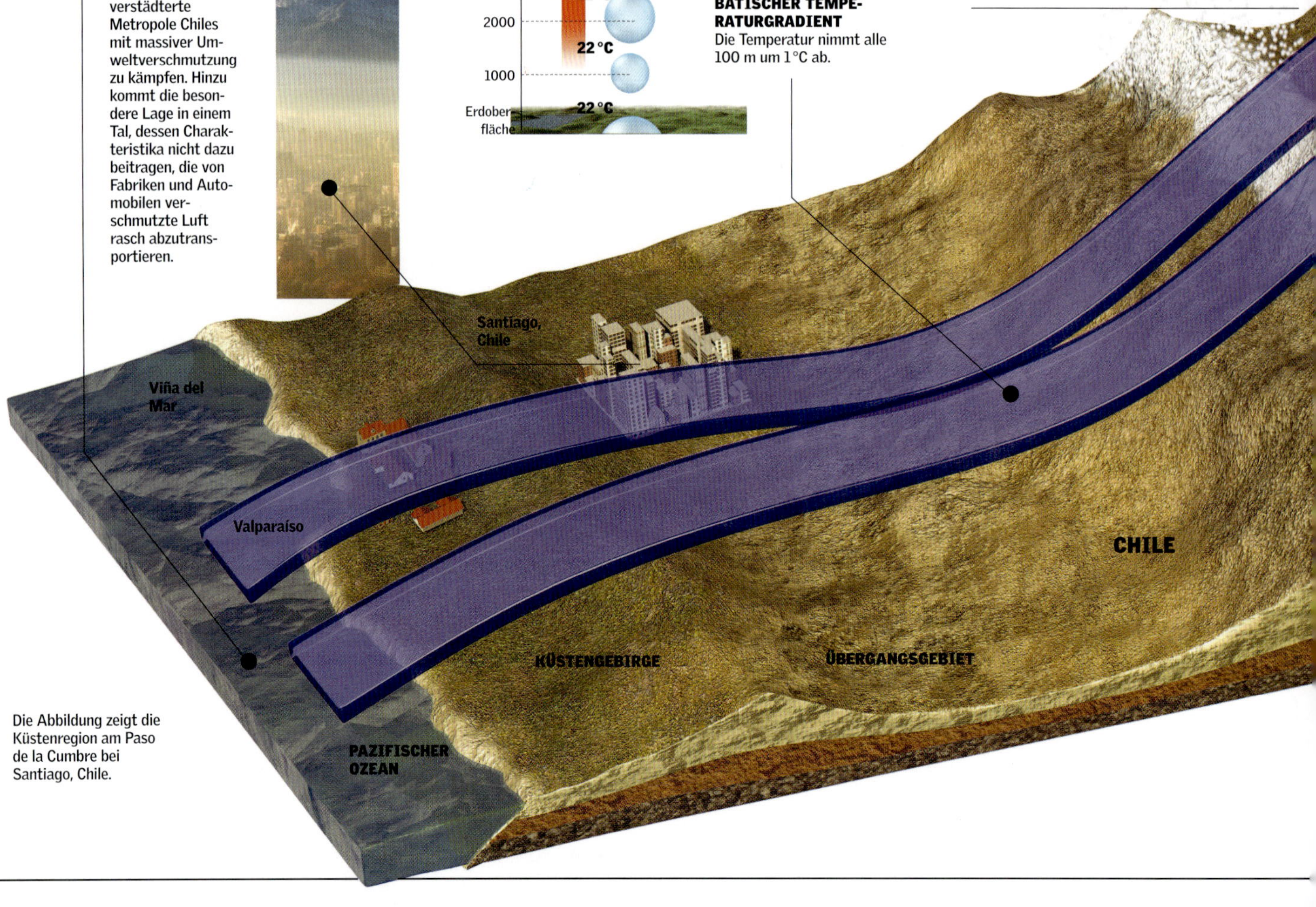

Die Abbildung zeigt die Küstenregion am Paso de la Cumbre bei Santiago, Chile.

WICHTIGE GEBIRGSKETTEN

Berg	Höhe
Mount Everest	8850 m
Aconcagua	6960 m
Dhaulagiri	8167 m
Makalu	8463 m
Nanga Parbat	8126 m
Kangchendzönga	8586 m
Ojos del Salado	6893 m
Kilimandscharo	5895 m

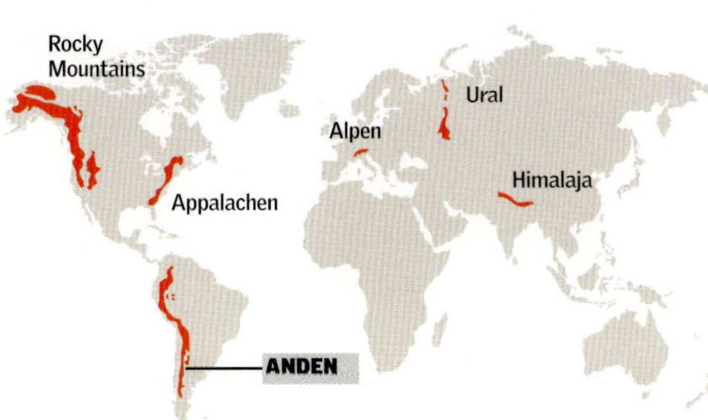

VEGETATION

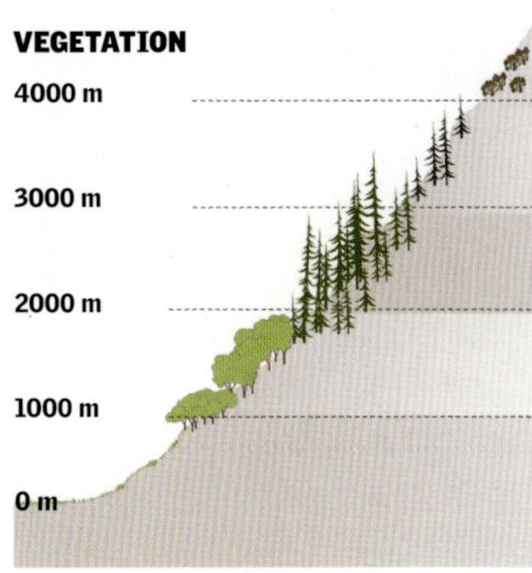

SCHNEE

Unterkühlte Wassertropfen fließen zusammen und bilden Eiskristalle.

Die Kristalle wachsen heran.

Während sie zur Erde fallen, verbinden sie sich mit anderen Kristallen.

REGEN

Die Wolkentröpfchen werden größer und fallen aufgrund der Schwerkraft zur Erde.

Im Fallen stoßen sie mit kleineren Tropfen zusammen.

Weitere Kollisionen erhöhen die Größe der Tropfen.

4 FALLWIND

Nach dem Überqueren des Hindernisses sinken die Luftmassen ab und erwärmen sich.

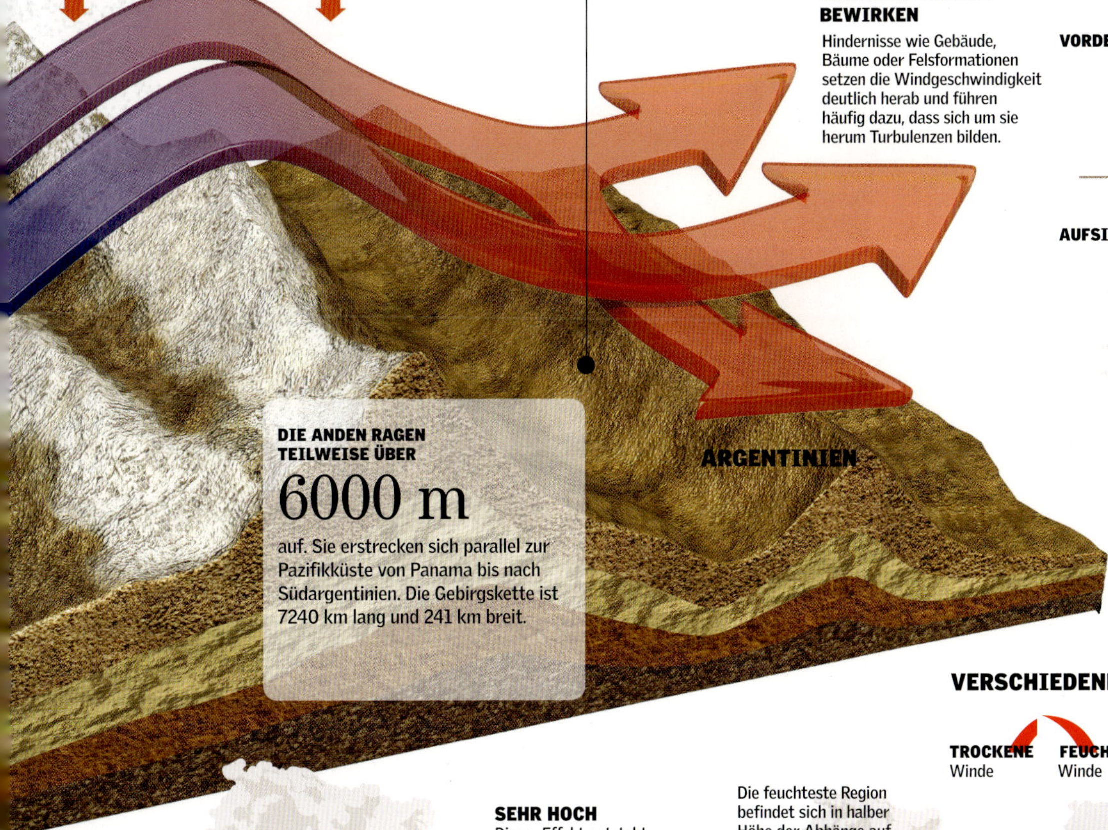

DIE ANDEN RAGEN TEILWEISE ÜBER

6000 m

auf. Sie erstrecken sich parallel zur Pazifikküste von Panama bis nach Südargentinien. Die Gebirgskette ist 7240 km lang und 241 km breit.

WESTLICHE ABHÄNGE
erhalten den Großteil der Feuchtigkeit; dadurch können hier Kiefern und andere Baumarten des Küstengebirges wachsen.

ÖSTLICHE ABHÄNGE
Die Sonnenstrahlen fallen direkt auf diese Region und lassen sie austrocknen. Es gibt nur geringe oder gar keine Vegetation.

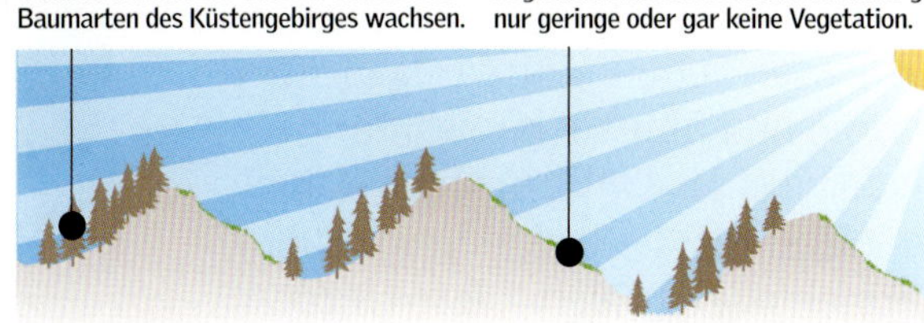

WAS HINDERNISSE BEWIRKEN

Hindernisse wie Gebäude, Bäume oder Felsformationen setzen die Windgeschwindigkeit deutlich herab und führen häufig dazu, dass sich um sie herum Turbulenzen bilden.

VORDERANSICHT

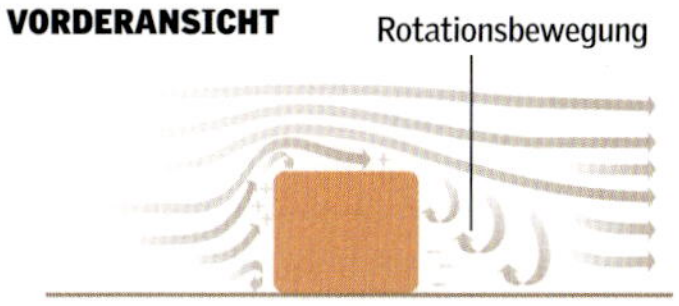

AUFSICHT

VERSCHIEDENE OROGRAFISCHE EFFEKTE

TROCKENE Winde **FEUCHTE** Winde

Niederschlagsgebiete

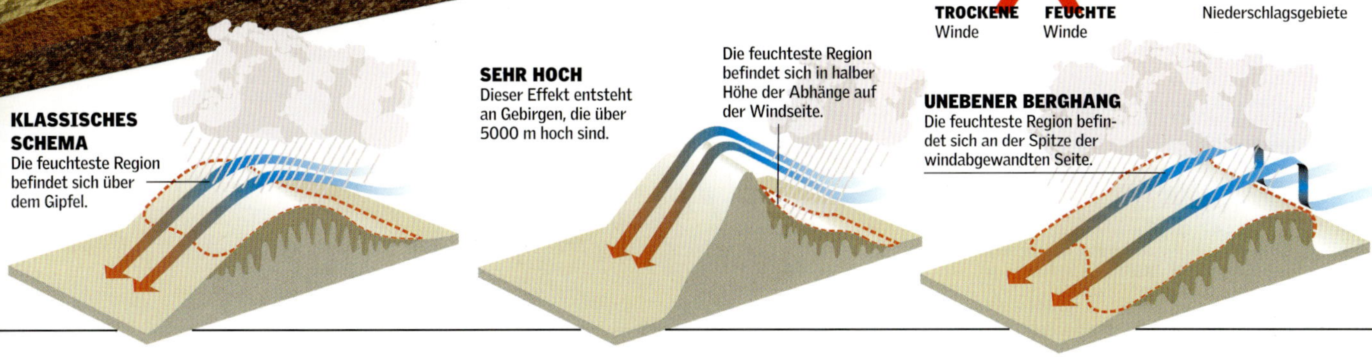

KLASSISCHES SCHEMA
Die feuchteste Region befindet sich über dem Gipfel.

SEHR HOCH
Dieser Effekt entsteht an Gebirgen, die über 5000 m hoch sind.

Die feuchteste Region befindet sich in halber Höhe der Abhänge auf der Windseite.

UNEBENER BERGHANG
Die feuchteste Region befindet sich an der Spitze der windabgewandten Seite.

Land und Meer

Temperaturverteilung und vor allem Temperaturunterschiede hängen sehr stark davon ab, wie Land und Wasser auf der Erdoberfläche verteilt sind. Unterschiede in der spezifischen Wärme mildern die Temperaturen in Regionen, die in der Nähe großer Wassermassen liegen. Wasser speichert Wärme und gibt sie langsamer wieder frei als Land; deshalb kann ein Wasserkörper seine Umgebung wärmen oder kühlen. Diese Unterschiede zwischen Wasser und Land sind auch die Ursache für die Entstehung von Küstenwinden. Bei klarem Wetter heizt sich das Land tagsüber auf, wodurch die Luft schneller aufsteigt und auflandige Winde nach sich zieht.

BERGWIND

CHINOOKWIND

Dieser trockene und warme, mitunter heiße Fallwind kommt an verschiedenen Stellen der Erde vor. In den westlichen USA heißt er Chinook und kann innerhalb von Minuten Schnee zum Schmelzen bringen.

Feuchte Luftmassen werden über die Gebirgshänge gehoben, Wolkenbildung und Niederschläge auf der Windseite sind die Folge. Diese Winde nennt man adiabatisch.

Trockene und kühle Luftmassen steigen an den Gebirgsabhängen auf der windabgewandten Seite herab. Sie werden als katabatisch bezeichnet.

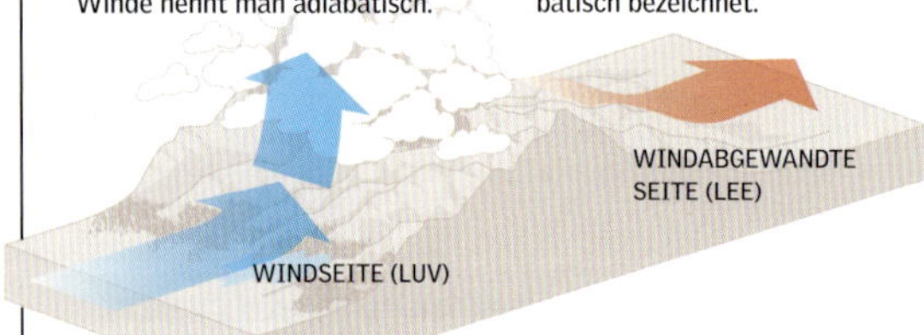

Wind	Eigenschaften	Vorkommen
Autan	trocken und mild	Südwestfrankreich
Berg	trocken und warm	Südafrika
Bora	trocken und kalt	Dalmatien
Brickfielder	trocken und heiß	Australien
Buran	trocken und kalt	Mongolei
Harmattan	trocken und kühl	Nordafrika
Levante	feucht und mild	Mittelmeer
Mistral	trocken und kalt	Rhonetal
Santa Ana	trocken und heiß	Südkalifornien
Schirokko	trocken und heiß	Südeuropa und Nordafrika
Tramontana	trocken und kalt	Italien, Nordostspanien
Zonda	trocken und mild	Westargentinien

BERG- UND TALWINDE

1 Die Sonne heizt den Talboden und die umgebende Luft auf, die durch Konvektion nach oben steigt.

2 Beim Aufsteigen kühlt die Luft ab, ihre Dichte nimmt zu, bis sie wieder nach unten sinkt. Dann erhitzt sie sich wieder, und der Zyklus beginnt von Neuem.

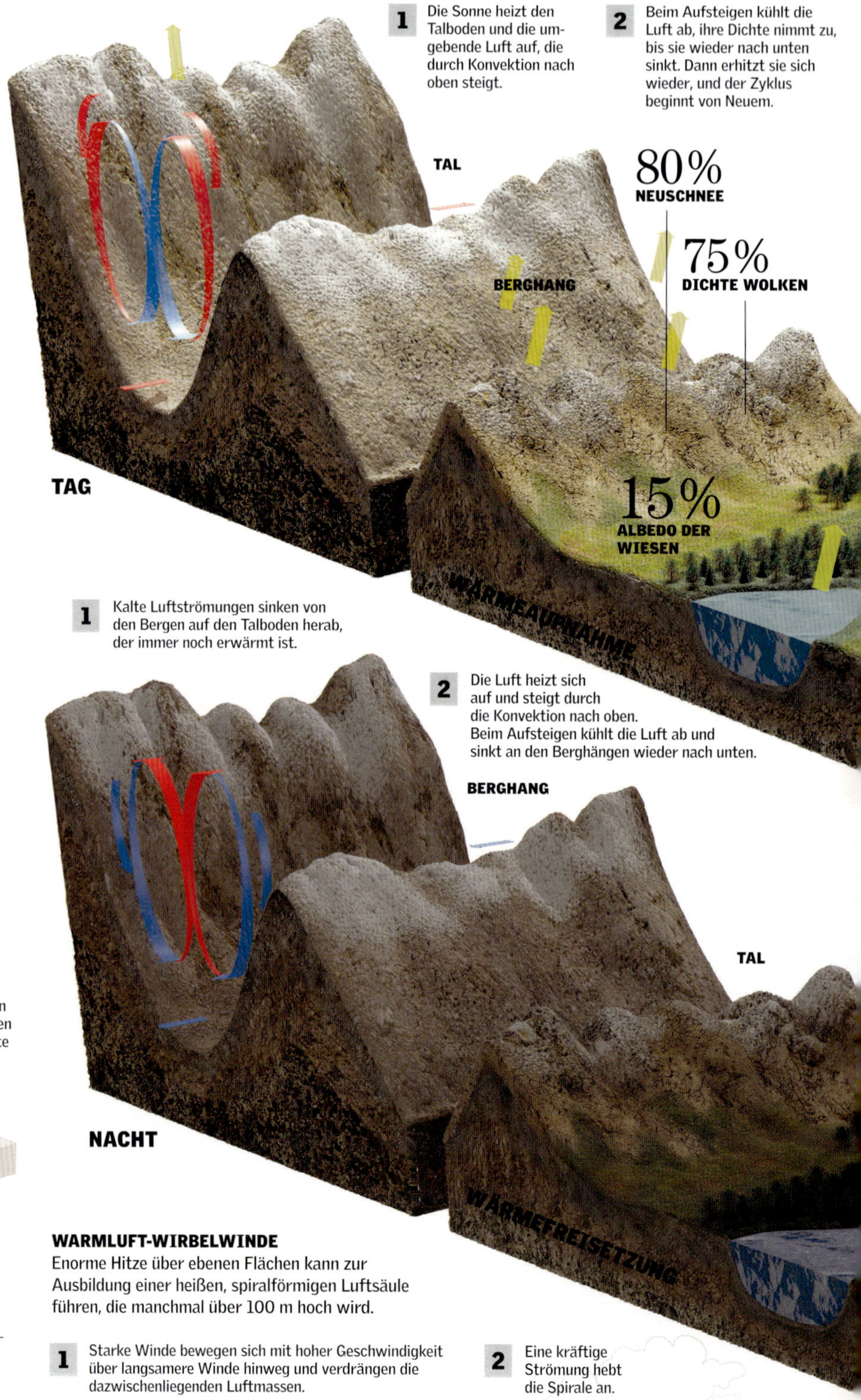

WARMLUFT-WIRBELWINDE

Enorme Hitze über ebenen Flächen kann zur Ausbildung einer heißen, spiralförmigen Luftsäule führen, die manchmal über 100 m hoch wird.

1 Starke Winde bewegen sich mit hoher Geschwindigkeit über langsamere Winde hinweg und verdrängen die dazwischenliegenden Luftmassen.

2 Eine kräftige Strömung hebt die Spirale an.

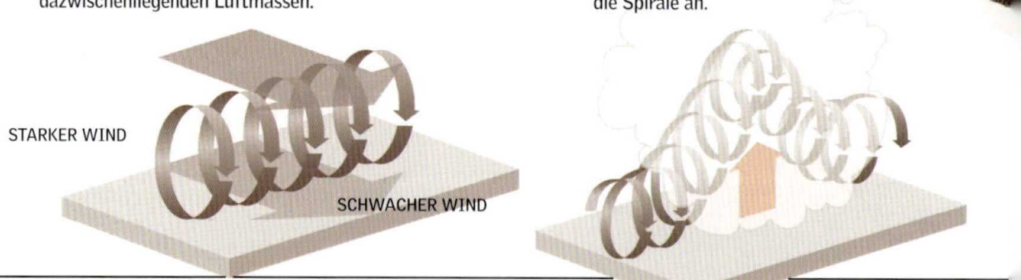

HITZEINSELN
Großstädte bilden komplexe Oberflächen. Beton und Asphalt absorbieren an sonnigen Tagen große Mengen Sonneneinstrahlung, speichern sie als Wärme und geben sie in der Nacht wieder ab.

ISOTHERMEN EINER TYPISCHEN GROSSSTADT

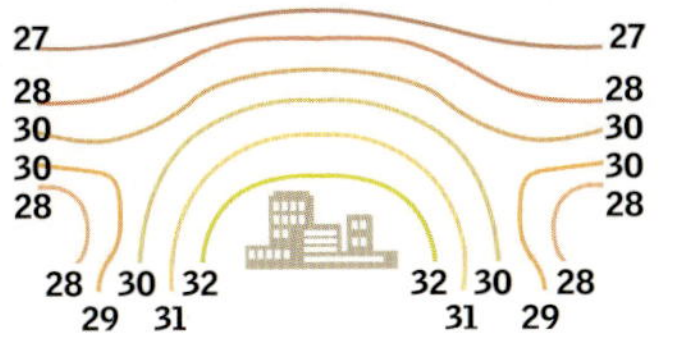

KONTINENTALITÄT

Im Inneren einer Landmasse gibt es eine große Bandbreite an Tagestemperaturen; an der Küste dagegen sind die Schwankungen durch den Einfluss des Meeres geringer. Dieser Effekt macht sich vor allem in den USA, Russland, Indien und Australien bemerkbar.

KONTINENTALITÄTSGRAD

TEMPERATURTAGESGANG IN DEN USA

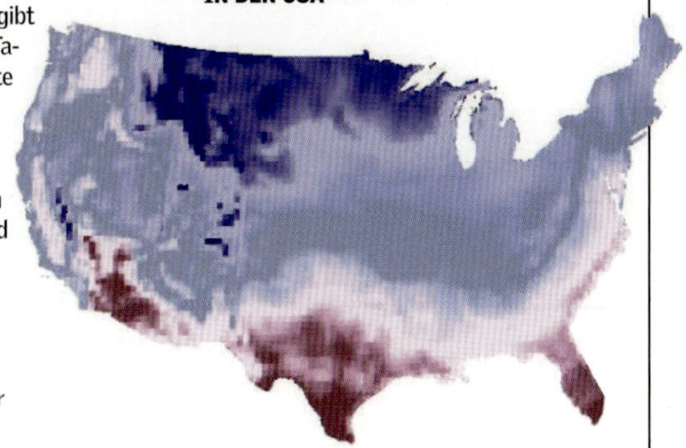

+ ALBEDO – ABSORBIERTE ENERGIE

25% NASSER SAND

3–5% WASSER (WENN DIE SONNE HOCH AM HIMMEL STEHT)

50% LEICHTE WOLKEN

7–14% WÄLDER

Sie nehmen eine beachtliche Menge an Wärme auf und bleiben dabei kühl, da die meiste Energie darauf verwendet wird, die Feuchtigkeit zu verdampfen.

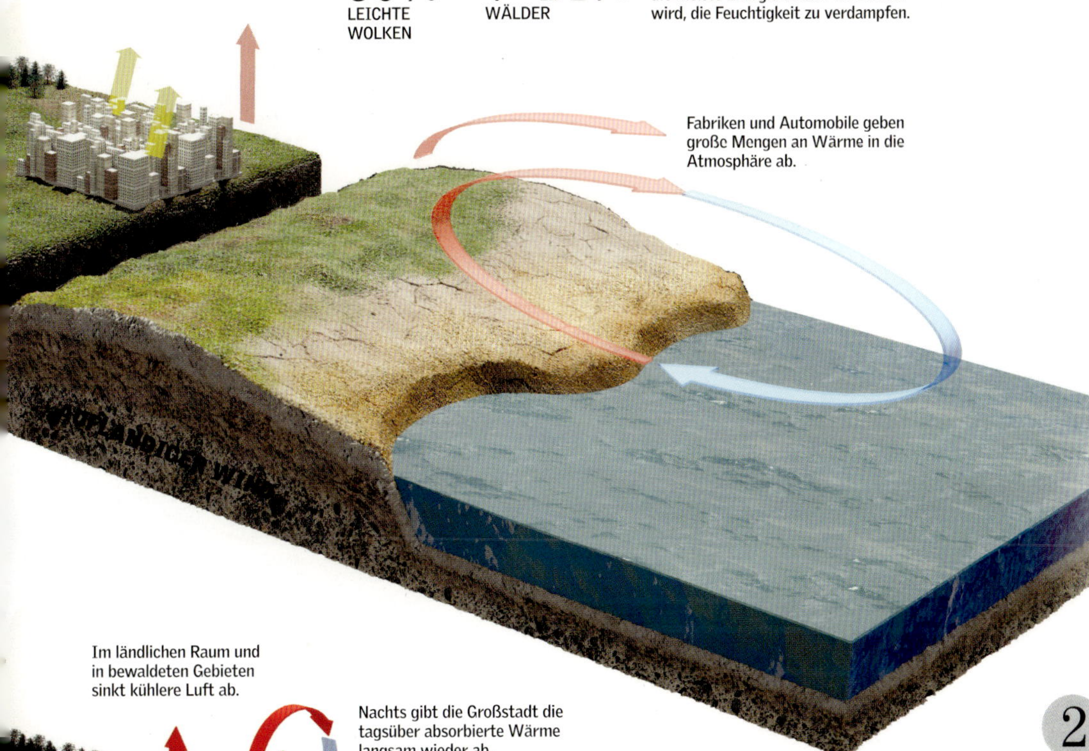

Fabriken und Automobile geben große Mengen an Wärme in die Atmosphäre ab.

Im ländlichen Raum und in bewaldeten Gebieten sinkt kühlere Luft ab.

Nachts gibt die Großstadt die tagsüber absorbierte Wärme langsam wieder ab.

Die Strömungen streben dem Gleichgewicht zu.

LEGENDE

WARMLUFT-STRÖMUNG

KALTLUFT-STRÖMUNG

KÜSTENWINDE

1

AN LAND
Tagsüber heizt sich das Land schneller auf als das Meer; die warme Luft steigt nach oben und wird durch kühlere Luft ersetzt, die vom Meer her einströmt.

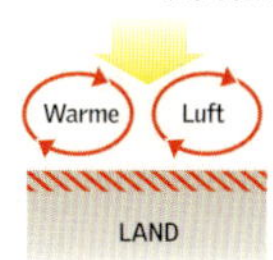

Da das Land lichtundurchlässig ist, bleibt die Wärme in den oberflächlichen Schichten, die sich schnell aufheizen und wieder abkühlen.

IM MEER
Das Meer erhält Luftmassen von der Küste, die ihre Wärme nahe dem Wasser abgeben. Als Folge sinkt die Luft über dem Meer ab.

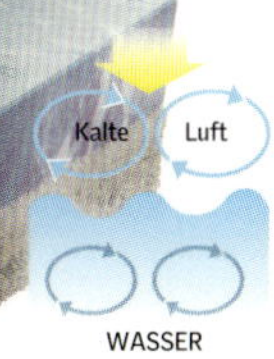

Die Wärme kann in tiefere Schichten vordringen, da das Wasser lichtdurchlässig ist. Ein Teil der Wärme geht bei der Bildung von Wasserdampf verloren.

2

AN LAND
Am Abend kühlt das Land wesentlich schneller ab als das Wasser. Die daraus resultierenden Druckunterschiede kehren die Windrichtung um. Aufsteigende Luftmassen über dem Meer ziehen kältere Luft von Land an.

Mit Beginn der Nacht kühlt das vorher heiße Land schnell ab.

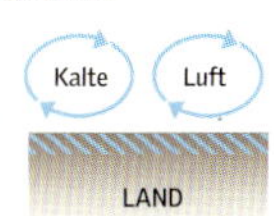

IM MEER
Das Wasser kühlt langsamer ab.

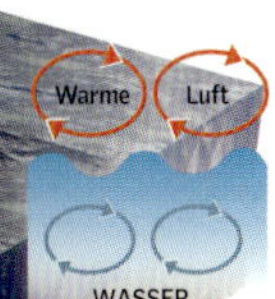

Mit Beginn der Nacht ist das Wasser noch lauwarm (ca. 1°C wärmer als das Land).

Monsunwinde

Die kräftigen, feuchten Winde, die normalerweise die subtropische und tropische Klimazone beeinflussen, werden als Monsun bezeichnet, abgeleitet vom arabischen Wort für Jahreszeit, „mausim". Während der heißen Sommermonate der Nordhalbkugel sind die Winde nordwärts auf Südostasien und besonders Indien gerichtet. Im Winter kühlen die Landflächen ab, und die Winde strömen in Richtung Nordaustralien.

VON MONSUNWINDEN BEEINFLUSSTE GEBIETE

Monsunwinde wirken sich auf das Klima in den niedrigen Breiten von Westafrika bis hin in den westlichen Pazifik aus. Im Sommer verursachen sie starke Regenfälle im Amazonasgebiet und in Nordargentinien, während im Winter der Regen eher spärlich fällt.

Vorherrschende Windrichtung im Juli

MONSUNWINDE NORDAMERIKAS

Vormonsun: Mai   **Monsun:** Juli

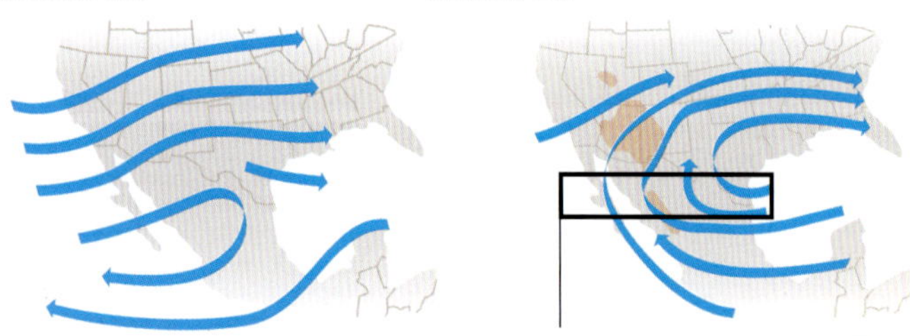

QUERSCHNITT (VERGRÖSSERTE REGION)

Wie Monsunwinde in Indien entstehen.

Ende der Monsunzeit | Beginn der Monsunzeit | Kalte, trockene Winde | Kalte, feuchte Winde | Zyklone (Tiefdruckgebiet) | Antizyklone (Hochdruckgebiet)

1 **DER KONTINENT KÜHLT SICH AB**
Nach der Zeit des Sommermonsuns hört der Regen auf, und die Temperaturen in Zentral- und Südasien beginnen zu fallen. Auf der nördlichen Erdhalbkugel setzt der Winter ein.

NÖRDLICHE ERDHALBKUGEL
Es herrscht Winter. Die Sonnenstrahlen treffen in schiefem Winkel auf die Erde und müssen dabei eine längere Strecke durch die Atmosphäre zurücklegen. Dadurch werden sie über eine größere Fläche verteilt, und die Durchschnittstemperatur ist geringer als auf der südlichen Erdhalbkugel.

SÜDLICHE ERDHALBKUGEL
Es herrscht Sommer. Die Sonnenstrahlen treffen fast im rechten Winkel auf die Erde. Dadurch werden sie auf eine kleinere Fläche konzentriert, und die Durchschnittstemperatur ist höher als auf der nördlichen Erdhalbkugel.

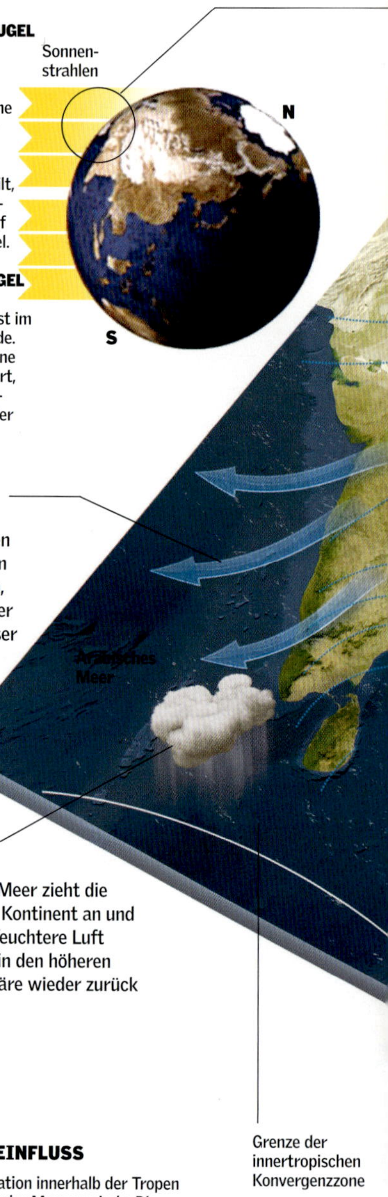

2 **VOM KONTINENT IN RICHTUNG MEER**
Die kalten und trockenen Luftmassen, die auf dem Kontinent vorherrschen, werden in Richtung Meer abgelenkt, dessen Wasser relativ wärmer ist.

3 **MEERESSTÜRME**
Eine Zyklone über dem Meer zieht die kalten Luftmassen vom Kontinent an und lässt die wärmere und feuchtere Luft aufsteigen; diese fließt in den höheren Schichten der Atmosphäre wieder zurück in Richtung Kontinent.

INNERTROPISCHER EINFLUSS

Die atmosphärische Zirkulation innerhalb der Tropen beeinflusst die Entstehung der Monsunwinde. Die Passatwinde, die von den Subtropen Richtung Äquator wehen, werden von der Hadley-Zelle angetrieben und durch die Corioliskraft abgelenkt. Tropische Winde treten innerhalb eines Tiefdruckgürtels, der innertropischen Konvergenzzone (ITC), rund um die Erde auf. Wenn diese Zone in den Sommermonaten der nördlichen Hemisphäre Richtung Norden verschoben wird, kommt es zum Sommermonsun.

TEMPERATURDIFFERENZ ZWISCHEN LAND UND MEER

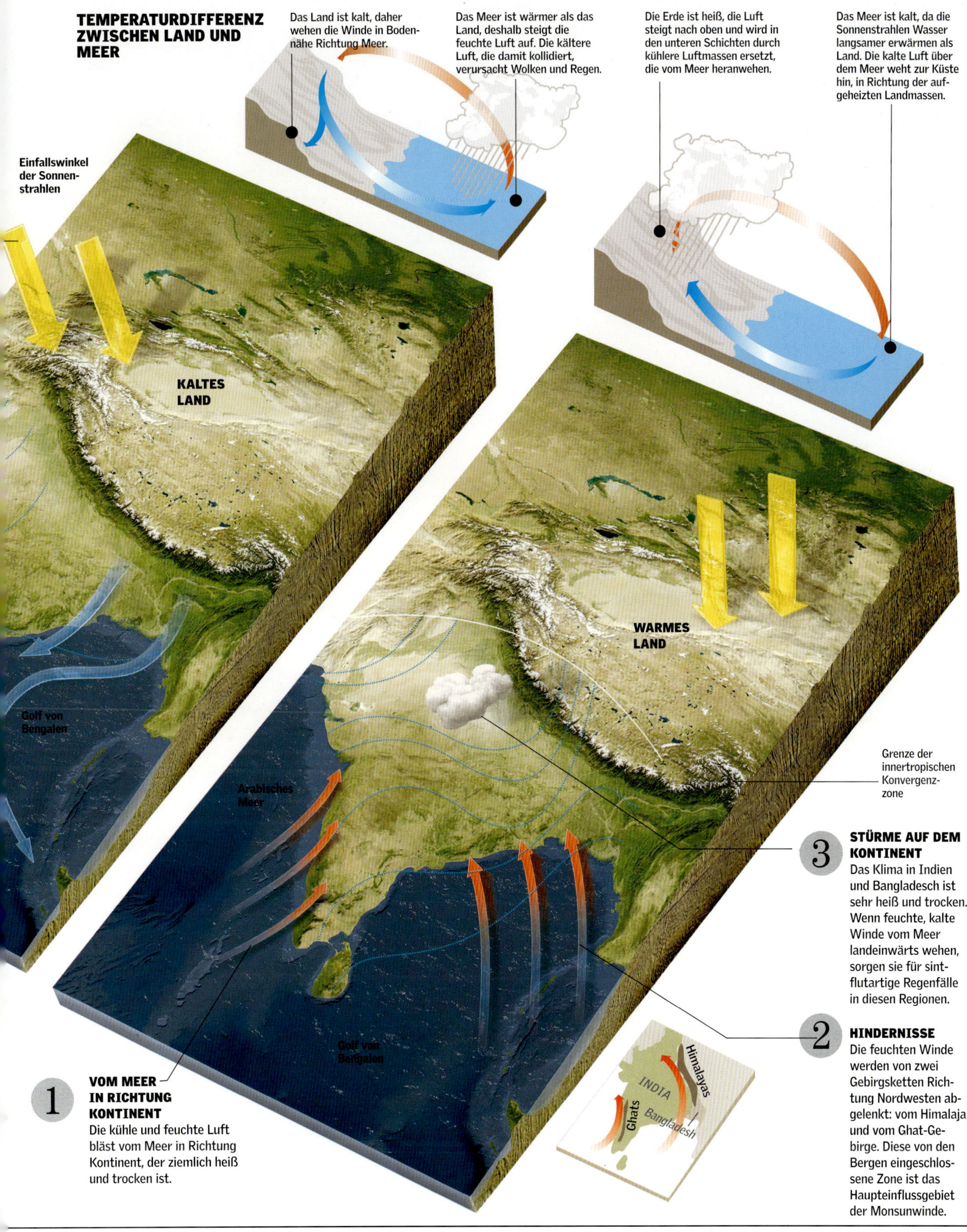

1 VOM MEER IN RICHTUNG KONTINENT

Die kühle und feuchte Luft bläst vom Meer in Richtung Kontinent, der ziemlich heiß und trocken ist.

2 HINDERNISSE

Die feuchten Winde werden von zwei Gebirgsketten Richtung Nordwesten abgelenkt: vom Himalaja und vom Ghat-Gebirge. Diese von den Bergen eingeschlossene Zone ist das Haupteinflussgebiet der Monsunwinde.

3 STÜRME AUF DEM KONTINENT

Das Klima in Indien und Bangladesch ist sehr heiß und trocken. Wenn feuchte, kalte Winde vom Meer landeinwärts wehen, sorgen sie für sintflutartige Regenfälle in diesen Regionen.

Meteorologische Phänomene

Tropische Wirbelstürme – ob Hurrikan, Taifun oder Zyklon – zerstören alles, was sich ihnen in den Weg stellt und fordern oft viele Todesopfer. Der Golf von Mexiko zählt zu den Regionen der Erde, die immer wieder von Wirbelstürmen heimgesucht werden. Aus diesem Grund organisieren die zuständigen Behörden dort Bereitschaftsübungen

WIRBELSTURMWARNUNG
Dieses Bild des Hurrikans Elena, aufgenommen am 1. September 1985 vom Space-Shuttle, erlaubte den Meteorologen, Ausmaße und Umfang des Sturms zu berechnen, bevor er den Golf von Mexiko erreichte.

222 Launische Gebilde
224 Regen kündigt sich an
228 Verloren im Nebel
230 Ein kurzer Blitz
232 Wenn sich Wasser anhäuft
234 Tödliche Gewalt
236 Anatomie eines Hurrikans

für den Ernstfall. Um zu verstehen, wie ein Wirbelsturm funktioniert, und um sichere Voraussagen treffen zu können, benötigen Forscher detaillierte Informationen aus dem Zentrum des Orkans. Der Einsatz von Satelliten, die scharfe Fotos senden, trug enorm dazu bei, Stürme zu entdecken und zu beobachten und dadurch größere Schäden abzuwehren.

Launische Gebilde

Wolken sind massive Gebilde aus Wassertropfen und Eiskristallen. Sie bilden sich, wenn der in der Luft enthaltene Wasserdampf kondensiert oder gefriert, während er in die Troposphäre aufsteigt. Wie sich Wolken entwickeln, hängt von der Höhe und der Geschwindigkeit der aufsteigenden Luft ab. Wolkenformen teilt man in drei Grundtypen ein: Cirrus, Cumulus und Stratus. Daneben werden sie nach der Höhe, die sie über dem Meeresspiegel erreichen, auch als hohe, mittelhohe und tiefe Wolken klassifiziert. Da sie das Verhalten der Atmosphäre widerspiegeln, sind sie von besonderem meteorologischem Interesse.

WOLKENTYPEN

NAME	BEDEUTUNG
Cirrus	Federwolke
Cumulus	Haufenwolke
Stratus	Schichtwolke
Nimbus	Regenwolke

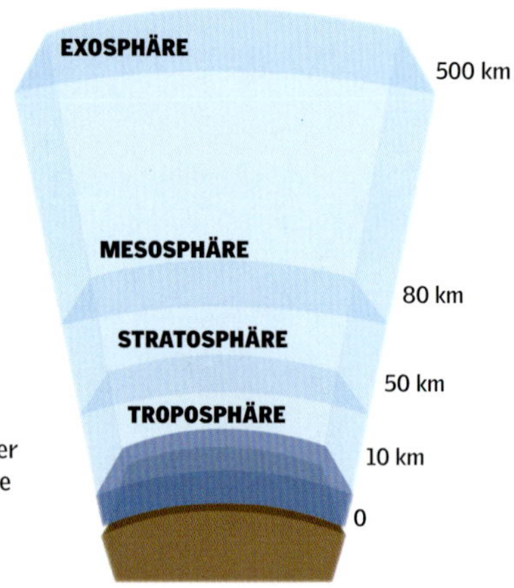

Troposphäre

Die Schicht, die der Erde am nächsten ist. Hier spielen sich die meteorologischen Phänomene ab, darunter auch die Bildung von Wolken.

WIE SICH WOLKEN BILDEN

Wolken entstehen, wenn sich die aufsteigende Luft so stark abkühlt, dass sie den enthaltenen Wasserdampf nicht mehr halten kann. Man sagt, die Luft ist gesättigt, und der überschüssige Wasserdampf kondensiert. Cumulonimbus sind Gewitterwolken, die eine Höhe von 13 000 m erreichen und mehr als 150 000 t Wasser enthalten können.

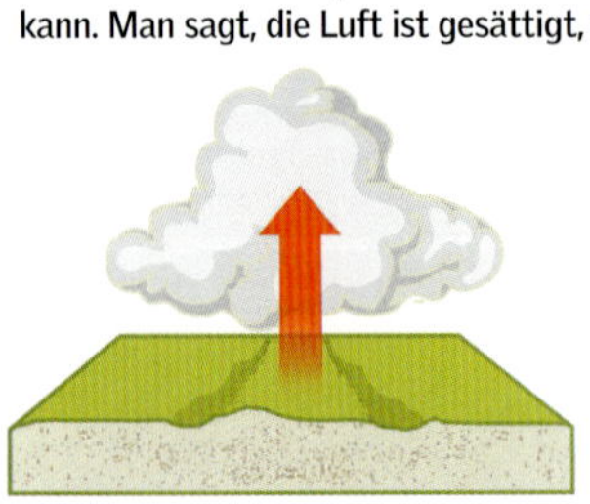

KONVEKTION
Die Sonnenstrahlen erhitzen die Luft in Bodennähe. Dadurch nimmt ihre Dichte im Vergleich zur Umgebungsluft ab, und sie steigt auf.

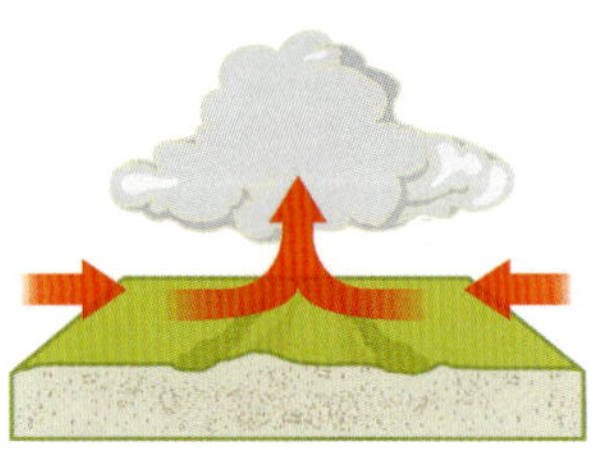

KONVERGENZ
Treffen Luftmassen aus entgegengesetzten Richtungen aufeinander, wird die Luft nach oben abgedrängt.

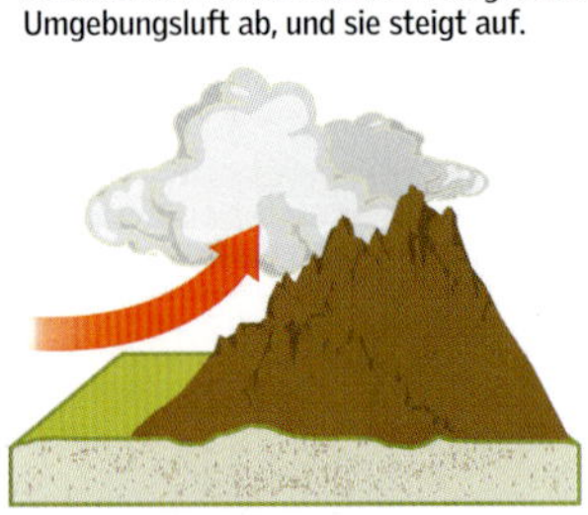

BODENERHEBUNGEN
Wenn Luftmassen auf Gebirge treffen, werden sie nach oben abgedrängt. Dieses Phänomen erklärt auch, warum Berggipfel häufig in Wolken gehüllt sind.

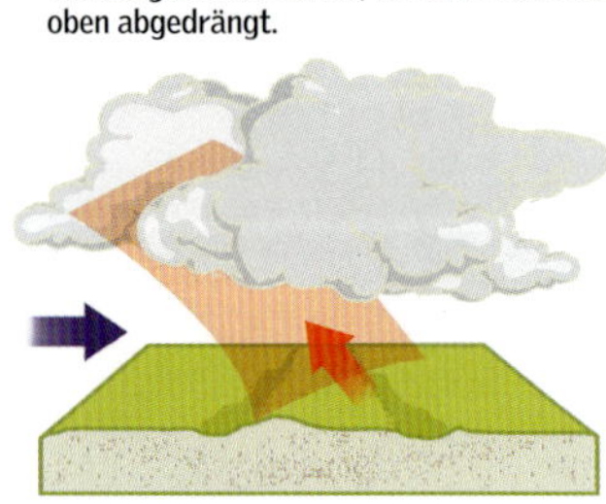

WETTERFRONT
Wenn zwei Luftmassen von unterschiedlicher Temperatur aufeinandertreffen, steigt die warme Luft auf, und es kommt zur Bildung von Wolken.

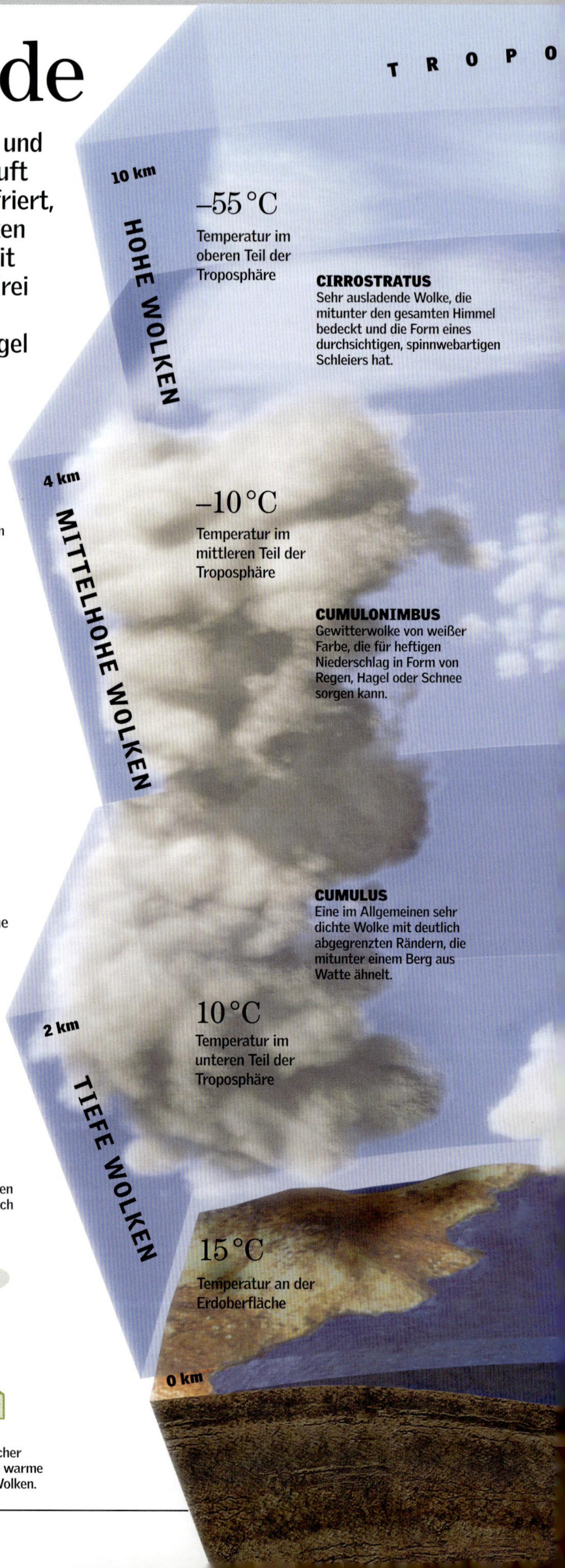

1802

IN DIESEM JAHR FÜHRTE DER BRITISCHE METEOROLOGE LUKE HOWARD DIE ERSTE WISSENSCHAFTLICHE UNTERSUCHUNG VON WOLKEN DURCH.

Im Wolkeninneren

Die Höhe, in der eine Wolke entsteht, hängt von der Dichte und Feuchtigkeit der Luft ab. Die höchsten und kältesten Wolken bestehen aus Eiskristallen, die niedrigsten und wärmsten aus Wassertropfen. Mischformen sind ebenfalls möglich. Es gibt zehn Wolkengattungen, die nach ihrer Höhe über dem Erdboden eingeteilt werden. Die höchsten Wolken beginnen in 4 km Höhe, die mittleren zwischen 2 und 4 km und die niedrigsten in 2 km Höhe.

2 bis 8 km

MÄCHTIGKEIT (VERTIKAL) EINER GEWITTERWOLKE

150 000 t Wasser

KÖNNEN IN EINER GEWITTERWOLKE ENTHALTEN SEIN.

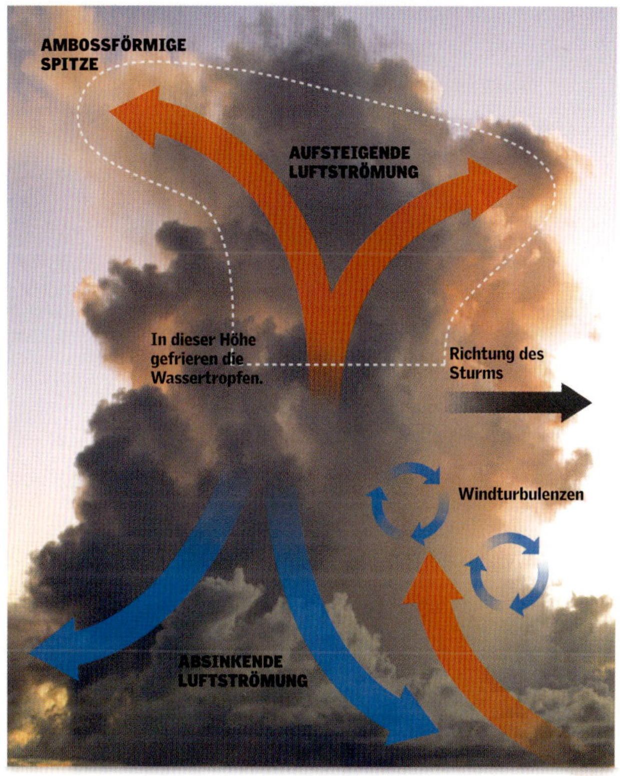

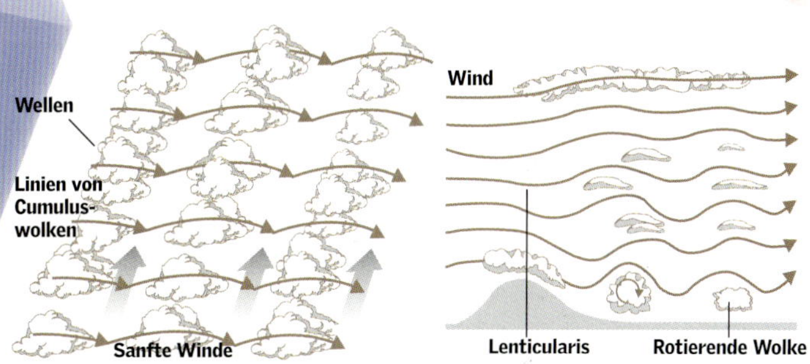

BESONDERE FORMATIONEN

WOLKENSTRASSEN

Die Form der Wolken hängt von den Winden und der Ausprägung der unter ihnen liegenden Erdoberfläche ab. Leichte Winde bringen normalerweise lang gestreckte Bänder aus Cumuluswolken hervor. Solche Wellen können bei unterschiedlicher Aufheizung der Erdoberfläche entstehen.

LENTICULARIS

Gebirge erzeugen auf ihrer windabgewandten Seite Wellen in der Atmosphäre. Auf jedem Wellenkamm entstehen linsen- oder mandelförmige Wolken, die von den Wellen an ihrem Platz gehalten werden. Rotierende Wolken werden durch Turbulenzen nahe der Erdoberfläche gebildet.

Regen kündigt sich an

Die Luft im Inneren einer Wolke ist ständig in Bewegung, weshalb die Wassertropfen oder Eiskristalle, die die Wolke bilden, zusammenstoßen und sich vereinigen. Mit zunehmender Größe werden sie schließlich so schwer, dass sie nicht mehr von den Luftströmungen getragen werden können und in Form unterschiedlicher Niederschläge zu Boden fallen. Ein Regentropfen hat einen 100-mal größeren Durchmesser als ein Wassertröpfchen in einer Wolke. Welche Art Niederschlag fällt, hängt davon ab, ob die Wolke Wassertropfen, Eiskristalle oder beides enthält. Je nach Wolkentyp und Temperatur kann der Niederschlag flüssig (Regen) oder fest (Schnee und Hagel) sein.

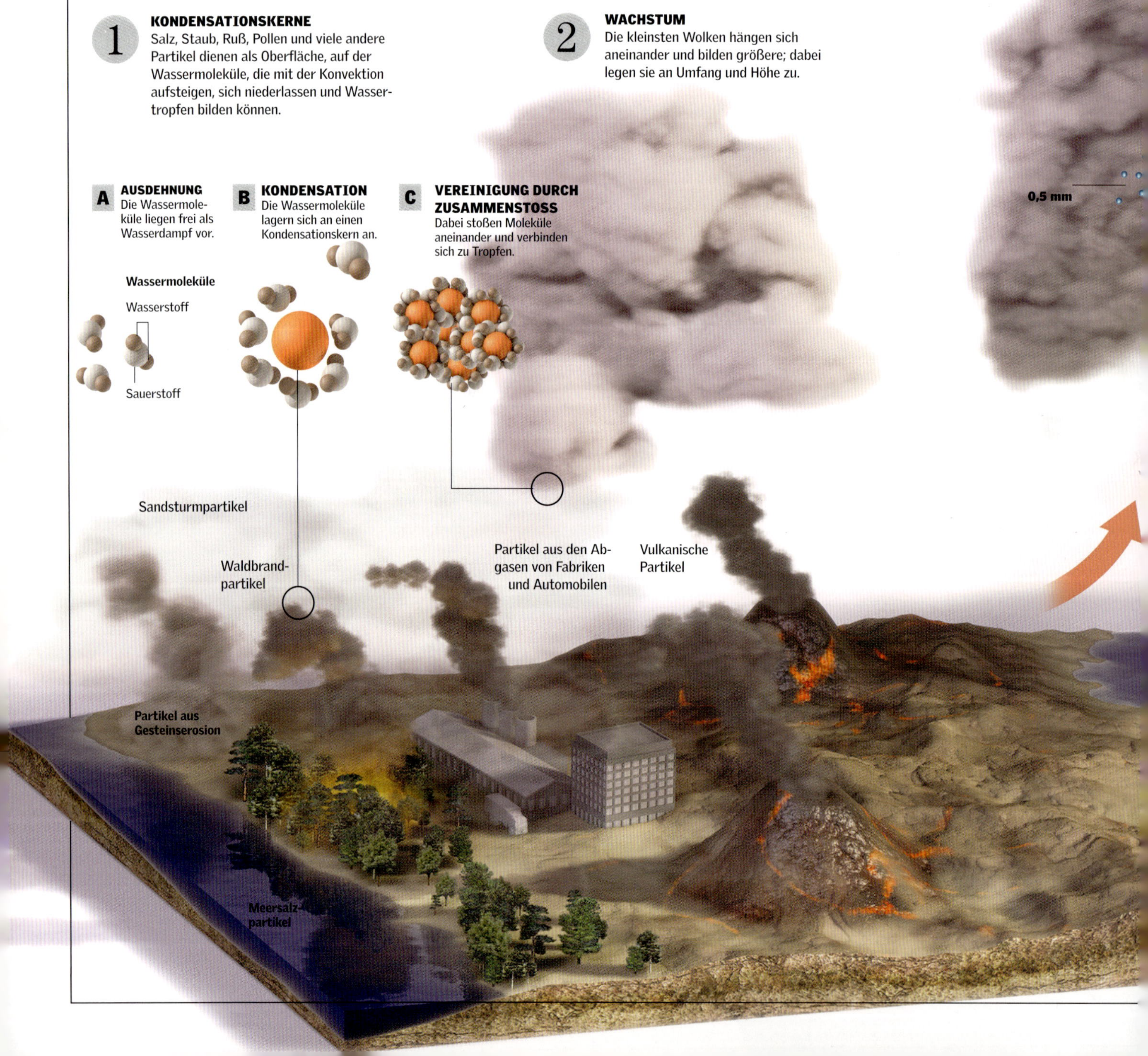

3 HERANREIFEN

Ausgereifte Wolken weisen sehr starke aufsteigende Luftströmungen auf; dies führt zu Vorsprüngen und abgerundeten Formen. Konvektion tritt auf.

4 REGEN

Der obere Teil der Wolke verbreitert sich und nimmt die Form eines Ambosses an. Aus dem unteren Teil der Wolke fällt Regen und löst ein Absinken der Luftströmungen aus.

5 VERLUST

Die absteigenden Luftströmungen sind stärker als die aufsteigenden; sie unterbrechen die Luftzufuhr und sorgen dafür, dass sich die Wolke auflöst.

26 875 Billionen Moleküle finden sich unter normalen atmosphärischen Bedingungen in 1 mm³.

6 SCHNEE

Winzige Eiskristalle lagern sich aneinander und bilden einen sechszackigen Stern oder eine Schneeflocke. Dies passiert bei −20 °C.

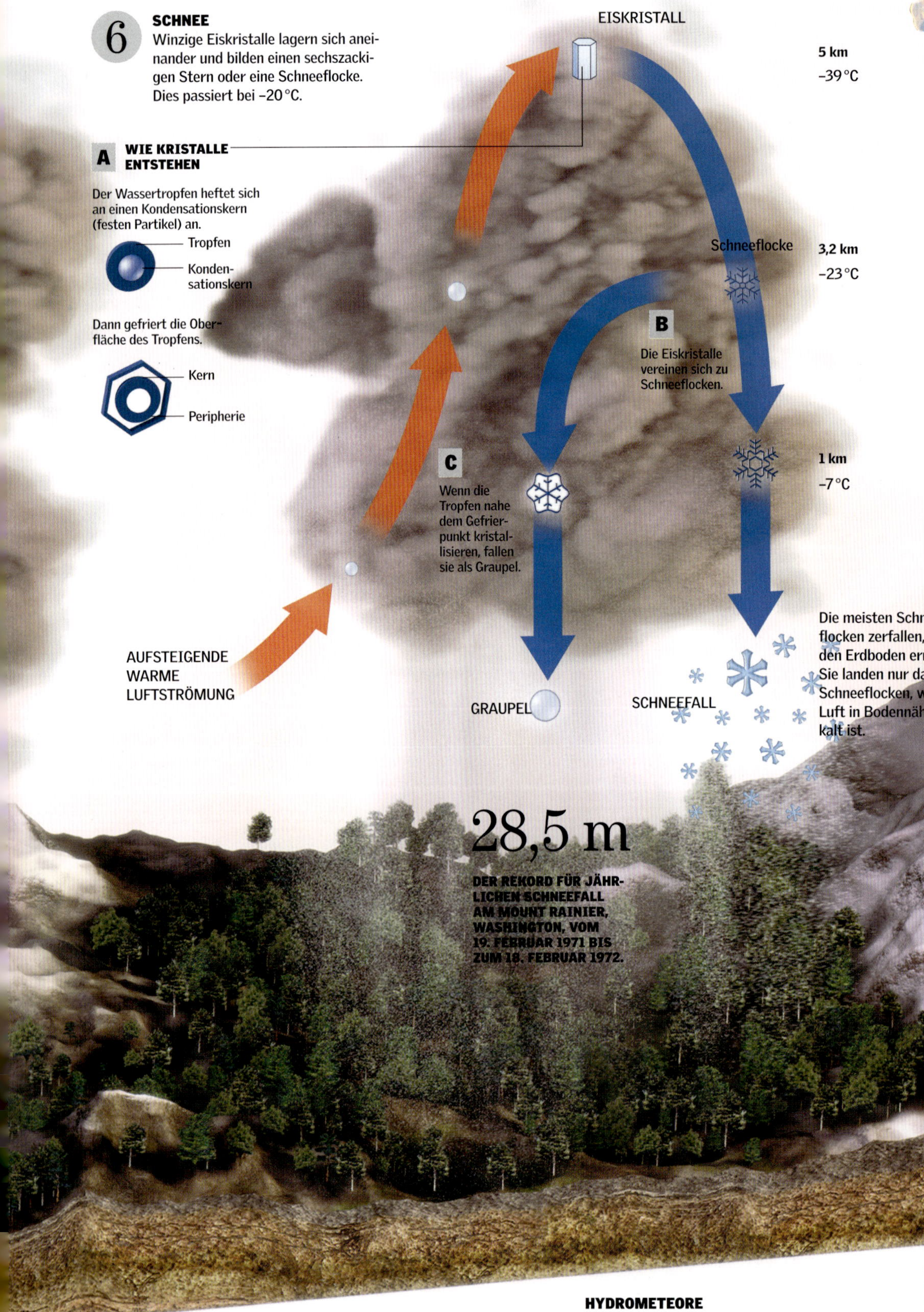

TYPEN VON EISKRISTALLEN

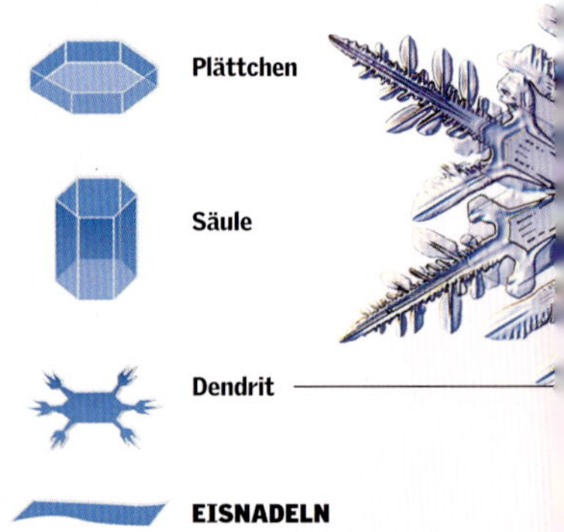

Keine zwei Schneeflocken sind identisch.

HYDROMETEORE

Damit werden Tropfen aus kondensiertem oder gefrorenem Wasser in der Atmosphäre bezeichnet. Zu ihnen gehören Regen, Sprühregen, Nebel, Hagel, Schnee und Reif.

TAU

Wasserdampf, der im Laufe der Nacht in winzigen Tröpfchen kondensiert. Dieser Prozess vollzieht sich bei starker Ausstrahlung durch Anlagerung feiner Wassertröpfchen an unterkühlten Oberflächen wie Vegetation, Boden, Gegenständen.

VERSCHIEDENE FORMEN
Schneekristalle können die unterschiedlichsten Formen annehmen: Die meisten sind sechseckig – obwohl auch drei- und zwölfeckige vorkommen – und weisen eine hexagonale Symmetrie in einer Ebene auf. Kubische Kristalle bilden sich nur bei sehr niedrigen Temperaturen in der höchsten Schicht der Troposphäre.

Schneeflocken messen zwischen 1 und 20 mm.

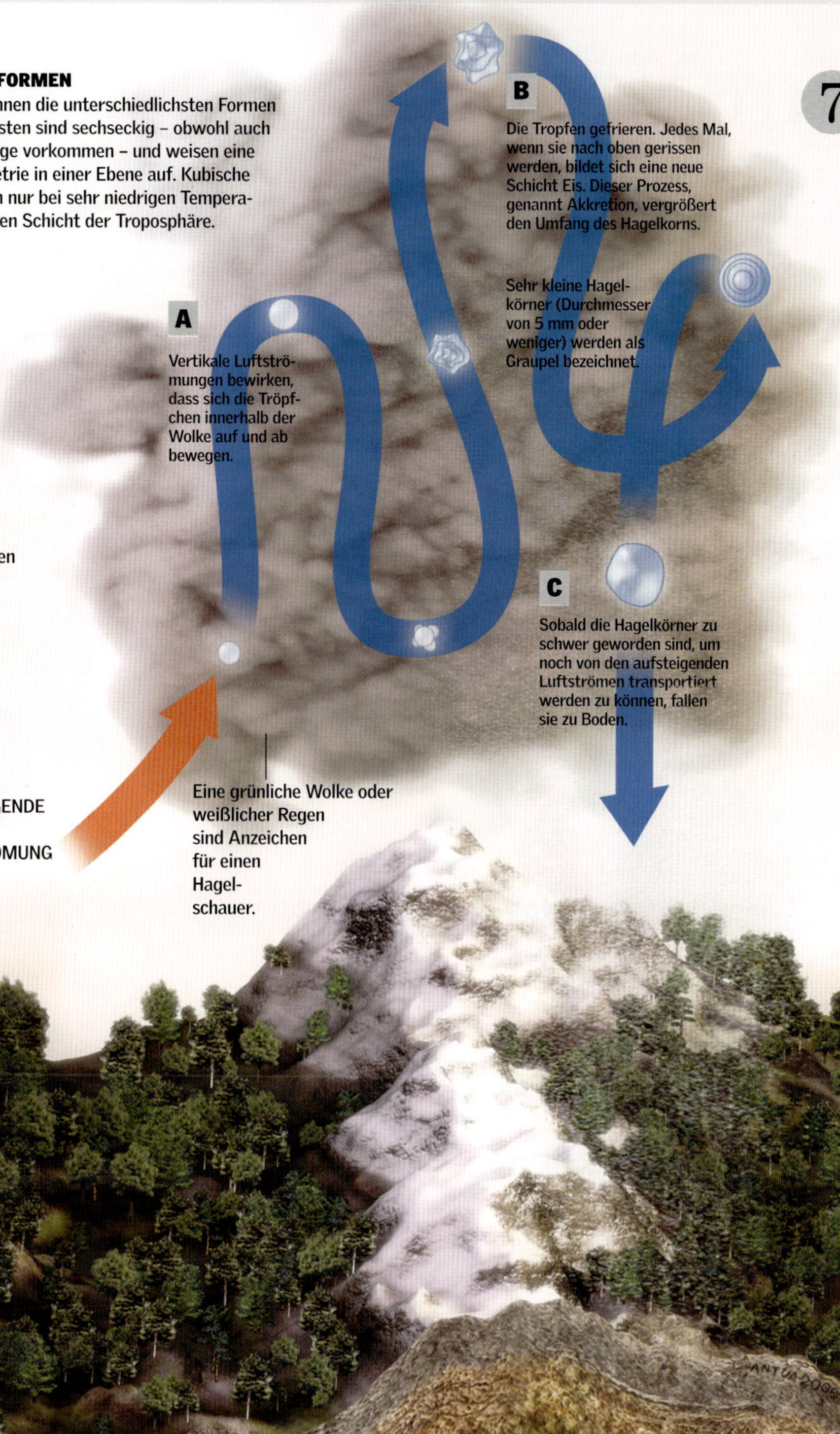

7 HAGEL
Niederschlag in Form von massiven Eisklumpen. Hagel entsteht im Inneren von Gewitterwolken; darin nehmen gefrorene Wassertropfen an Größe zu, indem sie im Inneren der Wolke aufsteigen und niedersinken.

QUERSCHNITT DURCH EIN HAGELKORN

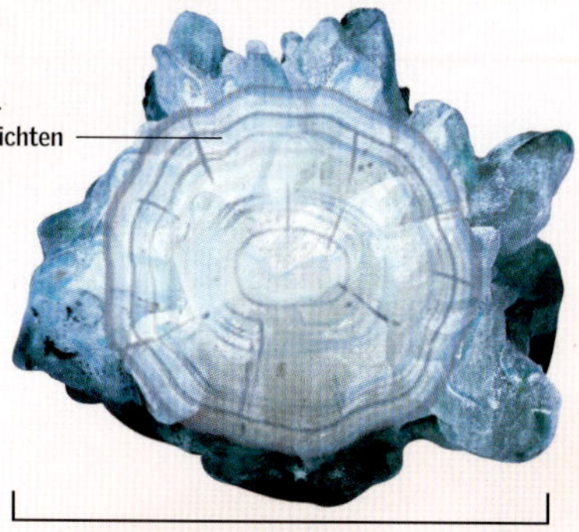

5 bis 50 mm
Durchschnittsgröße von Hagelkörnern

1 kg
WOGEN DIE SCHWERSTEN HAGELKÖRNER, DIE AM 14. APRIL 1986 AUF GOPALGANJ IN BANGLADESCH NIEDERFIELEN.

REIF
Reif bildet sich, wenn der Taupunkt der Luft unter 0 °C liegt und Wasserdampf direkt in Eis übergeht, sobald er sich auf Oberflächen niederschlägt.

RAUREIF
Ähnlich wie Reif, aber dicker. Er bildet sich normalerweise bei Nebel.

Verloren im Nebel

Wenn Wasserdampf aus der Atmosphäre nahe der Erdoberfläche kondensiert, bildet sich Nebel. Er besteht aus winzig feinen Wassertropfen, gemischt mit Ruß- und Staubpartikeln. Physikalisch gesehen handelt es sich bei Nebel um eine Wolke. Während diese jedoch dadurch entsteht, dass warme Luft aufsteigt und sich abkühlt, bildet sich Nebel, wenn die Luft in Kontakt mit dem Erdboden kommt, dabei abgekühlt wird und Wasserdampf kondensiert. Als atmosphärisches Phänomen verringert Nebel die Sichtweite etwa auf unter 1,6 km und behindert dadurch Straßen-, Schiffs- und Luftverkehr. Bei Dunst, einem sehr leichten Nebel, ist die Sichtweite auf etwa 3,2 km beschränkt.

50 m

BETRÄGT IN ETWA DIE SICHTWEITE BEI SEHR DICHTEM NEBEL, WAS SICH AUF STRASSEN-, LUFT- UND SCHIFFSVERKEHR AUSWIRKT. OFTMALS LIEGT DIE SICHTWEITE BEI NULL.

Nebel und Sichtweite

Die Sichtweite ist definiert als Maß für die Fähigkeit eines Betrachters, in der Atmosphäre Dinge in einer bestimmten Entfernung zu erkennen. Sie wird in Längeneinheiten angegeben und zeigt die optische Beschränkung an, die Nebel, Staub, Ruß oder andere künstliche oder natürliche Niederschläge in der Atmosphäre verursachen. Die unterschiedlichen Intensitäten von Nebel haben große Auswirkungen auf Schiffs-, Straßen- und Luftverkehr.

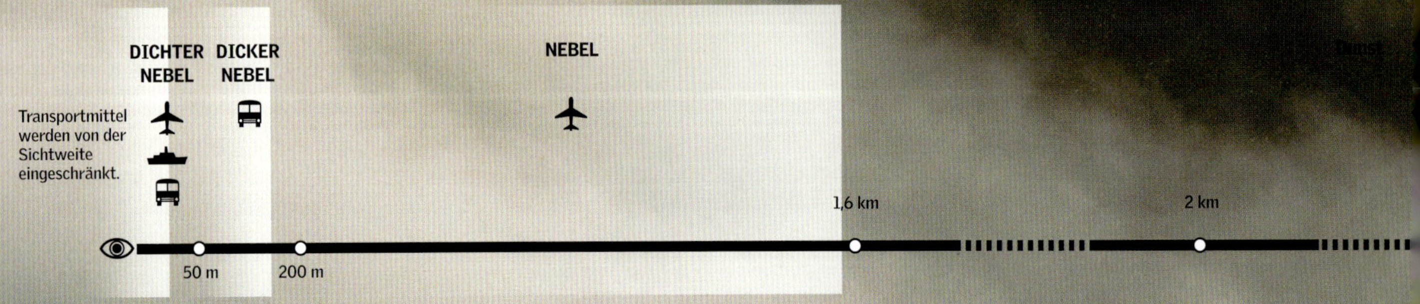

Arten von Nebel

Strahlungsnebel bildet sich in kalten Nächten, wenn die Erdoberfläche die Wärme, die sie tagsüber aufgenommen hat, wieder abstrahlt. Frontnebel entsteht, wenn der Niederschlag eine höhere Temperatur aufweist als die umgebende Luft; die Regentropfen verdampfen, und die Luft ist schnell gesättigt. Nebel dieser Art sind dicht und beständig. Zu Advektionsnebel kommt es, wenn feuchtwarme Luft über eine so kalte Fläche strömt, dass der Wasserdampf kondensiert.

1 **STRAHLUNGSNEBEL**
Dieser Nebel erscheint nur dicht über dem Boden und wird gebildet, wenn die Erdoberfläche aufgrund von Wärmeabstrahlung abkühlt.

2 **FRONTNEBEL**
wird vor einer Warmfront gebildet.

3 **ADVEKTIONSNEBEL**
entsteht, wenn eine feuchte und kühle Luftmasse über eine Oberfläche hinwegströmt, die kälter als die Luft ist.

Während die Luft aufsteigt, wird sie gesättigt.

AUFSTEIGENDE LUFT

DUNST
Dunst besteht aus Wassertröpfchen Salz- und anderen trockenen Partikeln, die mit bloßem Auge nicht zu erkennen sind. Wenn ihre Konzentration sehr hoch ist, wird die Schärfe, Farbe, Textur und Form von sichtbaren Objekten vermindert.

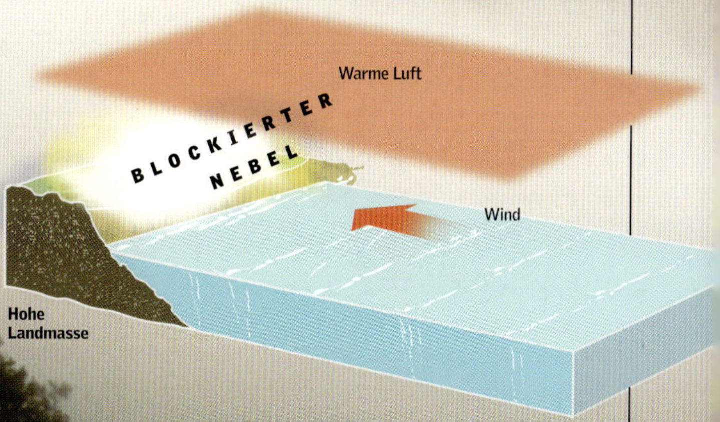

INVERSIONSNEBEL
Wenn eine warme, feuchte Luftströmung über das kalte Wasser eines Sees oder Meeres zieht, kann sich Inversionsnebel bilden. Die warme Luft wird durch das Wasser abgekühlt, Wasserdampf kondensiert und bildet Tropfen. Die warme Luft hält die kalte unter sich nahe der Oberfläche eingeschlossen. Hohe Küstengebirge verhindern, dass sich der Nebel weit ins Land hinein ausdehnt.

Ein kurzer Blitz

Gewitterstürme entstehen in großen Cumulonimbuswolken und werden normalerweise begleitet von schweren Regenfällen mit Blitz und Donner. Die Stürme bilden sich in Tiefdruckzonen, in denen die Luft wärmer und weniger dicht ist als in der umgebenden Atmosphäre. Innerhalb der Wolken baut sich eine enorme elektrische Ladung auf, die in einem zickzackförmigen Blitz zwischen Wolke und Erdboden, Wolke und Luft oder Wolke und einer anderen Wolke entladen und so freigesetzt wird. Hinzu kommt, dass die während der Entladung frei gewordene Hitze für eine Ausdehnung und Kontraktion der Luft sorgt, die man als Donner bezeichnet.

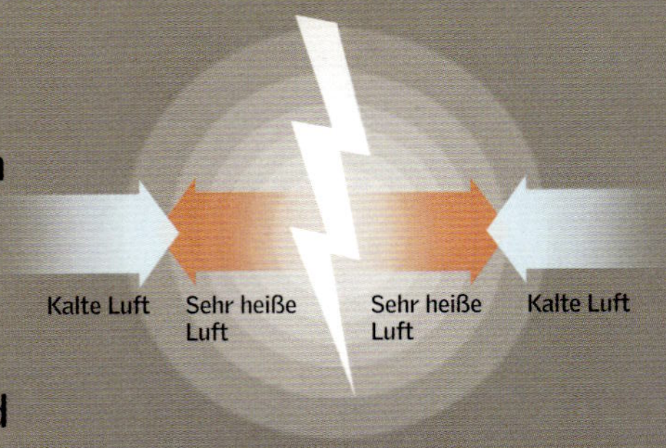

DONNER
Der Knall, den die Luft erzeugt, wenn sie sich aufgrund der extremen Hitze bei einem Blitz sehr rasch ausdehnt und die Schallmauer durchbricht.

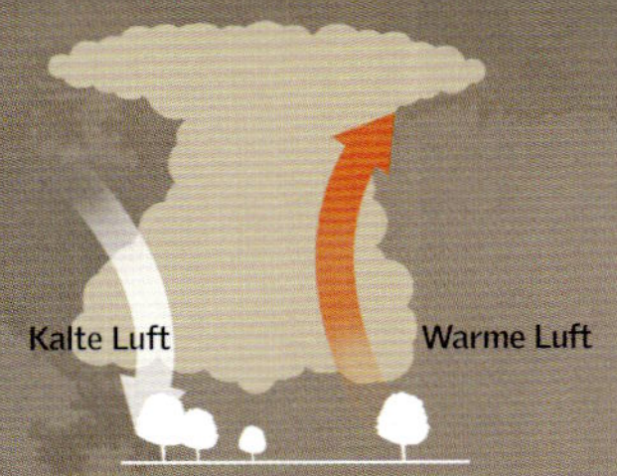

1 **URSPRUNG**
Blitze entstehen innerhalb großer Gewitterwolken vom Typ Cumulonimbus. Sie können negative oder positive elektrische Ladung tragen.

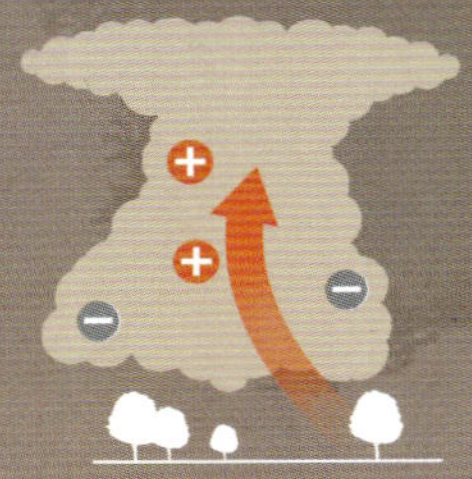

2 **IM INNEREN DER WOLKE**
Elektrische Ladungen entstehen beim Zusammenstoß von Eiskristallen oder Hagelkörnern. Warme Luftströmungen steigen auf und verschieben die Ladungen in der Wolke.

TRENNUNG
Die Ladungen trennen sich, die positiven sammeln sich an der Spitze und die negativen an der Basis der Wolke.

3 **ELEKTRISCHE LADUNGEN**
Die negativen Ladungen der Wolke werden von den positiven Ladungen des Erdbodens angezogen. Der Unterschied im elektrischen Potenzial zwischen diesen beiden Regionen führt zur Entladung.

INDUZIERTE LADUNG
Die negative Ladung in der Wolkenbasis induziert eine positive Ladung im darunterliegenden Boden.

4 **ENTLADUNG**
Die Entladung verläuft von der Wolke in Richtung Boden, nachdem der Entladungskanal aus ionisierter Luft aufgebaut worden ist.

VERSCHIEDENE BLITZE
Blitze lassen sich primär danach unterscheiden, welchen Weg die elektrischen Entladungen nehmen, die sie auslösen.

LUFTENTLADUNG
Die Entladung erfolgt zwischen Wolke und Luftmasse mit entgegengesetzter Ladung.

WOLKENENTLADUNG
Der Blitz erscheint innerhalb einer Wolke oder zwischen zwei entgegengesetzt geladenen Wolken.

ERDENTLADUNG
Die negativen Ladungen der Wolke werden durch die positiven Ladungen des Erdbodens angezogen.

BLITZABLEITER

Die Hauptfunktion eines Blitzableiters besteht darin, die elektrostatische Entladung zu erleichtern, die dem Weg des geringsten elektrischen Widerstands folgt.

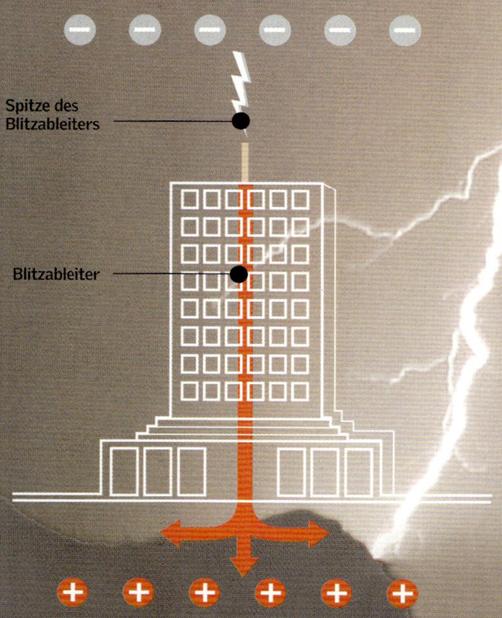

Ein Blitzableiter ist ein Instrument, das in einem oder mehreren Punkten endet und dazu dient, Blitze anzuziehen und die elektrische Ladung in den Boden abzuleiten, um so Menschen oder Gebäude vor einem Einschlag zu schützen. Ein berühmtes Experiment von Benjamin Franklin führte zur Erfindung dieses Apparats. Während eines Gewitters ließ er einen Drachen in die Wolken steigen, und es kam zu einer heftigen Entladung. Der Blitzableiter war geboren. Er besteht aus einer Eisenstange, die am höchsten Punkt des zu schützenden Objekts angebracht ist. Diese steht über einen metallischen, isolierten Leiter mit dem Erdboden in Verbindung.

14 000 km/s Geschwindigkeit

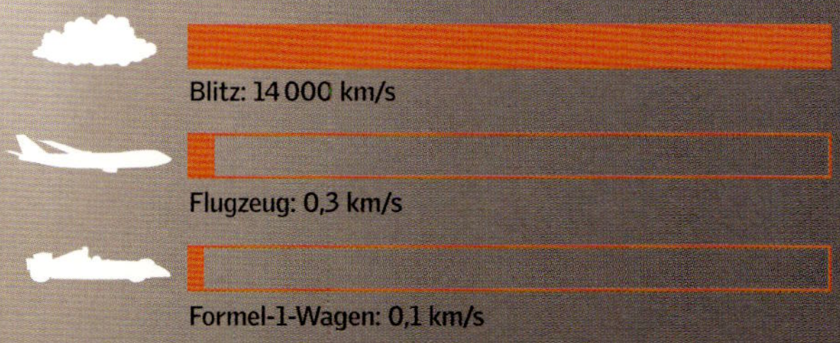

100 Mio. Volt

BETRÄGT DAS ELEKTRISCHE POTENZIAL EINES BLITZES.

EIN WINDRAD ERZEUGT 200 VOLT. | **110 VOLT BRAUCHT EINE GLÜHLAMPE.**

5 RÜCKSCHLAG

In der Endphase steigt die Entladung vom Erdboden zur Wolke hoch.

EINSCHLAG

20 m

beträgt der Radius der Fläche, die ein Blitz auf der Erdoberfläche in Mitleidenschaft ziehen kann.

ENTLADUNGSFOLGE

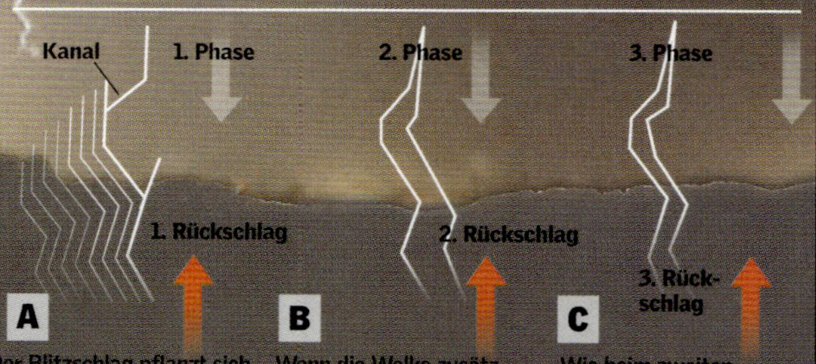

A Der Blitzschlag pflanzt sich über einen ionisierten Kanal fort, der sich verzweigt, um den Boden zu erreichen. Elektrische Ladungen laufen den gleichen Kanal entlang in die entgegengesetzte Richtung.

B Wenn die Wolke zusätzliche elektrische Ladungen trägt, werden diese ebenfalls durch den Tunnel des ersten Blitzschlags zur Erde geleitet, wo sie einen zweiten Rückschlag in Richtung Wolke generieren.

C Wie beim zweiten Schlag weist die Entladung keine Verzweigungen auf. Wenn die rücklaufende Ladung endet, kommt auch die Sequenzfolge zu einem Ende.

Wenn sich Wasser anhäuft

Wasser ist ein lebenswichtiges Element. Kommt es jedoch zu Überflutungen von normalerweise trockenen Gebieten, kann dies verheerende Folgen für den Menschen und seine wirtschaftlichen Aktivitäten haben. Hauptursachen sind starke Regenfälle, Flüsse und Seen, die über die Ufer treten, sowie über die Küste hereinbrechende gigantische Wellen. Solche Wellen können das Ergebnis ungewöhnlich starker Fluten sein, die durch Oberflächenwinde oder unterirdische Seebeben verursacht werden. Wälle, Deiche, Dämme und Uferböschungen können vor Sturmfluten schützen.

Überflutetes Land

Wenn Land tage- oder monatelang überschwemmt ist, wird die Luft im Boden durch Wasser ersetzt. Dies verhindert die Bildung von Sauerstoff, was wiederum die biologische Aktivität der Pflanzen und des Bodens selbst beeinträchtigt: Der Boden wird, falls das Wasser nicht ausreichend Salz enthält, durch die unvollständige Zersetzung von organischem Material und die Auswaschung von Nährstoffen zunehmend sauer. Wenn das Wasser eine große Menge an Salz enthält, verbleibt dieses im Boden und verursacht ein anderes Problem: eine steigende Versalzung.

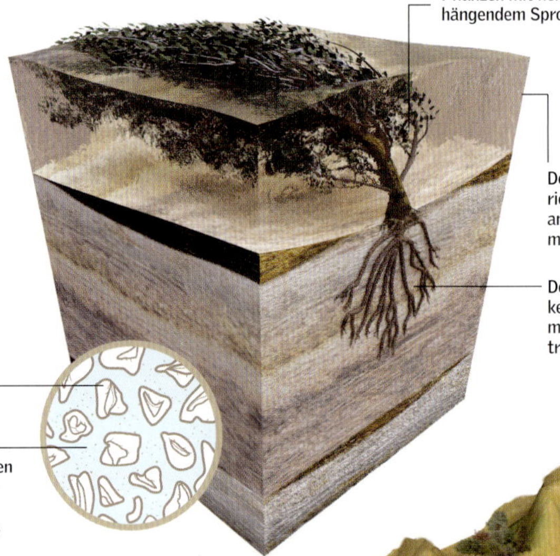

AUEN
Auen sind Bereiche an Flüssen, die regelmäßig überflutet werden.

Reduktion

DIE KOMPONENTEN DES BODENS, DIE OXIDIERT SIND, KÖNNEN REDUZIERT WERDEN, WODURCH SICH IHRE EIGENSCHAFTEN RADIKAL VERÄNDERN.

HOCHWASSERSCHUTZ
Mit der Errichtung von Dämmen und Deichen lassen sich Überschwemmungen weitgehend verhindern.

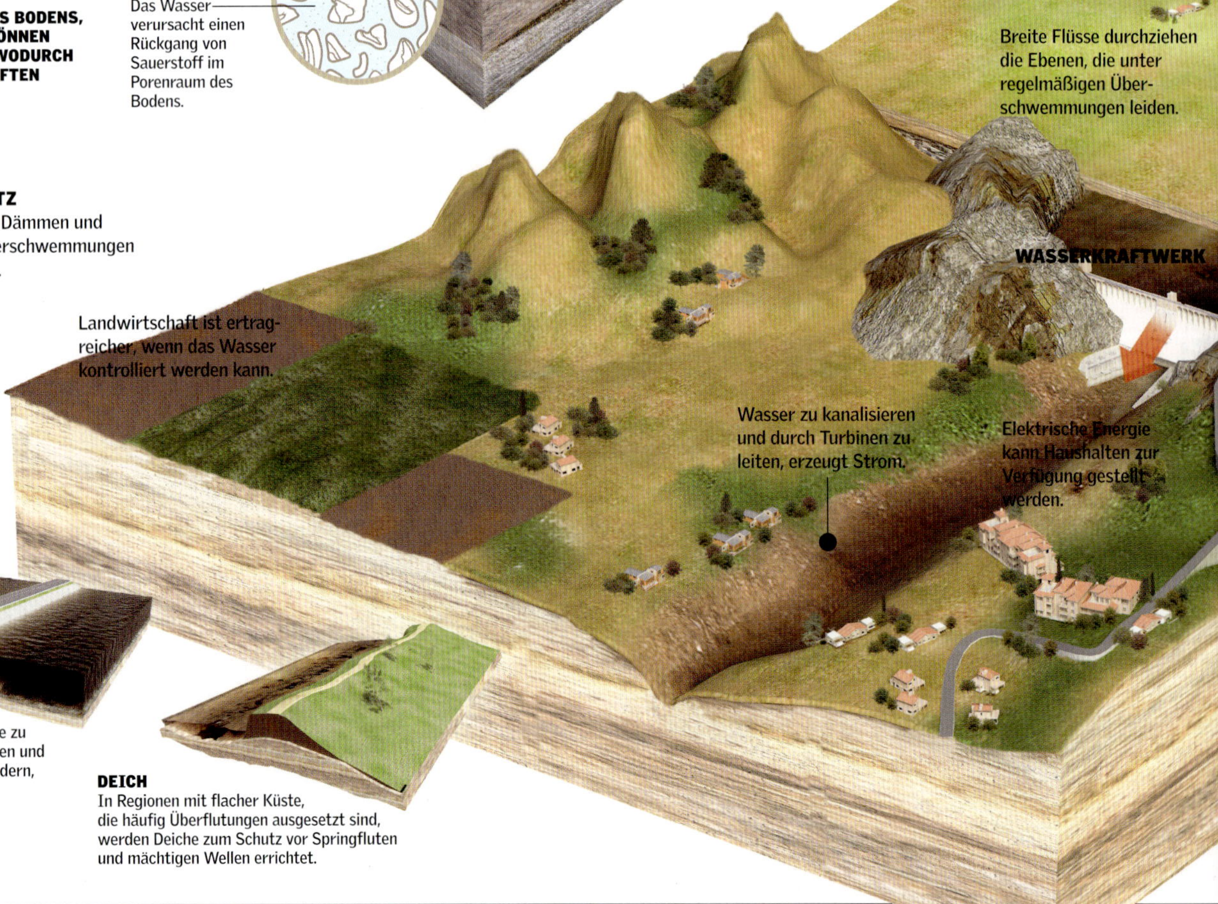

DAMM
Erdwälle helfen, Flüsse, die zu Überschwemmungen neigen und gelegentlich ihren Lauf ändern, in ihrem Bett zu halten.

DEICH
In Regionen mit flacher Küste, die häufig Überflutungen ausgesetzt sind, werden Deiche zum Schutz vor Springfluten und mächtigen Wellen errichtet.

Sintflutartige Regenfälle

verursacht durch Tiefdrucksysteme, instabile Luftmassen und hohe Luftfeuchtigkeit

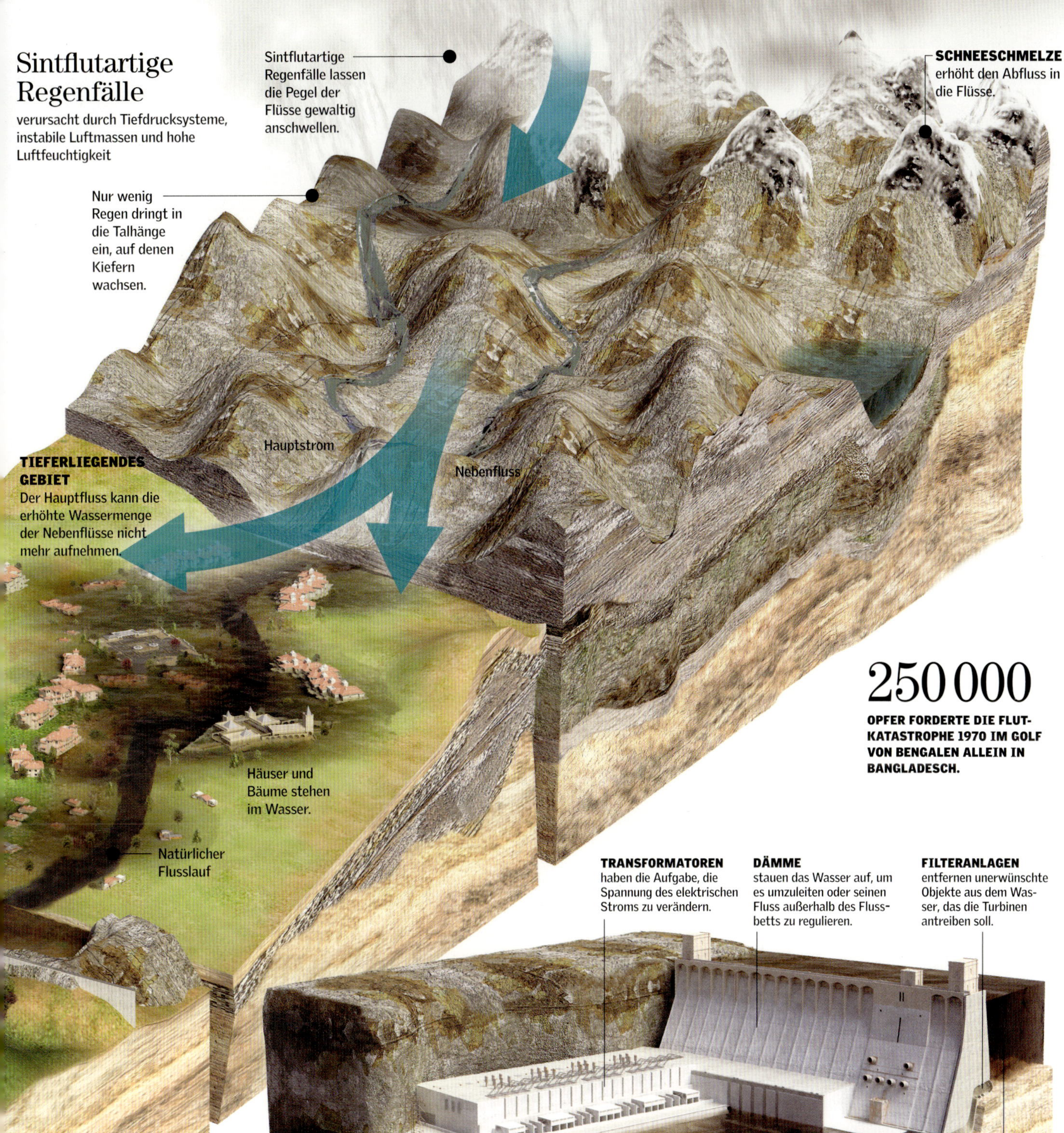

250 000

OPFER FORDERTE DIE FLUT-KATASTROPHE 1970 IM GOLF VON BENGALEN ALLEIN IN BANGLADESCH.

WASSERKRAFTWERKE
nutzen die Kraft und Geschwindigkeit von fließendem Wasser, um Turbinen anzutreiben. Man unterscheidet Flusskraftwerke, die die natürliche kinetische Energie eines Fließgewässers nutzen, und Speicherkraftwerke, wo das Wasser hinter einem Damm aufgestaut und dann mit erhöhtem Druck in das Kraftwerk geleitet wird.

Tödliche Gewalt

Tornados zählen zu den heftigsten Stürmen auf der Erde. Sie entstehen aus Gewitterstürmen und haben die Form einer riesigen trichterförmigen Windhose, die von der Wolkenkante bis zum Boden reicht. In ihrem Inneren vermischt sich die Luft mit Erde und anderen Materialien, die mit Geschwindigkeiten von über 480 km/h rotieren. Ein Tornado kann innerhalb von Sekunden ganze Stadtteile zerstören; er entwurzelt Bäume, bringt Gebäude zum Einsturz und verwandelt harmlose Objekte in tödliche Geschosse.

SPITZE
Die Spitze des Tornados bleibt innerhalb der Wolke.

10 km

BETRÄGT DIE MAXIMALE HÖHE, DIE EIN TORNADO ERREICHEN KANN.

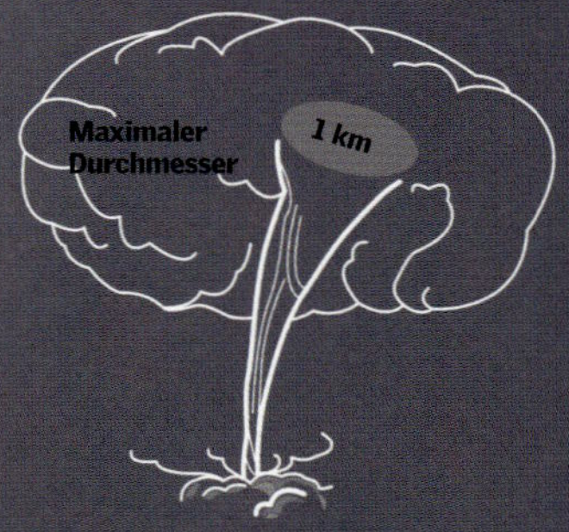

Wie ein Tornado entsteht

Tornados bilden sich, wenn eine warme Luftströmung in eine Cumulonimbuswolke eindringt und unter dem Einfluss von Winden im oberen Teil der Wolke zu rotieren beginnt. Dabei wird von der Basis der Säule ständig Luft ins Innere der sich drehenden Spirale gezogen. Die Luft rotiert schneller, sobald sie sich dem Zentrum der Säule nähert. Dies erhöht die Kraft der aufsteigenden Luftströmung, und die Säule wächst weiter, bis sie vom Boden bis hoch in die Wolken ragt. Aufgrund ihrer kurzen Lebensdauer ist es schwierig, Tornados zu studieren oder vorherzusagen.

480 km/h

UND MEHR KANN DIE MAXIMALE GESCHWINDIGKEIT DER TORNADO-WINDE BETRAGEN.

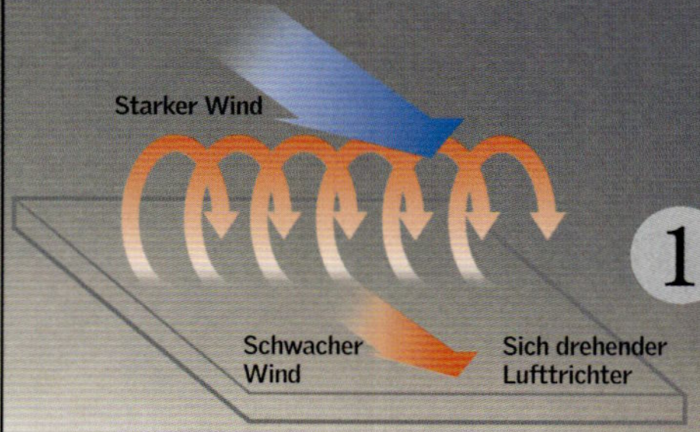

1 BEGINN EINES TORNADOS
Wenn die Winde aufeinandertreffen, versetzen sie die Luft in Rotation, und zwar im Uhrzeigersinn auf der südlichen und entgegen dem Uhrzeigersinn auf der nördlichen Erdhalbkugel.

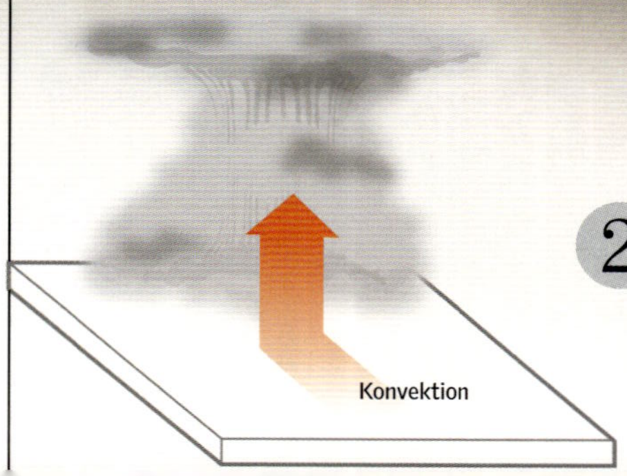

2 ROTATION
Die Luftzirkulation verursacht einen Druckabfall im Zentrum des Sturms und schafft auf diese Weise eine zentrale Luftsäule.

WIRBEL
Luftsäule, die den unteren Teil eines Tornados bildet; ein Trichter, der heftige Winde generiert und Luft ansaugt. Er nimmt normalerweise die dunkle Farbe des Staubs an, den er vom Boden aufwirbelt, kann aber auch unsichtbar sein.

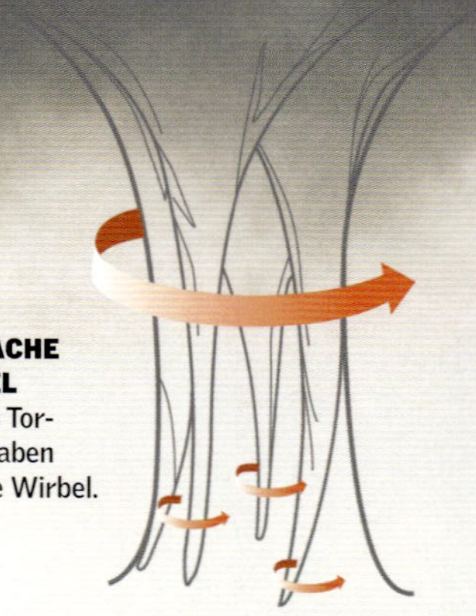

VIELFACHE WIRBEL
Manche Tornados haben mehrere Wirbel.

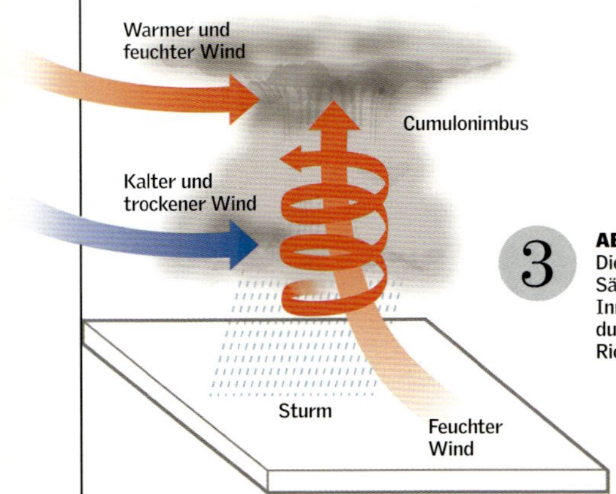

3 ABSINKEN
Die zentrale rotierende Säule sinkt weiterhin im Inneren der Wolke ab und durchstößt sie schließlich in Richtung Erdboden.

4 AUSWIRKUNG
Der Tornado erreicht den Erdboden und kann je nach Intensität die Dächer von Häusern abdecken.

AUSDEHNUNG
Normalerweise ist der Tornado nicht breiter als 50 bis 100 m.

SPIRALWINDE
Zuerst entsteht ein Wolkenschlauch, der sich später bis zum Erdboden erstrecken kann.

Ein Tornado bewegt sich im Allgemeinen von Südwesten nach Nordosten.

Manche Tornados entwickeln derart gewaltige Kräfte, dass sie die Dächer von Häusern davontragen.

Wo und wann

Die meisten Tornados entstehen über landwirtschaftlich genutzten Flächen. Feuchtigkeit und Hitze von Frühling und Sommer, die hier das Wachstum der Pflanzen begünstigen, sind auch nötig, um die Stürme, die sie hervorbringen, voranzutreiben.

1000
Tornados entstehen durchschnittlich pro Jahr in den USA.

15:00 bis 21:00 Uhr
Während dieser Tageszeit ist die Entstehung eines Tornados am wahrscheinlichsten.

200 km
DIE WEGSTRECKE, DIE EIN TORNADO AM BODEN ZURÜCKLEGEN KANN

FUJITA-SKALA
Die Fujita-Pearson-Skala wurde von Dr. Theodore Fujita entwickelt, um Tornados anhand der Schäden zu klassifizieren, die sie anrichten. Danach gibt es zwölf Stufen von leicht bis unfassbar.

WINDGESCHWINDIGKEIT IN km/h	64–116	117–180	181–253	254–332	333–418	419–512
KATEGORIE	F0	F1	F2	F3	F4	F5
AUSWIRKUNGEN	Schornsteine werden beschädigt, Äste abgeknickt.	Wohnmobile werden aus ihrer Verankerung gerissen.	Wohnmobile werden zerstört, Bäume entwurzelt.	Dächer und Wände werden beschädigt, Autos umgeworfen, Züge zum Entgleisen gebracht.	Solide gebaute Mauern werden eingedrückt.	Häuser werden aus ihren Fundamenten gehoben und über große Entfernungen durch die Luft geschleudert.

Anatomie eines Hurrikans

Ein Hurrikan zählt mit seinen heftigen Windböen, Wolkenbänken und sintflutartigen Regenfällen zu den spektakulärsten Wettererscheinungen auf unserer Erde. Charakteristisch ist ein intensives Tiefdruckgebiet im Zentrum, das von spiralförmig angeordneten Wolkenbänken umgeben ist. Diese rotieren um das Auge des Hurrikans auf der nördlichen Erdhalbkugel entgegen dem Uhrzeigersinn und auf der südlichen Erdhalbkugel im Uhrzeigersinn. Während Tornados eher kurzlebig und räumlich beschränkt sind, kann ein Hurrikan enorme Ausmaße erreichen.

TAG 1
Ein Wust aus Wolken wird gebildet.

1 BEGINN EINES HURRIKANS
Wenn die Winde aufeinandertreffen, versetzen sie die Luft in Rotation, und zwar entgegen dem Uhrzeigersinn auf der nördlichen Erdhalbkugel und im Uhrzeigersinn auf der südlichen.

Ein Hurrikan rotiert auf der nördlichen Hemisphäre entgegen dem Uhrzeigersinn, auf der südlichen Hemisphäre im Uhrzeigersinn.

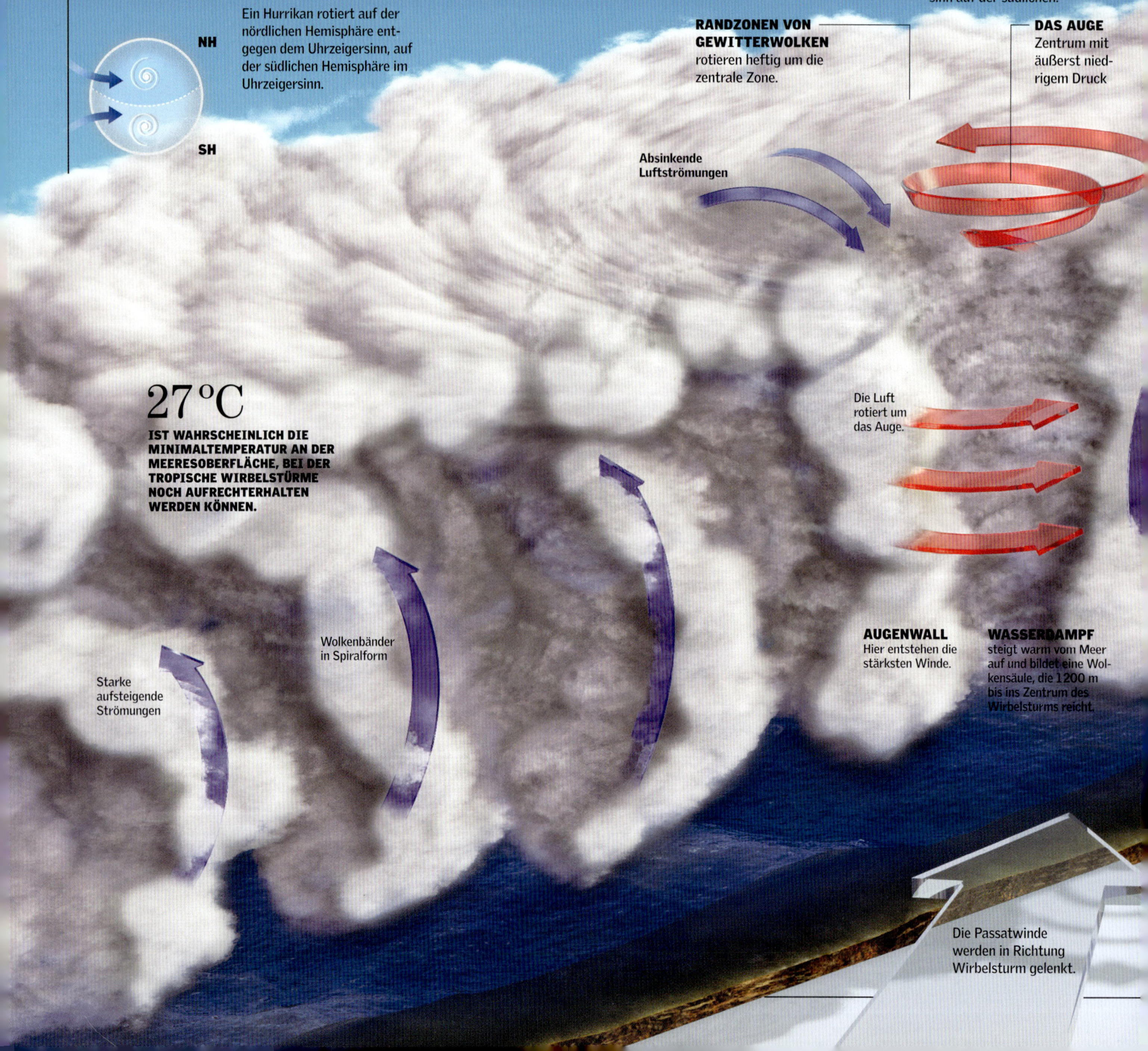

27 °C

IST WAHRSCHEINLICH DIE MINIMALTEMPERATUR AN DER MEERESOBERFLÄCHE, BEI DER TROPISCHE WIRBELSTÜRME NOCH AUFRECHTERHALTEN WERDEN KÖNNEN.

GEFÄHRLICHE ZONE
Zu den Gebieten in den USA, die für Hurrikane anfällig sind, zählen die Atlantikküste und die Küsten am Golf von Mexiko von Texas bis Maine. Die karibischen und tropischen Gebiete des westlichen Pazifiks einschließlich Hawaii, Guam, Amerikanisch-Samoa und Saipan werden ebenfalls häufig von Hurrikanen heimgesucht.

2 ROTATION
Die Luftzirkulation verursacht einen Druckabfall im Zentrum des Sturms und schafft auf diese Weise eine zentrale Luftsäule.

30 km/h
Fortbewegungsgeschwindigkeit, mit der er die Küste erreicht.

REIBUNG
Wenn der Hurrikan das Festland erreicht, bewegt er sich langsamer vorwärts. Da er hier auf besiedelte Regionen trifft, sind die Zerstörungen, die er anrichtet, besonders groß.

3 ENDE
Wenn sie vom Meer kommend auf das Land treffen, richten Hurrikane enorme Schäden an, bevor sie sich allmählich auflösen.

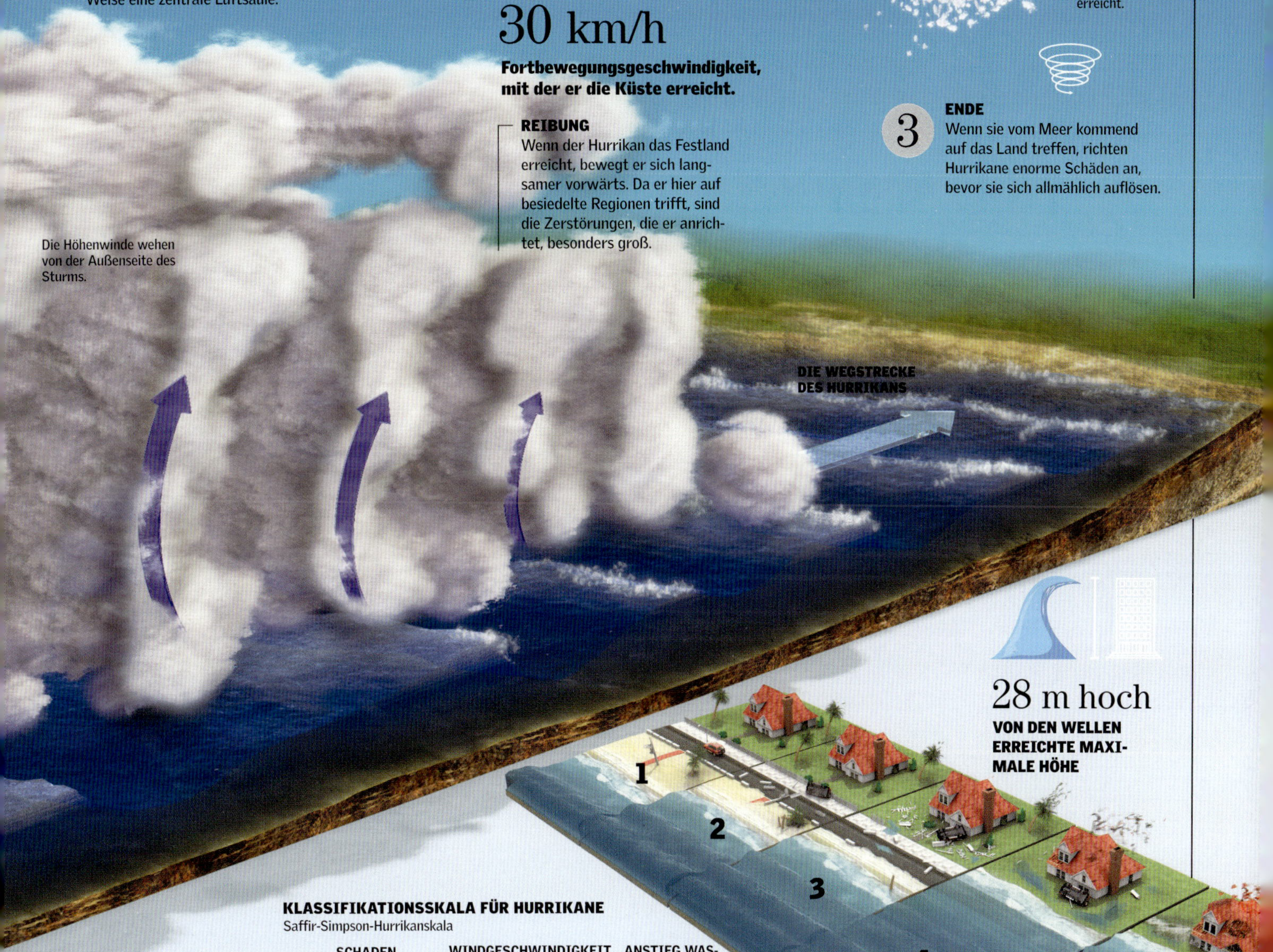

28 m hoch
VON DEN WELLEN ERREICHTE MAXIMALE HÖHE

KLASSIFIKATIONSSKALA FÜR HURRIKANE
Saffir-Simpson-Hurrikanskala

	SCHADEN	WINDGESCHWINDIGKEIT IN KM/H	ANSTIEG WASSERSPIEGEL IN m
KAT. 1	**SCHWACH**	119 bis 153	1,2 bis 1,5
KAT. 2	**MÄSSIG**	154 bis 177	1,8 bis 2,4
KAT. 3	**STARK**	178 bis 208	2,7 bis 3,6
KAT. 4	**SEHR STARK**	209 bis 251	4,0 bis 5,5
KAT. 5	**VERWÜSTEND**	über 251	über 5,5

WINDAKTIVITÄT

Wetterkunde

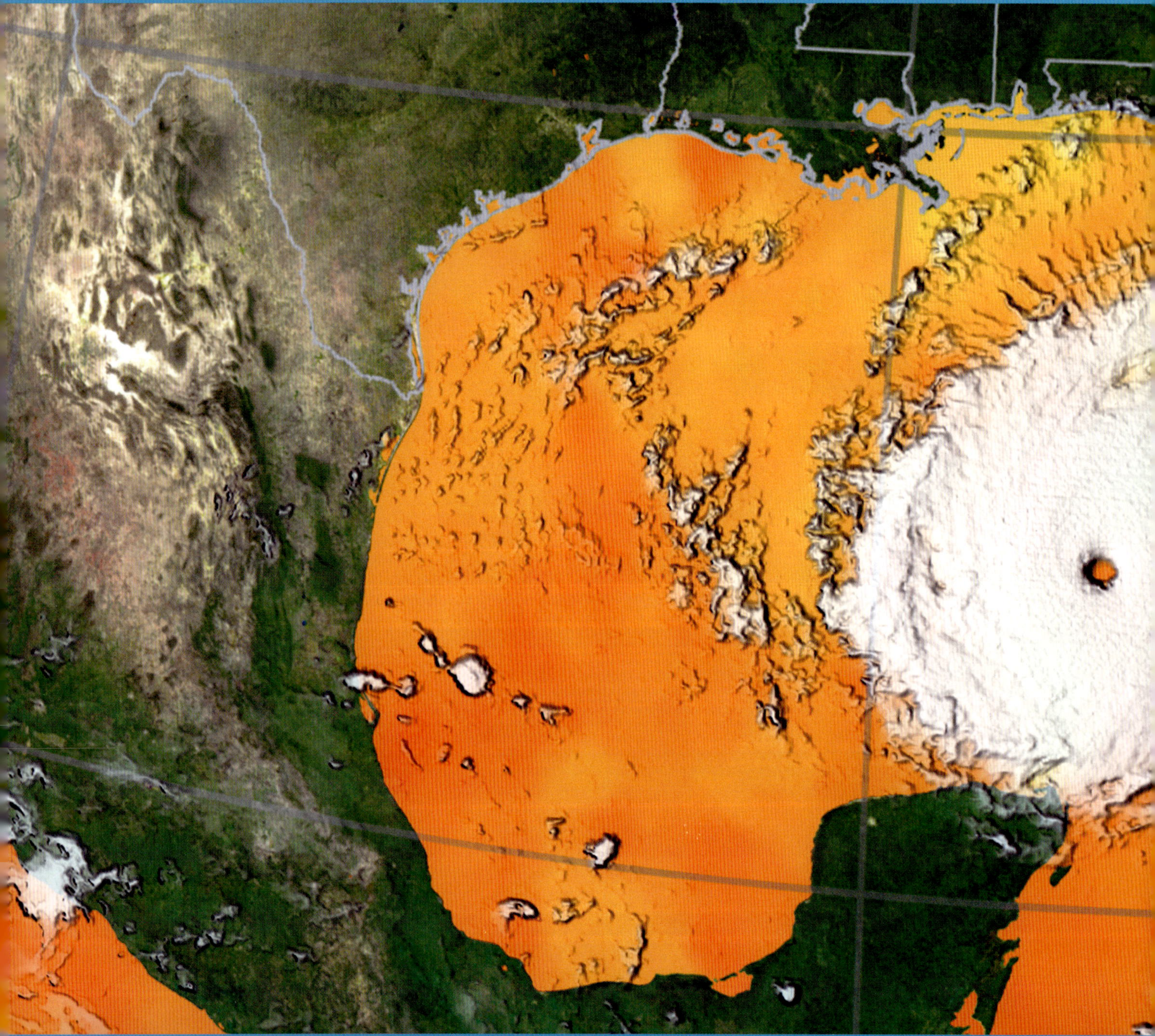

Der Einsatz von Satelliten, die die Erde umkreisen und dabei Niederschläge, Luftströmungen und Wolken aufzeichnen, macht es möglich, einige Stunden im Voraus Warnungen auszusprechen, wenn etwa ein tropischer Wirbelsturm auf einen bestimmten Punkt der Erde zuläuft. Gestützt auf diese Art von Vorhersage können

RITA, SEPTEMBER 2003
Dieses Bild vom Satelliten GOES-12 zeigt die Gestalt des Hurrikans Rita im östlichen Teil des Golfes von Mexiko.

240 Sammeln von Informationen
242 Spontan erstellte Wetterkarten
244 Regen, Kälte oder Hitze

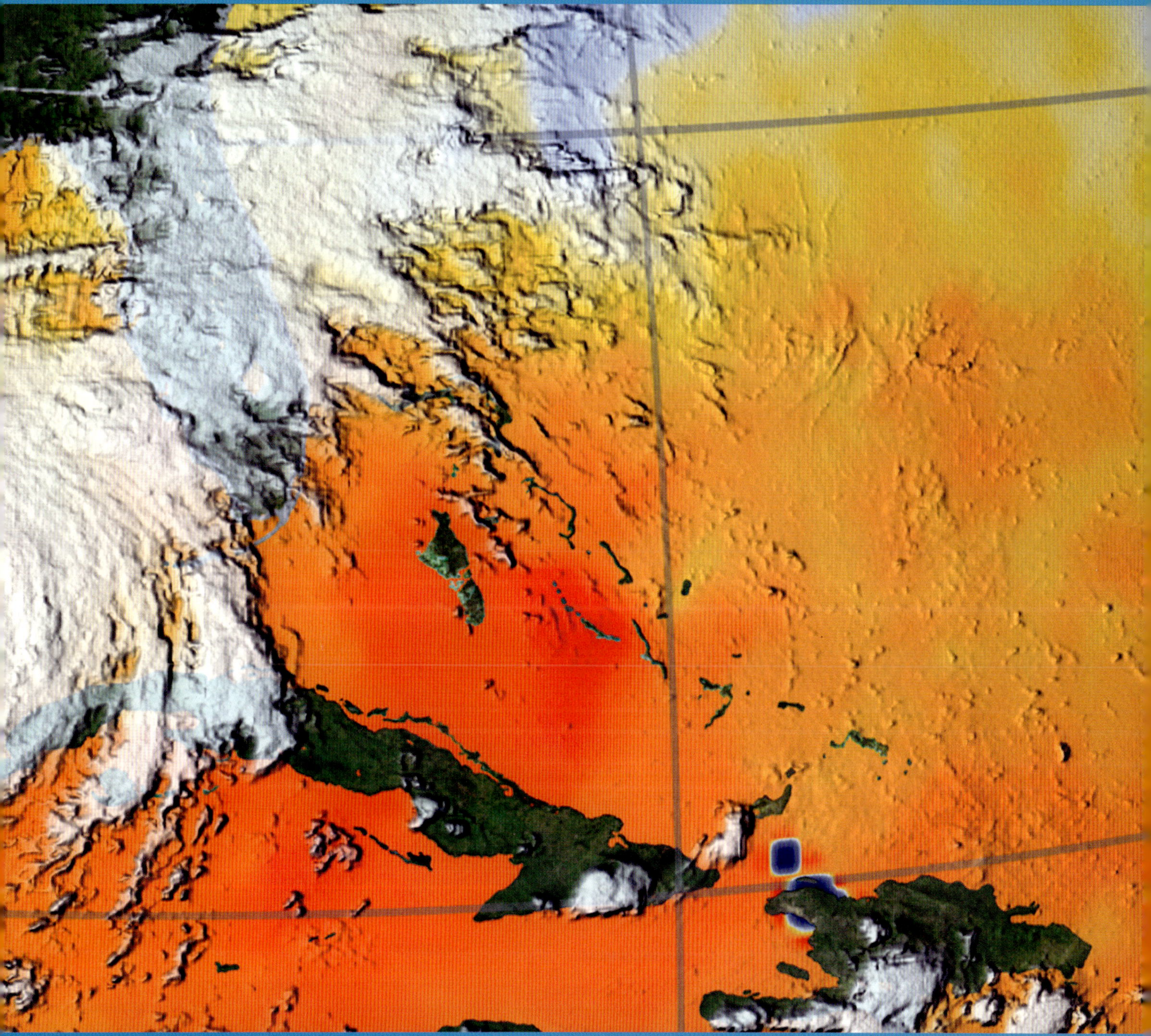

Behörden die Evakuierung der Menschen aus gefährdeten Regionen besser koordinieren. Die Erdoberfläche wird außerdem von einem System meteorologischer Stationen überwacht, die jeweils mehrere Hundert Kilometer auseinanderliegen. Diese sammeln Informationen aus allen Teilen der Welt, aus denen Meteorologen Karten, Grafiken und Prognosen erstellen können.

Sammeln von Informationen

Der Großteil der verfügbaren klimatischen Daten stammt von Aufzeichnungen, die Meteorologen auf der ganzen Welt über Wolkendecke, Temperatur, Stärke und Richtung des Windes, Luftdruck, Sichtweite und Niederschlag machen. Diese Daten werden von den meteorologischen Stationen über Radio oder Satellit versendet; aus ihnen lassen sich Wettervorhersagen erstellen und Wetterkarten anfertigen.

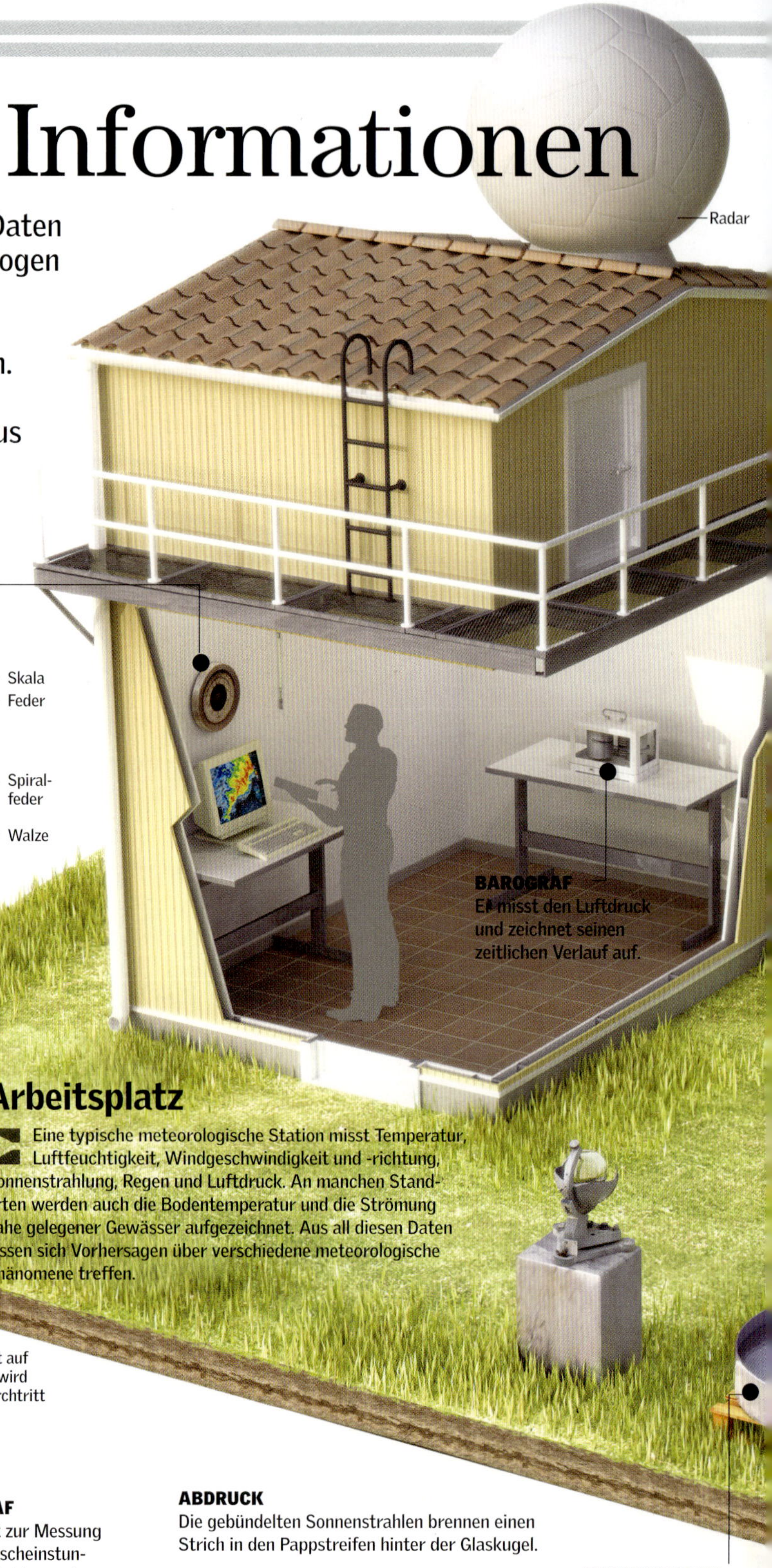

ANEROIDBAROMETER
oder Dosenbarometer, misst den Luftdruck. Eine Veränderung ist an der Stellung der Zeiger abzulesen.

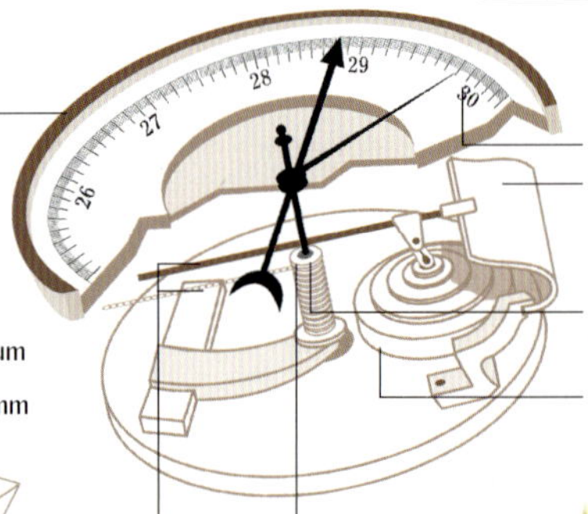

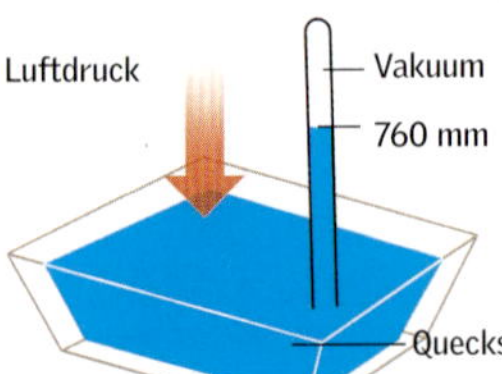

QUECKSILBERBAROMETER
Instrument zur Luftdruckmessung. Es besteht aus einem mit Quecksilber gefüllten Glasröhrchen, dessen offenes Ende in ein Vorratsgefäß eingetaucht ist.

BAROGRAF
Er misst den Luftdruck und zeichnet seinen zeitlichen Verlauf auf.

Arbeitsplatz

Eine typische meteorologische Station misst Temperatur, Luftfeuchtigkeit, Windgeschwindigkeit und -richtung, Sonnenstrahlung, Regen und Luftdruck. An manchen Standorten werden auch die Bodentemperatur und die Strömung nahe gelegener Gewässer aufgezeichnet. Aus all diesen Daten lassen sich Vorhersagen über verschiedene meteorologische Phänomene treffen.

Das Licht trifft auf die Kugel und wird bei seinem Durchtritt gebündelt.

HELIOGRAF
Instrument zur Messung der Sonnenscheinstunden. Es besteht aus einer Glaskugel, die als Brennglas wirkt und das Sonnenlicht bündelt. Das Licht wird auf einen Papier- oder Pappstreifen hinter dem Glas projiziert und brennt je nach Intensität einen schmalen Strich hinein.

ABDRUCK
Die gebündelten Sonnenstrahlen brennen einen Strich in den Pappstreifen hinter der Glaskugel.

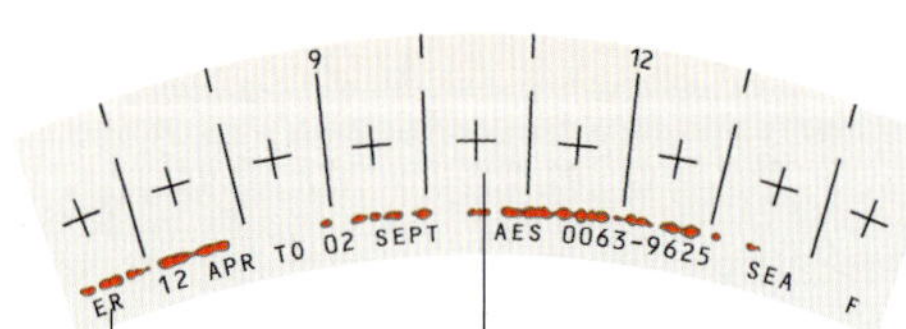

Registrierung auf einem Pappstreifen mit Stundeneinteilung

Anhand der eingebrannten Intervalle lässt sich die Sonnenscheindauer während eines Tages genau bestimmen.

EVAPORIMETER
Dieses Gerät misst die örtliche Verdunstung von Wasser. Dazu wird eine bestimmte Flüssigkeitsmenge im Freien aufgestellt und der Verlust an Oberflächenwasser mittels Verdampfung gemessen.

WETTERFAHNE
Dieses perfekt ausbalancierte mechanische System zeigt an, aus welcher Richtung der Wind weht.

DATENSCHREIBER
Er zeichnet die erhaltenen Daten auf.

MAXIMUMTHERMOMETER
Es zeigt die höchste Temperatur des Tages an. Der Quecksilberfaden im Glasrohr ist geeicht.

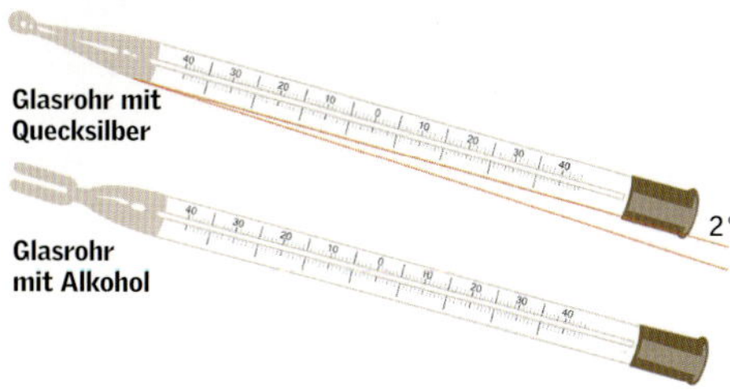

ANEMOMETER
Dieses Instrument misst die Windgeschwindigkeit. Es wird durch den Wind aktiviert, indem er drei halbkugelförmige Schalen bewegt, die auf einer vertikalen, fest im Boden verankerten Stange befestigt sind.

MINIMUMTHERMOMETER
Es zeigt die niedrigste Temperatur des Tages an und besteht aus einem gabelförmigen Kolben.

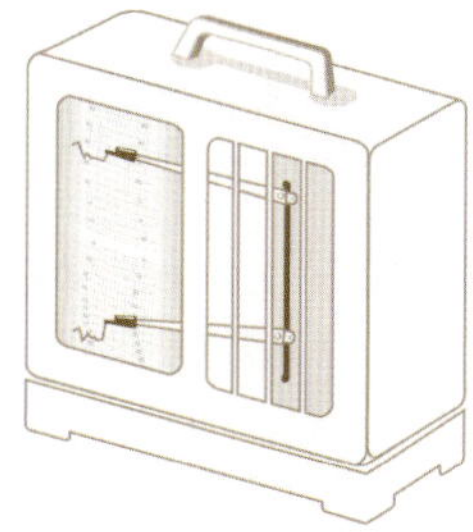

HYGROTHERMOGRAF
Er misst gleichzeitig die Temperatur und die relative Feuchtigkeit der Luft. Ein Thermograf und ein Hygrograf zeichnen unabhängig voneinander die täglichen Veränderungen auf einen Papierstreifen auf.

PSYCHROMETER
Es misst die relative Feuchtigkeit der Luft mithilfe von zwei Thermometern in zwei Kolben (einer ist trocken, der andere ist z. B. mit Baumwollgewebe überzogen, das ständig feucht gehalten wird).

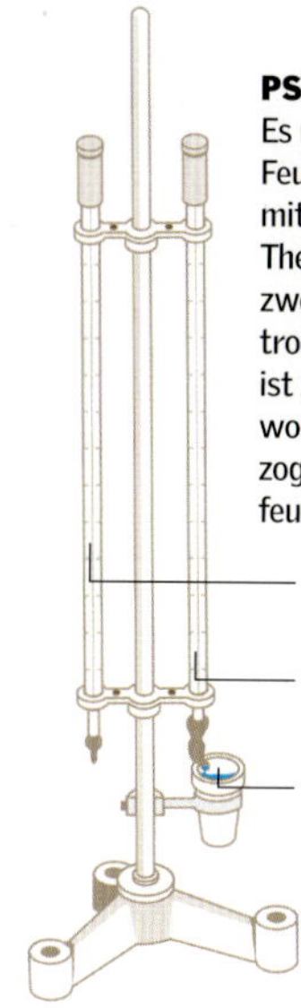

METEOROLOGISCHE STATIONEN
bestehen aus Holz oder Fiberglas auf einer Basis, die sie vom Boden isoliert und bestimmte Instrumente (Thermometer, Psychrometer u. a.) vor Sonneneinstrahlung schützt. Fensterblenden sorgen für eine gute Belüftung.

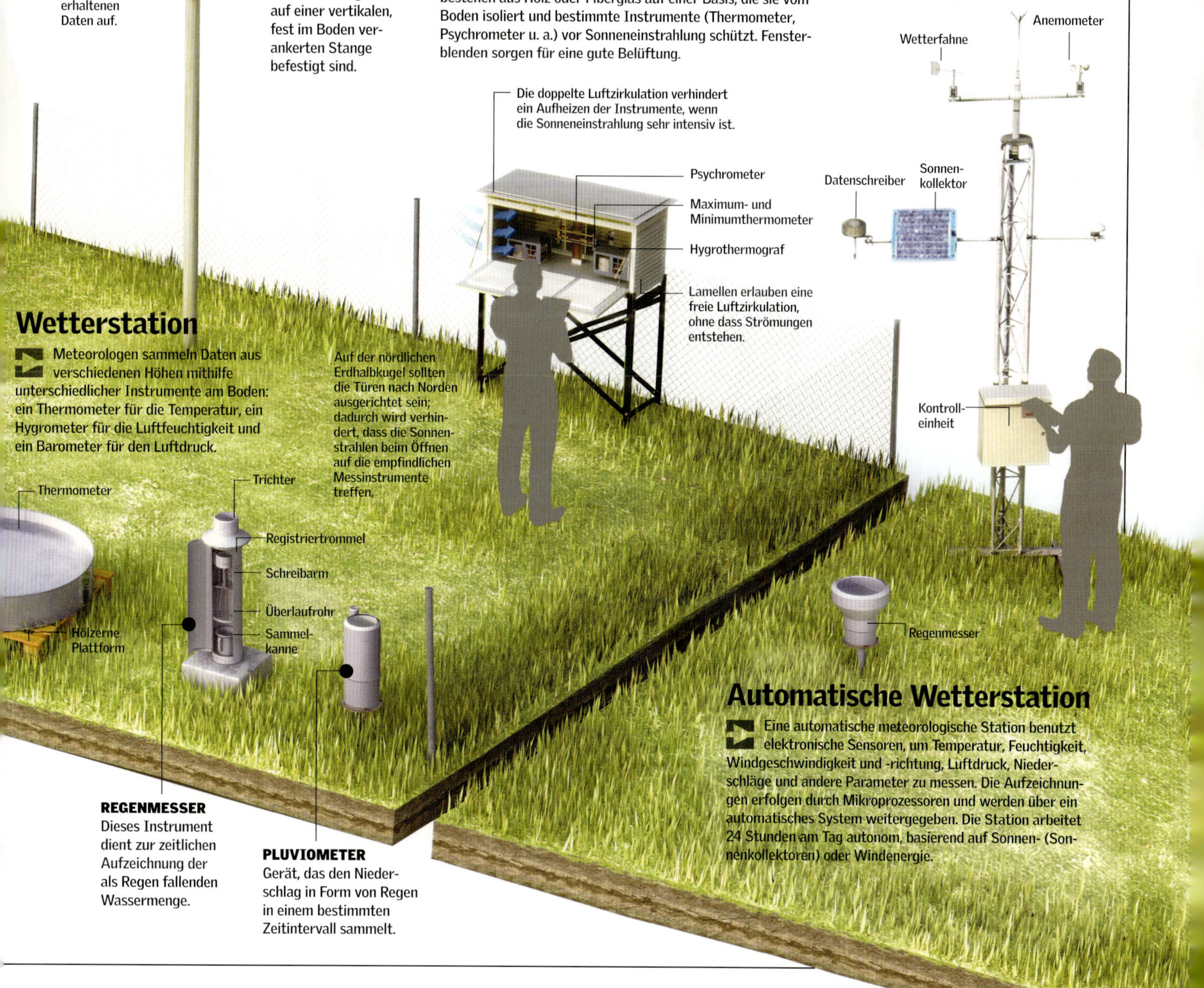

Wetterstation

Meteorologen sammeln Daten aus verschiedenen Höhen mithilfe unterschiedlicher Instrumente am Boden: ein Thermometer für die Temperatur, ein Hygrometer für die Luftfeuchtigkeit und ein Barometer für den Luftdruck.

REGENMESSER
Dieses Instrument dient zur zeitlichen Aufzeichnung der als Regen fallenden Wassermenge.

PLUVIOMETER
Gerät, das den Niederschlag in Form von Regen in einem bestimmten Zeitintervall sammelt.

Automatische Wetterstation

Eine automatische meteorologische Station benutzt elektronische Sensoren, um Temperatur, Feuchtigkeit, Windgeschwindigkeit und -richtung, Luftdruck, Niederschläge und andere Parameter zu messen. Die Aufzeichnungen erfolgen durch Mikroprozessoren und werden über ein automatisches System weitergegeben. Die Station arbeitet 24 Stunden am Tag autonom, basierend auf Sonnen- (Sonnenkollektoren) oder Windenergie.

Spontan erstellte Wetterkarten

Wetterkarten geben den Zustand der Atmosphäre in verschiedenen Höhen zu einem bestimmten Zeitpunkt wieder. Sie basieren auf Daten – etwa verschiedene Werte für Luftdruck und Temperatur –, die von meteorologischen Messstationen geliefert werden, und sind sehr hilfreich für Spezialisten. Auf dieser Grundlage können Vorhersagen darüber gemacht werden, wie hoch die Niederschlagswahrscheinlichkeit ist oder ob die Wetterlage stabil bleibt oder sich ändert.

NOMENKLATUR
Jede meteorologische Karte trägt eine Beschriftung, auf der Uhrzeit und Datum ihrer Erstellung vermerkt sind.

Die „12" zeigt die Stunde an, „Z" bedeutet Greenwichzeit.

Die zweite Kennzeichnung steht für das Datum: Dienstag, 2. September 2003.

INIT markiert die Ausgangswerte.

1686
In diesem Jahr fertigte der englische Astronom Edmond Halley die erste meteorologische Karte an.

SYMBOLE
Es gibt eine Vielzahl von Symbolen, um unterschiedliche Fronten zu kennzeichnen.

WARMFRONT: Eine warme Luftmasse mit lokalen Stürmen nähert sich.

KALTFRONT: Eine kalte Luftmasse mit Regen ist im Anzug.

STATIONÄRE FRONT: Leicht schlechtes Wetter und kaum Temperaturschwankungen

OKKLUSIONSFRONT: Mischtyp, zuerst als Warmfront, später als Kaltfront ausgeprägt

Isobarenkarten

Eine der Variablen, die wichtige Informationen über meteorologische Bedingungen liefern, ist der Luftdruck. Seine Werte über Land (auf Meereshöhe) werden in eine sogenannte Isobarenkarte eingetragen. Anhand der Isobaren (Linien zwischen Punkten mit gleichem Luftdruck) lassen sich Geschwindigkeit und Richtung des Windes auf Meereshöhe einschätzen und dementsprechend Vorhersagen über die Bewegung warmer und kalter Luftmassen treffen. Buchstabe A bezeichnet eine Antizyklone; hier ist die Wetterlage relativ stabil bei geringer Niederschlagswahrscheinlichkeit. Buchstabe B zeigt ein Tiefdruckgebiet (Zyklone) an, mit großer Instabilität und hoher Niederschlagswahrscheinlichkeit.

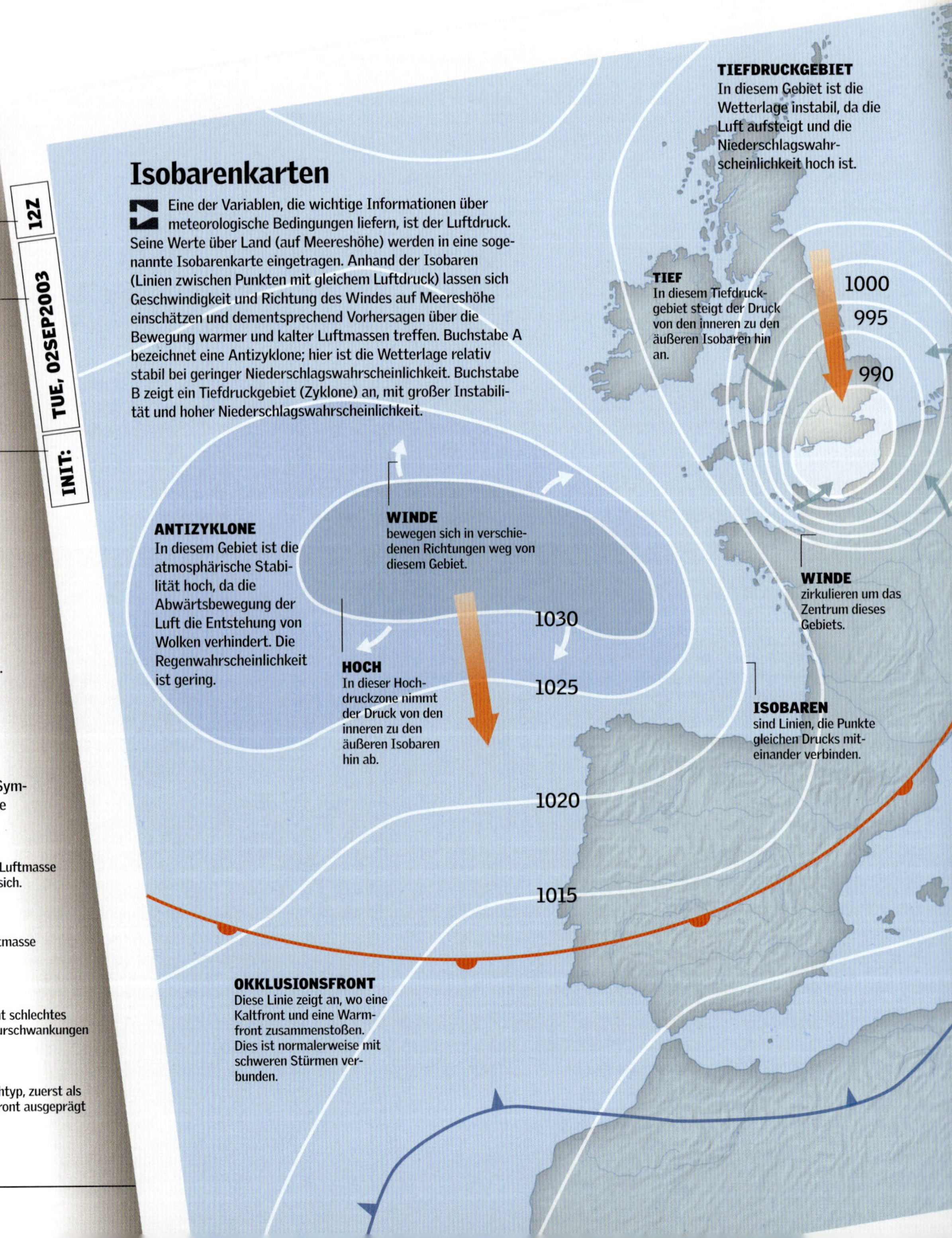

Wetterkarte für größere Höhen

Anhand von Höhenwetterkarten oder Geopotenzial-Wetterkarten werden die Wetterbedingungen in den höheren Luftschichten beschrieben. Mit der Geopotenzialtendenzgleichung werden Wettervorhersagen aus den Daten errechnet. Die Linien darauf (Isopotenziale) verbinden Punkte gleicher Höhe, an denen ein bestimmter Luftdruck (normalerweise 500 HPa) herrscht; sie stehen mit der Lufttemperatur in den höheren Schichten der Troposphäre (ca. 5000 m Höhe auf der 500-HPa-Karte) in Zusammenhang. Die Temperatur wird in allen Regionen der Troposphäre durch Linien repräsentiert, die man als Isotherme bezeichnet.

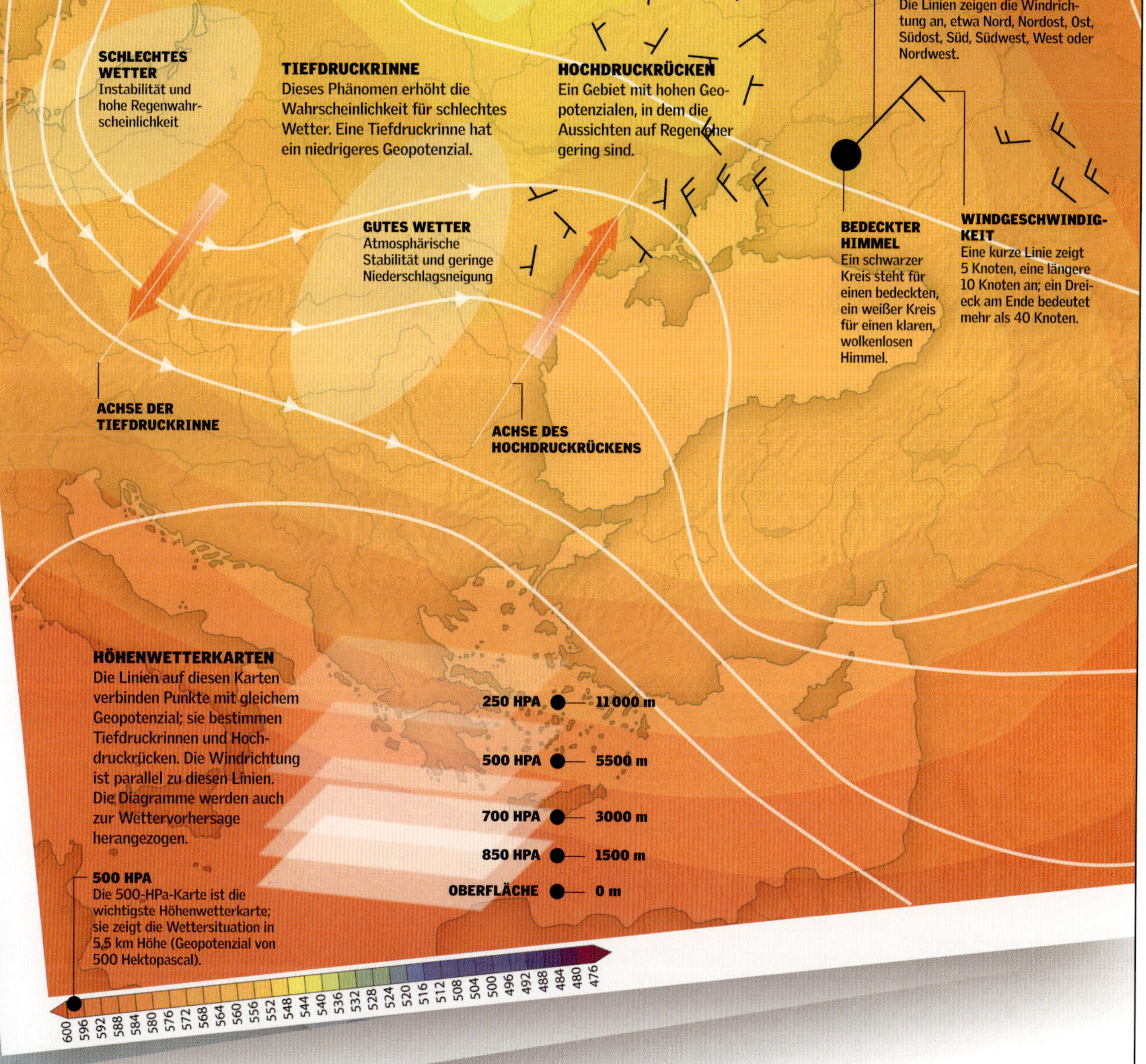

Regen, Kälte oder Hitze

Im Voraus zu wissen, wie sich das Wetter entwickeln wird, ist mitunter eine Frage von Leben und Tod. Der Schaden, den ein sintflutartiger Regen oder ein heftiges Schneetreiben anrichten kann, könnte durch die Vorhersagen der Meteorologen eingedämmt werden. Diese basieren auf Informationen, die aus vielen unterschiedlichen Quellen zusammengetragen werden, darunter Instrumente am Boden, in der Luft und im Meer. Trotz dieses hoch entwickelten Informationssystems kann das Wetter nur für die nächsten Stunden oder bestenfalls Tage vorausgesagt werden.

SAMMLUNG VON DATEN
Die Weltorganisation für Meteorologie (WMO) dient als Zentrum zur Sammlung und Weitergabe von Daten, die aus verschiedenen Messstationen an Land, in der Luft und auf dem Meer stammen.

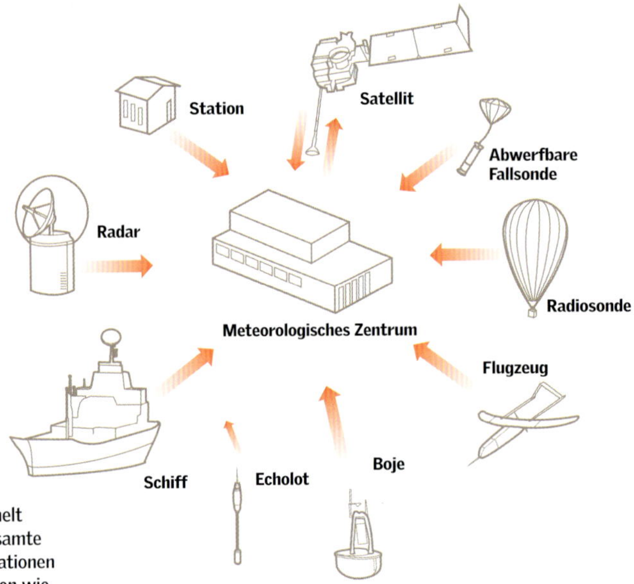

An Land

Die Beobachtungen auf Bodenhöhe sind viel zahlreicher als diejenigen in größeren Höhen. Sie umfassen Messungen von Luftdruck, Temperatur, Luftfeuchtigkeit, Windrichtung und -geschwindigkeit, Ausdehnung und Höhe der Wolkendecke, Sichtweite und Niederschläge.

In der Luft

Daten können mittels Flugzeugen, Satelliten oder Fallsonden gesammelt werden. Ein einziger Satellit kann die gesamte Erdoberfläche abdecken. Genaue Informationen helfen, rechtzeitig vor Wetterkatastrophen wie Hurrikanen oder Überschwemmungen zu warnen.

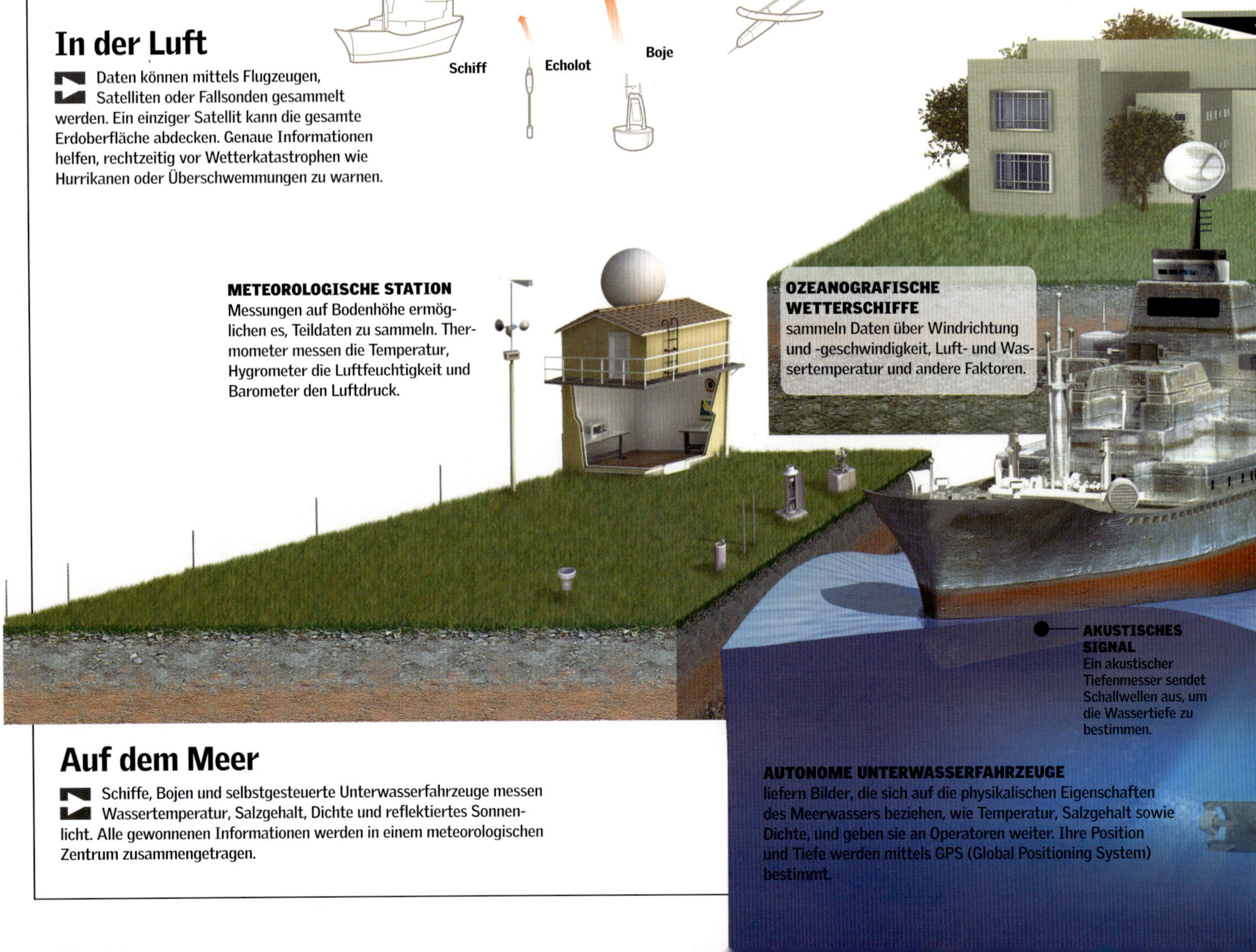

Auf dem Meer

Schiffe, Bojen und selbstgesteuerte Unterwasserfahrzeuge messen Wassertemperatur, Salzgehalt, Dichte und reflektiertes Sonnenlicht. Alle gewonnenen Informationen werden in einem meteorologischen Zentrum zusammengetragen.

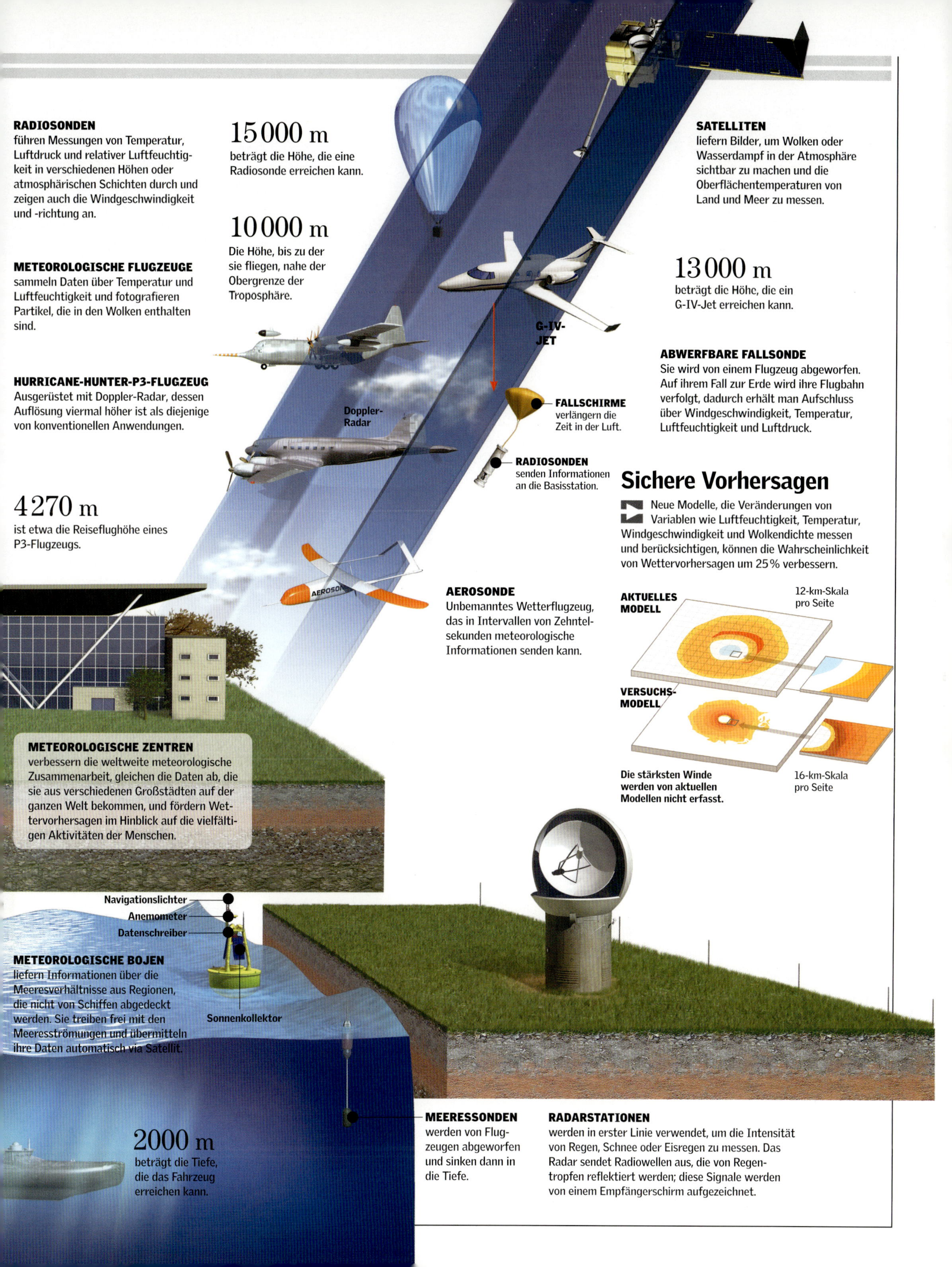

RADIOSONDEN
führen Messungen von Temperatur, Luftdruck und relativer Luftfeuchtigkeit in verschiedenen Höhen oder atmosphärischen Schichten durch und zeigen auch die Windgeschwindigkeit und -richtung an.

15 000 m
beträgt die Höhe, die eine Radiosonde erreichen kann.

SATELLITEN
liefern Bilder, um Wolken oder Wasserdampf in der Atmosphäre sichtbar zu machen und die Oberflächentemperaturen von Land und Meer zu messen.

10 000 m
Die Höhe, bis zu der sie fliegen, nahe der Obergrenze der Troposphäre.

METEOROLOGISCHE FLUGZEUGE
sammeln Daten über Temperatur und Luftfeuchtigkeit und fotografieren Partikel, die in den Wolken enthalten sind.

13 000 m
beträgt die Höhe, die ein G-IV-Jet erreichen kann.

ABWERFBARE FALLSONDE
Sie wird von einem Flugzeug abgeworfen. Auf ihrem Fall zur Erde wird ihre Flugbahn verfolgt, dadurch erhält man Aufschluss über Windgeschwindigkeit, Temperatur, Luftfeuchtigkeit und Luftdruck.

HURRICANE-HUNTER-P3-FLUGZEUG
Ausgerüstet mit Doppler-Radar, dessen Auflösung viermal höher ist als diejenige von konventionellen Anwendungen.

FALLSCHIRME
verlängern die Zeit in der Luft.

RADIOSONDEN
senden Informationen an die Basisstation.

4270 m
ist etwa die Reiseflughöhe eines P3-Flugzeugs.

Sichere Vorhersagen

Neue Modelle, die Veränderungen von Variablen wie Luftfeuchtigkeit, Temperatur, Windgeschwindigkeit und Wolkendichte messen und berücksichtigen, können die Wahrscheinlichkeit von Wettervorhersagen um 25 % verbessern.

AEROSONDE
Unbemanntes Wetterflugzeug, das in Intervallen von Zehntelsekunden meteorologische Informationen senden kann.

METEOROLOGISCHE ZENTREN
verbessern die weltweite meteorologische Zusammenarbeit, gleichen die Daten ab, die sie aus verschiedenen Großstädten auf der ganzen Welt bekommen, und fördern Wettervorhersagen im Hinblick auf die vielfältigen Aktivitäten der Menschen.

METEOROLOGISCHE BOJEN
liefern Informationen über die Meeresverhältnisse aus Regionen, die nicht von Schiffen abgedeckt werden. Sie treiben frei mit den Meeresströmungen und übermitteln ihre Daten automatisch via Satellit.

2000 m
beträgt die Tiefe, die das Fahrzeug erreichen kann.

MEERESSONDEN
werden von Flugzeugen abgeworfen und sinken dann in die Tiefe.

RADARSTATIONEN
werden in erster Linie verwendet, um die Intensität von Regen, Schnee oder Eisregen zu messen. Das Radar sendet Radiowellen aus, die von Regentropfen reflektiert werden; diese Signale werden von einem Empfängerschirm aufgezeichnet.

GLOSSAR

'A'ā-Lava (Brockenlava)
Die Oberfläche des Lavaflusses besteht aus festen Schlackebrocken. Nach dem Aushärten bleibt die Oberfläche rau und ist mit zahlreichen scharfkantigen Lavabrocken bedeckt.

Ablagerung
Natürliche Ansammlung von Gestein oder Mineralen. Primäre Ablagerungen findet man an dem Ort, an dem das Material anfällt. Andere Ablagerungen bezeichnet man als sekundär.

Abschiebung
Verwerfung, bei der in Dehnungsgebieten (divergierende Platten) die Gesteinsschichten der Hangendscholle nach unten verschoben werden.

ADP
Abkürzung für Adenosindiphosphat, eine energiereiche Verbindung.

Adventivwurzel
Wurzel, die an untypischen Stellen erscheint, etwa am Spross.

Aktiver Vulkan
Vulkan, der in regelmäßigen Abständen Lava und Gas auswirft.

Albedo
Maß für das Rückstrahlvermögen einer Oberfläche.

Algen
Organismen aus dem Reich der Protisten, die früher dem Pflanzenreich zugeordnet wurden, obwohl sie weder Wurzel, Spross noch Blätter aufweisen. Sie leben im Wasser oder in Feuchtgebieten und können mehrzellig oder einzellig sein.

Amorph
Mineral ohne gesetzmäßigen Aufbau anstelle eines regelmäßigen Kristallgitters.

Anemometer
Instrument zur Messung der Windgeschwindigkeit oder allgemein der Geschwindigkeit eines Strömungsfelds.

Angiospermen
Aus den griechischen Wörtern *aggeion* (= Gefäß) und *sperma* (= Samen). Bedecktsamige Pflanzen, deren Fruchtblätter einen geschlossenen Fruchtknoten um die Samenanlagen bilden. Die Samen sind in Strukturen enthalten, die sich zu Früchten entwickeln.

Anthere
Staubbeutel; Teil des Staubblatts, das sich aus zwei Theken und vier Pollensäcken zusammensetzt.

Antiklinale
Durch Faltung entstandene Aufwölbung von Sedimentgestein.

Antimaterie
Wie normale Materie aus Teilchen aufgebaut, die allerdings eine genau entgegengesetzte elektrische Ladung besitzen.

Antizyklone
Gebiet, in dem der atmosphärische Druck höher ist als in benachbarten Regionen. Normalerweise sinken die Luftmassen über einem Hochdruckgebiet ab, sodass sich keine Wolken in mittleren und höheren Zonen der Atmosphäre bilden können. Dadurch geht ein Hochdruckgebiet meist mit schönem Wetter einher.

Äon
Die längste Zeiteinheit in der Geochronologie der Erde. Die nächst kleinere Zeiteinheit ist die Ära.

Aphel
Der sonnenfernste Punkt der Bahn eines Himmelskörpers: Die Erde erreicht ihr Aphel um den 4. Juli, wenn sie 152 900 000 km von der Sonne entfernt ist.

Ära
Zeitabschnitt der Geochronologie, der von Geologen in Perioden unterteilt wird.

Ascheregen
Unter dem Einfluss der Schwerkraft fällt Asche (oder anderes pyroklastisches Material) nach einer Eruption aus der Rauchwolke zur Erde. Die Verteilung der Asche hängt von der Windrichtung ab.

Asexuelle Fortpflanzung
Ungeschlechtliche Vermehrung, bei der ein einzelner Elternteil Nachkommen hervorbringt, die genetisch mit ihm identisch sind.

Asteroiden
Kleine Himmelskörper (auch Planetoiden genannt) aus Metall, Gestein oder metalldurchsetztem Gestein. Die meisten Asteroiden umkreisen die Sonne im Bereich der Umlaufbahnen von Mars und Jupiter. Ihr Durchmesser variiert von sehr klein bis zu mehreren Hundert Kilometern.

Asthenosphäre
Schicht der Erde unterhalb der Lithosphäre. Sie ist Teil des oberen Erdmantels und besteht aus plastischem Gestein.

Astronomie
Die Himmelskunde untersucht als Wissenschaft das Universum. Sie beschäftigt sich mit physikalischen Eigenschaften, Bewegungen, Entfernungen, Entstehung und Interaktionen von Galaxien, Sternen, Planeten, Monden, Asteroiden und anderen Himmelskörpern.

Atmosphäre
Die durch die Schwerkraft festgehaltene Gashülle eines Planeten. Bei Sternen ist dies die äußere Materieschicht, aus der die im Inneren des Sterns erzeugte Energie in Form von Strahlung abgegeben wird.

Atmosphärischer Druck
Hydrostatischer Druck der Luft (auch „Luftdruck"), der von der Atmosphäre an einem bestimmten Punkt ausgeübt wird. Er wird in unterschiedlichen Einheiten gemessen: Hektopascal, Millibar, Millimeter Quecksilbersäule (mmHg).

Atom
Kleinstes Teilchen eines Elements, das alle Eigenschaften dieses Elements besitzt. Atome sind aus drei Teilchenarten zusammengesetzt: Neutronen, Protonen und Elektronen.

ATP
Adenosintriphosphat; energiereiche Verbindung und Hauptenergiequelle der Zellen; wird in den Mitochondrien synthetisiert.

Aufschiebung
Störung, bei der die Kruste horizontal zusammengepresst wird, wodurch die obere Hangendscholle in einem Winkel zwischen 45 ° und 90 ° – gegenüber der Horizontalen – an der unteren Liegendscholle nach oben geschoben wird.

Austral
Südlich – die Südhalbkugel betreffend.

Bakterien
Mikroskopisch kleine, einzellige Lebensformen, die in der Luft, im Wasser, in Pflanzen, Tieren und der Erdkruste vorkommen.

Baltisch
Bezogen auf die Ostsee oder die Gebiete, die an ihr liegen.

Barometer
Instrument zur Messung des atmosphärischen Drucks. Ein Druckabfall bedeutet für gewöhnlich, dass sich das Wetter verschlechtert und ein Sturm heraufziehen kann, ein Druckanstieg steht meist für schönes Wetter.

Batholith
Massiver Gesteinskörper aus in bereits bestehende Schichten eingedrungenem Magma.

Beaufortskala
Skala mit ursprünglich 12, jetzt 17 Stufen, um die Windgeschwindigkeiten zu klassifizieren; erfunden zu Beginn des 19. Jahrhunderts und benannt nach dem Seemann Francis Beaufort. Sie basiert auf den unterschiedlichen Formen, die Wasserwellen bei verschiedenen Windstärken einnehmen. Es gibt auch eine Beaufortskala für das Land; sie beruht auf den Auswirkungen, die der Wind auf Bäume und andere Objekte hat.

Beben/seismisches Ereignis
Durch die plötzliche und heftige Bewegung von Gesteinsmassen an einer Verwerfung oder einem Riss der Erdkruste ausgelöste Erschütterung des Untergrunds. Auch aktive Vulkane können derartige Beben verursachen.

Beere
Fleischige Schließfrucht, die aus einem einzigen Fruchtknoten hervorgegangen ist.

Befruchtung
Vereinigung bestimmter Geschlechtszellen (die im Pollen und im Fruchtknoten enthalten sind), aus denen eine neue Pflanze entsteht.

Bestäubung
Übertragung von Pollen aus den männlichen Fortpflanzungsorganen auf das weibliche Fortpflanzungsorgan einer Blüte.

Bimsstein
Helles vulkanisches Gestein meist saurer (rhyolitischer) Zusammensetzung, das durch die vielen Poren eine sehr geringe Dichte hat. Die Bläschen entstehen durch vulkanische Gase, die sich beim Aufsteigen der Schmelze ausdehnen.

Blitz
Funkenentladung oder Lichtbogen zwischen Wolken und Erdboden; dabei werden elektrische Ladungen ausgetauscht.

Blütenstand
Gruppen von Blüten, die an einem Blütenstiel stehen und eine bestimmte Form bilden.

Bodenverflüssigung
Fester Boden wird bei einem Erdbeben durch den entstehenden Druck in eine flüssige, breiige Masse verwandelt.

Bruch
Zerbrechen von Mineralien mit unterschiedlich geformten Bruchflächen. Man unterscheidet muscheligen, splittrigen, glatten und erdigen Bruch.

Bryophyta
Laubmoose; Gruppe kleiner, blütenloser Pflanzen, die zusammen mit Lebermoosen und Hornmoosen die Organisationsform Moose bildet.

Caldera
Großer, runder Kraterkessel, der sich bildet, wenn ein Vulkan in seine Magmakammer einbricht.

Canyon
Von einem Fluss ins Gestein gegrabenes, tiefes, schmales Tal.

Chemische Verbindung
Aus mehr als einem Element gebildete Substanz.

Chemisches Element
Substanz, die nur Atome gleicher Kernladungszahl enthält.

Chitin
Stickstoffhaltiges Polysaccharid, das in den Zellwänden von Pilzen und im Exoskelett von Insekten vorkommt.

Chlorophyll
Pigment, das in den Chloroplasten von Pflanzenzellen enthalten ist. Während der Fotosynthese absorbiert es die Lichtenergie und leitet sie weiter.

Chloroplast
Mikroskopisch kleines Zellorganell im Zytoplasma grüner Pflanzen. Hier laufen die chemischen Prozesse der Fotosynthese ab.

Chromosphäre
Unterste Schicht der Sonnenatmosphäre. Das von ihr ausgestrahlte blassrosa Licht wird nur sichtbar, wenn bei einer totalen Sonnenfinsternis die hellere Fotosphäre abgedeckt wird.

Cirrus
Büschelartige weiße Formation von Eiswolken in Höhen über 5000 m.

Corioliskraft
Sie gehört zu den Schein- oder Trägheitskräften und tritt auf, wenn die Erde als Gegenspieler zu einer Rotationsbewegung fungiert. Sie hängt von der geografischen Breite und der Geschwindigkeit des sich bewegenden Objekts ab. Auf der nördlichen Hemisphäre wird die Luft im Vergleich zur Bewegungsrichtung nach rechts, auf der südlichen Erdhalbkugel nach links abgelenkt. Sie ist am stärksten an den Polen, während sie am Äquator nicht in Erscheinung tritt.

Deich
Ein Erdbau zur Eindämmung oder Kanalisierung eines Gewässers oder zum Schutz vor Sturmfluten.

Dichte
Das Verhältnis von Masse zu Volumen eines Körpers (Masse dividiert durch Volumen).

Dikotyledonen
Blütenpflanzen mit zweikeimblättrigen Samen.

Diploid
Zelle mit zwei Chromosomensätzen.

DNA
Desoxyribonucleic acid (Desoxyribonukleinsäure = DNS), Molekül in Form einer Doppelhelix mit der kodierten genetischen Information.

Dolomitstein
Carbonathaltiges Sedimentgestein, das mindestens zu 50 % aus dem Mineral Dolomit besteht.

Dom
Kuppelförmige Erhebung mit steilen Flanken, die durch zähflüssige Lava mit hohen Anteilen von Andesit, Dazit oder Rhyolit gebildet wird. Der Lavadom kann eine Höhe von mehreren Hundert Metern erreichen.

Duktilität
Mechanische Eigenschaft eines Minerals oder Werkstoffs, die es ermöglicht, diesen durch Schläge und andere Krafteinwirkung zu verformen, ohne ihn dabei zu zerbrechen.

Dunst
Mikroskopisch kleine Wassertropfen oder andere hygroskopische Partikel, die fein in der Luft verteilt sind und die Sichtweite am Boden einschränken.

Dürre
Außergewöhnliche Trockenheit in einem bestimmten Gebiet, in dem längere Zeit Wassermangel herrscht. Dadurch wird das hydrologische Gleichgewicht ernsthaft gestört.

Edelstein
Mineral oder natürliches Material, das wegen seiner Schönheit und Seltenheit geschätzt wird. Es kann zerteilt und zu Juwelen geschliffen werden.

Eis
Fester Aggregatzustand von Wasser. In der Atmosphäre kommt es als Eiskristall, Schnee oder Hagel vor.

Ekliptik
Imaginäre Linie am Himmel, entlang der sich die Sonne scheinbar im Lauf des Jahres bewegt. Die Bahnen der Erde und der anderen Planeten liegen ungefähr in einer Ebene.

El Niño
Anormale, alle paar Jahre auftretende Erscheinung ungewöhnlich warmer Meeresströmungen entlang der tropischen Westküste Südamerikas.

Element
Grundsubstanz der Natur, die sich ohne Verlust ihrer chemischen Eigenschaften nicht weiter zerlegen lässt. Jedes chemische Element (z. B. Wasserstoff, Sauerstoff, Kohlenstoff) hat charakteristische Eigenschaften.

Elliptische Bahn
Alle Bahnen von Himmelskörpern sind oval abgeflachte Kreisbahnen. Ein Kreis ist eine Sonderform einer Ellipse.

Embryo
Entsteht aus der von einer männlichen Samenzelle (Spermium) befruchteten Eizelle und entwickelt sich zu einem erwachsenen Organismus weiter.

Enzyme
Stoffe, zumeist Proteine, die bei der Regulation von biochemischen Prozessen in der Zelle als Katalysatoren wirken.

Epidermis
Äußerste zelluläre Schicht von Sprossachse und Blatt.

Epiphyten
Pflanzen, die auf der Oberfläche von anderen Pflanzen wachsen und sich dort verankern, ohne jedoch Wasser oder Nährstoffe von diesen zu entnehmen.

Epizentralgebiet
Gebiet im Umkreis des Epizentrums eines Erdbebens; gewöhnlich die Region, in der die Erdstöße und Erschütterungen am heftigsten und die verursachten Schäden am größten sind.

Epizentrische Entfernung
Entfernung auf der Erdoberfläche von dem Punkt, an dem ein Erdbeben festgestellt wird, bis zum Epizentrum.

Epizentrum
Der Punkt der Erdoberfläche, der senkrecht über dem Erdbebenherd liegt.

Erdbeben
Heftige Erschütterung des Erdbodens durch die plötzliche Freisetzung von Energie, meist entlang der Kanten von tektonischen Platten.

Erdbebendauer
Der Zeitraum, in dem die Erschütterungen des Erdbebens von Menschen wahrnehmbar sind. Seismografen erfassen die Erschütterungen viel länger.

Erdbebensicher
Gebiete ohne seismische Aktivität; speziell konstruierte Gebäude, die Erdbeben standhalten.

Erdbebensichere Region
Tektonisch stabiles Gebiet der Erde, wo es fast nie zu Erdbeben kommt, wie etwa die Antarktis.

Erloschener Vulkan
Vulkan, der über lange Zeit keinerlei Hinweise auf Aktivität zeigt und bei dem ein Ausbruch als sehr unwahrscheinlich erachtet wird.

Erosion
Vorgang, bei dem die Erdoberfläche im Lauf der Zeit durch fließendes Wasser, Gletscher, Wind oder Wellen abgetragen wird.

Erstarrungsgestein
Durch Abkühlen von Magma entstandenes Gestein. Erstarrt es innerhalb der Erdkruste, spricht man von Tiefengestein (Plutonite), verfestigt es sich an der Oberfläche, spricht man von Ergussgestein (Vulkanite).

Evaporation
Physikalischer Prozess, bei dem eine Flüssigkeit in ihren gasförmigen Zustand übergeht (in diesem Fall Wasserdampf). Der umgekehrte Vorgang wird als Kondensation bezeichnet.

Exfoliation
Bei der Schalenverwitterung lösen sich gebogene Gesteinsplatten von einem Körper ab.

Exosphäre
Äußerste Schicht der Erdatmosphäre.

Falte
Deformation einer Gesteinsschicht durch den Druck, den die Bewegungen tektonischer Prozesse ausüben.

Filament
Fadenförmige Struktur aus Superhaufen von Galaxien, die sich über große Teile des Weltalls erstreckt. Die durch große Hohlräume (Voids) getrennten Filamente sind die größten Strukturen des Universums.

Finsternis
Ein Himmelskörper wird durch einen anderen abgedunkelt. Bei einer Mondfinsternis tritt der Mond in den Schatten der Erde ein. Bei einer Sonnenfinsternis gerät die Erde in den Schatten des Mondes.

Fossiler Brennstoff
Aus den teilweise zersetzten Resten abgestorbener Organismen entstandener Brennstoff. Diese organischen Verbindungen – Kohle, Erdöl und Erdgas – werden gefördert, um daraus beim Verbrennen Energie zu gewinnen.

Fossilien
Überreste sehr alter Lebensformen. Es kann sich um versteinerte Organismen oder den Abdruck von Organismen auf Steinen handeln.

Fotosynthese
Prozess, bei dem mithilfe der Sonnenenergie aus Kohlendioxid und Wasser Kohlenhydrate gewonnen werden.

Front
Übergang oder Kontaktzone zwischen zwei Luftmassen mit unterschiedlichen meteorologischen Charakteristika, wozu immer auch verschiedene Temperaturen gehören. Eine Front entsteht etwa, wenn warme, feuchte Luftmassen auf trockene, kalte Luft stoßen.

Frucht
Befruchteter, ausgereifter Fruchtknoten beziehungsweise Gesamtheit der Fruchtknoten einer Blüte; enthält die Samen der Pflanze.

Fruchtblatt
Weiblicher Blütenteil, der die Samenanlagen trägt. Die Gesamtheit der Fruchtblätter bildet das Gynäzeum.

Fruchtknoten
Teil der Blüte, der aus einem oder mehreren Fruchtblättern besteht und die Samenanlagen enthält. Nach der Befruchtung bildet er die gesamte Frucht aus.

Fumarole
Austritt von Dampf und heißen Gasen aus Spalten und Öffnungen der Erdoberfläche im Bereich eines Vulkans oder einer vulkanisch aktiven Region. Am häufigsten tritt dabei Wasserdampf aus, doch Fumarolen können auch Gase wie CO_2, CO, SO_2, H_2S, CH_4, HCl und so weiter ausstoßen.

Galaxie
Durch Gravitation zusammengehaltene Ansammlung von Milliarden Sternen, Nebeln, Dunst und interstellarem Gas.

Galaxienhaufen
Durch Gravitation miteinander verbundene Gruppe von Galaxien (Cluster).

Gefäßpflanzen
Pflanzen mit spezialisierten Leitbündeln und hoch organisierten Zellen, die für den Transport von Wasser und Nährstoffen in der gesamten Pflanze zuständig sind.

Ganggestein (Dike)
Plattenförmiger Gesteinsgang zwischen zwei Lagen des umgebenden Gesteins.

Gendrift
Erscheinung in kleineren Populationen, die zeigt, dass sich die Häufigkeit von Allelen (unterschiedliche Ausprägungsformen eines Gens) zufällig und über Generationen hinweg verändern kann.

Gene
Informationseinheit auf einem Chromosom; eine bestimmte Folge von Nukleotidbausteinen im DNA-Molekül, die für eine bestimmte Funktion zuständig sind.

Geode
Mit schön ausgebildeten Kristallen gefüllter, kugelförmiger Hohlraum im Gestein.

Geografische Breite
System aus imaginären parallelen Linien, das die Erdkugel nördlich und südlich des Äquators überzieht. Die Pole liegen auf 90 ° nördlicher bzw. südlicher Breite, der Äquator markiert den Breitengrad 0.

Geologie
Wissenschaft von Aufbau, Zusammensetzung und Entwicklung der Erde; Gesteine, Minerale und Fossilien liefern Informationen zur Rekonstruktion der Geschichte des Planeten.

Geothermische Energie
Energie, die vor allem aus Wasserdampf gewonnen wird, der sich im Erdinneren beim Erhitzen von Wasser bildet.

Gestein
Natürliches Aggregat (Gemenge) aus einem oder mehreren Mineralen (manchmal auch nichtkristallinen Substanzen), das eine eigene geologische Einheit bildet.

Gewebe
Verband aus identischen Zellen mit gleicher Funktion.

Geysir
Quelle, die in periodischen Abständen eine heiße Wasserfontäne ausstößt.

Gezeiten
Die Wirkung der Gravitationskraft eines Himmelskörpers auf die Oberfläche eines anderen. Die Gezeiten des Meeres sind ein Beispiel.

Glanz
Grad der Lichtreflexion an der Oberfläche eines Kristalls.

Gletscher
Eine große Eismasse, die sich durch Anhäufung von umkristallisiertem und verdichtetem Schnee im Gebirge oder auch über großen Bereichen eines Kontinents bildet. Das sich langsam bewegende Eis trägt Gestein ab und transportiert Schutt mit sich.

Glühen
Bestimmte Materialien (z. B. Metalle und Gase) beginnen beim Erhitzen zu leuchten. Aus der abgestrahlten Glühfarbe kann man auf die Temperatur schließen.

Gondwana
Südlicher Teil von Pangäa, dem aus Südamerika, Afrika, Australien, Indien und der Antarktis gebildeten Urkontinent.

Grabenbruch
Gebiet, in dem die Erdkruste durch Dehnung reißt und sich Risse im Gestein der Oberfläche bilden. Diese Bruchzonen entstehen am Rand divergierender tektonischer Platten. In diesem Bereich kommt es häufig zu Erdbeben und vulkanischer Aktivität.

Granit
Überwiegend aus Quarz und Feldspat bestehendes magmatisches Tiefengestein. Lässt sich gut polieren und für Dekorationszwecke verwenden.

Gravitation
Anziehungskraft zwischen Körpern (Massen), etwa zwischen Erde und Mond.

Gymnospermen
Nacktsamer; Pflanzen, deren Samenanlagen nicht von einem Fruchtknoten umhüllt sind. Dazu zählen etwa Koniferen (z. B. Kiefer, Fichte, Lärche, Zypresse).

Gynäzeum
Gesamtheit der Fruchtblätter einer Blüte; bildet das weibliche Fortpflanzungsorgan der Angiospermen.

Hagel
Niederschlag, der seinen Ursprung in Cumuluswolken hat, wie etwa dem Cumulonimbus, und zwar in Form von unregelmäßig geformten Eisstücken. Typisch für Hagelkörner ist ein Durchmesser von 5 bis 50 mm, mitunter können sie auch wesentlich größer werden. Die kleinsten Eissplitter – deren Durchmesser unter 5 mm liegt – werden als „Graupel" bezeichnet. Starke Aufwinde innerhalb der Wolken sind nötig, damit sich Hagelkörner bilden können.

Haploid
Vom griechischen Wort *haplos* (= einfach): Zellen mit einem einzigen Chromosomensatz (im Gegensatz zu diploiden Zellen). Haploidie ist charakteristisch für Geschlechtszellen, Gametophyten und manche Pilzarten.

Härte
Widerstand, den ein Mineral dem Ritzen und Schleifen entgegensetzt. Ein Mineral ist härter als ein anderes, wenn sich das andere Mineral damit einritzen lässt.

Hektopascal
Einheit von 100 Pascal (= 1 Millibar = 0,9 mm Quecksilbersäule). Millibar war lange Zeit die technische Einheit für den Druck, bis es international von Pascal abgelöst wurde. 1 Pascal ist die Maßeinheit für Druck und wird geschrieben als 1 Pa = 1 kg/m x s^2, das entspricht einem Druck, den eine Kraft von 1 Newton auf 1 m^2 ausübt.

Helium
Das zweithäufigste und zweitleichteste Element des Universums. Es entstand beim Urknall und bei der Kernfusion in den Sternen.

Herd (Erdbeben)
Bereich im Inneren der Erde, in dem durch unter Spannung stehende Gesteinsmassen Energie in Form seismischer Wellen freigesetzt wird.

Hoch
Beschreibt Wolkenformationen in einer Höhe zwischen 2000 und 5000 m.

Höhle
Unterirdischer Hohlraum, der durch die chemische Einwirkung von Wasser auf lösliches, meist kalkhaltiges Gestein entstanden ist.

Hotspot
Ein Punkt konzentrierter Hitze im Erdmantel, an dem fernab von den Rändern tektonischer Platten geschmolzenes Gestein nach oben dringt.

Hülsenfrucht
Streufrucht der Hülsenfrüchtler (Leguminosen), die nur aus einem Fruchtblatt besteht, das an Ober- und Unterseite aufreißt. Beispiele sind Erbsen und Kichererbsen.

Hurrikan
Tropischer Wirbelsturm mit einer Geschwindigkeit von 119 km/h oder mehr, der im Nordatlantik, in der Karibik, im Golf von Mexiko und im nordöstlichen Pazifik auftritt. Im westlichen Pazifik heißt er Taifun und im Indischen Ozean Zyklon.

Hygrometer
Instrument, um die Luftfeuchtigkeit der Umgebung zu messen.

Hyphen
Miteinander verwobene Filamente; bilden ein Myzel.

Infrarotstrahlung
Wärmestrahlung im Spektralbereich zwischen sichtbarem Licht und Radiowellen.

Instabilität
Tendenz, von einem energetischen Zustand in einen solchen niedrigerer Energie zu wechseln. Radioaktive Elemente zerfallen in verschiedene stabilere Elemente.

Interstellarer Raum
Weltraumbereich zwischen den Sternen.

Intrusion
Eindringen großer magmatischer Massen in die feste Erdkruste. Sie erstarren, ohne die Erdoberfläche zu erreichen.

Kalkstein
Gestein mit einem Mindestanteil von 50 % Kalzit; daneben können Dolomit, Aragonit und Siderit enthalten sein.

Kambium
Innere Wachstumsschicht von Wurzel und Sprossachse einer Pflanze, die nach außen das Phloem und nach innen das Xylem abscheidet. Das Kambium ist für das Dickenwachstum der Sprossachse verantwortlich.

Karat
Gewichtseinheit aus der Gemmologie (Edelsteinkunde): 1 Karat entspricht 0,2 Gramm.

Keimling
Der erste Austrieb eines Embryos der Samenpflanzen; besteht aus einem kurzen Spross und einem Paar junger Blätter.

Keimung
Prozess, bei dem eine Pflanze aus einem Samen oder einer Spore zu wachsen beginnt.

Kelchblätter
Sepalen; modifizierte Laubblätter, die den äußeren Teil der Blütenhülle bilden (Kelch) und die Knospe schützen, bevor sie sich öffnet.

Kern
Bei einem Planeten die feste, hoch verdichtete zentrale Masse; bei einem Stern der Bereich, in dem Kernfusionen stattfinden; bei einer Galaxie der innerste Bereich.

Kernfusion
Kernreaktion, bei der relativ leichte Elemente (wie Wasserstoff) zu schwereren Elementen (wie Helium) verschmelzen. Die Kernfusion liefert die Energie, die Sterne strahlen lässt.

Kimberlit
Dunkles Tiefengestein, das als Muttergestein von Diamanten gilt und in engen Schloten an die Erdoberfläche befördert wird.

Klasse
Taxonomische Einheit, die zwischen Ordnung und Stamm steht. Zum Beispiel bilden die Charophyceae (Armleuchteralgen) eine Klasse der Chlorophyta, zu denen Grünalgen und höhere Pflanzen gehören.

Klima
Gesamtheit der meteorologischen Zustände, die für den durchschnittlichen Zustand der Erdatmosphäre an einem bestimmten Ort über einen längeren Zeitraum gesehen verantwortlich sind. Das Klima eines Ortes wird bestimmt von klimatologischen Faktoren wie geografische Länge und Breite, Höhe, Topografie und Land-Meer-Verteilung.

Knolle
Umgewandelte, verdickte, unterirdische Sprossachse, die der Pflanze als Speicherorgan für Nährstoffe dient.

Knoten
Teil der Sprossachse einer Pflanze, an dem ein oder mehrere Blätter ansetzen.

Koaleszenz
Prozess des Zusammenfließens von Wassertropfen in einer Wolke. Zwei Tropfen stoßen gegeneinander, verbinden sich und bilden einen größeren Tropfen. Das ist einer der Mechanismen, mit denen sich das Größenwachstum von Tropfen in einer Wolke erklären lässt, bis es zum Niederschlag kommt.

Kohle
Brennbares schwarzes Gestein organischen Ursprungs. Es bildet sich bei der Zersetzung von Pflanzenmaterial, das sich in Sümpfen oder flachen Meeresgewässern ansammelt.

Kohlenstoff
Eines der häufigsten Elemente des Universums. Es wird von Sternen produziert und ist die Basis aller bekannten Lebensformen.

Komet
Aus Eis und Felsstaub bestehender kleiner Himmelskörper. Bei der Annäherung an die Sonne bringt deren Hitze das Eis zum Verdampfen. Der Komet bildet dabei einen gasförmigen Kopf und einen Schweif aus Staub und Gas, der von der Sonne weg weist.

Kontaktmetamorphose
Großflächige Umwandlung von Gestein in eine andere Gesteinsart. Passiert meist infolge eines plötzlichen Temperaturanstiegs.

Kontinentalität
Die Tendenz, dass die inneren Regionen eines Kontinents größere Temperaturschwankungen aufweisen als die Küstenzonen.

Konvektion
Prozess, bei dem eine erhitzte Oberfläche Wärmeenergie an das über ihr befindliche Medium (Luft, Wasser etc.) abgibt. Dadurch nimmt dessen Dichte ab, und das Material steigt auf. Kälteres Material strömt in die Lücke nach. So steigt Luft nach oben, wenn der Boden von den Sonnenstrahlen erwärmt wird.

Konvektionsströme
Vertikale und kreisförmige Bewegungen von Gesteinsmaterial im Erdmantel (Mantelkonvektion).

Konvergierende Plattengrenze
Grenze zwischen zwei kollidierenden tektonischen Platten.

Korona
Äußerste Schicht der Sonnenatmosphäre, die bei einer totalen Sonnenfinsternis als Strahlenkranz sichtbar ist.

Kosmos
Andere Bezeichnung für das Universum.

Kotyledone
Keimblatt; erstes Blatt einer Blütenpflanze, das im Inneren des Keimlings gebildet wird. Manche Keimblätter können Nährstoffe speichern und treten nicht zutage, während die Pflanze heranwächst.

Kraft
Physikalische Größe, die Gestalt und Bewegung eines Körpers verändert.

Krater (Vulkan)
Kreisförmige Vertiefung, die durch den Einschlag eines Meteoriten auf der Oberfläche eines Planeten oder natürlichen Satelliten entsteht.

Kristall
Homogener, fester Körper mit einer regelmäßigen, geordneten und periodischen Anordnung von Atomen (Kristallgitter).

Kronblätter
Petalen, Teil der Blütenhülle; modifizierte Laubblätter, die zusammen die Blütenkrone bilden.

Kruste
Äußerster Teil des Schalenbaus der Planeten.

Kuipergürtel
Bereich des Sonnensystems, in dem sich Millionen gefrorener Objekte, darunter viele Kometen, befinden. Der Kuipergürtel erstreckt

sich von der Neptunbahn bis zum inneren Rand der Oortschen Wolke.

Lahar
Schlammstrom, der sich an den Hängen von Vulkanen bildet, wenn sich mit Wasser gesättigte Asche- und Schuttablagerungen lösen und ins Tal abgehen.

Lapilli
Gesteinsfragmente mit einem Durchmesser von 2 bis 64 mm, die bei einem Vulkanausbruch ausgestoßen werden.

Lava
An der Erdoberfläche austretendes Magma, das dort erstarrt.

Lavastrom
Strom aus Lava, der aus einem Vulkan austritt und abwärtsfließt.

Lawine (Felslawine)
Gewaltige Felsmengen und andere Materialien, die bedingt durch Instabilität mit großer Geschwindigkeit über einen Hang ins Tal stürzen. Zu einer solchen Instabilität kann es in Vulkanen durch aufsteigendes Magma kommen. Starke Erdbeben oder die Schwächung der Gesteinsstabilität durch hydrothermale Veränderungen können die Ursache sein.

Licht
Die für das menschliche Auge sichtbare elektromagnetische Strahlung.

Lichtgeschwindigkeit
Geschwindigkeit, mit der sich Licht im Vakuum ausbreitet: etwa 300 000 km/s.

Lichtjahr
In der Astronomie verwendete Längeneinheit, die angibt, welche Entfernung elektromagnetische Wellen wie Licht in einem Jahr zurücklegen. Ein Lichtjahr entspricht 10 000 000 000 000 km.

Lithosphäre
Der von der Erdkruste und dem obersten Erdmantel gebildete oberste, feste Bereich der Erde.

Lösung
Homogenes Gemisch aus mindestens zwei chemischen Stoffen. Kann flüssig, gasförmig oder fest sein.

Luftfeuchtigkeit
Menge an Wasserdampf, die in der Luft enthalten ist.

Luftmasse
Umfangreiches Luftvolumen in der Atmosphäre, dessen physikalische Eigenschaften, insbesondere Temperatur und Feuchte, in horizontaler Ausdehnung nur kleine oder graduelle Unterschiede aufweisen. Eine Luftmasse kann ein Gebiet von einigen Millionen Quadratkilometern bedecken und eine Dicke von mehreren Kilometern erreichen.

Magma
Masse aus geschmolzenem Gestein mit darin gelösten Gasen und Kristallen tief unter der Erdoberfläche. Magma, das sein Gas abgegeben und die Oberfläche erreicht hat, bezeichnet man als Lava. Beim Abkühlen innerhalb der Erdkruste bildet Magma plutonische Gesteine (Plutonite).

Magmakammer
Mit glühendem Magma gefüllter Hohlraum unter einem Vulkan.

Magmatit
Gestein, das sich bei Abkühlung und Verfestigung von Magma bildet. Magmatische Intrusivgesteine verfestigen sich im Untergrund, während Extrusivgesteine (Effusivgesteine) an der Oberfläche fest werden.

Magnetfeld
Bereich um einen Magneten, elektrischen Strom oder ein wechselndes elektrisches Feld. Planeten, Sterne und Galaxien besitzen Magnetfelder, die bis ins Weltall reichen.

Magnetismus
Eigenschaft bestimmter Minerale, die von einem Magneten angezogen werden und eine Kompassnadel ablenken.

Magnetosphäre
Kugelförmig um einen Planeten liegendes Magnetfeld, das den Planeten vor Sonnenwinden schützt.

Mantel
Schicht im Aufbau eines Planeten zwischen Kruste und Kern.

Marmor
Metamorphes Kalkgestein aus verdichtetem Kalzit und Dolomit. Lässt sich auf Hochglanz polieren.

Masse
Die in einem Körper vorhandene Masse an Materie bestimmt dessen Gravitation und Trägheit.

Materie
Die Substanz eines physikalischen Objekts mit einer bestimmten räumlichen Ausdehnung.

Meeresströmung
Durch beständige Winde hervorgerufene oberflächliche Wasserbewegungen im Meer. Meeresströmungen transportieren warmes und kaltes Wasser über große Entfernungen rund um den Erdball.

Meiose
Form der Zellkernteilung (Reifeteilung), bei der in zwei aufeinanderfolgenden Teilungen die Zahl der Chromosomen halbiert und aus einer Zelle mit diploidem Kern vier Zellen mit haploidem Kern werden. Sie tritt bei der Bildung von Gameten oder Sporen auf.

Meristem
Bildungsgewebe aus undifferenzierten Zellen bei Pflanzen, das durch Zellteilung für die Bildung weiterer Zellen sorgt.

Mesosphäre
Die über der Stratosphäre liegende Schicht der Erdatmosphäre.

Metall
Chemische Elemente, die stark glänzen, elektrisch leitend und gut verformbar sind.

Metamorphes Gestein
Gestein, das sich durch Einwirkung von hohem Druck und Temperatur auf Erstarrungs- und Sedimentgestein bildet.

Meteorit
Objekt aus Gestein oder Metall, das auf die Oberfläche eines Planeten oder Mond trifft und dabei einen Krater reißen kann.

Meteorologie
Wissenschaft von den physikalischen Phänomenen in der Erdatmosphäre, zu der verschiedene Teilgebiete wie Agrarmeteorologie, Klimatologie, Hydrometeorologie, physikalische, dynamische und synoptische Meteorologie gehören.

Milchstraße
Die Galaxie, zu der die Sonne und das Sonnensystem gehören. Sie ist als leuchtendes Band am Nachthimmel erkennbar.

Mineral
Natürlich vorkommende, anorganische feste Substanz mit einem geordneten Atomaufbau.

Mittelozeanischer Rücken
Langer Gebirgszug am Meeresboden, dessen Breite zwischen rund 500 und 5000 km variiert.

Mohssche Härteskala
Hilfsmittel zur Ermittlung der Härte eines vorliegenden Minerals durch Vergleich mit zehn bekannten Referenzmineralen. Ein Mineral lässt sich mit dem jeweils härteren ritzen.

Molekül
Kleinster Teil einer Reinsubstanz, das deren chemische Zusammensetzung und Eigenschaften besitzt und aus zwei oder mehr Atomen besteht.

Mond
Der Erdmond ist der natürliche Begleiter (Satellit) der Erde. Auch andere Planeten besitzen Monde, die jeweils eigene Bezeichnungen tragen.

Monokotyledonen
Blütenpflanzen mit nur einem Keimblatt wie Zwiebeln, Orchideen und Palmen.

Monsun
Saisonal auftretender Wind, der in tropischen und subtropischen Regionen heftige Regenfälle verursacht.

Myzel
Gesamtheit der Hyphen eines Pilzes.

Nachbeben
Kleineres Erdbeben, das nach einem Hauptbeben auftritt, wenn sich das Gestein wieder setzt.

NADP
Abkürzung für Nicotinamidadenindinukleotidphosphat in seiner oxidierten Form.

NADPH
Abkürzung für Nicotinamidadenindinukleotidphosphat in seiner reduzierten Form.

Nebel (Kosmos)
Gas- und Staubwolken im Weltall. Diese Nebel sind sichtbar, wenn sie das Licht der Sterne reflektieren oder das Licht dahinter befindlicher Quellen abschirmen.

Nebel (Wetter)
Sichtbare Manifestation von Wassertröpfchen in der Atmosphäre oder nah über dem Erdboden; verringert die horizontale Sichtweite auf weniger als 1,6 km. Nebel entsteht, wenn die Lufttemperatur nahe am Taupunkt liegt und eine ausreichend hohe Zahl von Kondensationskernen vorhanden ist.

Nektar
Süße Flüssigkeit, die von Blüten und einigen Blättern produziert wird, um Insekten und Vögel für die Bestäubung anzulocken.

Neutron
Elektrisch neutrales Elementarteilchen. Atomkerne enthalten Neutronen und Protonen, nur beim normalen Wasserstoffisotop ist nur ein Positron vorhanden.

Niederschlag
Wasser – einschließlich seiner festen Bestandteile wie kristalline oder amorphe Partikel – das aus einer Wolke oder einem Wolkenverband auf die Erdoberfläche herabfällt.

Normalwert (Wetter)
Der allgemeingültige Standardwert für ein meteorologisches Phänomen, der für einen bestimmten Ort über eine bestimmte Anzahl von Jahren festgelegt worden ist. Normalwerte beziehen sich auf die Verteilung von Daten innerhalb der Grenzen häufiger Erscheinung. Die Parameter schließen Temperatur (hoch, niedrig und Abweichungen), Luftdruck, Niederschläge (Regen, Schnee usw.), Winde (Geschwindigkeit und Richtung), Stürme, Wolkendecke und den prozentualen Anteil relativer Feuchte ein.

Nova
Stern, dessen Helligkeit für einige Tage oder Wochen stark zunimmt und dann langsam nachlässt. Die meisten Novae tauchen in Doppelsternsystemen auf, in denen ein Weißer Zwerg Materie von seinem Begleitstern abzieht.

Nukleinsäure
Ein Molekül, das genetische Informationen speichert und als Signalüberträger dient.

Oberflächenwelle
Seismische Welle, die sich an der Erdoberfläche ausbreitet und erst nach den Primär- und Sekundärwellen wahrgenommen wird.

Ökosystem
System aus Organismen und den nicht biologischen Komponenten ihres Lebensraums.

Oxidationszone
Durch Sauerstoffüberschuss geprägte Verwitterungszone von Erzlagerstätten, deren oberster Bereich als „Eiserner Hut" bezeichnet wird.

Ozeanischer Graben
Langes, schmales, extrem tiefes Gebiet auf dem Meeresgrund, das dort entsteht, wo sich eine tektonische Platte unter eine andere schiebt (Subduktionszone).

Ozonschicht
Schicht der Erdatmosphäre in einer Höhe von 32 bis 48 km über der Erdoberfläche, zwischen Troposphäre und Stratosphäre. Hier wird ein großer Teil der UV-Strahlung herausgefiltert.

Parasit
Organismus, der auf Kosten eines anderen lebt, von dem er Nährstoffe etc. erhält.

Peléanische Eruption
Bei dieser Art des Vulkanausbruchs bildet sich ein anwachsender Dom aus hochviskoser Lava, der durch die Schwerkraft oder kurze Explosionen einstürzt. Diese Eruptionsform produziert pyroklastische Ströme oder brennende Wolken.

Perihel
Der Punkt der größten Sonnennähe auf der Bahn eines Himmelskörpers. Die Erde erreicht ihr Perihel um den 4. Januar und ist dann 147 000 000 km von der Sonne entfernt.

Permeabilität
Grad der Durchlässigkeit von Böden und Gestein für Flüssigkeiten.

Permeable Schichten
Durchlässige Schichten der Erdkruste, durch die Wasser in tiefere Lagen gelangt.

Pflanzensaft
Wässrige Flüssigkeit, die Produkte der Fotosynthese enthält und über die Leitbündel des Phloems transportiert wird.

Phloem
Leitungsbahnen, über die Assimilate in der gesamten Pflanze verteilt werden.

Photon
Lichtteilchen, das die elektromagnetische Strahlung trägt. Photonen sind die häufigsten Teilchen im Universum.

Piezoelektrizität
Eigenschaft einiger Minerale, bei Deformation (Druck, Zug, Torsion) eine elektrische Spannung zu erzeugen.

Planet
Annähernd kugelförmiges Objekt aus Gestein oder Gas, das einen Stern umkreist. Ein Planet kann selbst kein Licht erzeugen, aber das Licht seines Zentralgestirns reflektieren.

Plattentektonik
Nach dieser Theorie schwimmt die Erdkruste auf dem oberen Erdmantel. Die Plattenbewegungen führen zu Gebirgsbildung, Vulkanismus und Erdbeben.

Plinianische Eruption
Extrem heftige und explosive Art von Vulkanausbrüchen, die kontinuierlich große Mengen Asche und anderes pyroklastisches Material in die Atmosphäre ausstößt, wobei sich eine 8 bis 40 km hohe Wolke bildet. Benannt nach Plinius dem Jüngeren, der den Ausbruch des Vesuv 79 n. Chr. beschrieb.

Polarlicht
In den Polarregionen am Himmel sichtbares Phänomen mit grünen und roten Lichtbändern. Das Polarlicht wird durch die Kollision von Sonnenpartikeln mit der Erdatmosphäre erzeugt.

Pollen
Blütenstaub der Samenpflanzen; besteht aus Körnern, die die männlichen Fortpflanzungszellen enthalten.

Protein
Makromolekül aus einer oder mehreren Ketten von Aminosäuren. Proteine bestimmen das physische Erscheinungsbild eines Organismus und kontrollieren als Enzyme seine Stoffwechselreaktionen.

Proton
Dieses positiv geladene Elementarteilchen ist neben dem Neutron Baustein von Atomkernen.

P-Welle
Seismische Welle, die sich durch Druck im Boden fortpflanzt (Kompressionswelle) und longitudinal in der Ausbreitungsrichtung schwingt.

Pyroelektrizität
Eigenschaft einiger Minerale, sich bei Temperaturänderungen auf gegenüberliegenden Flächen entgegengesetzt elektrisch aufzuladen.

Pyroklastischer Strom
Glühend heiße Mischung aus vulkanischer Asche, vulkanischen Gesteinstrümmern und Gasen, die mit hoher Geschwindigkeit an den Seiten des Vulkans abwärtsströmt.

Quarzit
Extrem hartes metamorphes Gestein, das aus der Verfestigung von Quarzsandstein entstanden ist. Als Zementquarzit bezeichnet man durch Quarz als Bindemittel zusammengehaltenen, sehr harten Sandstein, ein Sedimentgestein mit heller Färbung.

Reich
Taxonomische Einheit, die zwischen Stamm und der Domäne steht, wie etwa das Pflanzenreich.

Reif
Überzug von Eiskristallen auf einem kalten Objekt.

Rhizoid
Zelluläres Gewebe oder Filamente in Form von dünnen, verzweigten Schläuchen, die bei Moosen für die Verankerung im Boden sorgen.

Rhizom
Sprossachsensystem, das horizontal unter der Erde wächst.

Richterskala
misst die Stärke eines Erdbebens (die freigesetzte Energie). Die Skala ist logarithmisch ausgelegt: Ein Beben der Stärke 8 setzt also zehnmal mehr Energie frei als ein Beben der Stärke 7. Die Magnitude wird aus den mit Seismografen aufgezeichneten Amplituden berechnet.

Rift
Bei der Ausdehnung der Erdkruste entlang zweier auseinanderstrebender tektonischer Platten entstandenes breites Tal.

Samen
Enthält den Embryo einer Pflanze sowie Nährstoffreserven, die als „Endosperm" bezeichnet werden; ist von einer schützenden Hülle (Samenschale oder Testa) umgeben.

Samenanlage
Teil des Fruchtknotens, der die weiblichen Fortpflanzungszellen enthält. Nach der Befruchtung werden daraus die Samen.

Sauerstoff
Für das Leben und die Ausdehnung des Universums entscheidendes chemisches Element. Die Erdatmosphäre besteht in Bodennähe aus etwa 21% Sauerstoff.

Schiefer
Blauschwarzes, feinkörniges metamorphes Gestein, das sich leicht in Platten spalten lässt.

Schildvulkan
Großer, durch dünnflüssige basische Lava gebildeter Vulkan mit sanft geneigten Flanken.

Schlotpfropfen
Lavasäule, die sich im Schlot eines Vulkans verfestigt hat.

Schnee
Niederschlag aus weißen oder durchsichtigen Eiskristallen, die meist in Form komplexer Sechsecke angeordnet sind. Im Allgemeinen fällt Schnee als Schneeflocken aus Schichtwolken, mitunter aber auch aus Haufenwolken.

Schwarzes Loch
Extrem massereiches Himmelsobjekt, das mit seiner Gravitation sogar das Licht festhält.

Sediment
Gesteinsfragmente oder Überreste von Pflanzen und Tieren, die durch Wasser, Wind oder Eis am Grund von Flüssen, Seen oder Meeren abgelagert werden.

Sedimentgestein
Gestein, das sich aus einer Ablagerung von Sedimenten bildet, wenn diese durch physikalische und chemische Prozesse verdichtet und verfestigt werden. Sediment kann sich an Flussufern, am Fuß von Klippen, in Tälern, Seen und Meeren sammeln. Sedimentgestein bildet eine deutlich erkennbare Abfolge von Schichten.

Seebeben
Erdbeben am Meeresboden, das starke Wellen auslösen kann, die manchmal bis in die Küstenregionen gelangen und zu Überflutungen führen.

Seismische Welle
Welle, die sich als Folge eines Erdbebens oder einer Explosion im Inneren der Erde ausbreitet.

Seismograf
Instrument, das während eines Erdbebens die seismischen Wellen oder Erschütterungen der Erdoberfläche aufzeichnet.

Seismologie
Zweig der Geowissenschaften, der Erschütterungen der Erde untersucht.

Sexuelle Vermehrung
Fortpflanzung, die auf der Befruchtung einer weiblichen Eizelle durch eine männliche Samenzelle beruht. Die Nachkommen unterscheiden sich von beiden Eltern.

Silicium (Si)
Eines der häufigsten chemischen Elemente und Bestandteil vieler Minerale.

Silikate
Die Erdkruste besteht zu 95% aus Silikaten. Die Tetraederstruktur mit einem Silicium- und vier Sauerstoffionen ermöglicht verschiedene Konfigurationsarten. Je nach ihrer Zusammensetzung sind Vertreter dieser Mineralgruppe von heller oder dunkler Färbung.

Sommergrün
Beschreibt Pflanzen, die zu bestimmten Jahreszeiten alle ihre Blätter verlieren.

Sonneneruption
Durch die Kollision zweier Magnetschleifen des solaren Magnetfelds ausgelöste gewaltige Explosion an der Oberfläche der Sonne.

Sonnenflecken
Dunkle, relativ kühle Stellen auf der Oberfläche der Sonne. Die Flecken finden sich meist beiderseits des Sonnenäquators und werden durch das Magnetfeld verursacht.

Sonnenmasse
Astronomische Einheit, um andere Objekte im Universum in Relation zur Masse der Sonne zu setzen und so zu vergleichen. Die Sonne hat eine 333 000-fach größere Masse als die Erde.

Sori
Eine Gruppe von Sporangien auf der Unterseite von Farnblättern.

Spaltbarkeit
Teilbarkeit von Kristallen entlang bestimmter Kristallgitterebenen (Spaltflächen).

Spalte
Durch Spannungen hervorgerufener Riss oder Hohlraum im Gestein; kann ganz oder teilweise von Mineralen ausgefüllt sein.

Spektrum
Durch Dispersion von elektromagnetischen Wellen sichtbar gemachtes Kontinuum der darin enthaltenen Wellenlängen. Die Spektralanalyse nutzt die spezifischen Wellenlängen der Elemente, um die Zusammensetzung von Objekten zu bestimmen.

Sporangium
Bildungsstätte von Sporen; Sporenbehälter.

Spore
Entwicklungsstadium, meist aus einer einzigen Zelle, das in der Lage ist, ohne Fusion mit einer anderen Zelle einen neuen Organismus hervorzubringen.

Sprossachse
Teil der Pflanze, der die Blätter und die Fortpflanzungsorgane trägt.

Sprühregen
Leichter Niederschlag aus winzigen Tropfen, deren Durchmesser zwischen 0,18 und 0,5 mm beträgt. Gewöhnlich fällt Sprühregen aus niedrigen Schichtwolken und ist von Nebel begleitet, wodurch die Sicht deutlich vermindert wird.

Stalagmit
Vom Boden einer Höhle nach oben wachsende Tropfsteinsäule.

Stalaktit
Von der Decke einer Höhle nach unten wachsender Tropfsteinzapfen.

Staubblatt
Der Teil des männlichen Fortpflanzungsapparats einer Blüte, der den Pollen trägt. Es wird gebildet aus dem Staubfaden mit dem Staubbeutel an seiner Spitze, der zwei Pollensäcke beinhaltet.

Staubfaden
Fadenförmiger Teil des Staubgefäßes, der den Staubbeutel trägt.

Steigungsregen
Bildet sich, wenn feuchte Luft an Gebirgsrändern aufsteigt und dabei abkühlt.

Stern
Gewaltige Gaskugel (meist aus Wasserstoff), die Licht und Wärme ausstrahlt. Die Sonne ist ein Stern.

Sternbild
Gruppe von Sternen am Himmel. Sternbilder sind häufig nach Gestalten aus der Mythologie benannt. In der Astronomie dienen die Sternbilder zur Abgrenzung von Himmelsregionen.

Sternhaufen
Ansammlung von durch Gravitation zusammengehaltenen Sternen. Offene Sternhaufen sind lockere Gruppierungen von einigen Hundert Sternen. Kugelsternhaufen sind dichte Kugeln mit sehr vielen und sehr alten Sternen.

Stigma
Narbe, Teil des weiblichen Fortpflanzungsapparats der Blütenpflanzen, der mit dem Fruchtknoten verbunden ist; nimmt den Pollen auf.

Störung (Verwerfung)
Bruchstelle, die durch die Verschiebung (Versatz) von Gesteinsblöcken gegeneinander entsteht.

Strahlstrom
Auch als Jetstream bezeichnet. Luftströmungen in der oberen Troposphäre (ca. 10 km über Meereshöhe), wo die Windgeschwindigkeit mehr als

320 km/h erreichen kann. Strahlströme treten in den subpolaren Breiten beider Erdhalbkugeln auf, fließen Richtung Osten und erreichen ihre maximale Intensität während des Winters.

Strahlung
Vorgang der Ausbreitung von Energie in einem Medium (oder im Vakuum) durch Wellen oder Teilchenbewegung. Elektromagnetische Wellen, die Wärme und Licht aussenden, sind eine Form der Strahlung, eine andere sind die Schallwellen.

Stratosphäre
Über der Troposphäre angeordnete Schicht der Atmosphäre.

Stratus
Tief hängende Schichtwolke, die häufig Nieselregen hervorbringt.

Subduktion
Vorgang, bei dem die ozeanische Lithosphäre entlang einer Konvergenzzone in den Erdmantel absinkt. Die Nazca-Platte unterliegt einer solchen Subduktion und taucht unter die Südamerikanische Platte ab.

Subduktionszone
Lang gezogener, schmaler Bereich, in dem eine Platte der Erdkruste unter eine andere Platte abtaucht.

Südliche Hemisphäre
Erdhalbkugel südlich des Äquators.

Supernova
Explosion eines Sterns am Ende seines Lebens.

S-Welle
Diese seismische Scher- oder Transversalwelle schwingt senkrecht zur Ausbreitungsrichtung.

Tau
Kondensation winziger Wassertropfen auf Gras, Pflanzen oder anderen Objekten in Bodennähe, wenn die Temperatur unter den Taupunkt gefallen ist. Dies geschieht normalerweise während der Nacht.

Teilchen
In der Teilchenphysik ein winziger Bestandteil der Materie mit typischer Masse, elektrischer Ladung und anderen Merkmalen.

Tektonische Platten
Große, feste Abschnitte der äußeren Erdkruste. Diese Platten liegen auf der Asthenosphäre auf, einer plastisch-dehnbaren Schicht des Erdmantels. Sie verschieben sich durchschnittlich 2,5 cm pro Jahr.

Tenazität
Grad der Widerstandsfähigkeit, die ein Mineral gegenüber Bruch, Verformung, Verbiegung oder Zermahlen aufweist.

Thallus
Vielzelliger, dem Kormus der Pflanzen ähnlicher Vegetationskörper bei Moosen und Algen, besonders Braunalgen. Auch der lange, feste Teil, der die Fortpflanzungsorgane mancher Pilze enthält, wird so bezeichnet.

Thermometer
Instrument zur Messung der Temperatur. In der Meteorologie werden verschiedene Skalen benutzt, darunter Celsius, Fahrenheit und Kelvin.

Thylakoid
Flache, sackartige Membranstapel; bilden einen Teil der inneren Membran eines Chloroplasten. Hier wird die Sonnenenergie bei der Fotosynthese in chemische Energie umgewandelt.

Tiefseerinne
Lang gestreckter, schmaler und extrem tiefer Graben im Meeresboden, der sich am Rand einer ozeanischen Platte bildet, die sich unter eine andere Platte schiebt.

Tierkreis
Zwölf Sternbilder, durch die Sonne, Mond und Planeten im Verlauf des Jahres zu wandern scheinen.

Ton
Feinkörnige Sedimente, die bei der Verwitterung bestimmter Gesteine entstehen. In feuchtem Zustand formbar, härtet beim Trocknen aus.

Tornado
Kleinräumiger Luftwirbel; eine Luftsäule, die mit großer Geschwindigkeit rotiert und sich zwischen einer Cumuluswolke und der Erdoberfläche erstreckt. Tornados entwickeln gewaltige Zerstörungskräfte und können überall auf der Welt vorkommen; am weitaus häufigsten sind sie jedoch im zentralen Gebiet der USA zwischen den Rocky Mountains und den Appalachen.

Transformstörung
Durch Horizontalverschiebung zweier Platten verursachte Störung.

Tremor
Niederfrequentes Beben; seismisches Ereignis, das an der Erdoberfläche als leichte Vibration oder schwaches Zittern des Bodens wahrgenommen wird, aber keine Schäden verursacht.

Troposphäre
Unterste wetterwirksame Schicht der Atmosphäre, in der sich die für die Meteorologie interessanten Prozesse abspielen.

Tsunami
Aus dem Japanischen stammende Bezeichnung für eine durch ein Erdbeben ausgelöste Welle.

Turbulenz
Ungeordnete Luftbewegung aus kleineren Wirbelwinden, die innerhalb von Luftströmungen entstehen. Atmosphärische Turbulenzen werden von Luftmassen hervorgerufen, die einem ständigen Wechsel unterliegen. Mögliche Ursachen sind thermale oder Konvektionsströmungen, Unterschiede in der Erdoberfläche oder der Windgeschwindigkeit, Temperatur- oder Luftdruckwechsel sowie Bedingungen, wie sie entlang einer Wetterfront herrschen.

Überschiebung
Ein Bruch in Gesteinsschichten, bei dem sich eine Schicht (Hangende) in einem Winkel von weniger als 45 ° über die andere (Liegende) schiebt.

Urknall
Kosmologische Theorie, nach der das Universum vor rund 13,7 Mrd. Jahren in einer gewaltigen Explosion, dem Urknall (Big Bang), entstanden ist.

Van-Allen-Gürtel
Strahlungsgürtel der Erde, in dem das Magnetfeld der Erde Teilchen des Sonnenwinds einfängt.

Verwitterung
Zerkleinern und Aufbrechen von Material durch beständige chemische und physikalische Prozesse.

Viskosität
Die Zähflüssigkeit einer Substanz, die deren Fließverhalten bestimmt. Je höher der Siliciumgehalt von Lava, umso höher ist deren Viskosität und umso langsamer fließt sie.

Vulkan
Aus Lava, pyroklastischem Material oder einem Verbund von beidem geformter Berg.

Vulkanianische Eruption
Diese Art von Vulkanausbruch zeichnet sich durch das Auftreten kurzer, explosiver Eruptionen aus, bei denen Material mitunter bis in 15 km Höhe in die Atmosphäre geschleudert wird. Zu solchen Eruptionen kommt es meist durch Interaktion von Grundwasser und Magma (phreatomagmatische Eruption).

Auswürfling
Vulkanische Bombe; Lavabombe; Gesteinsbrocken, der bei einer Vulkaneruption herausgeschleudert wird und dabei einer ballistischen oder parabolischen Flugbahn folgt.

Vulkanische Bombe
Von einem Vulkan ausgestoßenes Gesteinsfragment mit einem Durchmesser von 64 mm und größer.

Vulkanischer Ring
Kette aus Gebirgen oder Inseln entlang der Ränder von tektonischen Platten, entstanden durch Magmaaktivität im Bereich von Subduktionszonen.

Vulkanisches Glas
Dieses Gesteinsglas bildet sich, wenn flüssige Lava rasch ohne Kristallisation abkühlt. Die feste, amorphe Substanz besitzt keine regelmäßige innere Struktur.

Vulkanologie
Teilbereich der Geologie, der Form und Aktivität von Vulkanen studiert.

Wasserstoff
Häufigstes und leichtestes Element im Universum; Hauptbestandteil von Sternen und Galaxien.

Wellenlänge (Elektromagnetismus)
Abstand zwischen den zwei Wellenbergen elektromagnetischer Wellen. Je kürzer die Wellenlänge (wie bei Röntgenstrahlen), umso energiereicher sind die Wellen. Langwellige Radiowellen haben weniger Energie.

Windseite (Luv)
Die Richtung, aus der der Wind weht.

Windstoß
Auch als Bö bezeichnet; eine rasche und heftige Luftbewegung. Die Windgeschwindigkeit sollte wenigstens 29 km/h erreichen und die Differenz zwischen Maximum und Minimum mindestens 19 km/h betragen. Normalerweise dauert ein Windstoß nicht länger als 20 Sekunden.

Wirt
Pflanze, von der ein anderer Organismus (Parasit) Nahrung oder Unterkunft erhält.

Wolke
Sichtbare Ansammlung von winzigen Partikeln wie Wassertropfen oder Eiskristallen, die in der Luft verteilt sind. Wolken bilden sich in der Atmosphäre, wenn Wassertröpfchen an sogenannten „Kondensationskernen" wie Rauch-, Staub- oder Rußpartikeln kondensieren.

Wüste
Heiße oder kalte Zone, in der die jährliche Niederschlagsmenge weniger als 25 mm beträgt.

Xylem
Leitungsbahnen, über die Wasser und Mineralien von der Wurzel in die gesamte Pflanze transportiert werden.

Zelle
Kleinste lebende Einheit eines Organismus. Pflanzenzellen haben eine mehr oder weniger starre Zellwand.

Zellkern
Der Teil der Zelle, der die DNA, das heißt das genetische Material enthält.

Zellmembran
Bewegliche Hülle aller lebenden Zellen. Sie umschließt das Zytoplasma und regelt den Austausch von Wasser und Gasen mit der Umgebung.

Zellulose
Faseriges Kohlenhydrat, das von Pflanzen als Struktursubstanz produziert wird. Hauptbestandteil der pflanzlichen Zellwand.

Zementation
Prozess, bei dem Sedimente ihre Porosität verlieren. Durch chemische Ausfällung lagert sich Material zwischen den Sedimentkörnern an und führt zur Versteinerung.

Zementationszone
Bereiche, in denen es zur Versteinerung (Lithifikation) kommt. Wasser dringt in die Hohlräume zwischen den Sedimentkörnern ein und verwandelt das lockere Sediment in festes Gestein.

Zenit
Scheitelpunkt; der genau senkrecht über dem Standort des Beobachters liegende Punkt am Himmel.

Zukunftsprognose
Aussage über mögliche zukünftige Ereignisse. Die Wettervorhersage schließt den Einsatz objektiver Modelle ein, die auf zahlreichen atmosphärischen Faktoren beruhen und auch das Können und die Erfahrung des Meteorologen mit einbeziehen.

Zyklon
Tropischer Wirbelsturm ohne Frontseiten, der sich über tropischen Meeren entwickelt und eine Oberflächenzirkulation entgegen dem Uhrzeigersinn aufweist. Zyklone werden entsprechend ihren Windgeschwindigkeiten eingeteilt in tropische Störung (leichter, bodennaher Wind), tropische Depression (heftiger, bodennaher Wind, 61 km/h), tropischer Sturm (sehr starker Wind zwischen 63 und 117 km/h), tropischer Zyklon (maximale Windgeschwindigkeiten über 119 km/h).

Zyklone
Dynamisches Tiefdruckgebiet (nicht zu verwechseln mit Zyklon = tropischer Wirbelsturm).

Zytoplasma
Bestandteil eukaryotischer Zellen; begrenzt durch die Zellmembran und die Membranen der Zellorganelle.

REGISTER

3-KPC-Arm 22

A

Abell 2151 21
Abrasion 69
Adams-Ring 42
adaptive Radiation 62
Adlernebel 22
ADP 159
Advektionsnebel 229
Aerosonde 245
Aerenchym 152, 153
Afrika 62, 63, 98, 108, 109, 126, 140, 141, 203, 211
Afrikanische Platte 109, 140, 143
Aggregatzustand 48, 77, 200
Akkretion 104, 111, 227
Akkretionsscheibe 23
Alan Guth 17
Alaska 121, 126, 142
Albedo 100, 102, 216, 217
Algen 74, 75, 150, 158, 160, 162, 164, 166
Acetabularia crenulata 163
Apoglossum ruscifolium 163
Bangia atropurpurea 163
Chlamydomonas 163
Chlorophyten 163
Cystoseira amantacea var. stricta 162
Dictyota dichotoma (Hudson) J. V. Lamouroux 162
Dictyota dichotoma f. implexa 162
Ectocarpus siliculosus 162
Fucus vesiculosus 162
Halymenia floresia 163
Hypoglossum hypoglossoides 163
Micrasteria staurastrum 163
Micrasterias rotata 163
Nitophyllum punctatum 163
Phaeophyten 162
Pinnularia borealis 163
Rhodophyten 163
Scenedesmus quadricauda 163
Allosaurus 62
Alpen 62, 104, 111, 132, 215
Alpidische Orogenese 111
Altertum 14, 32
Altocumulus 223
Altostratus 207, 223
Aluminium 74, 76, 84, 87, 94
Amazonas 202, 218
Amerika 33, 61, 62, 63, 99, 105, 108, 109, 110, 127, 128, 143, 202, 211, 218
Amethyst 87
Aminosäure 159, 172
Ammoniak 37, 40, 43
Ammoniten 62, 111
Amniote 61
Amphibie 61
Anden 63, 104, 110, 111, 126, 214, 215
Andromeda-Galaxie 22
Andrözeum 173, 174, 180, 181
Anemometer 241, 245
Angiospermen 62, 151, 175, 178, 180, 181
Phloem 151, 157, 176, 177, 179
Xylem 151, 157, 177, 179
Antarktika 62
Antarktische Platte 108, 142, 143
Antheridium 165, 169
Antherozoiden 165
Anthese 174
Antillen 127, 129
Antimon 82
Antizyklone 204, 205, 212, 218, 242
Anulus 169
Äolische Prozesse 64
Apatit 80
Aphel 34, 45, 51
Aphrodite Terra 33
Appalachen 61, 110, 215
Äquator 36, 38, 41, 48, 50, 61, 202, 204, 205, 212
Äquinoktium 50
Arabische Platte 140, 143
Arago 42
Argentinien 127, 215, 216, 218
Incahuasi 126
Llullaillaco 126
Ojos de Salado 126
Tipas 126
Ariel 28, 41
Aristarchus 52
Arkose 97
Armenien 143
Armero 122
Arnika 171
Arsen 82
Artischocke 176
Asche 74, 74, 94, 96, 118, 120, 121, 123, 126, 128, 129, 201
Ascomycota 191
Asexuelle Vermehrung 164, 191
Asiatische Platte 111
Asien 99, 109, 111, 126, 127, 141, 142, 211, 218
Asthenosphäre 63, 107, 117, 143
Asteroid 28, 29, 34, 60
Ästuar 68, 69
Äthiopien 79
Atlantischer Ozean 109, 127, 143, 202, 211
Ätna 114, 115, 120, 121, 127, 140
Atom 16, 17, 18
ATP 159
Auen 232
Auffaltung 61, 104, 108, 109, 110
Augenwall 236
Augit 84, 92
Australien 86, 109, 141, 211, 216, 217, 218
Autan 216
Autotrophie 150
Awatschinskaja Sopka 126

B

Bakterien 74, 98, 192, 135
Baltica 61, 105
Bangladesch 141, 219, 227, 233
Barograph 240
Barometer 241, 244
Aneroidbarometer 240
Quecksilberbarometer 240
Basalt 93, 119, 135
Basalteruption 61
Basidiomycota 191, 192, 193
Batholith 77, 89, 106, 111
Baum
Ahorn 155, 178, 185
Anatomie 156, 157
Blüte 151, 152, 153, 156, 174, 180
Eiche 151, 155, 156, 157
Feige 185
Fucus 162, 164, 165
Ginkgo 150, 151
Kiefer 151, 186, 203, 215, 233
Knospen 156
Lärche 151
Mischwald 215
Palme 61, 151, 176
Quercus 155, 156
Sitka-Fichte 151
Steinfrucht 184, 185
Tanne 151
Zypresse 151
Bedecktsamer 62, 151
Beethoven 30
Bergwind 216
Beringstraße 63
Bestäubung 174, 180, 182, 183
Caudicula 182
Corbiculum 183
Labellum 182
Nektar 182
Pollinium 182
Seitenlappen 183
Biene 174, 182, 183
Bimsstein 93
Biosphäre 200, 201
Biotit 85, 94
Bismut 82
Blauer Planet 48
Blitz 230, 231
Blüte 151, 152, 153, 156, 174, 180
Bora 216
Bora-Bora 47
Brachiopoden 110
Brasilianisches Tausendblatt 152
Braunkohle 99
Brekzie 97
Brickfielder 216
Buran (Wind) 216

C

Calcium 85, 125
Caldera 116, 117, 119, 122, 126
Caldera Blanca 119
Calderavulkan 119, 126
Caloris-Becken 30
Calvin-Zyklus 159
Carina-Arm 23
Cassini-Teilung 38
Cerro Paine Grande 76
Chaparal 215
Charon 44
Chemische Elemente
Arsen 82
Calcium 85, 125
Eisen 31, 32, 35, 45, 49, 60, 62, 74, 85, 111
Gold 81, 82
Helium 17, 18, 24, 25, 31, 36, 39, 40, 104, 107
Kohlenstoff 18, 24, 83, 86, 98, 99, 159, 188
Magnesium 84, 85, 87, 92, 125
Nickel 32, 45
Platin 81
Sauerstoff 24, 62, 70, 84, 107, 152, 153, 159, 213, 224, 232
Schwefel 31, 39, 79, 82, 125
Silber 82
Stickstoff 24, 32, 35, 38, 44, 45
Wasserstoff 17, 18, 24, 25, 31, 104, 107, 125, 211, 224
Chicxulub 62
Chytridiomycota 190
Chile 76, 126, 127, 143, 144, 145, 214
Chinookwind 216
Chitin 70, 190
Chlorophyll 150, 157, 158, 159, 163, 177
Chlorophyten 163
Chloroplasten 150, 158, 159, 179
Chromosphäre 25
Cirrocumulus 223
Cirrostratus 207, 222
Cirrus 222, 223
Cluster 21
Coroliskraft 204, 206, 212, 218
Coconino Plateau 70
Cocos-Platte 142, 143, 145
Colorado 70, 71
Copernicus 53

D

Dallol-Vulkan 79
Damm 232, 233
Deich 232
Deimos 29
Deuterium 24
Deuteromycota 190, 195
Devon 61, 110, 150
Diamant 81, 83, 86, 87
Dichtblättriges Laichkraut 152
Dichte 16, 24, 25, 34, 81, 85, 89, 94, 104, 223
Dike 117, 119
Dinosaurier 62
Divergenz 205
Dolomit 91, 95
Donner 230
Dopplereffekt 20
Dreiecksnebel 22
Ducktilität 82
Duftveilchen 155
Düne 66, 202
Dunst 39, 228, 229
Dynamometamorphose 72

E

East Epi 126
Echolot 244
Echter Wurmfarn 154
Edelgas 60
Edelmetall
Gold 81, 82
Nickel 32, 45
Platin 81
Silber 82
Edelsteine 86
Diamant 81, 83, 86, 87
Opal 86
Rubin 86
Saphir 87
Smaragd 86, 87
Ediacara-Fauna 60
Égalité 42
Eiche 151, 155, 156, 157
Eisen 31, 32, 35, 45, 49, 60, 62, 74, 85, 111
Eiskristalle 214, 215, 223, 224, 226, 230
Eiszeit 60, 63, 105
„Schneeball" Erde 105
Ekman-Spiral-Effekt 212
El Cinchón 129
El Niño 209
Eldfell 127, 129
Elementarteilchen 16
Elektron 16, 17, 18, 36
Elektromagnetische Kraft 17
EMS-98-Skala 137
Endokarp 184, 185
Eozän 62
Epidermis 152, 154, 169, 176, 179
Epiphyten 155
Epizentrum 131, 132, 133, 135, 140, 141, 145
Epoche
Eozän 62
Holozän 63
Miozän 63
Oligozän 63

- Paläozän 62, 70
- Pleistozän 63
- Pliozän 63
Erde 15, 19, 29, 46–51
- Äquinoktium 50
- Solstitium 50
Erdatmosphäre 55, 61, 107, 158, 201
- Exosphäre 107, 222
- Mesosphäre 107, 117, 222
- Ozonschicht 48, 105, 107, 201
- Stratosphäre 62, 107, 121, 128, 129, 201, 205, 222
- Thermosphäre 107
- Troposphäre 107, 201, 205, 206, 222, 227, 243, 245
Erderwärmung 105
Erdbeben 8, 102, 104, 110, 112, 113, 130–145
- EMS-98-Skala 137
- Epizentrum 131, 132, 133, 135, 140, 141, 145
- Hypozentrum 132, 134
- Love-Wellen 135
- Loma Prieta 130, 131
- Mercalli, Giuseppe 136, 137
- P-Wellen 134, 135
- Rayleigh-Wellen 135
- Richter, Charles 136
- Seismische Aktivität 132, 133, 134, 136, 138, 143
- Seismograf 136, 136, 145
- S-Wellen 134, 135
- Tsunami 8, 138–143
Erdkern 32, 61
Erdkruste 31, 32, 58, 60, 63, 64, 72, 84, 105, 106, 110, 132
- Asthenosphäre 63, 107, 117, 143
- Lithosphäre 63, 107, 117, 200, 201
Erdöl 98, 99
Erdzeitalter
- Archaikum 105
- Hadaikum 60
- Kanäozoikum 62, 111
- Mesozoikum 62
- Paläozoikum 60, 104
- Proterozoikum 60, 105
- Quartär 63
- Tertiär 104
Erosion 58, 64, 66, 68, 71, 75, 106, 110, 112, 118, 211
Erosionsdiskordanz 71
Embryo 164, 172, 180, 186
Encke-Teilung 38
Endosperm 172, 184
Energie 16, 19, 24, 25, 48
Energetische Strahlung 16
Erosion 58, 59, 64, 66, 67, 68, 69, 71, 75, 90
Eta Carinae 22
Eurasien 63, 99, 109, 111
Eurasische Platte 127, 141, 143
Europa 26, 37, 63, 99, 115, 127, 128, 143, 203, 211
Europäische Seekanne 12
Evaporimeter 240
Exfoliation 91
Exokarp 184, 185
Exoskelett 61, 70, 190
Exosphäre 107, 222
Express 35
Extrusivgestein 75, 93

F

Fallwind 215, 216
Fauna 60, 166
Farn 61, 150, 151, 154, 168, 169
Feige 185
Feldspat 77, 85, 90, 92, 94, 97
Ferrel-Zelle 204
Fieder 168, 169, 178
Filament 18, 19
Finsternisse 54, 55
Findling 67
Flagellen 162, 163, 164
Flora 166
Flugsaurier 62
Fluorit 80
Fluss 68, 113, 233
Flussdelta 68
Flusskraftwerke 233
Fossilie 60, 61, 63, 70, 71, 99, 186
Fossilisation 71
Fotosphäre 24, 25
Fotosynthese 149, 150, 151, 152, 154, 156, 158, 159, 173, 178, 186, 201
- Algen 162
- ATP 159
- Bäume 157
- Blätter 154, 178
- Calvin-Zyklus 159
- Chlorophyll 150, 157, 158, 159, 163, 177
- Chlorophyten 163
- Chloroplasten 150, 158, 159, 179
- NADP 159
- Vakuole 158
- Wasserpflanzen 152
Fragmentierung 104
Fraternité 42
Frontnebel 229
Frucht 62, 74, 75, 151, 175, 180, 181, 185, 193
- Beerenfrucht 184
- Endokarp 184, 185
- Exokarp 184, 185
- Feige 185
- Kernobst 184
- Mesokarp 184, 185
- Orange 184
- Steinfrucht 184, 185
- Trockenfrucht 185
Frühling 156, 157, 171, 213, 235
Fucus 162, 164, 165
Fumarole 124, 126
Fusion 60

G

G-IV-Jet 254
Gabbro 92
Galaktische Scheibe 23
Galaxie 14, 16, 17, 18, 20, 21, 22, 23
- 3-KPC-Arm 22
- Andromeda-Galaxie 22
- Antennen-Galaxien 20
- Balkenspiralgalaxie 19, 21
- Carina-Arm 23
- elliptische Galaxie 19, 21
- E0-Galaxie 21
- E7-Galaxie 21
- Galaxienhaufen 19, 21
- irreguläre Galaxie 19, 21
- Milchstraße 6, 14, 20, 21, 22, 23
- NGC 4038 20
- NGC 4039 20
- NGC 4676 20
- Orion-Arm 22
- Orionnebel 22
- ovale Galaxie 20
- Perseus-Arm 22
- Sa-Galaxie 21
- Sagittarius-Arm 22
- Sc-Galaxie 21
- Spiralgalaxie 19, 20, 21
Galenit 83
Galilei, Galileo 22
Galileische Monde 37
Galle 42
Gänsedistel 155
Ganymed 29, 37
Gassendi 52
Gebirge 61
- Alpen 62, 104, 111, 132, 215
- Anden 63, 104, 110, 111, 126, 214, 215
- Auffaltung 61, 104, 108, 109, 110
- Grundgebirge 106
- Himalaja 62, 104, 109, 111, 219
- Mittelozeanischer Rücken 106, 112, 118, 121, 141, 142
- Mount Everest 15, 111, 215
- Orogenese 61, 72, 110, 111
- Rocky Mountains 62, 111, 215
Geißeln 162, 164, 165
Gemäßigte Zone 51, 202, 203, 212
Gemeiner Wasserschlauch 153
Geode 89
geothermische Felder 124
Gewöhnliches Pfeilkraut 153
Geysir 42, 125, 125
Gezeiten 37, 52
- Springflut 52
- Nipptide 52
Ghat-Gebirge 219
Giant's Causeway 93
Gibberellin 172
Ginkgo 150, 151
Gips 79, 80, 96
Glazial 60
Gletscher 63, 67, 105, 122, 203
Glimmer 77, 84, 90, 92, 95, 97
Glimmerschiefer 94, 95
Global Surveyor 35
Glukose 158, 159, 177
Gluon 16, 17
Gneis 60, 61, 72, 73, 94, 95
Gnetophyta 150, 151
Gold 81, 82
Golf von Bengalen 141, 219, 233
Golf von Mexiko 218, 220, 221, 237
Gondwana 61, 108
Gossamer-Ring 37
Grafit 79, 83
Grana 159
Granat 86, 94, 95
Grand Canyon 70
Grand Prismatic Spring 124
Granit 53, 70, 74, 77, 90, 92, 94, 106, 135
Granodiorit 92
Graupel 226, 227
Gräser 155
Grauwacke 97
Gravitation 16, 17, 18, 23, 49, 60
Graviton 16
Greenwich 51, 242
Grimaldi 52
Grönland 213
Großer Dunkler Fleck 43
Großer Roter Fleck 37
Grundgestein 74, 75
Gymnospermae 151
Gynäzeum 173, 174, 180, 181

H

Hadley-Zelle 204, 205, 218
Hagel 49, 206, 210, 222, 224, 226, 227
Halbedelsteine 87
Halbmetalle 82
Harmattan 216
Härte 80, 82, 83, 86, 93, 95, 96
Hadaikum 60
Halbedelsteine 87
- Amethyst 87
- Granat 86, 94, 95
- Topas 81, 87
- Türkis 87
Halit 79, 82, 83
Halley, Edmond 242
Halo 21, 23, 37
Hangendscholle 112
Hawaii 103, 118, 119, 120, 121, 122, 126, 128, 145, 237
Heliograf 240
Helium 17, 18, 24, 25, 31, 36, 39, 40, 104, 107
heterotroph 151, 190
Herbst 50, 157, 172, 213
Herculaneum 128
Hermit-Schiefer 70
Hiatus 71
Himalaja 62, 104, 109, 111, 219
Hochdruck 36, 204, 205, 212, 218, 242, 243
Hochwasserschutz 232
Höhle 65, 69, 88
Holozän 63
Hominiden 63
Homo sapiens 19
Hornblatt 152
Hornblendeschiefer 94
Hornfels 73
Houston 202
Hubble, Edwin 20, 21
Hubble-Teleskop 41, 44
Humboldt 53
Humus 74, 75
Hurricane-Hunter-P3-Flugzeug 245
Hurrikan 220, 221, 236, 237, 239, 244
- Augenwall 236
- Saffir-Simpson-Hurrikanskala 237
Hydra 44
Hydrologische Prozesse 64
Hydrometeore 226
Hydrosphäre 200, 201, 211
Hygrothermograf 241
Hymenium 192
Hypokotyl 173
Hypozentrum 132, 134

I

Iapetus 28
Io 29, 37
Incahuasi 127
Indien 108, 109, 111, 119, 140, 142, 145, 217, 218, 219
Indische Platte 111, 140
Indischer Ozean 126, 127, 140, 142, 203
Indo-Australische Platte 108, 126, 143
Indonesien 121, 123, 126, 127, 128, 131, 140, 141, 145
Infrarot 23, 32
Inkohlung 98
Inselberg 66
Insekten 60, 62, 74, 152, 157, 174, 180, 182, 183, 190, 194
Intrusivgestein 92
Inversionsnebel 229
Ishtar Terra 33
Island 121–125, 127, 128, 129
Isobaren 205, 242
Isomorphie 83
Isostasie 103

J

Jahreszeit 40, 49, 50
- Frühling 156, 157, 171, 213, 235
- Herbst 50, 157, 172, 213
- Sommer 24, 50, 51, 152, 153, 157, 203, 213, 218, 235
- Winter 34, 50, 128, 157, 203, 213, 218
Japan 118, 126, 127, 138, 144, 161
Jetlag 51
Jupiter 29, 38, 37
Jura 62

K

Kallisto 29, 37
Kaledonisches Gebirge 61, 72
Kalium 77, 85, 125
Kaliumnitrat 209
Kalkstein 65, 71, 73, 95, 134, 135
Kalpana 128
Kaltfront 206, 207, 242
Kalzit 80, 83, 91
Kambrium 60, 71
Kambrische Explosion 61
Kanada 60, 110, 113
Kanäozoikum 62
Kaolinit 84, 96
Kant, Immanuel 20
Kar 67
Karbon 61, 150
Karibische Platte 142, 143
Kartoffel 176
Kaschmir 143, 144, 145
Kataklasit 72
Keimung 169, 172
Kelchblatt 173, 180, 181
Kenia 140, 145
Kepler, Johannes 28
Kerbtal 68

Kernfusion 24
Kernkraft 17
Kīlauea 103, 118, 119, 121, 126, 128
Klatschmohn 172, 173, 175
Kliff 69
Klimasystem
  Atmosphäre 200, 201, 202, 204, 206, 210, 217, 218, 228, 230
  Biosphäre 200, 201
  Hydrosphäre 200, 201, 211
  Kryosphäre 200, 201
  Lithosphäre 63, 107, 117, 200, 201
Klimazone 202, 203, 218
  gemäßigte Zone 51, 202, 203, 212
  Regenwald 200, 202
  Taiga 203, 215
  Tropen 41
  Tundra 203, 215
  Wüste 67, 74, 202, 203
Knochenfische 61
Knospen 156
Koaleszenz 225
Kohäsion 80
Kohlendioxid 32, 34, 61, 62, 150, 152, 154, 157, 158, 179
Kohlenmonoxid 35, 45
Kohlenstoff 18, 24, 83, 86, 98, 99, 159, 188
Kollision 60
Kolumbien 122
Komatit 105
Kompaktion 69
Kondensation 49, 199, 206, 206, 210, 214, 224, 228
Konglomerat 91, 96, 97
Konidien 190, 191, 194, 195
Koniferen 61, 151, 171, 179, 186, 215
  Kiefer 151, 186, 203, 215, 233
  Lärche 151
  Sitka-Fichte 151
  Tanne 151
  Zypresse 151
Konsolidierung 60
Kontinent 46, 48
  Afrika 62, 63, 98, 108, 109, 126, 140, 141, 203, 211
  Asien 99, 109, 111, 126, 127, 141, 142, 211, 218
  Australien 86, 109, 141, 211, 216, 217, 218
  Baltica 61, 105
  Europa 37, 63, 99, 115, 127, 128, 143, 203, 211
  Gondwana 61, 108
  Laurentia 61, 105
  Nordamerika 61, 63, 99, 105, 108, 110, 127, 128, 202, 218
  Pangäa 61, 108
  Panotia 61
  Rodinia 61
  Sibiria 61
  Südamerika 33, 62, 63, 99, 108, 109, 127, 143, 202, 211
Kontinentaldrift 103, 108
Konvektion 24, 25, 40, 125, 199, 216, 222, 224, 225, 234
Konvektionsströme 49, 108
Konvektionszone 24
Konvergenz (Biologie) 152
Konvergenz (Plattentektonik) 116
Konvergenz (Meteorologie) 204, 205, 218, 219, 222
Koordinierte Weltzeit 51
Kopffüßer 62
Köppen, Wladimir 203
Korona 25
Korund 81
kosmologische Inflation 16, 17
Kotyledo 172
Krakatau 121, 126, 129
Krater 30, 53, 60, 103, 116–121, 125, 129
Kreide (Gestein) 96
Kreidezeit 62
Kryosphäre 200, 201
Kuipergürtel 44, 45
Kutikula 154, 179, 179, 187, 193

L

Lachenalie 153
Lahare 122
Laki 121, 128
Lanthanoide 60
Länder
  Argentinien 127, 215, 216, 218
  Armenien 143
  Äthiopien 79
  Chile 76, 126, 127, 143, 144, 145, 214
  Grönland 213
  Indien 108, 109, 111, 119, 140, 142, 145, 217, 218, 219
  Indonesien 121, 123, 126, 127, 128, 131, 140, 141, 145
  Japan 118, 126, 127, 138, 144, 161
  Kenia 140, 145
  Kolumbien 122
  Malaysia 141
  Malediven 140, 145
  Mexiko 61, 113, 127, 129, 142, 145, 218, 222
  Namibia 86
  Neuseeland 124, 133, 142
  Nordirland 93
  Philippinen 126, 127
  Portugal 143, 144, 145
  Russland 124, 126, 203, 217
  Schottland 60, 72, 110
  Somalia 140, 145
  Sri Lanka 140, 141, 145
  Südafrika 86, 216
  Tansania 140
  Thailand 131, 140, 141, 150
  Tibet 111, 203
  USA 113, 123, 124, 126, 129, 145, 202, 216, 217, 218, 235, 237
Lanzarote 119
Larven 75
Lassell 42
Laterit 74
Laubbäume 151, 156
  Ahorn 155, 178, 185
  Eiche 151, 155, 156, 157
  Quercus 155, 156
Laurentia 61, 105
Lava 8, 30, 33, 53, 75, 86, 92, 103, 116–122, 128, 129
Lenticularis 223
Leptosporangium 169
Le Puy 119
Le Verrier 42
Levante 216
Lhasa 203
Libelle 61
Liberté 42
Licht 15, 16, 18, 23, 24, 49, 54
  Photon 16, 18
Lichtjahr 20, 21, 22, 23
Liegendscholle 112
Lithosphäre 63, 107, 117, 200, 201
Llullaillaco 126
Loma Prieta 130, 131
Löss 64
Luftdruck 202, 204, 206, 240, 242, 244
Luftfeuchtigkeit 179, 202, 210, 214, 240, 244, 245
Luna 3 52
Lunation 52

M

Magellan (Raumsonde) 33
Magellansche Wolke 22
Maginus 53
Magma 73, 75, 77, 92, 93, 103, 106, 108, 109, 117, 120, 125
Magmatit 90, 92, 106
  Basalt 93, 119, 135
  Bimsstein 93
  Gabbro 92
  Granit 53, 70, 74, 77, 90, 92, 94, 106, 135
  Granodiorit 92
  Obsidian 93
  Pegmatit 91, 93
  Peridotit 92
  porphyrische Gesteine 93
Magnesium 84, 85, 87, 92, 125
Magnesit 83
Magnetismus 23, 49
Magnetopause 40
Magnetosphäre 37, 40, 49
Magnitude 130, 135–139
Maka-o-Puhi 121
Malaysia 141
Mallomonas 162
Malediven 140, 145
Mammut 63
Manaus 202
Materie 16–22, 60, 64, 75, 104
  Dunkle Materie 18, 19
Mare Crisium 53
Mare Humorum 53
Mare Imbrium 53
Mare Tranquillitatis 53
Marianengraben 142
Mariner 10 30
Mariner 4 34
Mariner 6 34
Mariner 7 34
Mariner 9 34
Marmor 73, 91, 95
Mars 15, 29, 32, 34, 35, 48, 52
Mauna Loa 121, 127
Mauna Ulu 119
Meeresströmungen 200, 204, 212, 245
Meiose 169
Mercalli, Giuseppe 136, 137
Merkur 29, 30, 31
Mesa 66
Mesenchym 179
Mesokarp 184, 185
Mesosphäre 107, 117, 222
Mesozoikum 62
Messenger 30
metamorphe Prozesse 59, 72
Metamorphite 72, 75, 90, 106
Meteorit 30, 31, 35, 60
Methan 37, 39, 40, 42, 43, 44, 45
Mexiko 61, 113, 127, 129, 142, 145, 218, 222
Milben 75
Milchstraße 6, 14, 20, 21, 22, 23
Mineralogie 76
Miozän 63
Miranda 28, 41
Mischwald 215
Mistral 216
Mittelozeanischer Rücken 106, 112, 118, 121, 141, 142
Mohssche Härteskala 80, 83
Mond 46–53
  Ariel 28, 41
  Aristarchus 52
  Copernicus 53
  Deimos 29, 34
  Europa 29, 37
  Ganymed 29, 37
  Gassendi 52
  Grimaldi 52
  Humboldt 53
  Iapetus 28
  Io 29, 37
  Kallisto 29, 37
  Maginus 53
  Mare Crisium 53
  Mare Humorum 53
  Mare Imbrium 53
  Mare Tranquillitatis 53
  Miranda 28, 41
  Montes Apenninus 53
  Nereid 28, 42
  Oberon 28, 41
  Oceanus Procellarum 52
  Panotia 61
  Phobos 29, 34
  Proteus 28, 42
  Puck 28, 41
  Rhea 28, 38
  Rupes Altai 53
  Schickard 53
  Tethys 28, 38
  Titan 28, 38
  Titania 28, 41
  Triton 28, 42
  Tycho 53
  Umbriel 28, 41
Mondfinsternis 55
Monokotyledonen 151, 178, 180, 181
Monsun 218
Montes Apenninus 53
Moos 74, 150, 154
Moräne 67, 97
Moskau 203
Mount Everest 15, 111, 215
Mount Rainier 226
Mount St. Augustin 121
Mount St. Helens 123, 129
Muav-Kalkstein 70
Muskovit 94
Myanmar 141
Mylonit 72
Myzel 151, 190, 191, 192, 194, 195

N

Nadelbäume 61, 151, 171, 179, 186, 215
  Kiefer 151, 186, 203, 215, 233
  Lärche 151
  Sitka-Fichte 151
  Tanne 151
  Zeder 186
  Zypresse 151
Namibia 86
NASA 17
Natrium 31, 82, 85, 94, 125
Nazca-Platte 108, 127, 143
Nebel 19, 20, 22, 228, 229
  Advektionsnebel 229
  Adlernebel 22
  Eta-Carina-Nebel 22
  Frontnebel 229
  Inversionsnebel 229
  Krebsnebel 22
  Orionnebel 22
  Strahlungsnebel 229
Neptun 28, 42, 43
Nervatur 178
New Horizons Mission 45
NGC 4038 20
NGC 4039 20
NGC 4676 20
Nickel 32, 45
Nix 44
Nereid 28, 42
Neuseeland 124, 133, 142
Nevado del Ruiz 122
Nichtmetall 60, 82
Niederschlag
  Graupel 226, 227
  Hagel 49, 206, 210, 222, 224, 226, 227
  Regen 49, 64, 65, 168, 202, 207, 211, 215, 224, 225, 244, 245
  Schnee 49, 122, 201, 203, 210, 211, 215, 216, 224, 226
Nimbostratus 207, 223
Nimbus 222, 230, 234, 235
Nipptide 52
Nordamerika 61, 63, 99, 105, 108, 110, 127, 128, 202, 218
Nordirland 93
Nordpol 33, 40, 49, 50
Novarupta 126
Nukleare Kollision 24
Nukleolus 159
Nukleus 159, 210
Nullmeridian 51
Nutation 50

O

Oakland 112
Oase 66
Obsidian 93
Odyssee 35
Oberboden 75
Oberon 28, 41
Oceanus Procellarum 52

Ojos del Salado 126, 127, 215
Okklusion 207, 242
Oligozän 63
Olivin 84, 92
Olympus Mons 15, 35
Ontario 60
Opal 86
Opportunity 35
Orchidee 151, 182, 183
Ordovizium 61
Orion-Arm 22
Orionnebel 22
Orkan 221, 236
Orogenese 61, 72, 110, 111
Orthoklas 81
Ostafrikanischer Graben 63, 109
Osteichthyes 61
Ozeane
  Atlantischer Ozean 109, 127, 143, 202, 211
  Indischer Ozean 126, 127, 140, 142, 203
  Pazifischer Ozean 112, 126, 141, 142, 202, 211, 214, 218
  Salzwasser 166, 167, 211
Ozeanien 126, 203
Ozonschicht 48, 105, 107, 201

P

P3-Flugzeug 245
Paläontologe 60
Paläosibiria 70
Paläozän 62, 70
Paläozoikum 60, 104
Palme 61, 151, 176
Pangäa 61, 108
Panzerfische 61
Parakonkordanz 71
Parenchym 152, 176
Paso de la Cumbre 214
Passatwinde 204, 218, 236
Patagonien 63, 76, 202
Pathfinder 35
Pazifische Platte 113, 133, 141, 142
Pazifischer Ozean 112, 126, 141, 142, 202, 211, 214, 218
Pegmatit 91, 93
Penizillin 190, 193
Penumbra 25, 54
Peridotit 92
Perigonblatt 181
Perihel 34, 50
Periode
  Devon 61, 110, 150
  Jura 62
  Kambrium 60, 71
  Karbon 61, 150
  Kreidezeit 62
  Ordovizium 61
  Paläozän 62
  Perm 61, 71, 110
  prägeologisch 60
  Präkambrium 60, 71
  Quartär 63
  Silur 61
  Tertiär 62
  Trias 62
Permafrost 74, 201
Perseus-Arm 22
Peru-Chile-Graben 108
Petrologie 76
Pflanzen
  Ahorn 155, 178, 185
  Algen 74, 75, 150, 158, 160, 162, 164, 166
  Angiospermen 62, 151, 175, 178, 180, 181
  Arnika 171
  Artischocke 176
  Bedecktsamer 62, 151
  Beerenfrucht 184
  Bestäubung 174, 180, 182, 183
  Blüte 151, 152, 153, 156, 174, 180
  Brasilianisches Tausendblatt 152
  Chlorophyll 150, 157, 158, 159, 163, 177
  Chlorophyten 163
  Chloroplasten 150, 158, 159, 179
  Dichtblättriges Laichkraut 152
  Duftveilchen 155
  Eiche 151, 155, 156, 157
  Endokarp 184, 185
  Endosperm 172, 184
  Epiphyten 155
  Europäische Seekanne 12
  Exokarp 184, 185
  Farn 61, 150, 151, 154, 168, 169
  Feige 185
  Flora 166
  Flugsaurier 62
  Frucht 62, 74, 75, 151, 175, 180, 181, 185, 193
  Fucus 162, 164, 165
  Gänsedistel 155
  Gemeiner Wasserschlauch 153
  Gewöhnliches Pfeilkraut 153
  Ginkgo 150, 151
  Gräser 155
  Gymnospermae 151
  Hornblatt 152
  Kartoffel 176
  Keimung 169, 172
  Kernobst 184
  Kiefer 151, 186, 203, 215, 233
  Knospen 156
  Lachenalie 153
  Lärche 151
  Mesokarp 184, 185
  Mischwald 215
  Orange 184
  Orchidee 151, 182, 183
  Palme 61, 151, 176
  Pilze 66, 74, 75, 150, 151, 154, 188–194
  Pneumatophoren 153
  Pollen 171, 174, 180, 181, 182, 183, 224
  Quercus 155, 156
  Ranke 179
  Rhizom 152, 153, 168
  Riesenmammutbaum 149
  Rohrkolben 153
  Santa-Cruz-Riesenseerose 152
  Sitka-Fichte 151
  Steinfrucht 184, 185
  Tanne 151
  Trockenfrucht 185
  Vogelknöterich 153
  Wasserschraube 153
  Weizen 151, 176
  Zypresse 151
Phaeophyta 162
Phialiden 194, 195
Philippinen 126, 127
Phloem 151, 157, 176, 177, 179
Phobos 29, 34
Photon 16, 18, 24
Phyllit 94
Piezoelektrizität 81
Pilze 66, 74, 75, 150, 151, 154, 188–194
  Ascomycota 191
  Basidiomycota 191, 192, 193
  Chitin 190
  Chytridiomycota 190
  Deuteromycota 190, 195
  Echter Pfifferling 191
  Fliegenpilz 189, 192
  heterotroph 151, 190
  Hymenium 192
  Kahlkopf 193
  Myzel 151, 190, 191, 192, 194, 195
  Parasiten 190, 191, 192
  Penizillin 190, 193
  Saprophyten 192
  Schleimpilz 190
  Volva 193
  Zweisporiger Egerling 151
  Zygomycota 191
Pilzfelsen 66
Pinatubo 126
Placodermi 61
Planet 15, 19, 26–51
  Erde 15, 19, 29, 46–51
  Jupiter 29, 38, 37
  Mars 15, 29, 32, 34, 35, 48, 52
  Merkur 29, 30, 31
  Neptun 28, 42, 43
  Saturn 28, 38, 39
  Uranus 28, 40, 41
  Venus 29, 32, 33
Planetesimal 29
Platin 81
Paton 114
Plazenta 169
Pleiosaurier 62
Pleistozän 63
Pliozän 63
Plutonit 75, 92, 93, 106
Pluviometer 241
Pneumatophoren 153
Polarkreis 51
Pollen 171, 174, 180, 181, 182, 183, 224
Polymorphie 83
Polysaccharid 158
Positron 17, 24
Pompeji 128
porphyrische Gesteine 93
Portugal 143, 144, 145
prägeologisch 60
Präzession 50
Proterozoikum 60, 105
Proteus 28, 42
Prothallium 168, 169
Proton 17, 18, 24,
Protuberanz 22, 25
Psychrometer 241
Pterosauria 62
Ptolemäus 6
Puck 28, 41
P-Wellen 134, 135
Pyroelektrizität 81
pyroklastisches Material 75

Q

Quark 16, 17
Quartär 63
Quarz 77, 81, 84, 85, 87, 90, 92, 94, 97
Quarzit 73, 95
Quasar 19
Queen-Charlotte-Störung 113
Quercus 155, 156

R

Radar 33, 240, 244, 245
Radicula 172
Radiokarbonmethode 71
Radiosonde 244, 245
Radioteleskop 30
Ranke 179
Ranker 74
Raureif 227
Reconnaissance Orbiter 35
Redwall-Kalkstein 71
Regen 49, 64, 65, 168, 202, 207, 211, 215, 224, 225, 244, 245
Regenwald 200, 202
Regionalmetamorphose 73
Regolith 53
Reif 49, 226, 227
Revolution 48, 50
Rhea 28, 38
Rhizoid 150, 169
Rhizom 152, 153, 168
Rhodophyten 163
Richter, Charles 136
Richterskala 9, 131, 136, 138, 140, 145
Riesenmammutbaum 149
Rocky Mountains 62, 111, 215
Rodinia 60
Rohrkolben 153
Rossby-Welle 206
Roter Planet 34
Rotes Meer 63, 143
Rotation 22, 31, 48, 50
Rubin 86
Rupes Altai 53
Russland 124, 126, 203, 217

S

Saffir-Simpson-Hurrikanskala 237
Sagittarius-Arm 22
Sagittarius-Wolke 23
Saint-Michel d'Aiguilhe 119
Saint-Pierre 127, 128, 129
Sajama 127
Salzstock 98
Salzwasser 166, 167, 211
San-Andreas-Störung 112, 113
Sandstein 69, 71, 73, 95, 96, 97, 110, 135
San Francisco 9, 112, 113, 131, 142, 145
Santa Ana 118, 216
Santa-Cruz-Riesenseerose 152
Santiago 214
San Vicente Island 123
Saphir 87
Saprophyten 194
Säulen 66, 93
Saroszyklus 55
Satellit 28, 39, 41, 42, 44, 48, 53
Satellitenbild 199
Saturn 28, 38, 39
Sauerstoff 24, 62, 70, 84, 107, 152, 153, 159, 213, 224, 232
Savanne 203
Schallmauer 230
Schickard 53
Schiefer 72, 94, 110
Schieferung 94, 95
Schildvulkan 118, 121, 126
Schimmel 191, 194, 195
Schirokko 216
Schlucht 66, 88
Schnee 49, 122, 201, 203, 210, 211, 215, 216, 224, 226
„Schneeball" Erde 105
Schneeschmelze 233
Schottland 60, 72, 110
Schwarzes Loch 23
Schwefel 31, 39, 79, 82, 125
Schwerkraft 49, 67, 172, 200, 201, 211, 215
Scotia-Platte 143
Sediment 59, 61, 65, 66, 67, 68, 90, 91, 94, 96, 97
Sedimentation 61, 65, 68, 94, 97
Sedimentgestein 96, 97
  Arkose 97
  Brekzie 97
  Grauwacke 97
  Kreide 96
  Sandstein 69, 71, 73, 95, 96, 97, 110, 135
  Ton 74, 96, 106, 125
  Tuff 96
Seismische Aktivität 53, 132, 133, 134, 136, 138, 143
Seismograf 136, 136, 145
Sexuelle Fortpflanzung 164, 165, 190, 191
Sibiria 61
Sibirien 63
Siderit 83
Silber 82
Silicium 84, 87, 92, 93
Silikate 32, 39, 40, 43, 45, 63, 77, 85, 94
Sill 117, 118
Silur 61
Sizilien 114, 115, 121
Skapolith 85
Smaragd 86, 87
Solfatare 125
Solis Lacus 35
Solstitium 50
Somalia 140, 145
Somalische Platte 109
Sombreronebel 21
Sommer 24, 50, 51, 152, 153, 157, 203, 213, 218, 235
Sonne 14, 15, 24, 25, 28, 29
Sonnenfinsternis 54
Sonnenwenden 50
Sori 168, 169
Spaltbarkeit 80, 86
Spaltenvulkane 118, 119

Speicherkraftwerke 233
Spikulen 25
Spirit 35
Springflut 52
Sporen 98, 150, 164, 165, 168, 169, 190, 191, 192
Algen 164, 165
Farn 168, 169
Pilze 190–193
Moos 168
Sporophyll 150
Sprossachse 150, 152, 153, 160, 172, 176, 180, 210
Sri Lanka 140, 141, 145
Stickstoff 24, 32, 35, 38, 44, 45
Steinkohle 98, 99
stellare Metropolis 22
Steppe 76, 203
Stern 6, 14, 15, 18, 19, 20, 21, 22, 23, 27, 28, 32, 38, 40
Eta Carinae 22
Störungslinie 112, 133, 143
Strahlstrom 204, 205, 206
Strahlungsnebel 229
Strahlungszone 24
Strand 69, 88
Stratocumulus 223
Stratosphäre 62, 107, 121, 128, 129, 201, 205, 222
Stratovulkan 118, 128, 129
Stroma 159
Stromboli 120, 121
Stromschnelle 68
Subduktion 116, 126, 142
Subduktionszone 108, 109, 111, 116, 142
Südafrika 86, 216
Südamerika 33, 62, 63, 99, 108, 109, 127, 143, 202, 211
Südamerikanische Platte 108, 109, 143
Südpol 35, 48, 50
Sudbury 60
Sumatra 140, 141, 142, 145
Supai-Gruppe 71
Superkontinent 60, 61, 104, 108
Supernova 18
S-Wellen 134, 135

T

Taifun 220 337
Taiga 203, 215
Talk 80, 85, 95
Tambora 123, 126, 128
Tasmanien 110
Tau 49, 226, 228
Tektonik 108
Tektonische Platten 108, 109
Afrikanische Platte 109, 127, 140, 143
Antarktische Platte 108, 127, 142, 143
Arabische Platte 140, 143
Asiatische Platte 111
Cocos-Platte 142, 143, 145
Erdbeben 8, 102, 104, 110, 112, 113, 130–145
Eurasische Platte 127, 141, 143
Indische Platte 111, 140
Indo-Australische Platte 108, 126, 143
Juan-de-Fuca-Platte 113
Karibische Platte 142, 143
Nazca-Platte 108, 127, 143
Pazifische Platte 113, 133, 141, 142
Scotia-Platte 143
Somalische Platte 109
Störungslinie 112, 133, 143
Subduktion 108, 109, 111, 116, 126, 142
Südamerikanische Platte 108, 109, 127, 143
Tansania 140
Tertiär 104
Tethys 28, 38
Tethysmeer 111
Tetraeder 84
Thailand 131, 140, 141, 150
Thallus 163, 164, 165, 190
Tharsis-Region 35
thermonukleare Fusion 24
Thermosphäre 107
Thylakoide 159
Tibet 111, 203
Tiefdruck 204, 205, 207, 216, 218, 230, 242, 243
Tiefenströmungen 213
Tiefseegraben
Marianengraben 142
Ostafrikanischer Graben 63, 109
Peru-Chile-Graben 108
Tonga-Graben 108
Timbuktu 203
Titan 28, 38
Titania 28, 41
Ton 74, 96, 106, 125
Tonga-Graben 108
Tonto-Plattform 70
Topas 81, 87
Torf 98, 99
Tornado 234, 235
Torres del Paine 76
Totipotenz 173
Tramontana 216
Transpiration 154, 156, 179
Treibhauseffekt 32, 62, 201
Trias 62
Trilobiten 61, 70, 110
Triton 28, 42
Trockenfrüchte 185
Tropen 41
Tropismus 172
Troposphäre 107, 201, 205, 206, 222, 227, 243, 245
Tsunami 8, 138–143
Thailand 131, 140, 141, 150
Tuff 96
Tundra 203, 215
Türkis 87
Turmalin 81
Tycho 53

U

Übergangsmetall 60
Umbra 24, 54
Umbriel 28, 41
Universum 6, 16–19, 27
Unkar-Gruppe 71
Unterboden 75
Upper Antelope Canyon 59, 65
Ural 61, 110, 215
Uranus 28, 40, 41
Urknall 16-20
USA 113, 123, 124, 126, 129, 145, 202, 216, 217, 218, 235, 237
Alaska (Erdbeben 1964) 142
Grand Canyon 70
Hawaii 103, 118, 119, 120, 121, 122, 126, 128, 145, 237
Loma Prieta 130, 131
Mount Everest 15, 111, 215
Mount Rainier 226
Novarupta 126
San-Andreas-Störung 112, 113
San Francisco 9, 112, 113, 131, 142, 145
Yellowstone-Nationalpark 124, 125
Yosemite National Park 89
Upper Antelope Canyon 59, 65

V

Vakuole 158
Valles Marineris 35
Van-Allen-Gürtel 49
Venus 29, 32, 33
Aphrodite Terra 33
Ishtar Terra 33
Magellan 33
Variszische Orogenese 61, 110
Verdampfung 199, 210, 240
Verdunstung 48, 200, 240
Vermehrung
Andrözeum 173, 174, 180, 181
Asexuelle Vermehrung 164, 191
Bestäubung 174, 180, 182, 183
Gynäzeum 173, 174, 180, 181
Hermaphrodit 180
Pheromone 182
Sexuelle Fortpflanzung 164, 165, 190, 191
Versickerung 211
Verwerfung 98, 133, 142, 145
Verwitterung 58, 64, 65, 75, 119
Viking 1 34
Viking 2 34
Vishnu-Schiefer 71
Volumen 53, 81, 84, 85, 96, 104, 121, 128, 129, 140, 178
Vogelknöterich 153
Voyager 1 37
Voyager 2 37, 41, 42
Vulkan
Ätna 114, 115, 120, 121, 127, 140
Awatschinskaja Sopka 126
Caldera 116, 117, 119, 122, 126
Caldera Blanca 119
Calderavulkan 119, 126
Dallol-Vulkan 79
East Epi 126
effusive Aktivität 121
El Cinchón 129
Eldfell 127, 129
Fuji 118, 126
Fumarole 124, 126
Ilamatepec 118
Incahuasi 127
Kilauea 118, 127
Krakatau 121, 126, 129
Lahare 122
Laki 122, 128
Llullaillaco 127
Mauna Loa 121, 127
Mauna Ulu 119
Montagne Pelée 121, 127, 128, 129
Mount St. Augustin 121
Mount St. Helens 123, 129
Nevado del Ruiz 121, 122
Novarupta 126
Ojos del Salado 126, 127, 215
Olympus Mons 15, 35
Pinatubo 126
Sajama 127
Schildvulkan 118, 121, 126
Sill 117, 118
Spaltenvulkane 118, 119
Stratovulkan 118, 128, 129
Supervulkan 105
Tambora 123, 126, 128
Vesuv 127, 128, 129
Vulkanit 93

W

Warmfront 206, 207, 229, 242
Wasserfall 68
Wasserkraftwerk 232
Wasserpflanzen 152, 153, 158
Brasilianisches Tausendblatt 152
Dichtblättriges Laichkraut 152
Europäische Seekanne 12
Gemeiner Wasserschlauch 153
Gewöhnliches Pfeilkraut 153
Hornblatt 152
Lachenalie 153
Pneumatophoren 153
Rohrkolben 153
Santa-Cruz-Riesenseerose 152
Vogelknöterich 153
Wasserschraube 153
Wasserstoff 17, 18, 24, 25, 31, 104, 107, 125, 211, 224
Wegener, Alfred 108
Weizen 151, 176
Wetterfahne 241
Wetterfront 222
Wetterkarte 206, 240, 242, 243
Wetterstation
Anemometer 241
Aneroidbarometer 240
Barograf 240
Evaporimeter 240
Heliograf 240
Hygrothermograf 241
Pluviometer 241
Psychrometer 241
Quecksilberbarometer 240
Regenmesser 241
Wetterfahne 241
Wind 60, 64, 66, 69, 110, 150, 154, 175, 176, 180, 200, 207, 216, 241
ablandiger Wind 217
auflandiger Wind 217
Winkeldiskordanz 71
Winter 34, 50, 128, 157, 203, 213, 218
Wirtel 174, 180, 181
Wolken (Meteorologie)
Altocumulus 223
Altostratus 207, 223
Cirrocumulus 223
Cirrostratus 207, 222
Cirrus 222, 223
Cumulonimbus 222
Cumulus 206, 207, 222, 223
Nimbostratus 207, 223
Nimbus 222, 230, 234, 235
Stratocumulus 223
Würmer 75, 152
Wüste 67, 74, 202, 203
Wüstenplateau 66
WMAP-Projekt 17

X

Xylem 151, 157, 177, 179

Y

Yellowstone-Nationalpark 124, 125
Yosemite National Park 89
Yukatán 62

Z

Zementation 69
Zeolith 85
Zirkon 60
Zoospore 164
Zonda 216
Zoroaster-Granit 70
Zwergplanet 44
Zygote 164, 165, 168
Zygomycota 191
Zyklone 204, 205, 206, 212, 218, 220, 242
Zytoplasma 150